Adobe XD プロトタイピング実践ガイド

～ユーザーの要求に応えるUI/UXデザイン

境 祐司 著　Yuuji Sakai

技術評論社

ご購入・ご利用前に必ずお読みください

◆本書の内容について

本書記載の情報は、2018年11月現在のものを記載していますので、ご利用時には変更されている場合もあります。

また、アプリケーションはバージョンアップされる場合があり、本書での説明とは機能内容や画面図などが異なってしまうこともあり得ます。本書ご購入の前に必ずアプリケーションのバージョン番号をご確認ください。

本書に記載された内容は、情報の提供のみを目的としています。本書の運用については、必ずお客様自身の責任と判断によって行ってください。これら情報の運用の結果について、技術評論社および著者はいかなる責任も負いかねます。

本書内容を超えた個別のトレーニングにあたるものについても、対応できかねます。あらかじめご承知おきください。

本書ではOS（Mac、Windows）の基本的な操作については詳しく解説を行っておりません。OSの操作に慣れていない方は、Macもしくは Windowsの操作解説書と一緒にお使いいただくことをおすすめします。

◆サンプルファイルについて

本書で使用しているサンプルファイル（p.6参照）の利用には、別途アドビ システムズ社のXD CCが必要です。現在の最新バージョンAdobe CC 2019にて確認を行っていますが、以前のバージョンでもお使いになれます（ただし、一部機能については使用ができないことがあります）。

サンプルファイルの利用は、必ずお客様自信の責任と判断によって行ってください。サンプルファイルを使用した結果生じたいかなる直接的・間接的損害も、技術評論社、著者、プログラムの開発者、サンプルファイルの制作に関わったすべての個人と企業は、一切その責任を負いかねます。

以上の注意事項をご承諾いただいた上で、本書をご利用願います。これらの注意事項をお読みいただかずに、お問い合わせいただいても、技術評論社および著者は対処しかねます。あらかじめ、ご承知おきください。

本書で使用しているサンプルファイルは、macOS、Windows 10 およびGoogle Chrome、Safariで動作確認を行っております。

◆Adobe XD CC 2019 の動作に必要なシステム構成

【Windows】

- Windows 10 Creators Update (64 ビット) - バージョン 1703 (ビルド 10.0.15063) 以降 Windows OS バージョンをアップグレードする方法については、Windows 10 Creators Update を入手する方法を参照してください。
- Intel マルチコアプロセッサー（1.4 GHz、64-bit 対応必須）
- インストール用に 2 GB のハードディスク空き容量がある 4 GB の RAM（インストール時には追加の空き容量が必要）
- 最低限 Direct 3D DDI 機能セット:10 。Intel GPU の場合、2014 リリース以降のドライバーが必要です。
- 必要なソフトウェアのライセンス認証、サブスクリプションの検証、およびオンラインサービスの利用には、インターネット接続および登録が必要です。*
- 音声機能では、プロトタイプをプレビューするためにインターネットに接続する必要があります。

【macOS】

- macOS X v10.12 以降
- Intel マルチコアプロセッサー（1.4 GHz、64-bit 対応必須）
- 4 GB の RAM
- Retina 以外のディスプレイ（Retina を推奨）
- 必要なソフトウェアのライセンス認証、サブスクリプションの検証、およびオンラインサービスの利用には、インターネット接続および登録が必要です。*
- 音声機能では、プロトタイプをプレビューするためにインターネットに接続する必要があります。

*ライセンス認証を行ってこの製品の使用を開始するには、インターネットへの接続、Adobe ID および使用許諾契約への同意、アドビのプライバシーポリシー（https://www.adobe.com/jp/privacy/policy.html を参照）への同意が必要です。アプリケーションとサービスは、国や言語によっては提供されていない場合や、ユーザー登録が必要な場合があり、予告なく変更または中止となることもあります。また、追加料金やサブスクリプション費用が適用される場合もあります。

はじめに

2015年10月5～7日にロサンゼルスで開催されたAdobe MAX 2015で「Project Comet」が発表されました。Adobe初のプロトタイピングツールの登場です。もともとプロトタイプ制作にはFireworksが使われていましたが2013年5月に開発終了が発表され、その後はPhotoshopが代替ツールとしてプロトタイピングの機能を次々と搭載していきました。しかし、重量級のPhotoshopを嫌う一部のUXデザイナーたちが「Sketch」などの軽量ツールに乗り換えたことで、Webデザイナーの間でもPhotoshop離れが進むことになります。

2016年3月14日、AdobeはXDのプレビュー版を公開。このときの名称は「Adobe Experience Design CC」でしたが、Adobe MAX 2017で発表された正式版で「Adobe XD CC」に名称変更。XDの開発理念である「Design at the speed of thought.（思考と同じスピードでデザイン）」は、プロトタイプ制作でPhotoshopを使うことに不満を持つユーザーに対する強いメッセージだと捉えてよいでしょう。プレビュー版のリリースからこの方針は変わっておらず、2018年1月22日のアップデートでは、ズームパフォーマンスがさらに向上。徹底したパフォーマンス重視の開発が進められています。

2018年10月アップデートでは待望の拡張プラグインに対応しました。すでに世界中のデベロッパーが競ってXDのプラグインを開発しており、今までXDでは不可能だったことが次々と実現しています。UX/UIの領域で先行する「Sketch」などのプロトタイピングツールの後追い製品だったXDですが、他社とはまったく異なる進化を遂げようとしています。
毎月アップデートが実施され、頻繁に新機能が搭載されるXDを完璧にキャッチアップしていくのは容易なことではありません。

本書はXDのすべての機能を網羅していませんが、プロトタイプ制作にXDをどう使えばよいのか把握できるようにケーススタディを紹介しました。また、出版と同時にサポートサイトを公開し、最新情報や新機能の使い方などを発信していますのでぜひ活用してほしいと思います。

Learn Adobe XD（本書のサポートサイトも兼ねています）
http://design-zero.tv/AdobeXD/

XDはプロトタイピングツールですが、軽量のグラフックツールとして使っている人、アイデアをまとめるスケッチツールとして使う人、あるいはプレゼンツールとして活用している人など、幅広い層に使われています。使い方を限定する必要はありません。自由に使って仕事や作品づくりに活用してください。

2018年11月
Mr.Creative.Edgeこと、境祐司

本書の使い方

本書の特徴

本書は、プロトタイピングをAdobe XDで実践する方法を解説した書籍です。

Webを閲覧、操作するユーザーに配慮したWebページの構造のあり方や作り方、およびプロトタイピングの知識を身につけながら、Webデザインの仕方を学びます。

本書の解説で使用した画像およびXDのファイルを使いながら実際に試すことができます(サンプルファイルについては、p.6参照)。

なお、Adobe Creative Cloudの製品(Illustrator、Photoshop)と連携し、より効率的にプロトタイピングを行う方法も学べます。

本書の構成

以下のような部構成で、全6章で解説しています。

【基礎】1・2章　… ユーザーに配慮したWebページのあり方、プロトタイピングについての基礎知識

【実践】3・4章　… XDの基本操作およびプロトタイプ制作のワークフロー

【応用】5・6章　… 実践的なWebページ(ランディングページ)制作方法と共有(公開)の仕方

解説・操作ページ

お願い：サポートサイトでXDの新機能をご確認ください

XDはAdobe製品の中で最もアップデート数が多い製品です。2017年10月に正式版（バージョン1.0）がリリースされてから毎月アップデートが実施され、新機能が搭載されています。2018年11月現在、XDはバージョン13.1になっています。ChromeやFirefoxなどのWebブラウザーの更新頻度を上回る驚異的な開発スピードです。

本書はXDの機能について解説していますので、今後のアップデートの影響を受ける可能性があります。新機能についてはAdobeの公式サイトで確認することができますが、操作方法やケーススタディはヘルプを見たりチュートリアルを探して学ぶしかありません（日本語に翻訳されていないチュートリアルが多い）。また、2017年10月に対応した拡張プラグインの数も増えており、手間のかかった面倒な作業の自動化が次々と実現しています。

このようなXDの開発スピードに対応するため、「Learn Adobe XD」というサイトを公開しています。本書のサポートサイトも兼ねていますので、まずは現在のXDの全体像をご確認ください。紹介している機能の使い方が変わった場合は、再学習の方法も掲載されますのでぜひご活用ください。

● Learn Adobe XD

http://design-zero.tv/AdobeXD/

XDの拡張に関する最新情報の共有やXDプラグインの日本語環境での検証、テストをおこなっている「XDエコシステム・リサーチグループ」やXDの初歩を動画で学べる「Adobe XD 基礎編」なども本サイトと連動していますのであわせてご覧ください。

Adobe XD Ecosystem: Research Group
（Facebook グループ）

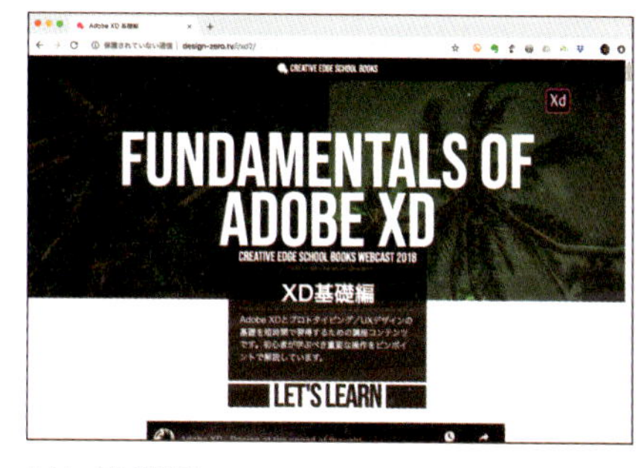

Adobe XD 基礎編
http://design-zero.tv/i/xd2/

ショートカットの表記について

本書では、XDの操作を効率的に行うために、ショートカット表記も記載しています。解説画面はmacOSを使用しているため、macOSのショートカットのあとに括弧内にWindowsのショートカット表記を記載しております。

【例】 option （Alt） キー／control キー＋クリック（右クリック）

Windowsのメインメニューについて

Windowsにはメインメニューがありません。そのため、同じメニューを利用するには、画面左上のメインツールバーのポップアップメニュー☰をクリックしてコンテキストメニューから操作してください。

サンプルファイルのダウンロード

サンプルファイルのダウンロード方法

本書では、解説で使用したサンプルファイルを使って実際に作業を体験することができます。サンプルファイルは、以下のURLの本書のWebページからダウンロードすることができます。

https://gihyo.jp/book/2019/978-4-297-10356-9/support

※上記URLをお使いのWebブラウザのアドレスバーに入力し、接続してください。

サンプルファイルは圧縮されていますので、お使いのコンピュータにダウンロードしたあとは、フォルダを展開してからご利用ください。

サンプルファイルの内容

本書内でも解説しているように、ダウンロードしたサンプルファイルを解凍すると、以下のような構成になっています。各節のページに表示されている該当のフォルダをご確認いただき、ご利用ください。サンプルを使用するにはAdobe XD CC 2019が必要です。ご使用のPCにAdobe XDがない場合は、体験版をインストールすることでお使いいただけます（詳しくはp.7をお読みください）。

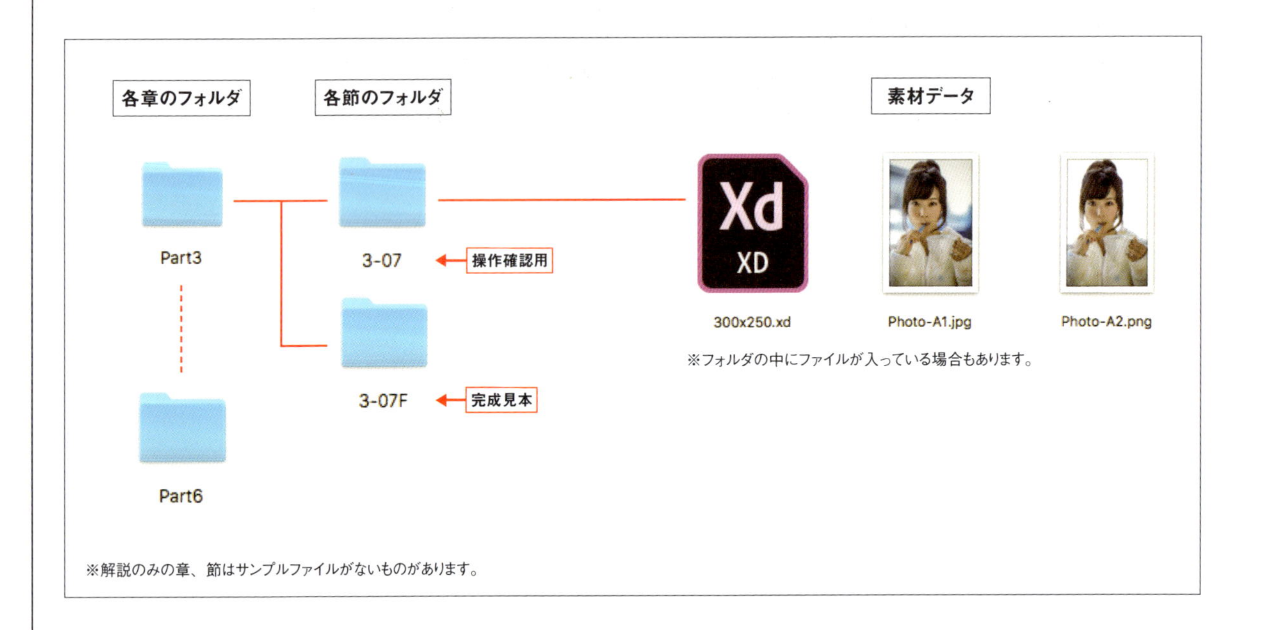

Adobe Creative Cloud無料体験版について

→Adobe Creative CloudおよびAdobe XD 日本語版の体験版（7日間無償）は、以下のWebサイトより最新版をダウンロードすることができます。

● 無料体験版のダウンロード
https://www.adobe.com/jp/downloads.html

→Webブラウザ（Google Chrome、Safariなど）で上記Webページにアクセスし、該当のアプリケーションアイコンの下に表示される「無料で入手」をクリックします。Webページ上の指示にしたがい、ダウンロードを行ってください。

→体験版は1台のマシンに1回限り、インストール後7日間にわたり製品と同様の機能を無償でご使用いただきます。この体験版に関するサポートは一切行われません。サポートおよび動作保証が必要な場合は、必ず製品版をお買い求めください。

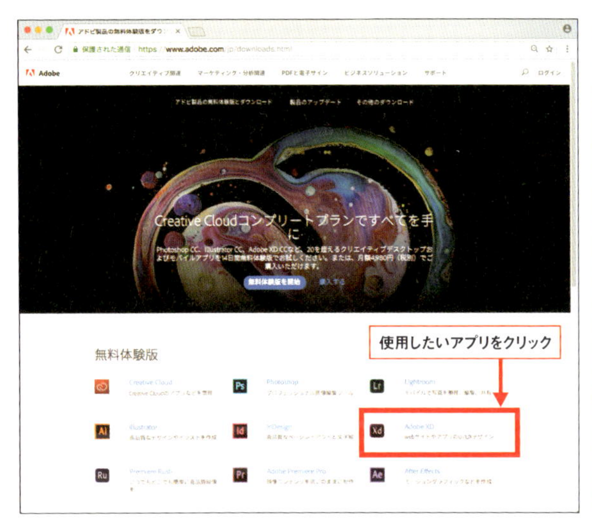

※最新の CC 2019 を使用する場合、OS のアップデートが必要な場合があります。p.2 の「動作に必要なシステム構成」およびアドビシステムズ社のサイトをご確認ください。

→ Adobe Creative Cloud アプリのご利用には、Adobe ID の登録が必要になります。
Adobe ID の作成方法および登録方法については、以下のアドビ システムズ社の Web サイトを参照ください。

● Adobe ID の作成方法
https://helpx.adobe.com/jp/x-productkb/policy-pricing/cpsid_92722.html

→ Adobe Creative Cloud および Adobe XD をはじめとした製品版および体験版のダウンロード、インストール方法については、以下のアドビ システムズ社の Web サイトを参照ください。

● Creative Cloud アプリケーションのダウンロードとインストール
https://helpx.adobe.com/jp/creative-cloud/help/download-install-app.html

CONTENTS ［目次］

実践

PART 3

Adobe XDの基本操作

実践

PART 4

Adobe XDで動くプロトタイプを制作する

応用

PART 5

応用

PART 6

基礎

>PART 1

プロトタイピングの基礎知識

プロトタイピングの方法は分野や業界によって解釈が大きく異なりますが、検証のための「試作品」づくりや意思決定のための「コミュニケーションツール」として活用されています。PART1では、プロトタイプ制作の進め方や参考になる発想法、フレームワークについて学習していきます。

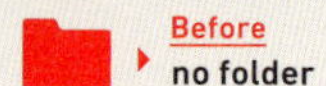

01 プロトタイプとプロトタイピング

プロトタイプとは「試作品」のことです。工業デザインの分野では古くから実践されている工程ですが、アプリケーション開発やWebサイト構築などでも導入されています。このパートではプロトタイピングの特徴や目的について学習していきます。

1. プロトタイピングは作品作りではない
2. プロトタイプは、自分のアイデアを形にして相手に伝わるようにするためのもの
3. プロトタイピングの本質を理解するためは「デザイン思考」の考え方が役立つ

プロトタイピングとは?

プロトタイピングとは、製品やサービスの使い勝手や機能などを検証するための「試作品」づくりのことです。必要最小限の規模で行われることが多く、最も手軽な手法が「紙とペン」で実践するペーパープロトタイピングです。紙とペンがあれば、すぐに始められます。プロトタイピングは作品づくりではないので、絵のうまいヘタは問題ではなく、自分のアイデアが伝わればよいのです。デザイナーに限らずプロジェクトに関わるすべての人が容易に参加できるため、多くの企業が導入しています。

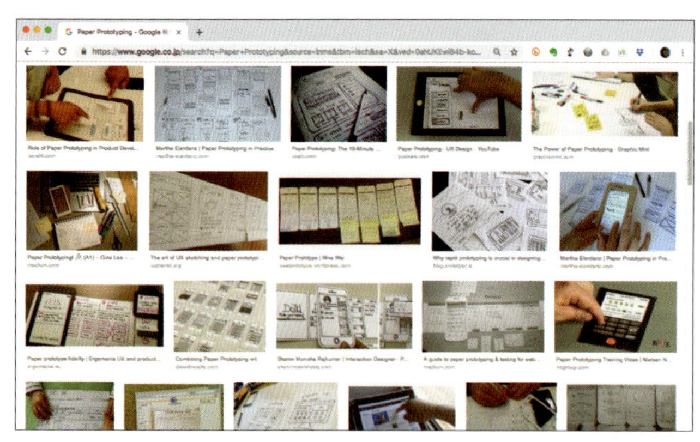

Googleの画像検索で「Paper Prototyping」と入力すれば、ペーパープロトタイピングのイメージを確認できる

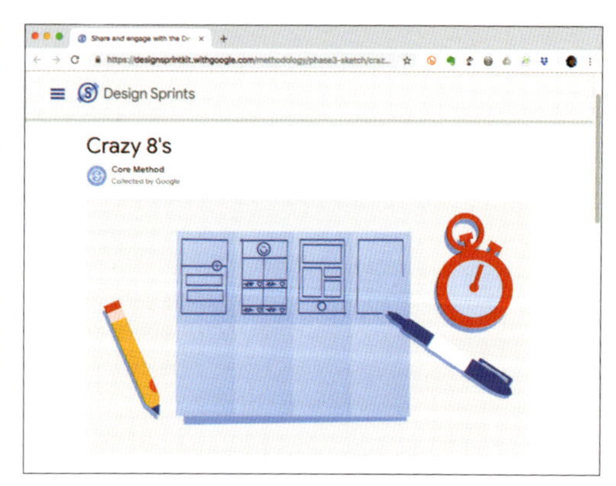

GV(旧Google Ventures/Googleの経営企画部門から独立したコーポレートベンチャーキャピタル)が提唱した「Design Sprint」と呼ばれる開発手法の中に「Crazy 8's(クレイジーエイト)」というスケッチ方法がある。紙を8つに折り、8分以内に(8つの)アイデアスケッチを描く方法。素早くバリエーションを展開するために考案された

Crazy 8's
https://designsprintkit.withgoogle.com/methodology/phase3-sketch/crazy-eights

プロトタイプの特徴と目的

プロトタイピングの目的は「検証」と「共有」に大別することができます。プロジェクトの初期フェーズにおいて「検証」プロセスはとても重要です。いきなり実制作に入るのではなく、さまざまなレベルの試作品を使って「見やすさ」や「わかりやすさ」、「使いやすさ」などを体験・評価することで、大きな失敗を回避することが可能になります。

プロトタイプの特徴

- 実制作の前に使い勝手や機能などを体験、評価できる
- 必要最小限の規模で作成する（例：紙とペンでラフに描く）
- 低コストで実行できる
- 素早く作成する
- 専門家以外の人も参加することができる（専門技術を必要としない）

プロトタイピングの目的

- 事前に「検証」する
- 関係者と「共有」する

また、プロトタイプを「共有」することで、チーム内のコンセンサスやクライアントとの意見交換などをスムーズに進めることができます。たとえば、デザイナーとエンジニアが、実装に必要な機能を洗い出すときにも役立ちます。プロトタイプを「コミュニケーションツール」として活用するわけです。

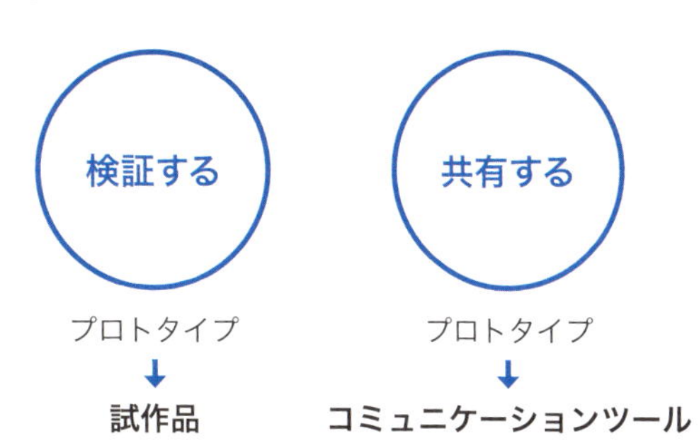

プロトタイプは検証のための「試作品」であり、共有のための「コミュニケーションツール」である

メンタルモデルとプロトタイピング

人には、過去の人生経験から蓄積される固定的な視点があり、その視点でモノゴトを解釈し、自らの行動を決定しています。この固定的なものの見方を「メンタルモデル」と呼びます。

一例を示しておきましょう。インターネットは1994年に商用化されてから24年以上経っているので、多くのネットユーザーは「下線が付いている青い文字」を見ると「クリックできる」と認識します。これもメンタルモデルです。

もし、記事本文の10行近くが「下線付きの青い文字」になっていた場合、見た目はリンクテキストと同じだが「これはあり得ない」と判断するか（つまり装飾だと理解）、それでもクリックしてしまうか、何らかのトラブル（HTMLコードのミス等）だと察知するか、ユーザーの解釈は分かれるはずです。

もし、その文字がリンクではなく、たんなる装飾だった場合、クリックしてしまったユーザーは（何も起きないことで）期待とのギャップを感じるでしょう。

休憩所には温かいコーヒーが用意されています

多くのネットユーザーは、「下線が付いている青い文字」を見たとき「クリックできる」リンクテキストだと理解する

私は、今までさまざまなコンピュータを使ってきたが、最も印象に残っているのが、1985 年にスティーブ・ジョブズが設立した NeXT（ネクスト）社の NeXTcube である。大変高価なもので所有することはできなかったが、触った瞬間、身震いするほど感動したことを今でも覚えている。NeXT と言えば、CERN（欧州原子核研究機構）のティム・バーナーズ＝リーが WWW を開発したマシンとしてでも知られている。当時使用していた NeXT は、マウンテンビューのコンピュータ歴史博物館で見ることができる。ビジネスとしては成功しなかったが、NeXT の技術は現在の Mac に生きている。NeXT のデザインを請け負ったフロッグデザインのハルトムット・エスリンガーは、この仕事を「何ものにも替え難い貴重な経験になった」と語っている（「形態は感情にしたがう」DESIGN FORWARD 日本語版／発行：ボーンデジタルより）。当時、フロッグは Apple の仕事に携わっていたので、追放されたスティーブ・ジョブズに関わることは難しい状況だったが、エスリンガーが個人として引き受けていた。NeXT の設計コンサルタントは、後に IDEO を立ち上げるディヴィッド・ケリー、ロゴデザインはグラフィックデザイナーのポール・ランドである。

この「下線付きの青い文字」はリンクか、装飾か、何らかのトラブルか？

ここまで極端な例ではなくても、個々のメンタルモデルの差異がどのように影響するのか、試作品を使って検証することができます。対ユーザーだけではなく、同じプロジェクトのメンバーやクライアントとのやり取りでも同様です。

デザイナーとクライアント

クライアント
「なるほど、こういう感じになるんだね。やっとわかりました」

デザイナーとエンジニア

エンジニア
「なるほど、こういうものが作りたかったんだね。勘違いしていたよ」

デザイナーとチームメンバー

チームメンバー
「えっ、そういうデザインだったの？　ラフイメージと違うね」

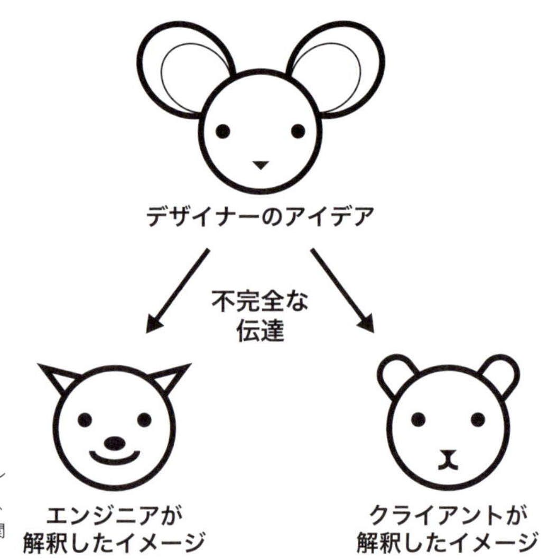

やりたいことが正確に伝わっていない場合の齟齬（そご）。試作品を「コミュニケーションツール」として活用するには、「こまめに共有できる」環境づくりが重要となる。たとえば、DropboxやGoogleドライブなどですべてのビジュアルデータを共有するなど、プロジェクトの関係者全員でクラウドサービスを使用することで、意思決定がスムーズに行われるようになる

Point

フィジカル・プロトタイピングとは？

私たちの身のまわりには高度な組み込み機器があふれています。テレビや電子レンジ、デジタルカメラなどの新製品は、タッチパネルやセンサー、最新のIoTによる「今までにない便利な機能」を次々と提供しています。このような分野では、アイデアの段階から機械を使って操作性などを体験・評価するための「フィジカル・プロトタイピング（Physical Prototyping）」が導入されています。
最近は、デザイナーがフィジカル・プロトタイピングを実践できるように、プログラミングのスキルや回路設計の知識がなくても使用できるフィジカル・ラピッドプロトタイピング・ツールが提供されています。

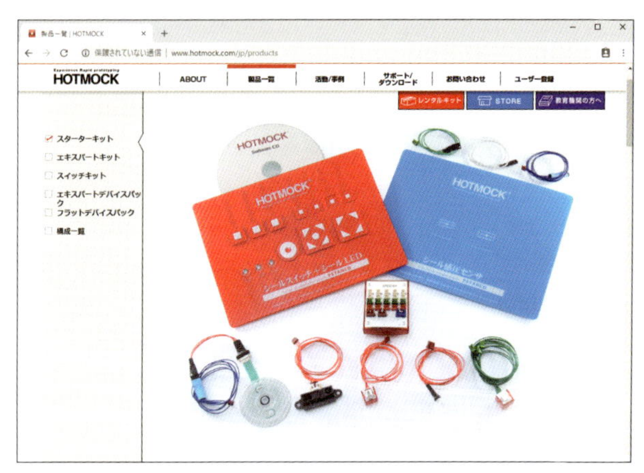

フィジカル・ラピッドプロトタイピング・ツールとして利用されている「HOTMOCK（ホットモック）」（株式会社ホロンクリエイト）
http://www.hotmock.com/jp/

デザイン思考とプロトタイピング

プロトタイピングの本質は「デザイン思考」

プロトタイピングの本質を理解するために「デザイン思考」の考え方が役立ちます。

「デザイン思考」とは、デザインコンサルタント会社「IDEO」の共同創設者の一人であるデイヴィッド・ケリーが、「デザインとは何か」を説明する際に使っていた言葉でしたが、2008年にティム・ブラウン（IDEOのCEO）が、ハーバード・ビジネス・レビューで発表した論文「Design thinking」および翌年に出版された「Change by Design」によって、プロジェクトを成功させるデザイン開発手法として、世界中のデザイン関係者に広まりました。

「Change by Design - How Design Thinking Transforms Organizations and Inspires Innovation」の翻訳本は、2010年に早川書房から出版されている。邦題は『デザイン思考が世界を変える イノベーションを導く新しい考え方』（ティム・ブラウン／千葉敏生訳）

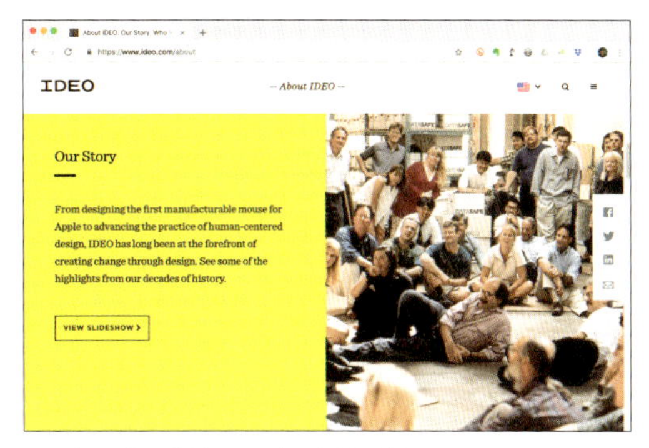

IDEO（1991年に設立）は、さまざまな領域でデザイン・コンサルティングを行っているクリエイティブカンパニーである

About IDEO: Our Story, Who We Are, How We Work
https://www.ideo.com/about

デザイン思考は反復的プロセスで進める

デザイン思考には、「着想（インスピレーション）」「発案（アイディエーション）」「実現（インプレメンテーション）」の3つのステージがあり、行き来しながらプロジェクトを成功に導いていきます。たんに、着想→発案→実現で完結するものではなく、何度も反復します。早く（速く）作り、早く失敗して、早く学ぶ。このプロセスを何度も繰り返すわけです。

反復的プロセスで進めるデザイン思考は、「最初に完璧な計画を練り、その計画を何がなんでも遂行しようとするスタイル」とは真逆のアプローチだといえるでしょう。一番最初の計画なんて「叩き台にすぎない」くらいに捉え、継続的な見直しによってプロジェクトを成功させるという考え方です。

さらに、IDEOではプロジェクトを成功させるための「技術的実現性」「経済的実現性」「有用性」の3つの条件を設定し、常に照らし合わせながら進めています。簡潔に言えば、技術的に可能なことか、ビジネスとして継続できることか、人にとって役立つかどうかを判断していく、ということです。

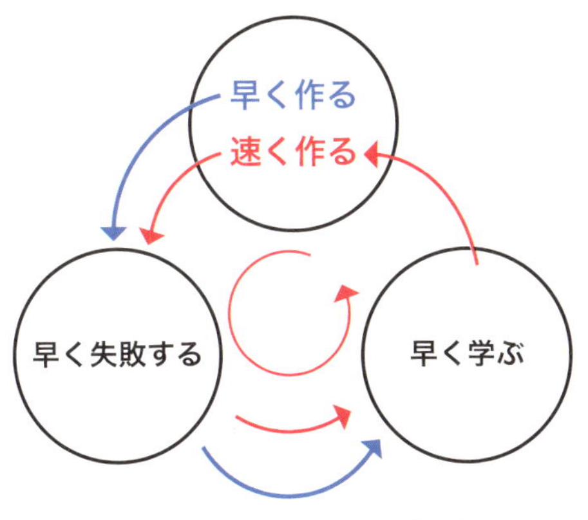

早く作る→早く失敗する→早く学ぶ→速く作る→［反復］

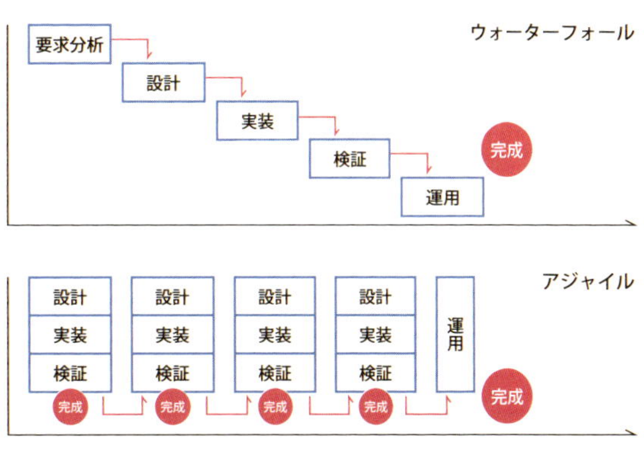

ウォーターフォール開発とアジャイル開発の違いがわかりやすい。後者は反復的プロセスで進められる

デザイン思考を形成する「洞察」「観察」「共感」

デザイン思考を形成する要素は「洞察（インサイト）」「観察（オブザベーション）」「共感（エンパシー）」。ここで言う「洞察」とは、当たり前の日常の測定のことです。「そんなことは誰でも知ってる、わざわざ観察する必要ないのでは？」というレベルの「ごく普通の人の日常生活」から何かを学ぼうとする作業です。そして、洞察のための手段が「観察」、その観察から洞察を引き出し、人の身になって考えることが「共感」ということになります。

IDEOのチームメンバー、クリスチャン・シムサリアンは、病院の緊急治療室のリデザインを行うために、怪我をした患者を装って「緊急治療室に入るまでのすべてのプロセス」を体験し、そこで得たことをチームと共有しました。患者が受けるストレスや不安感を「共感」によって洗い出し、問題点を明らかにしたわけです。IDEOならではのユニークな試みですが、「洞察」「観察」「共感」について理解するには素晴らしいケーススタディです。

※このエピソードは、IDEOのティム・ブラウンの著書「Change by Design(デザイン思考が世界を変える)」で紹介されています。

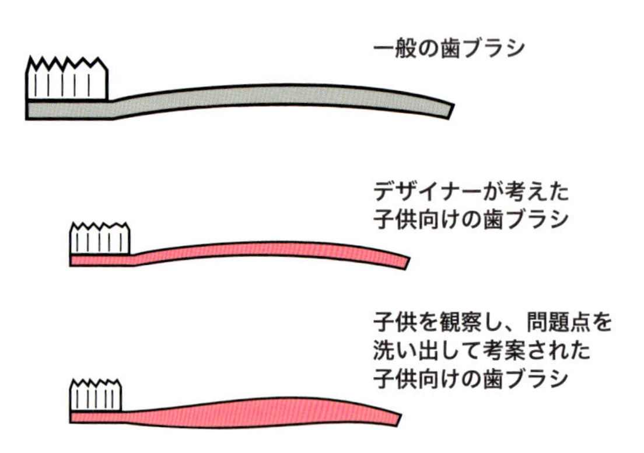

IDEOは、子どもが歯ブラシを使う様子を観察。歯ブラシを握りながら磨いていた（歯ブラシが細くて持ちにくそうだった）ことに気づき、柄を太くした。5～8歳向けの子ども用歯ブラシとして販売。大ヒット商品となった

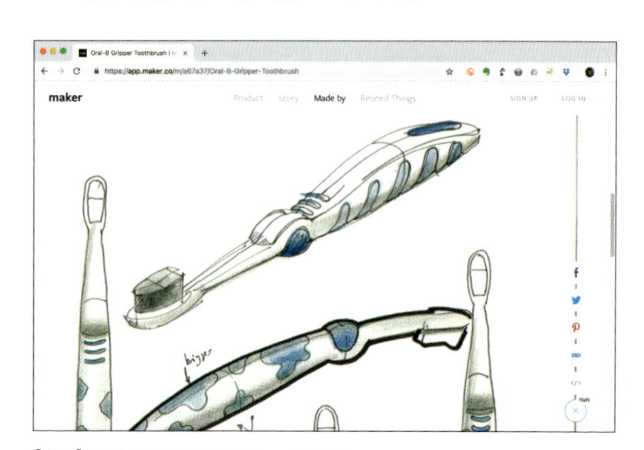

【参考】Oral-B Gripper Toothbrush | Maker
https://app.maker.co/m/a67a37/Oral-B-Gripper-Toothbrush

製品開発などは、デザイナーの思い込みだけではうまくいきません。問題解決が伴わないと、やみくもにプロトタイピングしても良い結果につながらない、ということです。「観察」というプロセスがとても重要になってきます。観察によって洞察を引き出すことができれば、人の身になって考えることが可能になります。

まとめ

[1] プロトタイピングとは、製品やサービスの使い勝手や機能などを検証するための「試作品」づくりのこと

[2] プロトタイプは検証のための「試作品」であり、共有のための「コミュニケーションツール」である

[3] プロトタイピングの本質を理解するために「デザイン思考」の考え方が役立つ

[4] 早く（速く）作り、早く失敗して、早く学ぶ。このプロセスを何度も繰り返す。継続的な見直しによってプロジェクトを成功させるという考え方

Before
no folder

After
no folder

02 スケッチからワイヤーフレーム／モックアップへ

広義のプロトタイピングには、ラフにアイデアをカタチにしていく「スケッチ」や、線だけで画面の骨格を描く「ワイヤーフレーム」、プロトタイプ制作の前段階で作られる「モックアップ」などが含まれます。これらの手法に厳密な定義はありません。

1. スケッチとはアイデアを具体的にカタチにすること
2. 「線」だけで骨格を描くワイヤーフレームについて学ぶ
3. 完成品のイメージに近いモックアップについて学ぶ

スケッチとは?

アプリ開発やWebサイト構築などのプロジェクトには、 ラフなスケッチを描きながらアイデアを具体的なカタチにしていくプロセスがあります。丁寧に描く必要がないので、誰でも参加することができます。 プロジェクトに関わるさまざまな人たちが集まって仕様やデザインについて検討するときに有効な手法です。

「スケッチ」と聞くと、スケッチブックに風景や人物などを描く美術分野のイメージがありますが、単純に「絵で表現する」すべての行為だと捉えてください。ペンと紙があれば、誰でも実行できる作業です。絵のうまいヘタはまったく関係ありません。自分のアイデアが伝わればよいのですから、楕円や長方形、矢印などの組み合わせだけでも十分表現することが可能です。

たとえば、 場所を伝えるためのラフな地図などは誰でもそれなりに描くことができるはずです。

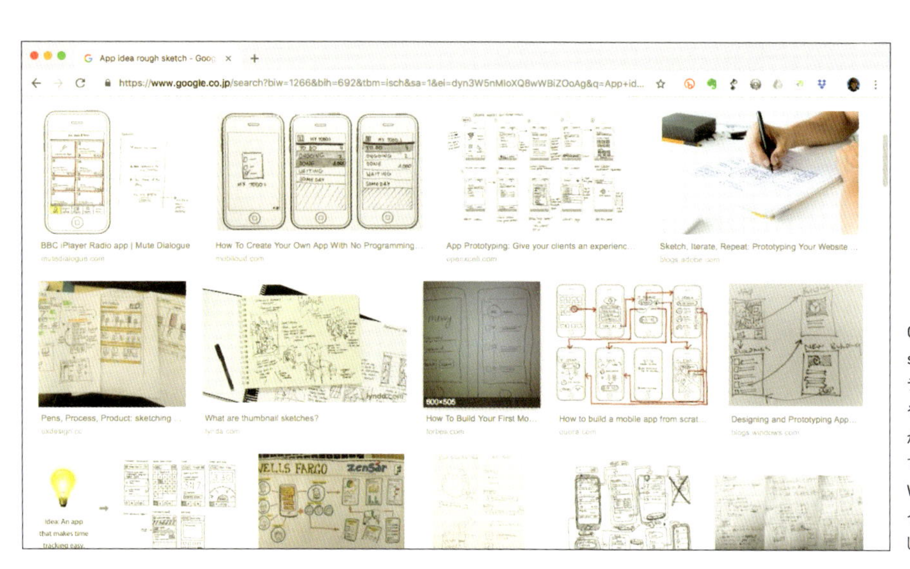

Google画像検索で「App idea rough sketch」と入力した結果。
ラフスケッチ（rough sketch）は、美術やデザインなどの分野で使われる用語だが、人に情報を伝えるためのツールとして誰でも用いることができる手法である。Webデザインでは、サイト構造やページレイアウトのアイデアなどを視覚的に表現したいときに使われる

スケッチからワイヤーフレームへの移行

アプリ開発やWebサイト構築などのスケッチワークで最も用いられるのが「ワイヤーフレーム」です。「線」だけでアプリの画面やWebページの骨格を描いていきます。線が震えていても、途切れていてもまったく問題ありません。ラフスケッチは、あくまでもアイデアを共有するためのツールですから、あとから自由に書き足したり、代案を上書きしていくような手軽さが利点となります。

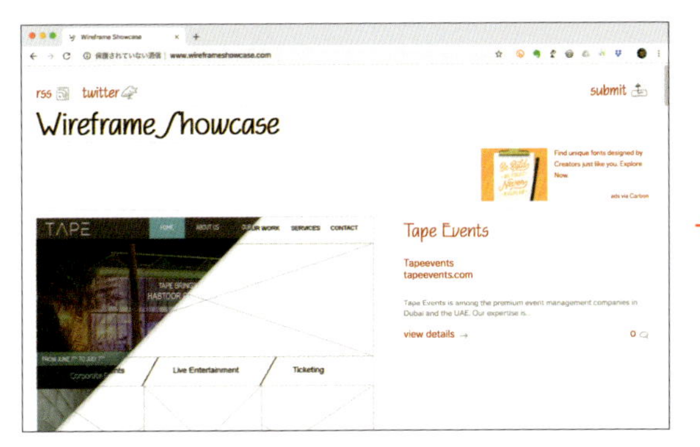

3DCG（コンピュータグラフィックス）の分野ではポピュラーな用語だが、アプリ開発やWebデザインでは画面の骨格を表現するための手法として定着している。アイデアをカタチにしたスケッチをベースにしながら、ヘッダーやコンテンツ、サブコンテンツ、ナビゲーション、フッターなどの領域を枠線で描画していく。ワイヤーフレームを描くための専用ツールもある

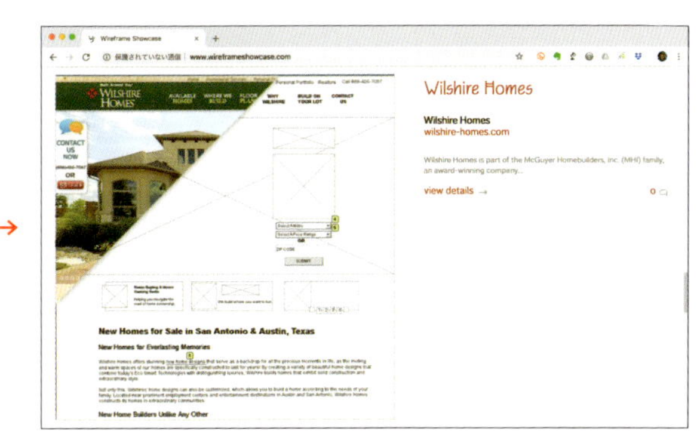

ワイヤーフレームと実際のサイトを比較することができるショーケース
【参考】Wireframe Showcase
http://www.wireframeshowcase.com

ワイヤーフレームは、見栄えを決めるビジュアルデザイン案ではなく、構成要素の大まかな配置を決めたり、画面遷移を一覧するときに役立ちます。描いたスケッチを一覧できるように、壁やホワイトボードなどに貼って意見を出し合うこともあります。小規模なプロジェクトでは、スケッチの段階からデザイナーに任せてしまうことが多いかもしれませんが、初期フェーズでは「しっかり作り込む」より「たくさんアイデアを出す」ことが優先されるので、ミーティングしながらスケッチを描き、その場でカタチにしていくほうが効率的でイメージの共有も進みます。

ワイヤーフレームからモックアップへの移行

ラフスケッチでアイデアをまとめたり、 ワイヤーフレームで画面やページの骨格を決めたあとは、モックアップ（mockup）を作成します。ラフスケッチやワイヤーフレームは「絵」ですが、モックアップは完成品のイメージにかなり近づきます。
プロダクトデザインの分野では、開発する製品の外観に似せて作られた模型のことをモックアップと呼びます。家電量販店のスマートフォン売り場に行くと製品に近い模型が置かれているので、実際に手に取って感触などを確かめることができます。 同様に、Webサイトのモックアップを作成しておくと、 ブラウザ上で表示領域のチェックやスクロールによる閲覧時に問題が発生しないか等、より具体的に検証することができます。

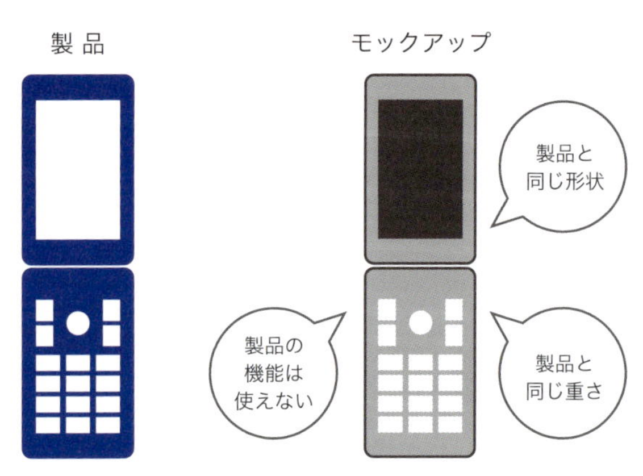

モックアップは製品の外観に似せて作られる模型のことである。「絵」で説明するより、実際に模型を触ってもらった方が感触などを確かめることができるため、完成品をイメージしやすい

モックアップには、 ワイヤーフレームから発展させた静止画ベースのものとプロトタイプ制作の前段階として作られるものがあります。静止画ベースのものは、IllustratorやPhotoshopなどのグラフィックツール、あるいはPowerPointやKeynoteなどのプレゼンテーションツールがよく使われていますが、作図機能があればどのようなツールでも利用可能です。

プロトタイプにつながるモックアップ制作は、Adobe XDやSketchなどのプロトタイピングツールが使われています。 たとえば、 モックアップ段階ではプレースホルダーの配置にとどめておき、 プロトタイプ制作に入ってから実際のデータ(テキストや写真・図など)を挿入していくなど、プロセスでモックアップとプロトタイプを分けて作業を進めることもあります。

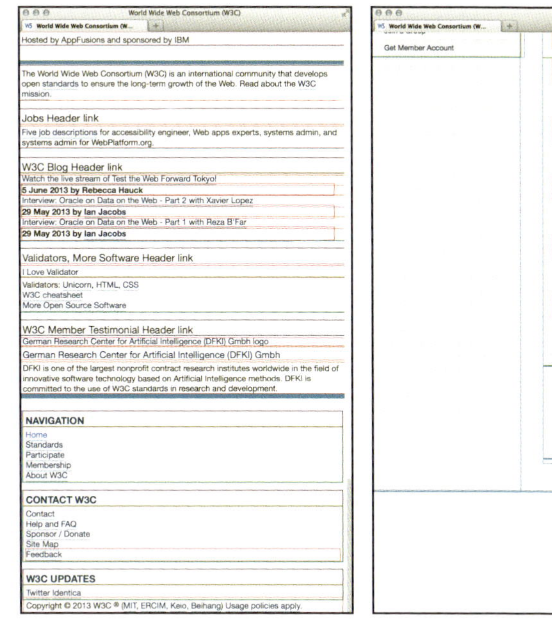

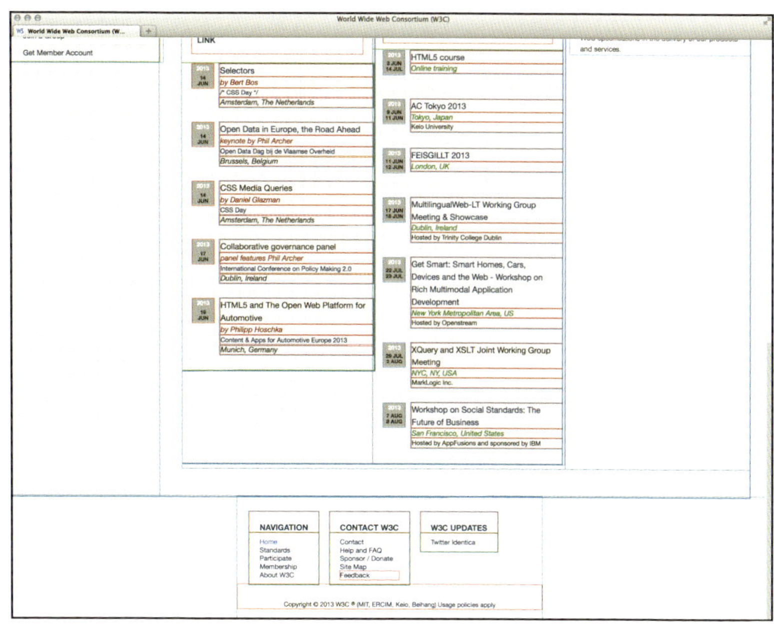

プレースホルダー(placeholder)は代替物のこと。ダミーのテキストは「プレースホルダーテキスト」、図版などは「プレースホルダーイメージ」と呼ばれる。Dreamaweaverなどの Web制作ツールには、プレースホルダーを挿入する機能が搭載されている

まとめ

[1] ラフスケッチは、あくまでもアイデアを共有するためのツールである

[2] ワイヤーフレームは「線」を使ってアプリの画面やWebページの骨格を描く手法として定着している

[3] モックアップの定義は曖昧で分野/業界によっても解釈が異なる

[4] モックアップのテキストや図版、装飾などはダミー(プレースホルダー)を配置し、プロトタイプに展開するときに各種データが挿入される

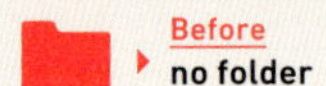

03 アイデアの発想や問題解決に役立つ考え方を知っておこう

プロトタイピングは、しっかり計画を行なってから始めるのではなく「作りながら考える」 手法です。ただし、無尽蔵にアイデアを出せる人はいません。発想も枯渇するので、効果的な発想法やフレームワークについて知っておくとよいでしょう。

1. プロトタイピングは「作りながら考える」手法であることを理解する
2. 実践する前に、実績のある発想法やフレームワークについて知っておく
3. ARやVRのコンテンツ制作において役立つレスポンシブ・アーキテクチャの概念について知っておく

物事の全体を捉えることの重要性を理解する

アイデアを出したり、 問題解決のプロセスで役に立つ「氷山モデル」と呼ばれるフレームワーク(枠組み) があります。「これは氷山の一角だ」「物事の本質を見よう」 といった表現を聞いたことがあると思いますが、これらは表面に現れていること(見えているもの)は「全体のほんの一部」でしかないということを表した言葉です。

「氷山モデル」 では、 見えていない部分に対して「行動のパターン」、行動パターンを引き起こした「構造」、そして構造をつくりだす「メンタルモデル」 は何かを探っていきます。 表面的にとらえるのではなく、 全体像を俯瞰した上でさまざまな要素のつながりとして理解していくわけです。

構成要素の一部ではなく全体の関係性を考慮する

クルマを例にすると理解しやすくなります。各部品 (構成要素) は互いに影響しあい、相互作用を生み出しています。エンジンの働きによってタイヤが回転し、ハンドルをまわすと前輪が動いて移動する方向を変更します。当然ですが、エンジンを取り出してしまうとクルマは動きません。ハンドルを取ってしまうとクルマを操作できなくなります。
つまり、構成要素の一部分を見ただけでは、全体の働きを理解することはできないということです。構成している要素は「つながっていて」「その間に相互作用がある」という、簡潔に言えば「個々を見るのではなく関係性に注目し、考察していくこと」が重要なのです。

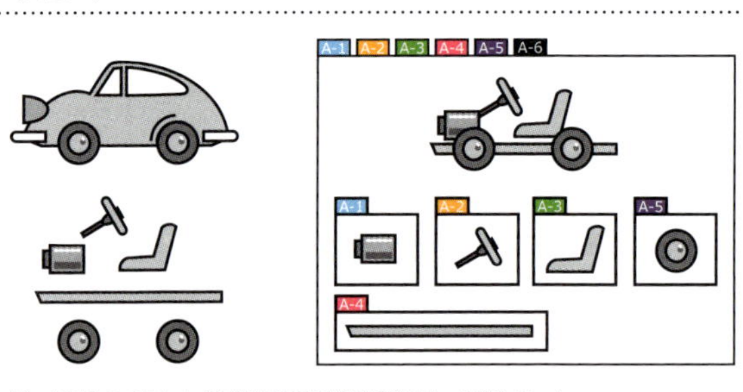

個々を見るのではなく、構成要素の関係性に注目し、考察していく

身近な問題を考えてみましょう。いつも会議に「遅刻する人」の行動パターンを探ります。「いつも余裕がなくギリギリまで作業をやっている」 というパターンだったとします。では、どのような構造によって行動パターンを引き起こしたのか考えてみます。「自分のスキルよりも難易度の高い (調査や資料作りなどの) 作業を任されている」といった構造が多いのではないでしょうか。

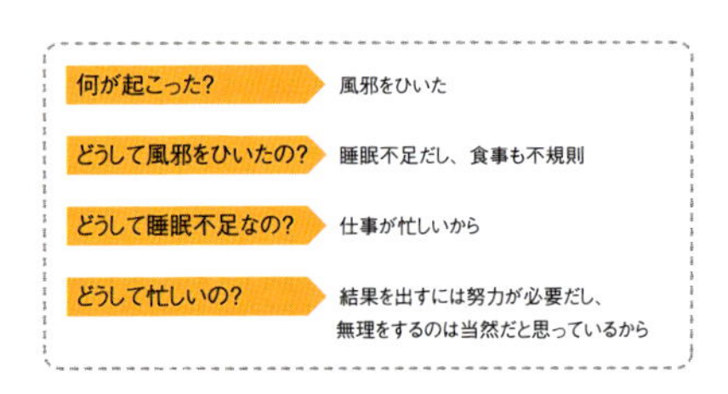

そして、「完璧に作業をこなすべき」という暗黙の前提、あるいは信念を持っていることが考えられます。これが構造を成立させているメンタルモデルになります。このようにメンタルモデルが明らかになれば、本質的な問題解決につなげていくことが可能になります。「氷山モデル」の図を見れば、「見えているもの」「見えていないもの」があり、水面下に隠れている「パターン」「構造」「メンタルモデル」の重要性が理解できると思います。

どうして？　なぜ？　と聞いていくのが、このフレームワークのポイントです。

この最後の「メンタルモデル」がわかると、問題解決につなげられる可能性が出てきます。

なかなかアイデアが出ないときには、「氷山モデル」をスケッチブックに描いて、パターン、構造、メンタルモデルをラフに書き込んでいくとよいでしょう。アイデアのプロトタイピングのようなものです。

氷山モデルは「システム思考」と呼ばれるアプローチの1手法です。この「システム」は、物理的なものだけでなく、組織や社会、経済、そして地球環境の規模まで存在しています。いたるところに「システム」があります。

「システム思考」そのものを理解するのは容易なことではないので、プロトタイピングに役立つ考え方として取り出し紹介しました。ぜひ活用してみてください。

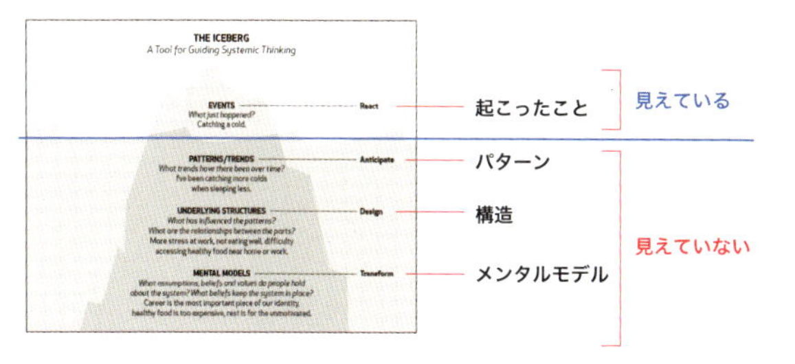

システム思考モデル：アイスバーグ
【参考図の引用】 A SYSTEMS THINKING MODEL:
THE ICEBERG - Northwest Earth Institute
https://nwei.org/iceberg/

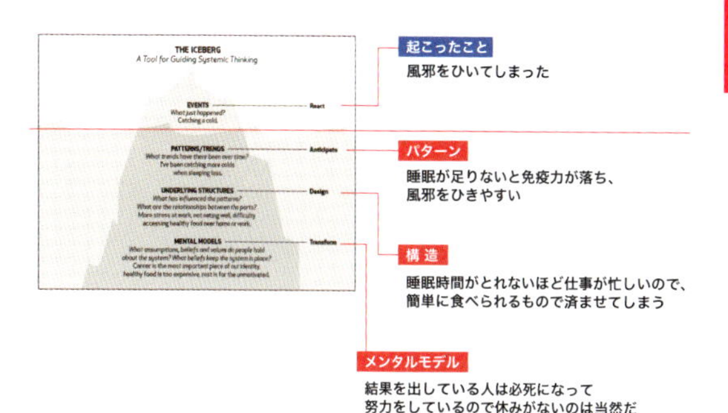

いつも仕事の大詰めで体調を崩してしまう人のメンタルモデルを探る。「免疫力が低下することで風邪をひきやすい」がパターン。そのパターンを引き起こす構造は「作業が忙しくなり、食事が不規則、睡眠不足の生活が続く」。その人には「優秀な人ほど徹夜をして頑張っている」「良い結果を出したいなら、休息している場合ではない」といった意識・無意識の前提がある。これがメンタルモデルだ

イマーシブメディア（没入型メディア）のプロトタイピング

現在のWebサイト制作において必須の開発アプローチとなった「レスポンシブWebデザイン」は、2010年に発表された1つの記事が発端となって世界に広まっていきました。この手法が生まれた背景にはレスポンシブ・アーキテクチャという概念があり、今後増えてくるVRやARコンテンツのプロトタイピングにも関わる大変有効な考え方になっています。

レスポンシブWebデザインは、ボストンのウェブデザイナー／開発者であるイーサン・マルコッテ氏がウェブマガジン「A List Apart」に寄稿した2010年5月の記事「Responsive Web Design」で詳細が公開されました。世界中のWeb制作者がこの新しい手法に注目し、2013年頃から多くの企業が自社サイトにレスポンシブWebデザインを採用し始めました。

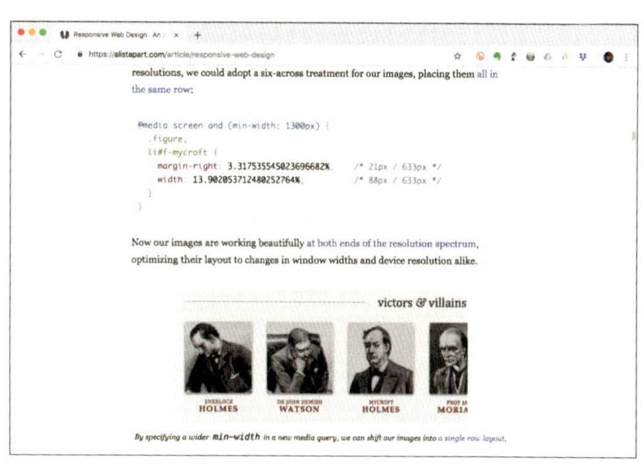

2010年5月25日にA List Apartで公開された「Responsive Web Design」。この記事によって、マルチデバイス時代に有効な開発アプローチとして世界中に広まる
Responsive Web Design · An A List Apart Article
https://alistapart.com/article/responsive-web-design

マルコッテ氏は、この記事の中で「レスポンシブ・アーキテクチャ（Responsive Architecture）」からインスピレーションを得たと書いています。レスポンシブ・アーキテクチャとは、物理的形状を動的に変化させることが可能な変形機構を持つ建築物のことで、その概念については1970年代から提唱されています。私たちの身近にあるレスポンシブ・アーキテクチャの実例で最もわかりやすいのが開閉式のドームスタジアムです。試合を観戦中、大雨になった場合、屋根のないスタジアムでは、観客は傘をさしたり、レインコートを着て対応しますが、開閉式の屋根を持つスタジアムなら、数分で雨を遮断することができます。

マルコッテ氏は、室内におけるプライバシーを守る仕組みとして、スマートガラスの技術を紹介しています。人が集まると透明なガラスが自動的に不透明になり、パーティションとして機能するというテクノロジーです。

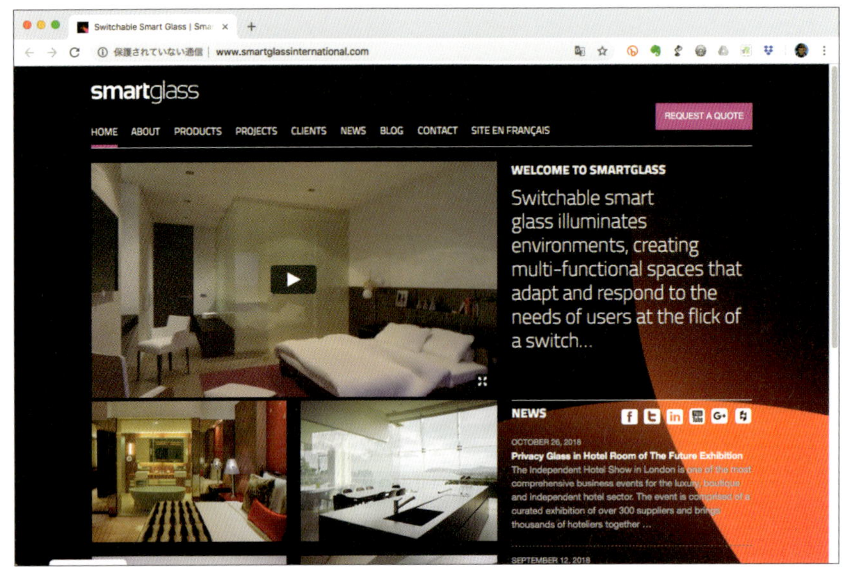

人の行動にあわせて透明から不透明に変化するスマートガラスの技術
Switchable Smart Glass | Smartglass International
http://www.smartglassinternational.com/

この「人間の行動にあわせて建築物の方が「適応」する」というレスポンシブ・アーキテクチャの概念は、Webデザイナーにとっても応用できるものだと考え、2009年3月にまず「A List Apart」にページレイアウトを保持した状態でウィンドウの可変に適応する手法「Fluid Grids」を掲載しました。

さらに同年4月には、マルコッテ氏のサイト「Unstoppable Robot Ninja」に画像やビデオなどを可変ウィンドウに適応させる「Fluid Images」について解説。そして、翌年の5月に「Responsive Web Design」という開発アプローチが公開されることになります。

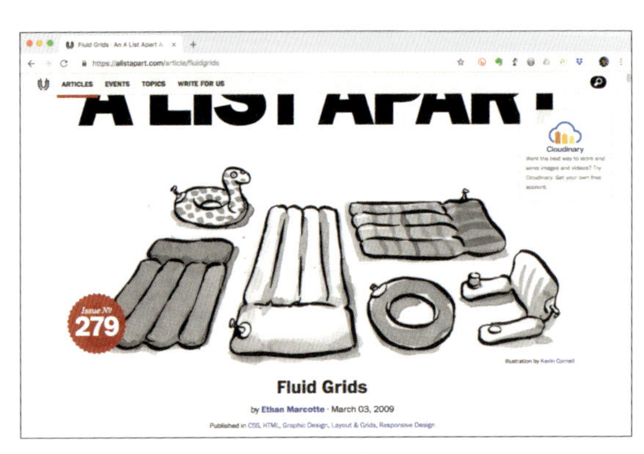

ブラウザーのウィンドウ可変に適応させるための手法を解説
Fluid Grids · An A List Apart Article
https://alistapart.com/article/fluidgrids

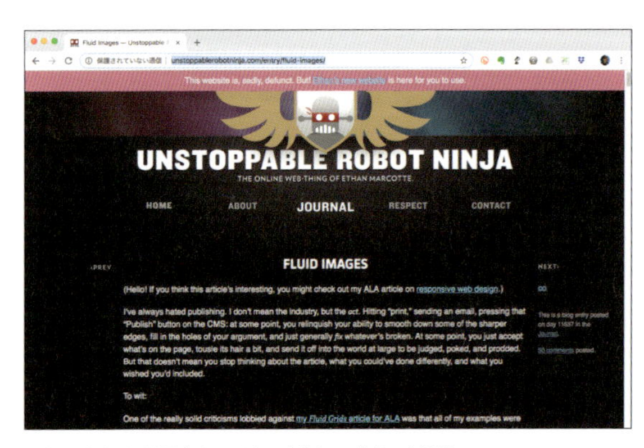

画像やビデオなどを可変ウィンドウに適応させる仕組みを解説
Fluid Images - Unstoppable Robot Ninja
http://unstoppablerobotninja.com/entry/fluid-images/

現在、レスポンシブ・アーキテクチャの概念は、VR（バーチャル・リアリティ：仮想現実）やAR（オーグメンテッド・リアリティ：拡張現実）の技術によって新しいタイプの作品や最先端のシステム開発などで具現化されつつあります。

Adobeは、ARのコンテンツをプログラミングなしで開発できるオーサリングツールを用意し、デザイナーが使い慣れているPhotoshopやDimensionを使って容易にデザインできる環境を提供しています。

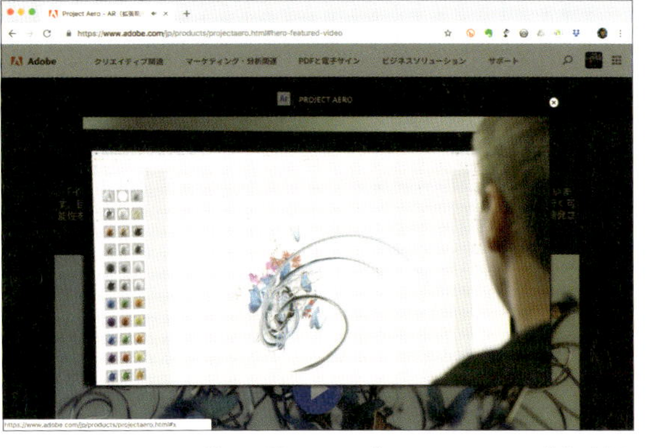

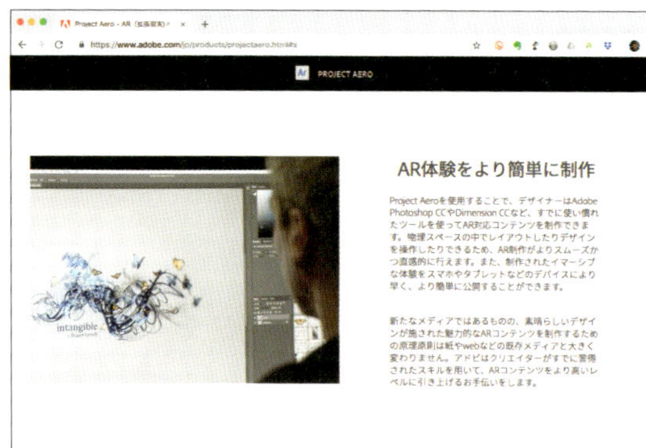

Adobeが提供しているAR（拡張現実）オーサリングツール。AdobeはAR技術を採用した創作物を「イマーシブメディア（没入型メディア）」と呼んでいる

Project Aero
https://www.adobe.com/jp/products/projectaero.html

今後、デザイナーは2Dのスクリーンメディアだけではなく、AR（拡張現実）のコンテンツやスクリーンが存在しない音声制御コンテンツなどのプロトタイピングにも挑戦しなければいけない時代がやってきます。すでに、Adobe XDには音声コマンドを使ったインタラクティブなプロトタイプを制作する機能が搭載されています。
事例が少なく技術進歩が速い新しいメディアのプロトタイピングには、実績のある発想法やフレームワークなどを身につけて、実践していくしかありません。

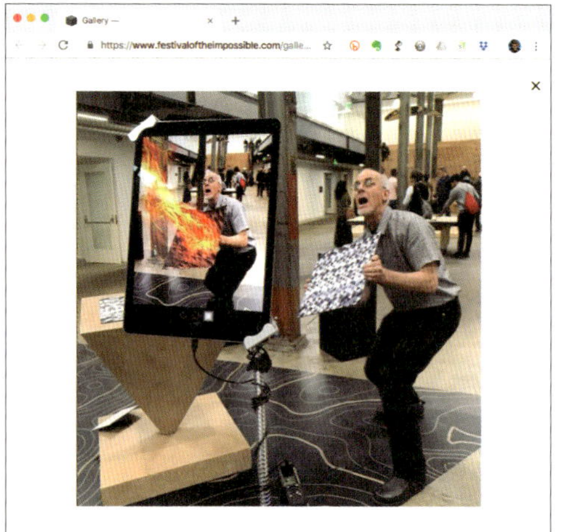

2018年6月8～10日にサンフランシスコで開催されたイマーシブアートの展示会「Festival of the Impossible」
Gallery
https://www.festivaloftheimpossible.com/gallery/

まとめ

[1] プロトタイピングは、しっかり計画を行なってから始めるのではなく「作りながら考える」手法

[2] 新しいメディアのプロトタイピングを実践する前に、実績のある発想法やフレームワークについて知っておくとよい

[3] 「氷山モデル」と呼ばれるフレームワークは、アイデアを出したり、問題解決のプロセスで役に立つ

[4] AR（拡張現実）コンテンツや音声制御コンテンツなどのプロトタイピングも増えてくる

[5] ARやVRのコンテンツ制作においてレスポンシブ・アーキテクチャの概念は役立つ

>PART 1

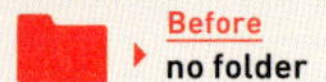

04 プロジェクトとアジャイル開発手法について学ぼう

プロトタイプ制作のやり方はさまざまです。プロジェクトの規模や予算、携わる人数などで変わってきます。また、開発手法によっても異なります。ここでは、開発と評価を何度も繰り返しながら適応的に進めるアジャイル開発手法について学習します。

1. プロジェクトとは、ある目標を達成するための「計画と遂行」であり、会社の規模や構成などによって進め方は大きく異なる
2. アジャイルモデルは「必要最小限の機能の製品」をリリースしながら、適応的に開発を進めていく
3. アジャイルという一つの手法があるのではなく、さまざまな開発手法に対して「アジャイル」という言葉を使って総称している

プロジェクトとは?

プロジェクト(Project) とは、ある目標を達成するための「計画と遂行」です。企業の大小問わず、頻繁にプロジェクトが実行されています。たとえば、「引っ越し」などもプロジェクトとして捉えることができるので、個人レベルでも日常的に実行されるものです。企業によって若干異なりますが、新製品の開発は「プロジェクト」として遂行され、生産や販売、販促などは「定常業務」で進められます。

形態	内容
定常業務	固定的な組織(部署)で、決められた手順を役割分担で継続的に遂行していく。繰り返し行われる業務(ルーチンワーク)のこと
プロジェクト	メンバーを招集し、チームをつくり、定常業務では対応できない新規事業や不確実性の高い未知の領域に取り組む。期間が設定され、完了するとチームは解散する

プロジェクトの計画と遂行の責任を負う管理者を「プロジェクトマネージャー」と呼びます。また、プロジェクトチームには必ずチームリーダーがいます。ステークホルダーには顧客やエンドユーザー、母体組織などが含まれます。

プロジェクトをマネジメントすることを、文字どおり「プロジェクトマネジメント(Project Management)」と呼びます。プロジェクトを成功させるために、品質やコスト、スケジュールなどを管理する手法です。通常、経験豊富なベテランが独自に工夫を重ね、チームを指導しながら進めていきますが、マネジメント手法として形式知化された「PMBOK (Project Management Body of Knowledge:ピンボック)」という知識体系ガイドがあり、事実上の標準として普及しています。

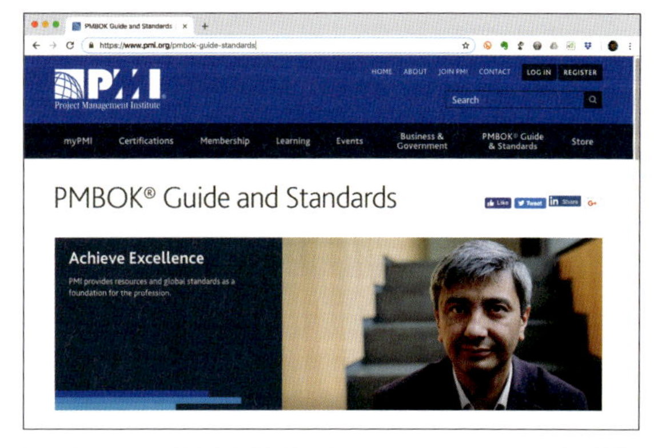

PMBOKは、アメリカの非営利団体PMI(Project Management Institute)が策定。PMIが認定する国際資格「PMP」(Project Management Professional)があり、日本でも取得者が増えている

【参考】PMBOK Guide and Standards | Project Management Institute - PMI
https://www.pmi.org/pmbok-guide-standards

プロジェクトの進め方

会社の規模や構成などによって、プロジェクトの進め方は大きく変わります。コミュニケーションツールとしての「プロトタイプ」ツールは、人数が多く組織化されている企業ほど重要度が増していきます。

規模	内容
数人の会社	一応、役割分担が決まっているが、職域横断的に進められる。デザインの会議に営業の人も参加するなど、一緒になって考えることもある。プロトタイピングがワークフローに組み込まれていない場合も多く、日常のやり取りの中で意思決定されていく
数十人の会社	組織化が進み、仕事Aチーム、仕事Bチーム、仕事Cチームのようにチームで作業を進めるようになる。経験豊富なベテランがメンターとなり、チーム内で互いに教え合う環境になっていく。スポーツのように「ベテランの暗黙知から新人の暗黙知」へと引き継がれていくイメージ ※「暗黙知」とは、長年の経験から身につくもので「自転車の乗り方」がわかりやすい。実践を繰り返すことで身につけることができるが、言葉で説明したり、文書化するのが難しい
数百人の会社	さらに組織化が進み、各チームにはリーダー（プロジェクトリーダー）がつく。プロジェクト全体の全責任を持つプロジェクトマネージャーや発注者であるプロダクトオーナーなど、たくさんの人が集まり、組織化、組織編成が行われ、「権限」や「責任範囲（自分の仕事はここからここまで）」の重要度がより顕著になっていく

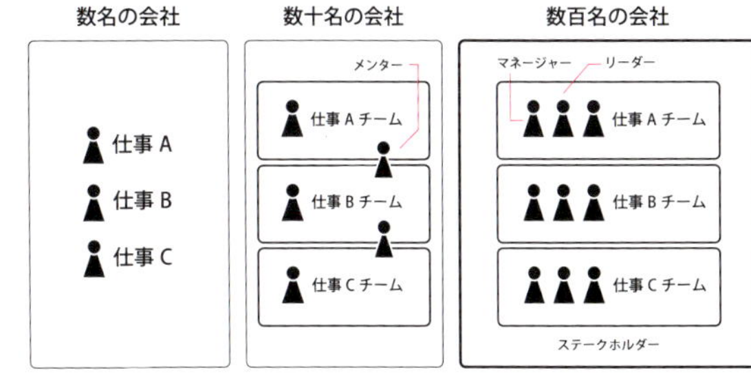

会社の規模や構成などによってプロジェクトの進め方は大きく異なる

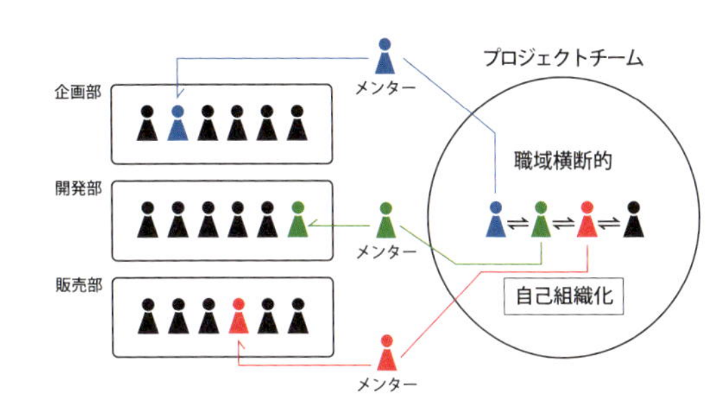

一部の企業では、さまざまな部署から選抜されたプロジェクトチームがつくられ、職域横断的に進められることがある

開発手法の種類と特徴

ウォーターフォールモデル

代表的な開発手法を見ていきましょう。開発手法には、大まかにウォーターフォール、スパイラル、アジャイルなどに分けることができます。ウォーターフォールモデルは、最初に仕様を決めて順序立てて進めていく手法で大規模な開発に適しています。図を見るとわかりますが上流から下流に滝が流れて落ちるように進行します。工程ごとに作業が進み、頻繁に打ち合わせしなくてもよいため、コミュニケーションのコストは抑えられますが、仕様変更に弱く、完成品がなかなか出てきません。

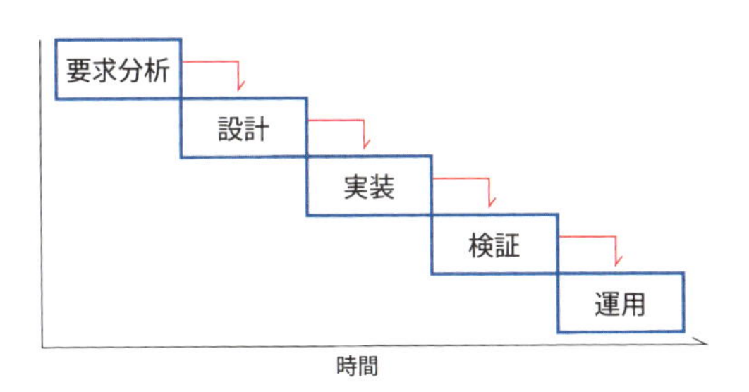

大規模な開発に適しており、最初に仕様を決めて順序立てて進められる。上流から下流に滝が流れて落ちるように進行する。仕様変更に弱いが、コミュニケーションコストは抑えられる。完成品はなかなか出てこない

スパイラルモデル

ウォーターフォールは1回で完了しますが、スパイラルモデルは「ウォーターフォールを何度も繰り返す」手法だと理解してください。実際に動くプロトタイプを作り、スクラップ＆ビルドを繰り返していきます。コスト増になっていく可能性がありますが、大きな手戻りが発生しにくいことが利点だといえるでしょう。

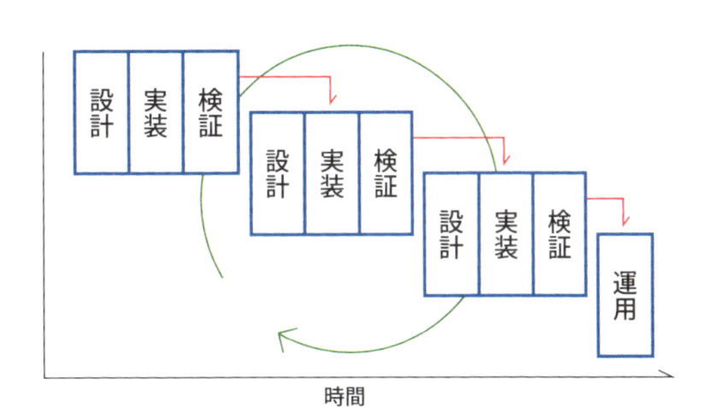

ウォーターフォールは１回で完了するが、スパイラルは「ウォーターフォールを何度も繰り返す」。実際に動く完成品を作り、スクラップ&ビルドを繰り返す。大きな手戻りが発生しにくいが、コスト増になる可能性がある

アジャイルモデルとスパイラルモデルの違い

図を見ると、スパイラルモデルとアジャイルモデルはとても似ていることがわかります。どこが異なるのでしょう？

スパイラルモデルは、しっかとした仕様を決めてからプロトタイピングを繰り返します。一方、アジャイルモデルは仕様書よりも実際に動かすことを優先します。つまり、計画に従うことより、変化に対応する／適応することを価値としています。

※仕様をまったく決めないわけではありません。何を価値とするのかの違いです。

アジャイルモデルは「必要最小限の機能の製品」を早期に（すばやく）リリースしながら、開発と評価を何度も繰り返し、適応的に、開発を進めていく方法です。この「適応的に」というのは、計画に従うことより、変化に適応していくことを価値としているということです。

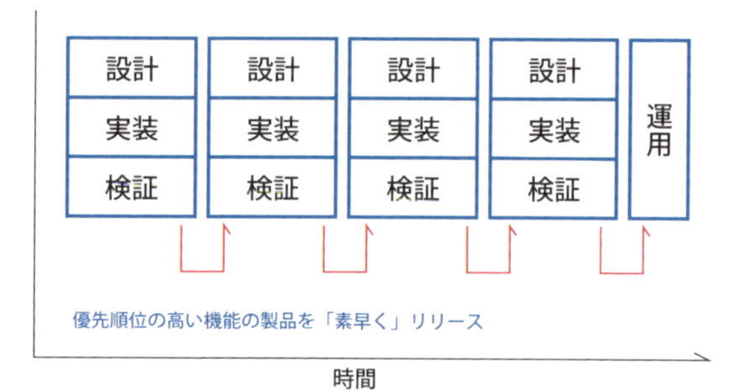

必要最小限の機能の製品を早期にリリースし、開発・評価を何度も繰り返し、適応的に開発を進めていく。スパイラルモデルは、しっかとした仕様を決めてからプロトタイピングを繰り返すが、アジャイルモデルは仕様書よりも実際に動かすことを優先し、計画に従うことより変化に対応することを価値としている
※仕様をまったく決めないわけではない。あくまで優先度の違い

必要最小限の機能の製品とは?

必要最小限の機能の製品というのは、開発途中の「未完成品」ではありません。製品の途中を見せていくと図のようになってしまいます。

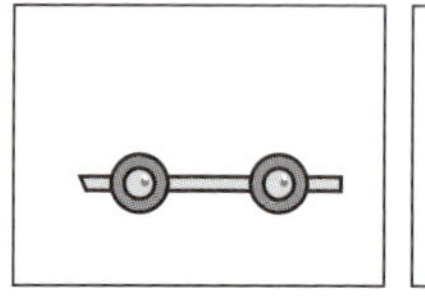
Process-1

Process-2

Process-3

Process-4

完成するまで運転することができない。開発途中の「未完成品」でしかない

必要最小限の機能の製品というのは、必要最小限でも「完成している」ということです。安定して動くことを保証しながら、進めていくのが特徴です。

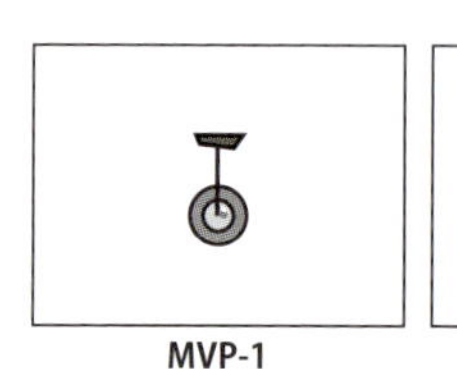
MVP-1

MVP-2

MVP-3

MVP-4

必要最小限の機能の製品というのは、開発途中の「未完成品」ではない。必要最小限でも安定して動く「完成品」をリリースしていくことである

アジャイルソフトウェア開発宣言

アジャイル（Agile）とは、動きが「機敏」「すばやい」という意味です。つまり、アジャイルソフトウェア開発＝すばやいソフトウェア開発、と解釈できます。

アジャイル開発は、RAD：Rapid Application Development（1991年）、Crystal（1992年）、DSDM：Dynamic Systems Development Method（1994年）、Scrum（1995年）、FDD：Feature-Driven Development（1997年）、XP：Extreme Programming（1999年）など、1990年代からさまざまな開発手法が実践されていますが、2001年にアジャイル開発手法を提唱する17名が集まり共同宣言をします。これが「アジャイルソフトウェア開発宣言」です。

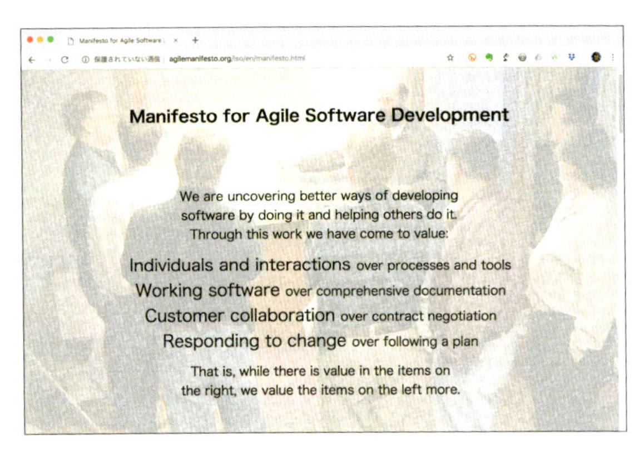

Manifesto for Agile Software Development
http://agilemanifesto.org/iso/en/manifesto.html

> **Manifesto for Agile Software Development**
>
> We are uncovering better ways of developing
> software by doing it and helping others do it.
> Through this work we have come to value:
>
> Individuals and interactions over processes and tools
> Working software over comprehensive documentation
> Customer collaboration over contract negotiation
> Responding to change over following a plan
>
> That is, while there is value in the items on
> the right, we value the items on the left more.

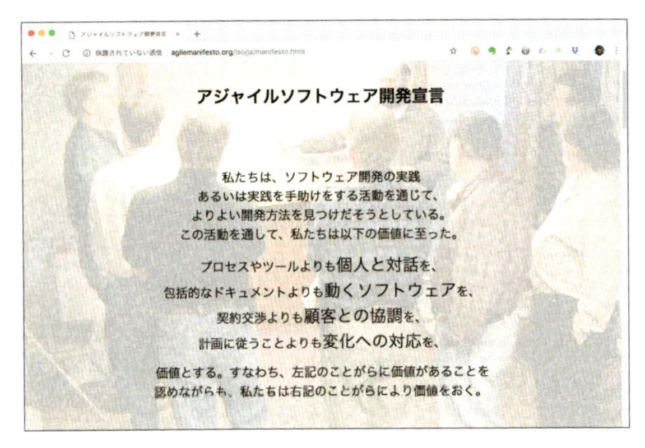

アジャイルソフトウェア開発宣言
http://agilemanifesto.org/iso/ja/manifesto.html

> **アジャイルソフトウェア開発宣言**
>
> 私たちは、ソフトウェア開発の実践
> あるいは実践を手助けをする活動を通じて、
> よりよい開発方法を見つけだそうとしている。
> この活動を通して、私たちは以下の価値に至った。
>
> プロセスやツールよりも個人と対話を、
> 包括的なドキュメントよりも動くソフトウェアを、
> 契約交渉よりも顧客との協調を、
> 計画に従うことよりも変化への対応を、
>
> 価値とする。すなわち、左記のことがらに価値があることを
> 認めながらも、私たちは右記のことがらにより価値をおく。

たとえば、2番目に記されている「「包括的なドキュメント」よりも「動くソフトウェア」を」は、仕様書などのドキュメントを書くのに時間をかけるより、実際に動くソフトウェアを重視します。「仕様書を書かない」ということではありません。仕様書はもちろん重要だけど、実際に動くソフトウェアはもっと重要だと解釈してください。

注意してほしいのは、アジャイルという一つの手法があるのではなく、ウォーターフォールとは異なるさまざまな開発手法に対してあとから「アジャイル」という言葉を使って、総称しているということです。「アジャイルを導入したい」と聞かれた場合は、スクラムですか？ XPとのハイブリッドですか？ のように確認することになります。

2003年、メアリー・ポッペンディークとトム・ポッペンディークが「Lean Software Development: An Agile Toolkit」という解説本を発表しました。国内でも2004年に「リーンソフトウェア開発　アジャイル開発を実践する22の方法」という書籍名で販売されています。製造業から生まれたリーン生産方式と1990年代から実践されていたアジャイル開発の共通点を見出し、「リーンソフトウェア開発」として説いた啓蒙書です。リーンとアジャイルの共通点というのは「顧客を重視する」ことです。顧客のニーズを把握するために、無駄なことを排除し、流れを可視化し「小さく」かつ「迅速」に提供していくというものです。

Principles of Lean Software Development
「リーンソフトウェア開発」の原則

1. Eliminate waste　無駄を排除する
2. Amplify learning　学び知識を獲得する
3. Decide as late as possible　可能なかぎり決定を遅らせる
4. Deliver as fast as possible　できるだけ速く提供する
5. Empower the team　チームに権限を与える
6. Build integrity in (the product)　品質を作り込む
7. See the whole (process)　全体を最適化する

Adobe XDがまさに、リーンソフトウェア開発／アジャイル開発で進められています。必要最低限の機能だけを搭載し、ユーザーの声を聞きながら「小さく」かつ「迅速に」リリースしている製品です。

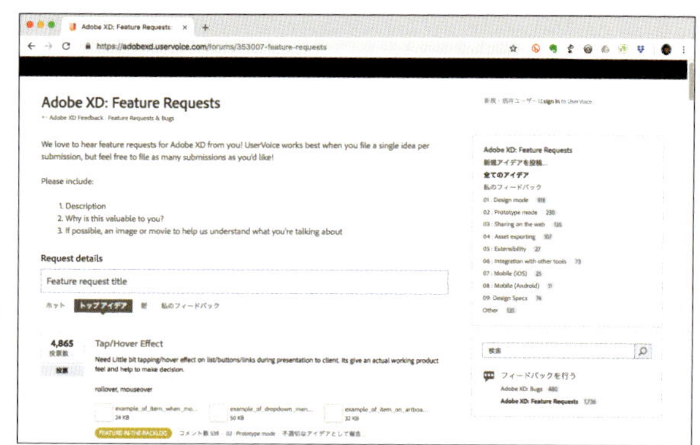

ユーザーの声を集める「UserVoice」。搭載してほしい機能やバグ報告などを世界中のユーザーから集め、開発に反映させている。Adobe製品の中で毎月アップデートしているのはXDだけである
Adobe XD Feedback : Feature Requests & Bugs - UserVoice
https://adobexd.uservoice.com/

まとめ

[1] プロジェクト(Project)とは、ある目標を達成するための「計画と遂行」

[2] 会社の規模や構成などによって、プロジェクトの進め方は大きく異なる

[3] 開発手法は、大まかにウォーターフォール、スパイラル、アジャイルなどに分けることができる

[4] アジャイルモデルは「必要最小限の機能の製品」を早期にリリースしながら、開発と評価を何度も繰り返し、適応的に開発を進めていく方法

[5] 必要最小限の機能の製品というのは、開発途中の「未完成品」ではない。必要最小限でも安定して動く「完成品」のことである

[6] アジャイルという一つの手法があるのではなく(ウォーターフォールとは異なる)さまざまな開発手法に対してあとから「アジャイル」という言葉を使って総称している

基礎

>PART 2

プロトタイプ制作の基本を理解する

プロトタイプ制作にはいくつかのレベルがあり、「簡易なもの」か「完成品に近いもの」かで作業の進め方が変わります。また、すべてを一から作るよりもUIキットなどのテンプレートを活用した方が効率的です。PART2では、最低限知っておくべきプロトタイプ制作の基本を学習していきます。

>PART 2

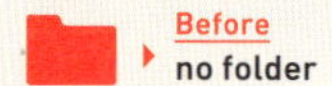

01 モバイルアプリの基本的なUIパターン

アプリのデザインにはいくつかのルールがあります。OSの開発ガイドライン・デザインガイドラインやアプリケーションソフトの「慣例」などを理解しておかないと、ユーザーにとって「使いにくい」アプリになってしまいますので注意しましょう。

1. アプリのデザインに関してはAppleやGoogle、Microsoftからガイドラインが提供されている
2. アプリの「慣例」に沿ってデザインすることでユーザーに安心感を与えられる
3. 各社から提供されているUIキットを活用して効率よく作業を進める

モバイルアプリの慣例に沿ったデザインを意識する

アプリケーションソフトの使い方はそれぞれ異なりますが、 アイコンをタップ（ダブルクリック）して起動できることや、起動中にスプラッシュスクリーンと呼ばれる画面が表示されることなど、 共通する振る舞いがたくさんあります。 このような「慣例」 に沿ってデザインしておけば、 ユーザーが期待したとおりのアプリになり得ますが、 慣例を逸脱した今までにない表現を採用した場合、 多くのユーザーは違和感を感じるはずです。

ゲームアプリなどの娯楽分野では、独創性がインパクトを与え、他製品との差別化になりますが、大半のアプリは慣例に沿ってユーザーに安心感を与えることを優先したほうがよいでしょう。 何より（新たに覚えることが増えないので） 教育コストの低さが製品の優位性を高めることにもつながります。

→ モバイルアプリの慣例について確認する

01 それでは、モバイルアプリを使って「慣例」について確認していきましょう（ここでは「Adobe Spark Post」というアプリを使います）。

まずアプリを起動すると「スプラッシュスクリーン」が表示されます。起動してすぐにメイン画面が表示されなくてもユーザーは慌てません。大半のアプリがこのスプラッシュスクリーンを採用しているからです。データの読み込みに時間がかかるアプリなどは、スプラッシュスクリーンの中に進捗状況を表すプログレスバーなども表示します。

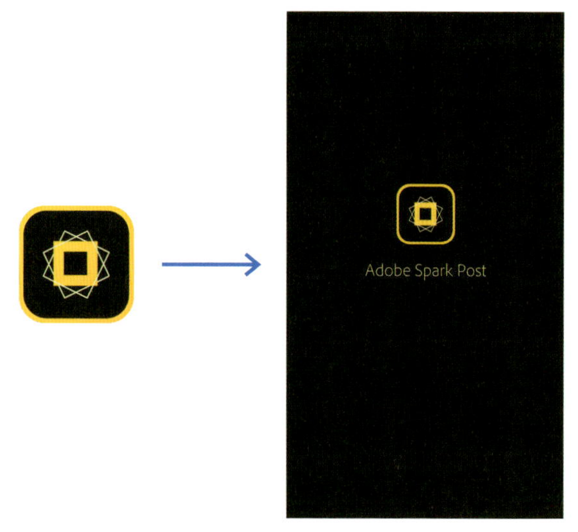

アプリケーションソフトのアイコンをタップすると、まずスプラッシュスクリーンが表示される

Adobe Spark Post
（App Store）
https://itunes.apple.com/jp/app/adobe-spark-post/id1051937863?mt=8
（Google Play）
https://play.google.com/store/apps/details?id=com.adobe.spark.post&hl=ja

02 ▸ 初期設定やユーザー登録が必要なアプリは専用画面を表示しますが、その前に「オンボーディング」と呼ばれる「このアプリで何ができるのか、他の製品との違いはなにか」といった特徴をユーザーに説明する複数の画面を表示することがあります。
通常は、スワイプしながら画面を切り替えていく紙芝居のようなスタイルになっています。このオンボーディングについても多くのモバイルアプリが採用しているので、ユーザーが混乱することはありません（ただし、画面数が多かったり過度な動的演出でユーザビリティが低下します）。

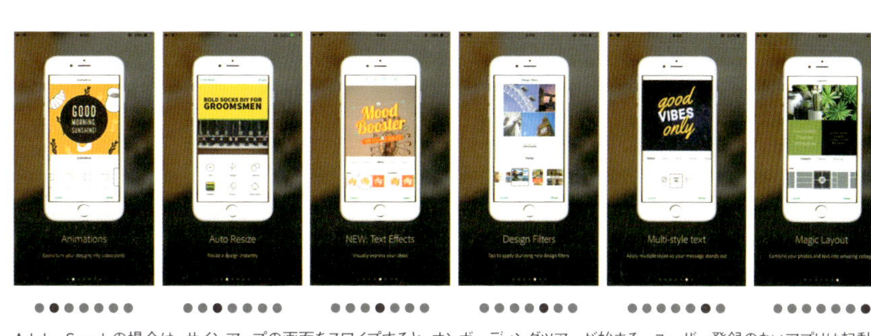

Adobe Sparkの場合は、サインアップの画面をスワイプすると、オンボーディングツアーが始まる。ユーザー登録のないアプリは起動後すぐにオンボーディングが表示される

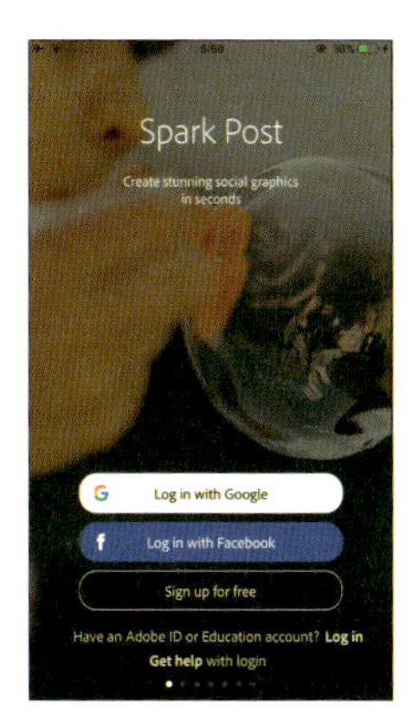

ユーザー登録を必要とするアプリは最初にサインアップなどの専用画面を表示する

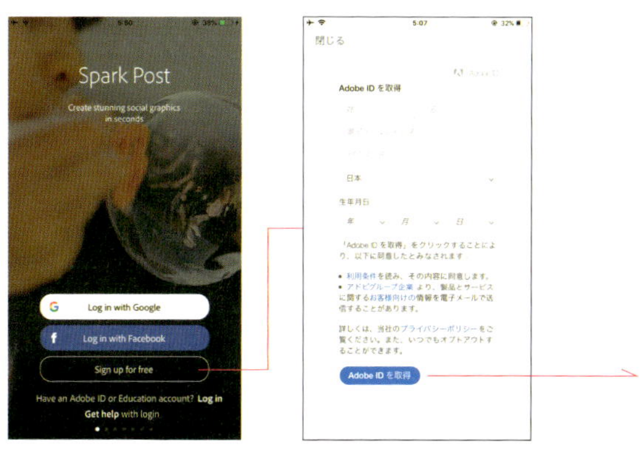

サインアップの専用画面から手続きの画面に移動する。入力項目は最低限におさえて、可能なかぎり手続きを簡素化することが重要

03 ▸ 初期設定やユーザー登録が必要な場合は、可能なかぎり手順を減らして簡素化しなくてはいけません。初めてアプリを起動したあとの「最初の難関」といってよいでしょう。ここで「面倒だ」と感じさせてしまうと、多くのユーザーはアプリを終了することになります。もう二度と起動されないアプリになってしまう可能性もあるので、手続きの画面は特に検証が必要になります。

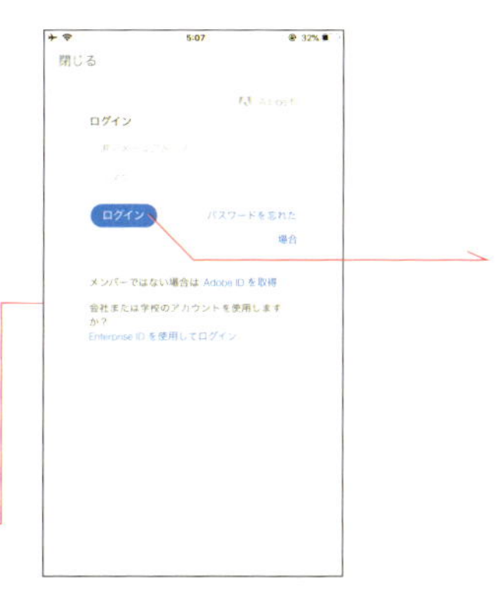

すでに登録を済ませているユーザーに対しては、ログイン画面を表示するための説明文を提示する。長い文章だと「読まれない」ため、ログインしたいユーザーが戸惑ってしまうことがあるので一目でわかる簡潔な文にしなくてはいけない

04 ▸ 選択肢が多い場合は「スクロール」UIが採用されます。モバイルアプリはメニューから項目を選択するより、指をすべらせながら選べるスクロールの方が使いやすいため、このアプリのように左右にスクロールさせて項目を選択させるデザインが一般的です。

メイン画面の上部にテンプレートのカテゴリ名が表示されているが、数が多いため左右にスクロールできる仕様になっている。メニューで表示するより使いやすい。iOS版の場合は、新規作成ボタンが下部の中央に配置されており、右上のアイコンをタップすると設定画面に切り替わる

モバイルアプリの慣例は、OSごとの開発ガイドラインやデザインガイドラインによって異なることがあります。Adobe Spark Postの場合もiOS版とAndroid版では一部のUIが異なっています。iOS（iPhoneやiPad）のユーザーが慣れ親しんでいる使い方と、Andoridユーザーが使い慣れている操作が完全に一致しているわけではありませんので、このような違いは当然出てきます。

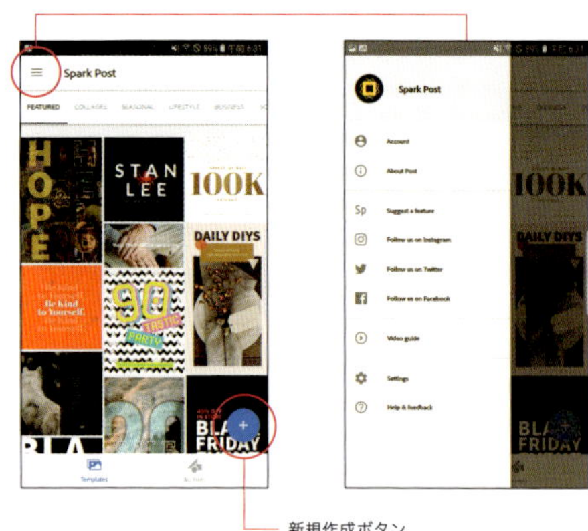

Android版の場合は、新規作成ボタンが下部の右端に配置されており、右上のアイコンをタップするとサイドメニューが表示される。同じアプリでも、OSの開発ガイドラインによってUI（ユーザーインターフェイス）が異なることもある

代表的なUIパターン

代表的なUIパターンを紹介しておきましょう。すでに取り上げたオンボーディングやスプラッシュスクリーンについてもあらためて確認しておいてください。モバイルアプリではよく採用されているコーチマークも重要なUIになっています。また、古くから使われているモーダルについても、正しく理解しておきましょう。

オンボーディング（Onboarding）

オンボーディングとは、起動後すぐに表示される「この製品を使って何ができるのか、どんなことに役立つのか」を説明した紙芝居のようなものです。初めてアプリを起動したり、新機能が搭載されたときに表示される仕組み。数画面をスワイプしながら見ていくものをオンボーディングツアー、もしくはウォークスルーと呼びます。数画面しかないものは強制的に見せられる仕様が多いため、説明を必要としないユーザーにとってはわずらわしい操作になってしまうことがあります。画面の隅にスキップできるボタンを設置した方がよいかもしれません。後述する「コーチマーク」を採用することで、オンボーディングツアーを簡素化するなど、アプリ全体のUXデザインが重要になってきます。

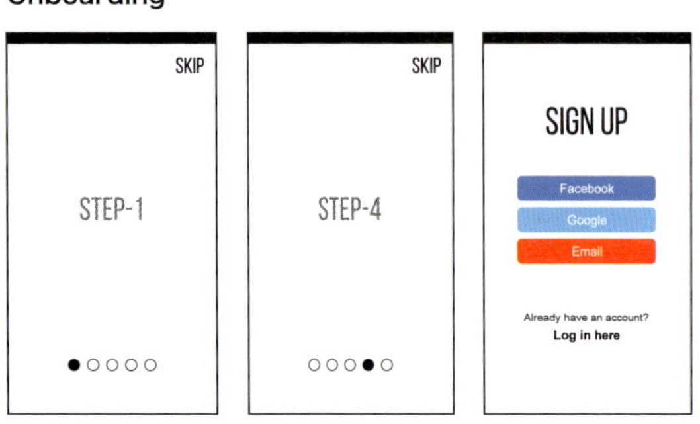

アプリを初めて起動したユーザーに対してサインアップさせる前に、オンボーディングツアーを実行する。数画面をスワイプしながら見ていくタイプが多い。オンボーディングは製品の価値を高めるためのツールであり、簡易マニュアルではないので注意が必要

スプラッシュスクリーン（Splash Screen）

アプリケーションソフトの起動中に表示する画面のことで、モバイルアプリはディスプレイ全体を覆いますが、デスクトップアプリの場合は中央に矩形を表示します。製品のロゴマークやイメージ画像を表示したり、簡単なアニメーションが付加されている場合もあります。

過度な演出はユーザビリティを損ないますが、起動に時間がかかるアプリケーションソフトの場合は、ユーザーに起動のための処理が実行されていることを視覚的に知らせる役割を担っています。

Splash Screens

モバイルアプリのスプラッシュスクリーンは数秒程度しか表示されないが、ゲームアプリなど、データの読み込みに時間がかかるものは進捗状況を表すプログレスバーなどを表示することもある

コーチマーク（Coach Marks）

コーチマークは、ユーザーに対して機能を説明するときに使われる吹き出しスタイルのツールチップです。吹き出しの中に（機能の操作方法をわかりやすく表現した）アニメーションを付加することもあります。
ユーザーが初めてアプリを起動したときや、新機能が搭載された場合に採用されるUIです。機能について理解しているユーザーにとっては不要になるため、環境設定等で解除することが可能になっています。

Coach Marks

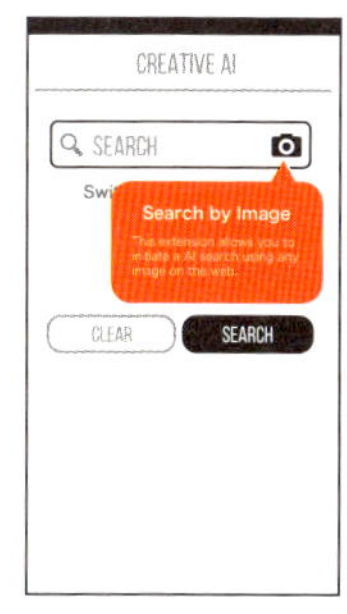

アプリに新機能「イメージ検索」が搭載されたケース。ユーザーが検索機能を使うときにコーチマークを表示して、どのような機能なのかを知らせる

モーダル（Modals）

モーダル（もしくはモーダルウィンドウ、モーダルダイアログ）とは、ユーザーに対して何らかの操作を求め、その操作が完了するまで元の画面に戻れないシステムのことです。重要な情報を確認させたり、警告したり、次に何をするのか選択させる場合などに採用されます。
ポップアップ（もしくはポップアップウィンドウ）は何もせずに簡単に閉じることができますが、モーダルはユーザーの作業を止めてしまいます。
モーダルが表示される直前に戻れるように「×（閉じる）」アイコンを設置することもあります。モーダルが頻繁に出てくる仕様にしてしまうと、ユーザーにとってはイライラする使いづらいアプリになるので注意しなければいけません。

Splash Screens

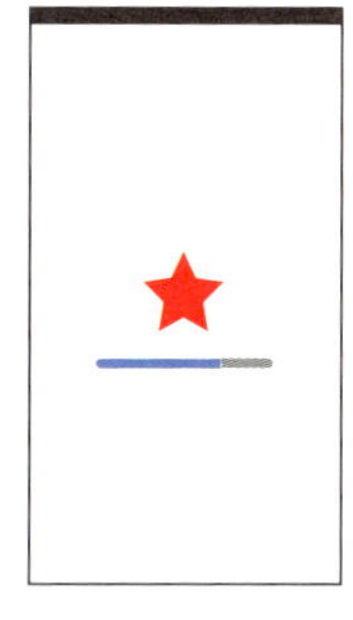

課題をクリアするとバッジがたまっていく機能を搭載している学習アプリなどは、「おめでとう、3つバッジを獲得しました」などとモーダルを使って表示し、強制的に確認させることで学習意欲の促進に役立てることもできる

まとめ

［1］ **オンボーディングとは、起動後すぐに表示される「この製品を使って何ができるのか、どんなことに役立つのか」を簡潔に説明する機能で、初めてアプリを起動したときや新機能が搭載されたときに表示される**

［2］ **スプラッシュスクリーンとは、アプリケーションソフトの起動中に表示される画面のこと**

［3］ **コーチマークは、ユーザーに対して機能を説明するときに使われる吹き出しスタイルのツールチップ**

［4］ **モーダル（もしくはモーダルウィンドウ）とは、ユーザーに対して何らかの操作を求め、その操作が完了するまで元の画面に戻れないシステムのこと**

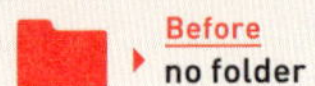

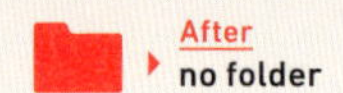

02 プロトタイピングのためのUIキットを活用しよう

プロトタイピングを効率的に進めていくために「UIキット」 を最大限に活用していきます。XDには「Apple iOS」「Google Android」「Microsoft Windows」のUIキットが提供されているので、まずは作業を始める前に準備をしておきましょう。

1. すべてを一から作成するのではなく、パターン集などを活用して効率よく作業を進める
2. Apple、Google、MicrosoftからXD用のUIキットが提供されている
3. XDのファイルメニュー→［UIキットを取得］でUIキットのダウンロードページを開く

XDにはプロトタイプ制作に役立つUIキットが用意されている

アプリやWebサイトはいくつかのUIパターンやデザインパターンで基本形を構成することができます。プロトタイプ制作では、すべてを一から作成するのではなく、あらかじめ用意されたパターン集を活用して効率よく作業を進めていきます。XDのファイルメニューには［UIキットを取得］という項目があり、サブメニューで「Apple iOS」「Google Android」「Microsoft Windows」などが選択可能になっています。これがOSごとのUIキットです。項目を選択すると、ブラウザーが起動してダウンロードページを表示します。

※リンク先のURLが変わることがあります。もし、リンク切れになっている場合は、Adobeサイトの「関連情報」のページでご確認ください。
関連情報のページ：
https://www.adobe.com/jp/products/xd/resources.html

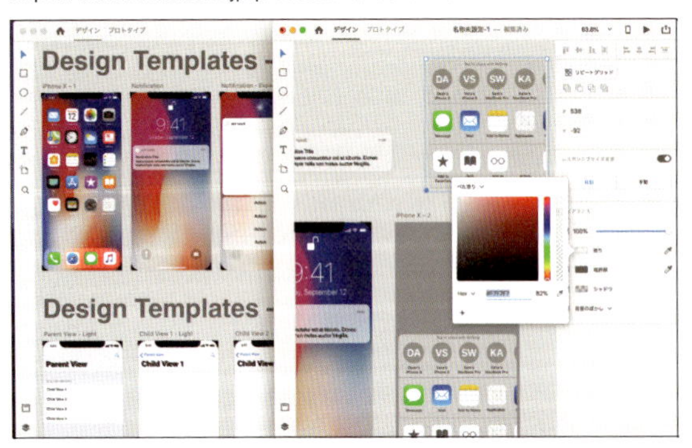

すべてを一から作成するのではなく、UIキットを活用しながら素早くプロトタイプを作成していく

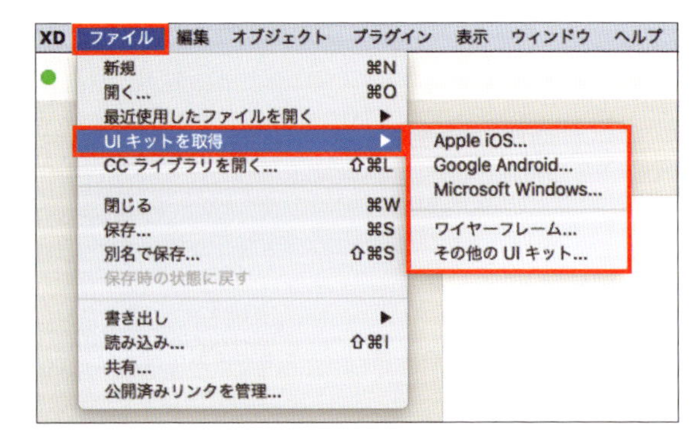

XDのメニューから、iOS、Android、WindowsなどのUIキットをダウンロードするための専用ページを選ぶことができる

01 XDのUIキットをダウンロードする

［UIキットを取得］→［Apple iOS］を選択するとブラウザーが起動して「Apple Design Resources」のページを表示します。スクロールするとiOSのUIキットをダウンロードできるリンクが表示されます。macOSのUIキットも用意されています。［Download for Adobe XD］をクリックしてください。

※DMG形式のデータになっているので、Windowsでは7-ZipなどのDMGに対応している解凍／圧縮ツールを使ってください。

01 ▸ Appleの開発者向けサイトの中の「Apple Design Resources」のページを表示します。

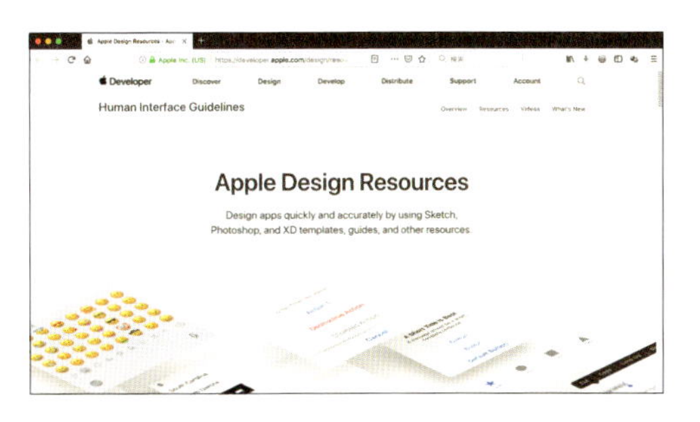

02 ▸ iOSだけではなく、macOSやwatchOSなどのキットも用意されています。

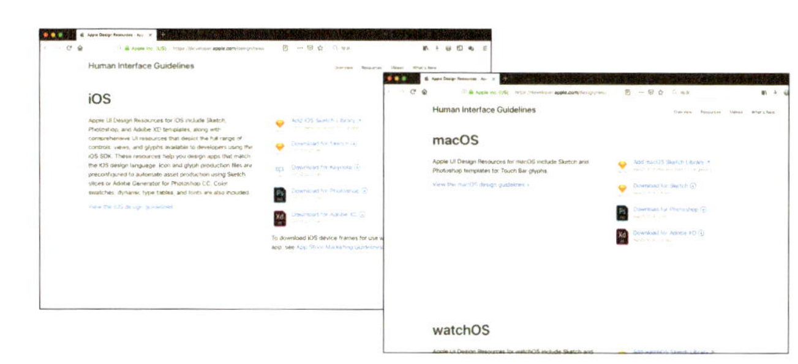

03 ▸ AppleのUIキットだけは（ZIP形式ではなく）DMG形式のディスクイメージデータで提供されています。Windowsでマウントするには、WinArchiver（www.winarchiver.com）などの専用ツールが必要です。macOSの場合はダブルクリックすると（ここでは「iOS-12-AdobeXD.dmg」）、承認画面が表示されるので［Agree］をクリックします。

04 ▸ イメージデータを展開できたら、2つのフォルダーアイコンとWebページのデータ、テキストファイルをデスクトップ（もしくは保存先のフォルダ）にドラッグします。

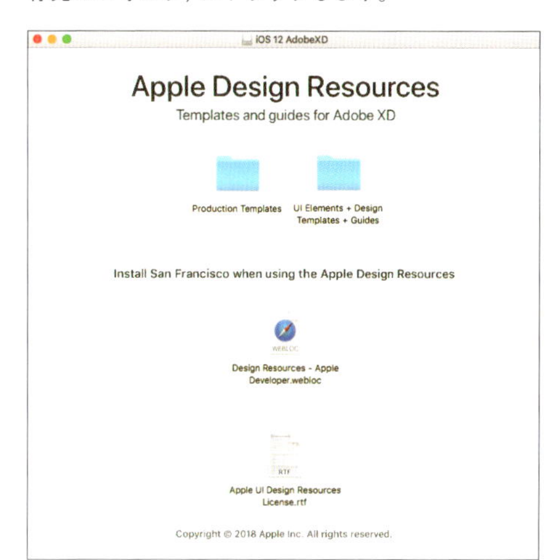

05 ▸ ［UIキットを取得］→［Google Android］を選択すると、Adobeサイトの中にあるUIキットのページが表示されます。中央の「Material Design」の「キットを入手」をクリックしてください。ダウンロードが開始されます。

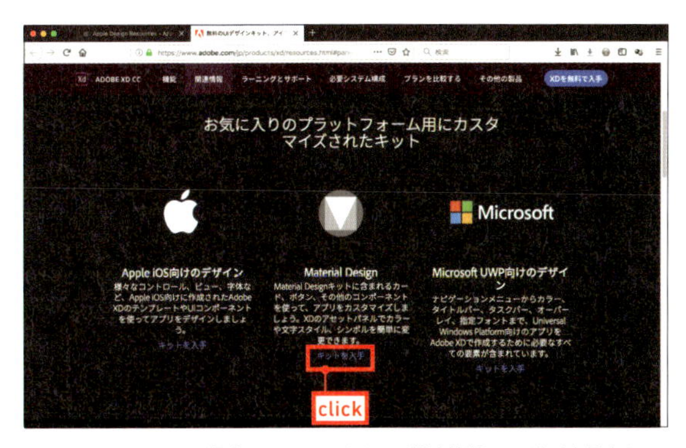

AndroidのUIキットの場合は、Adobeサイトの関連情報ページが表示される。［Material Design］の「キットを入手」でダウンロードできる（2018年11月現在）

06 ▸ ［UIキットを取得］ ▸［Microsoft Windows］を選択すると、Windowsの開発者向けサイトの「UWPアプリ用の設計ツールキットとサンプル」ページが表示されます。スクロールすると、「Adobe XD toolkit」のダウンロードリンクがあるのでクリックしてください。

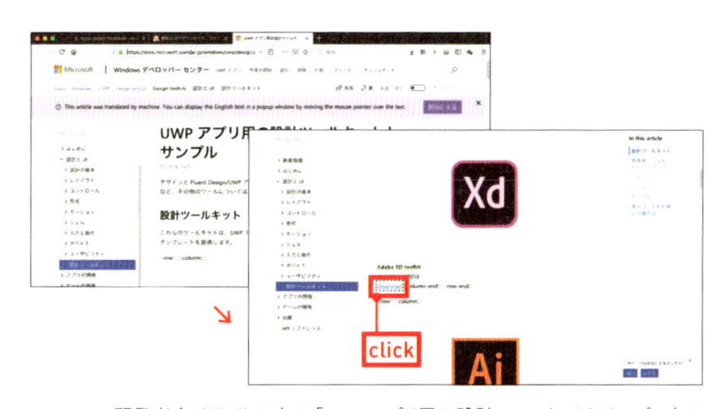

Windows開発者向けサイトの中の「UWPアプリ用の設計ツールキットとサンプル」のページを表示する。XDだけではなく、IllustratorやPhotoshopなどのキットも用意されている

02 ワイヤーフレームの作成に役立つUIキットをダウンロードする

OSごとのUIキット以外には、ワイヤーフレームを作成するときに役立つ「Wires」があります。[UIキットを取得]→[ワイヤーフレーム]を選ぶと、Behanceサイトの中の「Wires」ページが表示されます。[Download kits]をクリックしてください。ダウンロードが開始されます。

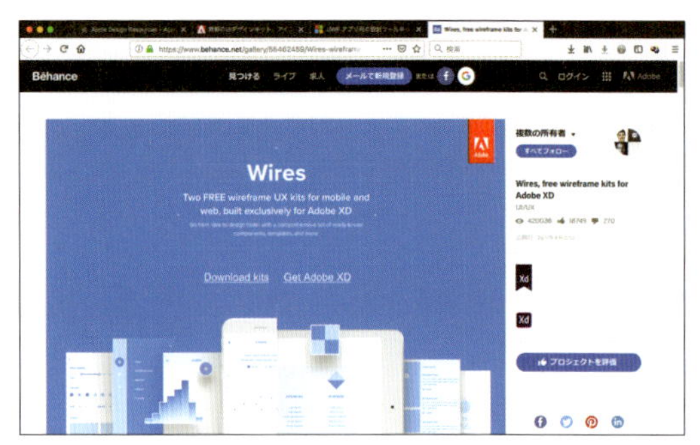

「Wires」はワイヤーフレーム制作のためのUIキット。[UIキットを取得]→[ワイヤーフレーム]を選択すると専用ページが表示される

Apple iOS UIキットの内容

UIキットで指定されているフォントがユーザーのOSにインストールされていない場合、テンプレートファイルを開くと「フォントが見つかりません」と表示され、使用しているパソコンの標準フォントに置き換わります。

AppleのUIキットに使われているフォント「San Francisco」は、以下のページからダウンロードすることができます（2018年11月現在）。
San Francisco | Fonts - Apple Developer
https://developer.apple.com/fonts/

iMessageアプリのアイコン／App Storeに表示されるアプリのアイコン（iMessage App Icons）

フォルダー名：Production Templates
ファイル名：Template-AppIcons-iMessage-iOS.xd

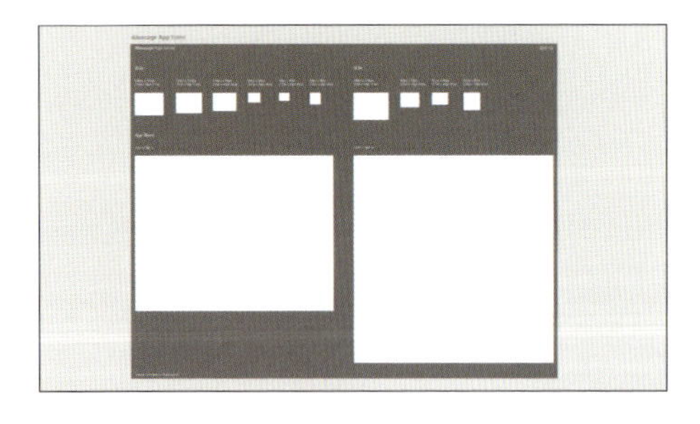

アプリのアイコン／App Storeに表示されるアプリのアイコン（App Icons）

フォルダー名：Production Templates
ファイル名：Template-AppIcons-iOS.xd

ナビゲーションバーとツールバーのグリフ（Navigation Bar and Toolbar Glyphs）

フォルダー名：Production Templates
ファイル名：Template-Glyph-NavigationBarAndToolbar.xd

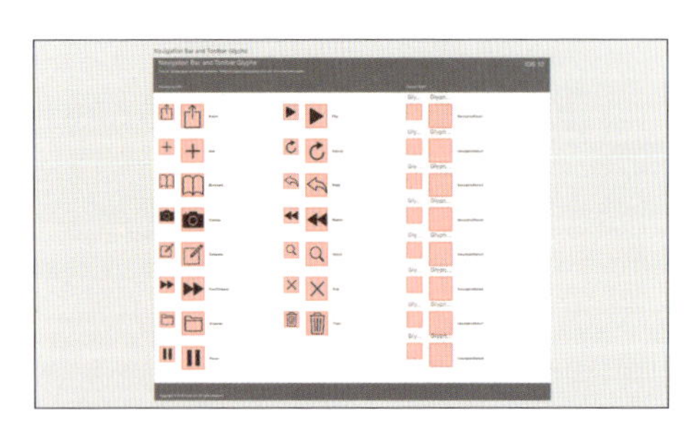

ホーム画面クイックアクションのグリフ（Home Screen Quick Action Glyphs）

フォルダー名：Production Templates
ファイル名：Template-Glyph-QuickAction.xd

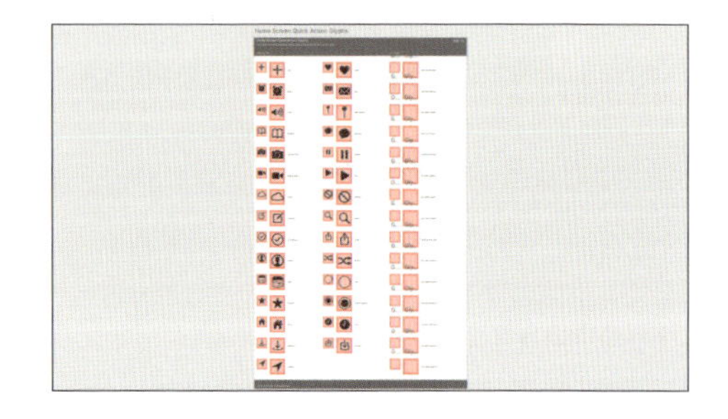

タブバーのグリフ (Tab Bar Glyphs)
フォルダー名：Production Templates
ファイル名：Template-Glyph-TabBar.xd

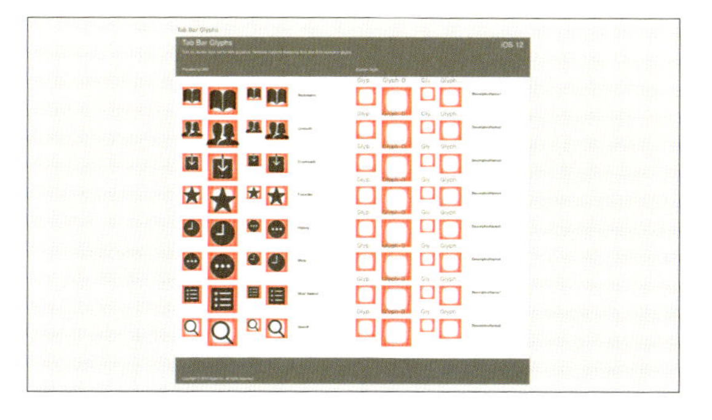

プロポーショナルイメージ(Promotional Image)
フォルダー名：Production Templates
ファイル名：Template-PromotionalImages-iOS.xd

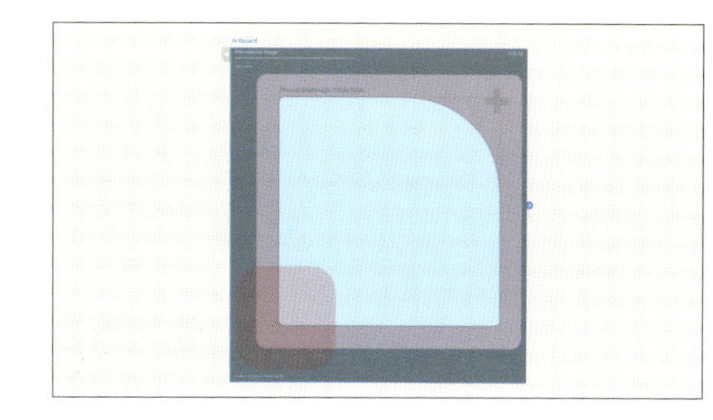

iPad

カラーガイド／フォントガイド(Guide - Colors ／ Guide - Fonts)
デザインテンプレート(Design Templates)
UIエレメント(UI Elements)

フォルダー名：UI Elements + Design Templates + Guides
ファイル名：UIElements+DesignTemplates+Guides-iPad.xd

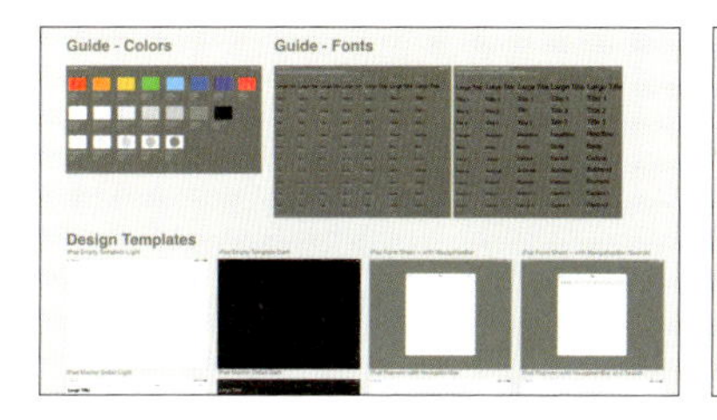

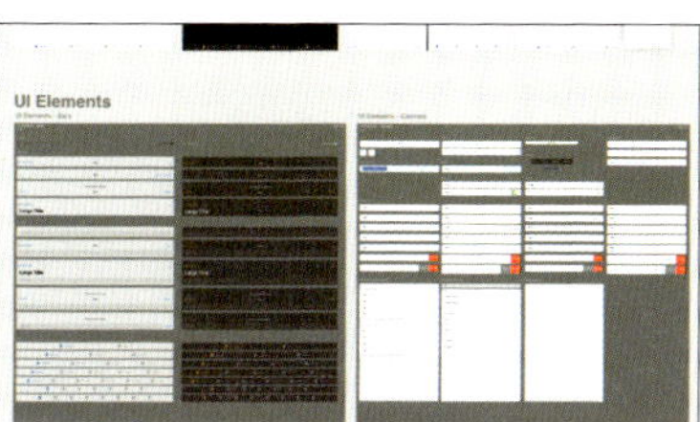

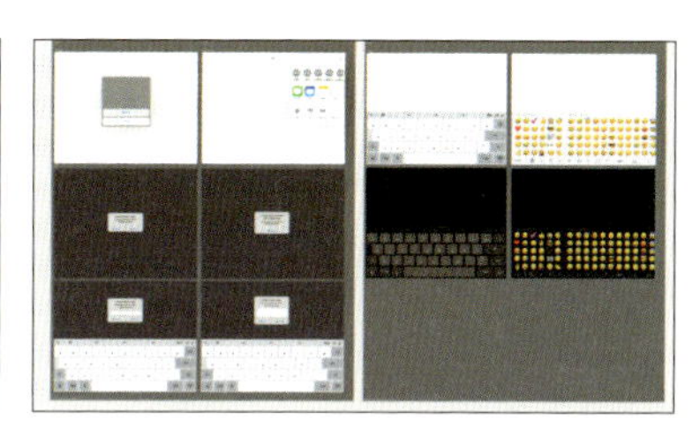

iPhone 8

カラーガイド／フォントガイド(Guide - Colors ／ Guide - Fonts)
セーフエリアガイド(Guide - Safe Areas)
デザインテンプレート

フォルダー名：UI Elements + Design Templates + Guides
ファイル名：UIElements+DesignTemplates+Guides-iPhone8.xd

・親子関係を持つツールバー（Design Templates - Parent and Child with Toolbar）
・モーダルシート（Design Templates - Modal Sheet）
・iMessageアプリ・ ステッカーパック（Design Templates - iMessage App or Sticker Pack）
UI Elements

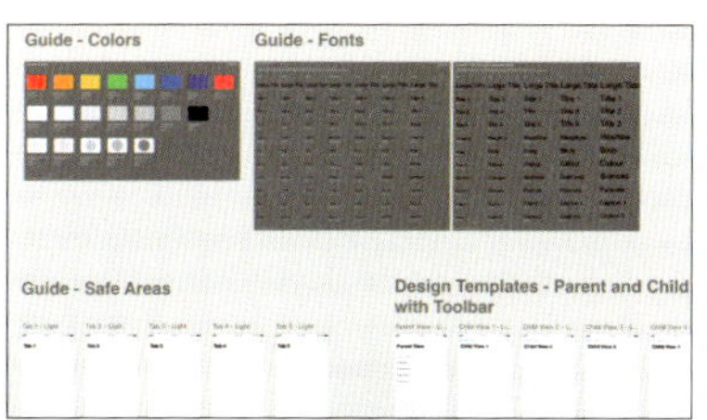

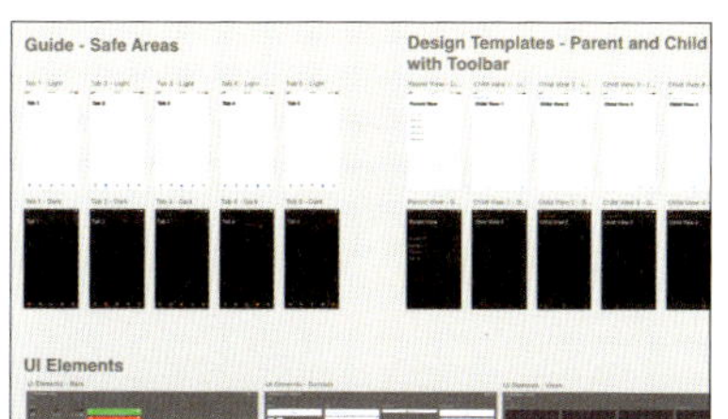

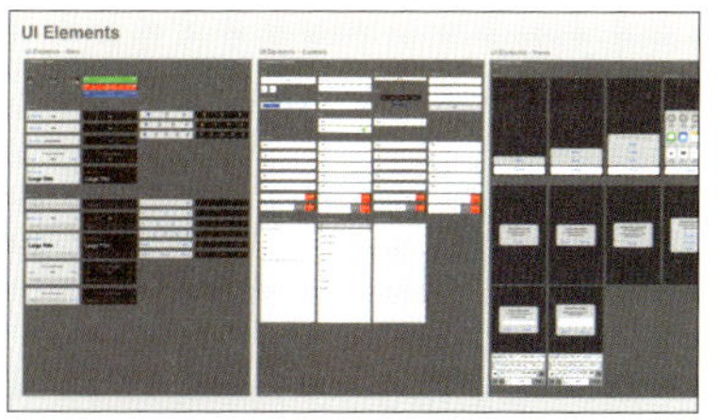

iPhone X

カラーガイド／フォントガイド(Guide - Colors ／ Guide - Fonts)
セーフエリアガイド(Guide - Safe Areas)
デザインテンプレート

フォルダー名：UI Elements + Design Templates + Guides
ファイル名：UIElements+DesignTemplates+Guides-iPhoneX.xd

- 通知やウィジェット、クリックアクションなどのシステム関連（Design Templates - System）
- タブ（Design Templates - Tabbed App）
- 親子関係を持つツールバー（Design Templates - Parent and Child with Toolbar）
- モーダルシート／UIエレメント（Design Templates - Modal Sheet ／ UI Elements）

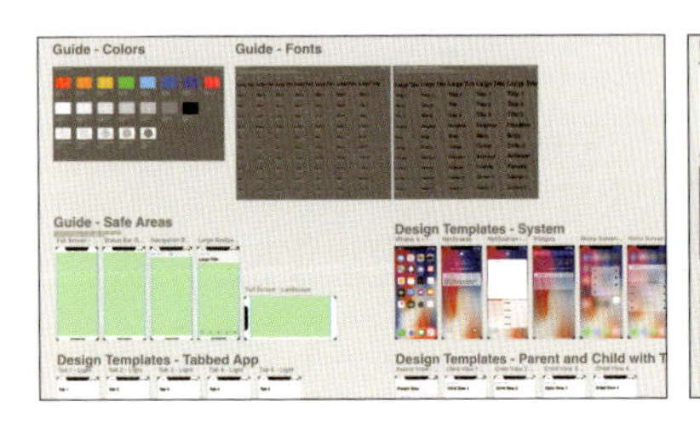

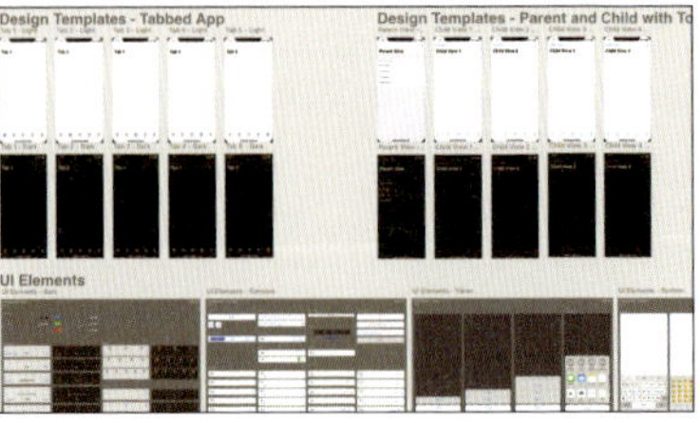

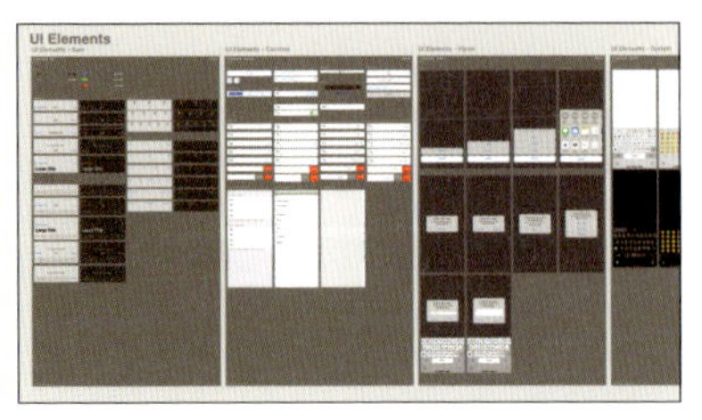

Google Android UIキットの内容

Material Design UI

ファイル名：xd-resources-material-design-ui.xd

Material Designキットの使い方（Getting Started）
タイポグラフィの大きさ（Typography Scale）
カラースキーム（Color Scheme）
マテリアルオブジェクトの高度（どのくらい浮き出ているか：Elevation）
システムアイコン（System Icons）
プロダクトアイコン（Product Icons）
下部のアプリケーションバー（Bottom App Bars）
上部のアプリケーションバー（Top App Bars）
バックドロップ（Backdrop）
バナー（Banners）
ボタンナビゲーション（Bottom Navigation）
ボタン（Buttons）
お気に入りアイコン（FAB）
カード（Cards）
チップ（Chips）
ダイアログ（Dialogs）
イメージリスト（Image Lists）
リスト（Lists）
メニュー（Menus）
ナビゲーションドロワー（Navigation Drawer）
プログレスインディケータ（Progress Indicators）
セレクションコントロール（Selection Controls）
シート（Sheets）
スライダー（Sliders）
スナックバー＆バナー（Snackbar & Banner）
タブ（Tabs）
テキストフィールド（Text Fields）
ツールチップ（Tooltips）

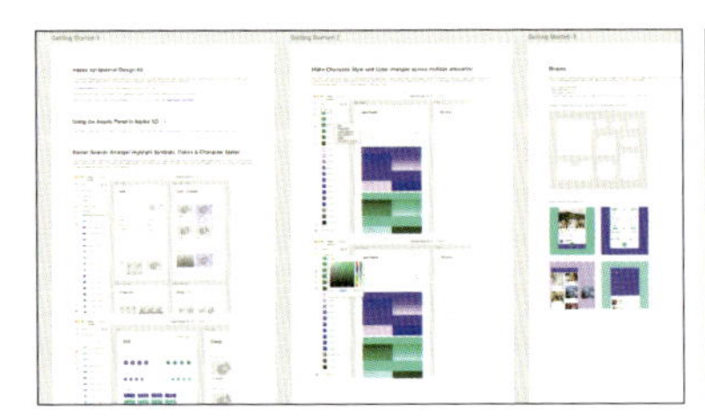

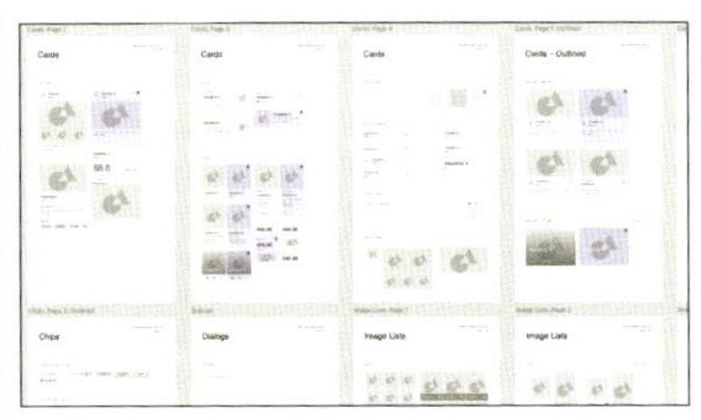

Microsoft Windows UIキットの内容

Windows UI

フォルダー名：Adobe XD design toolkit for UWP apps v1806

ファイル名：WindowsUI.xd

アクション（Actions）
トグル（Toggles）
メディアプレーヤー（Media Player）
ピッカー（Pickers）
タイプ（Type）
リスト（Lists）
アクリル（Acrylic）
入力フィールド（Input Fields）
オーバーレイ（Overlays）
カラー（Color）
ナビゲーション（Navigation）
プログレスバー（Progress Bar）

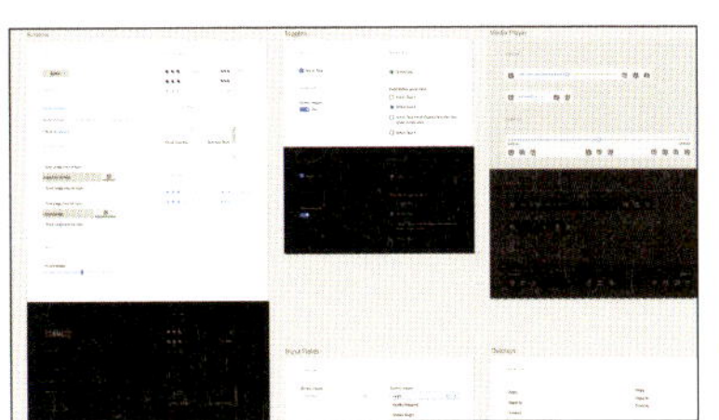

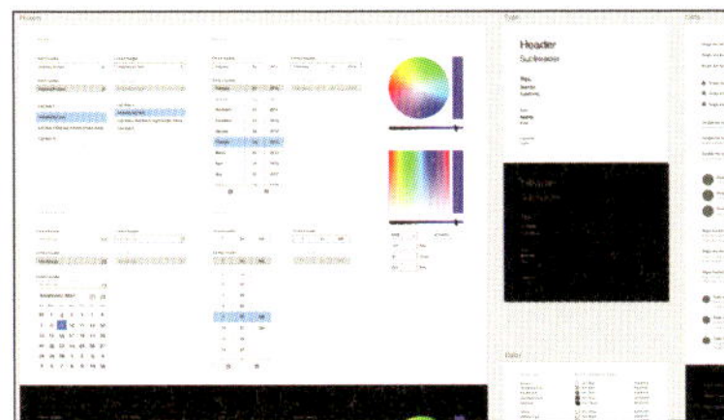

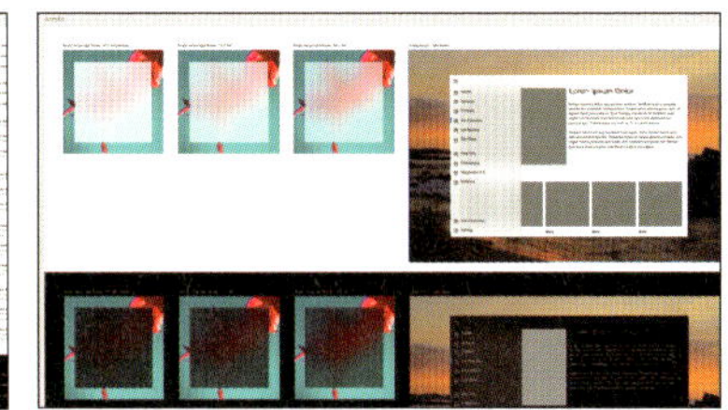

Wires UIキットの内容

フォルダー名：Wires

ファイル名：Wires - Mobile.xd

UIエレメント（UI Elements）
・カラーパレット（Color Palette）
・アイコン（Icons）
・タイポグラフィ（Typography）
・バー（Bars）
・ボタン（Buttons）
・カード（Cards）
・コントロール（Controls）
・フォーム（Forms）
・セレクター（Selectors）
・マップ（Map）
・イラストレーション／フローチャート／コネクター（Illustrations, Flowcharts, & Connectors）

サインアップ（Sign Up）
オンボーディング（Onboarding）
アクティビティフィード（Activity Feed）
ニュースフィード（News Feed）
設定（Settings）
プロフィール（Profiles）
投稿（Posts）
接続（Contact）
メッセージング（Messaging）
検索（Search）
支払い／決済画面（Checkout / Payment screens）
メニュー（Menus）
フィルター＆検索（Filters & Search）
位置情報＆マップ（Location & Maps）
ポップオーバー（Pop over）
写真＆ビデオ（Photos & Video）
チャート（Charts）

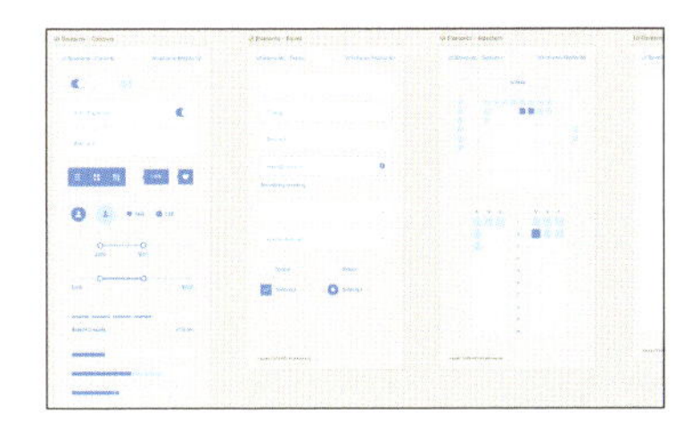

フォルダー名：Wires
ファイル名：Wires - Web.xd

UIエレメント（UI Elements）
ランディングセクション（Landing Sections）
コンテンツセクション（Content Sections）
プレゼンテーションセクション（Presentation Sections）
フォーム（Forms）
ポートフォリオセクション（Portfolio Sections）
ブログセクション（Blog Sections）
チームセクション（Team Sections）
価格表セクション（Pricing Table Sections）
コール・トゥ・アクション & フッター（Call to Action & Footers）

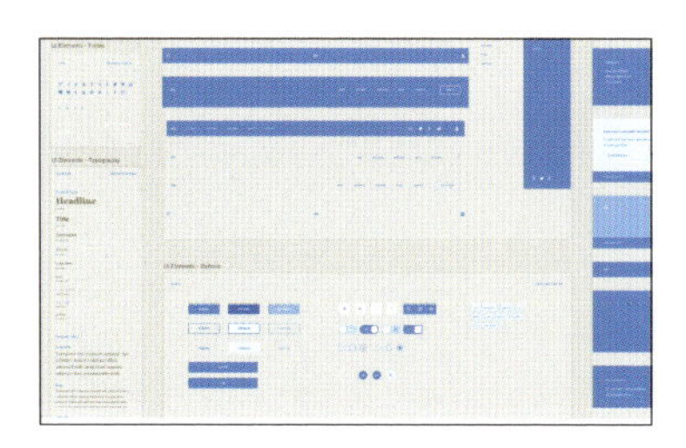

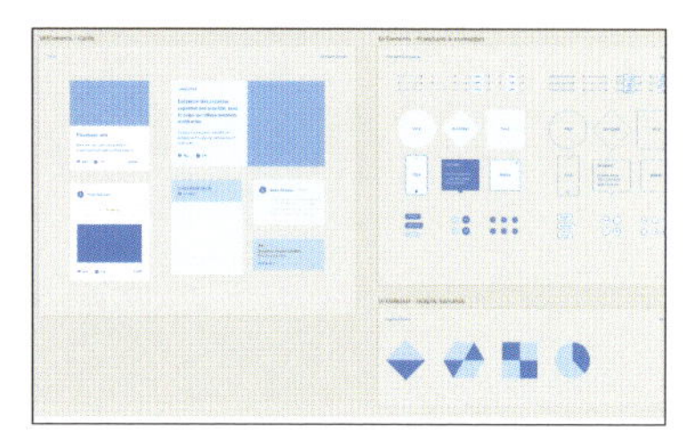

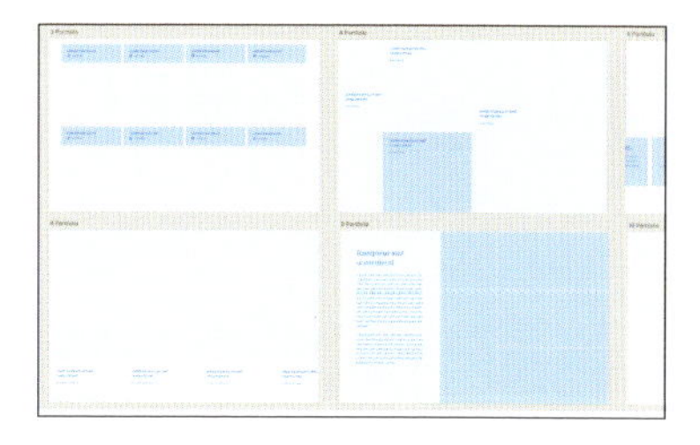

ワイヤーフレームのUIキットには、日本語版の「Wires jp」も用意されています。日本でのワイヤーフレーム作成において使用頻度の高いものを「Wires」から厳選し、日本語化しています。Behanceに専用ページがありますのでダウンロードしておきましょう。

Wires jpのダウンロードページ
https://www.behance.net/gallery/67284971/Wires-jp

03 UIキットを正しく使うために「デザインガイドライン」を理解する

UIキットを使いこなすには、事前にOSごとの「デザインガイドライン」を理解しておく必要があります。デザインガイドラインで提示されているルールを考慮せずに作ってしまうと、ユーザーにとって使いづらいアプリやサイトになってしまう可能性があります。ユーザーは複数のアプリを使いながら操作の一貫性や知識を取得していくので、できるだけ新たに覚えることを増やさないように注意しなければいけません。
iOS（Apple）、Android（Google）、Windows（Microsoft）それぞれにデザインガイドラインがあるので、プロトタイプ制作を始める前に内容を理解しておきましょう。
デザインガイドラインについての概要はPART1「04　Webサイトのプロトタイプ制作の進め方を理解しよう」の後半で解説しています。

まとめ

［1］ **すべてを一から作成するのではなく、UIキットを活用しながら素早くプロトタイプを作成していく**

［2］ **XDのメニューから、iOS、Android、WindowsなどのUIキットをダウンロードするための専用ページを選ぶことができる**

［3］ **ワイヤーフレームを作成するときに役立つ「Wires」も利用できる**

Before ▸ no folder
After ▸ no folder

03 プロトタイプの忠実度とレベルについて理解しよう

プロトタイプの作り方はさまざまです。「簡易なもの」から「完成品に近いもの」まで何段階ものレベルがあり、クライアントの要望によって変わってきます。必要最小限の方法で効率よく作業するために、最も適したレベルを決めなくてはいけません。

1. プロトタイプには「簡易なもの（低忠実度のプロトタイプ）」と「完成品に近いもの（高忠実度のプロトタイプ）」がある
2. 低忠実度と高忠実度のプロトタイプにはそれぞれ4つのレベルがある
3. プロトタイプの忠実度やレベルは、クライアントの要望や制作期間、予算などで決まる

プロトタイプの忠実度と4つのレベル

プロトタイプには「簡易なもの」と「完成品に近いもの」があります。　前者を「Low-Fidelity Prototype（低忠実度のプロトタイプ）」、　後者を「High-Fidelity Prototype（高忠実度のプロトタイプ）」と呼びます。

プロトタイプには「Low-Fidelity Prototype（低忠実度のプロトタイプ）」と「High-Fidelity Prototype（高忠実度のプロトタイプ）」がある

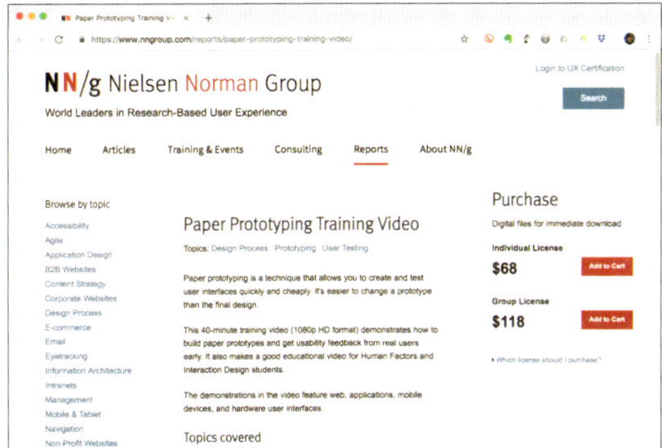

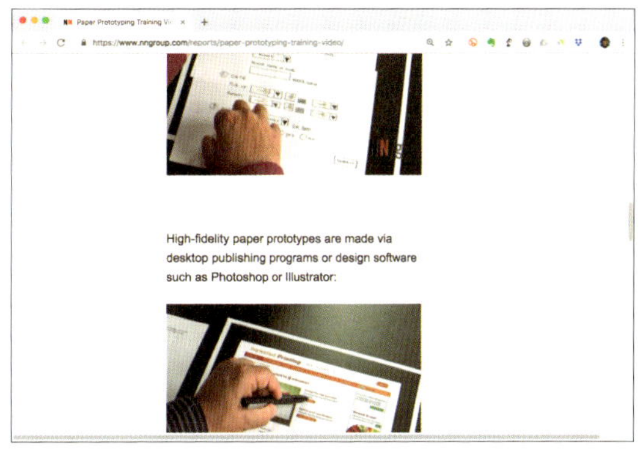

Low-Fidelity Prototype（低忠実度）の代表例は「紙とペン」によるラフなプロトタイプである。特別なスキルが必要なく、誰でも参加できるペーパープロトタイピングは多くの企業が導入している。ユーザビリティ調査で有名なNielsen Norman Groupでは、企業向けにペーパープロトタイピングのトレーニングを提供している
Paper Prototyping Training Video　https://www.nngroup.com/reports/paper-prototyping-training-video/

低忠実度のプロトタイプと高忠実度のプロトタイプ特徴

「簡易なもの」の代表例は、紙にペンで描いたラフなプロトタイプです。絵のうまいヘタは関係ありませんので、紙とペンがあれば誰でもプロトタイピングを行うことができます。

一方、「完成品に近いもの」の場合は、ハンドスケッチでは困難になるのでパソコンを使用することになります。Photoshopや Illustratorなどのツールが必要となり、ビジュアルデザインのスキルがないと作り込むことができません。通常、デザイナーが作成することになるでしょう。

デザイナー以外の人が高忠実度のプロトタイプを作る場合は、Adobe Stockなどのサービスを利用して、プロフェッショナルによる高品質の素材データを収集して、XDなどのプロトタイピングツールで仕上げます。

Low-Fidelity Prototype（低忠実度のプロトタイプ）の特徴

- 紙とペンがあればよい
- 速く作成できる
- 短時間にたくさん作成できる
- 特別なスキルが必要ない
- 完成品の大まかなイメージしか伝わらない
- 実制作の素材データにはならない

High-Fidelity Prototype（高忠実度のプロトタイプ）の特徴

- 効率よく作成するにはパソコンが必要
- PhotoshopやIllustratorなどの専用ツールが必要
- ツールを操作するスキルが必要
- 視覚表現力が必要
- 作成に時間がかかる
- 完成品のイメージが伝わる
- 実制作の素材データとしても利用可能

Low-Fidelity Prototype（低忠実度のプロトタイプ）とHigh-Fidelity Prototype（高忠実度のプロトタイプ）には、それぞれ「コンテンツ・レベル」「ビジュアルデザイン・レベル」「インタラクティビティ・レベル」「ファンクショナル・レベル」の4つのレベルがあります。

プロトタイプの4つのレベル

- コンテンツ・レベル(見出しや本文、図、写真、イラストなど)
- ビジュアルデザイン・レベル(色彩、構成、装飾など)
- インタラクティビティ・レベル(クリック、ドラッグ、タップ、スワイプなど)
- ファンクショナル・レベル(アニメーション、3D表現、特殊効果、音声制御、AI機能など)

Low-Fidelity Prototype
低忠実度
簡易なもの

Content level
コンテンツ・レベル
見出しや本文、図、写真など
Visual Design level
ビジュアルデザイン・レベル
色彩、構成、装飾など
Interactivity level
インタラクティビティ・レベル
クリック、ドラッグ、タップ、スワイプなど
Functional level
ファンクショナル・レベル
アニメーション、3D表現、特殊効果、AI機能など

High-Fidelity Prototype
高忠実度
本物に近いもの

Content level
コンテンツ・レベル
見出しや本文、図、写真など
Visual Design level
ビジュアルデザイン・レベル
色彩、構成、装飾など
Interactivity level
インタラクティビティ・レベル
クリック、ドラッグ、タップ、スワイプなど
Functional level
ファンクショナル・レベル
アニメーション、3D表現、特殊効果、AI機能など

低忠実度のプロトタイプと高忠実度のプロトタイプには、それぞれ4つのレベルがある

コンテンツ・レベル

コンテンツ・レベルは、アプリやWebページのコンテンツをどの程度表現するかを決める度合いのことです。Webページであれば、見出しや本文、図表や写真、イラストなどがあり、これらをどのくらいのレベルで表現するかを決めます。

たとえば、高忠実度のプロトタイプでも、見出しや本文、写真などをダミーで表現する場合があります。見た目は完成品に近い仕上がりでも、コンテンツは「仮のもの」というパターンです。逆に、簡易な低忠実度のプロトタイプでも、実際に使用する見出しや本文が挿入されていれば、コンテンツ・レベルは「高い」といえます。

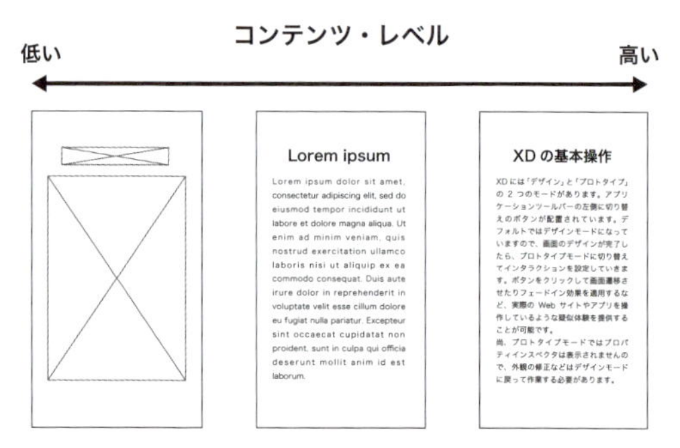

例：コンテンツ・レベルの「低い」（ワイヤーフレーム）、「中」（ダミーのテキスト）、「高い」（実際に使用するテキスト）

ビジュアルデザイン・レベル

ビジュアルデザイン・レベルは、アプリやWebページの色彩、構成、アイコンや区切り線、装飾のグラフィック、背景パターンなど、視覚表現の完成度のことです。コンテンツ・レベルと連動する部分があるので、セットで扱うケースが多くなります。
前述したとおり、ビジュアルデザイン・レベルが「高い」高忠実度のプロトタイプでも、見出しや本文、写真、図などの構成要素がダミーならコンテンツ・レベルは「低い」ということになります。

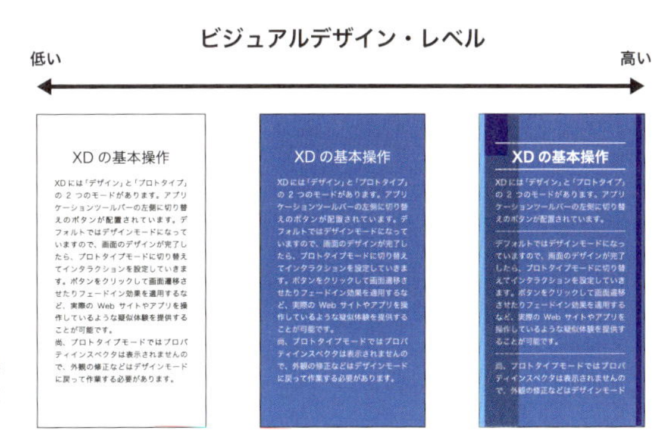

例：ビジュアルデザイン・レベルの「低い」（構成要素の配置のみで視覚表現なし）、「中」（基調色のみ）、「高い」（視認性や可読性も考慮されたグラフィックデザイン）

インタラクティビティ・レベル

インタラクティビティ・レベルは、クリック、ドラッグ、タップ、スワイプなどの操作がどの程度可能かを決める度合いです。たとえば、スマートフォン用Webページに設置されているハンバーガーアイコンを「タップして」メニューを表示できれば、インタラクティビティ・レベルは「高い」といえます。
高忠実度のプロトタイプでも、紙芝居のように単独の画面しかなく「タップできない」場合は、インタラクティビティ・レベルは「低い」ということになります。

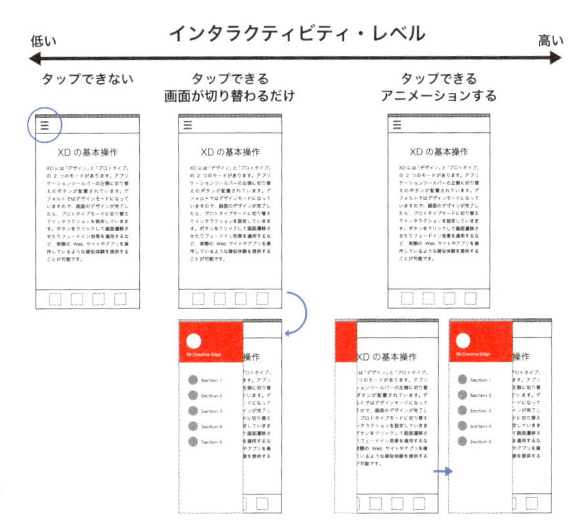

インタラクティビティ・レベルの「低い」（ボタンをタップできない）、「中」（タップできるが画面が変わるだけ）、「高い」（タップするとアニメーションして表示）

ファンクショナル・レベル

最後のファンクショナル・レベルは、アニメーションや3D表現、特殊効果、音声制御機能、AI機能などの実装度のことです。スマートフォン用Webページのハンバーガーアイコンをタップしたとき、たんにメニューが表示されている画面に切り替わるのか、メニューが出現するアニメーション表現があるかでファンクショナル・レベルが変わります。
ラフに描かれた低忠実度のプロトタイプでも、タップ操作やアニメーション表現が施されていれば、インタラクティビティ・レベルとファンクショナル・レベルは「高い」ということです。
逆に、ビジュアルデザイン・レベルが「高い」高忠実度のプロトタイプでも、メニューが表示されている画面に切り替わるだけなら、ファンクショナル・レベルは「低い」となります。

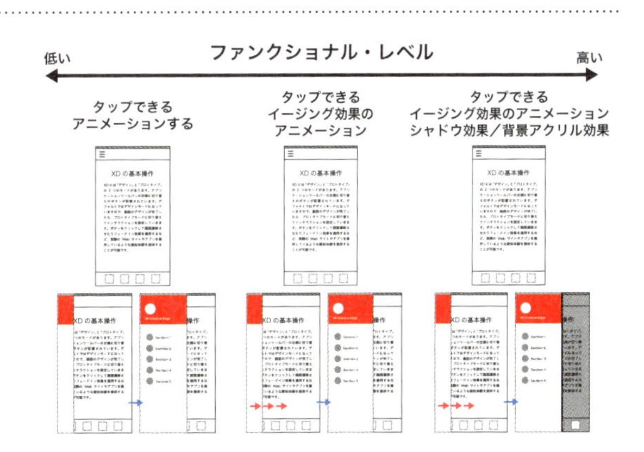

ファンクショナル・レベルの「低い」（加減速なしのアニメーション）、「中」（イージングアニメーション）、「高い」（さらにシャドウ効果やアクリル効果を追加）

インタラクティビティ・レベルが「高い」低忠実度のプロトタイプ

インタラクティビティ・レベルとファンクショナル・レベルが共に高い「低忠実度のプロトタイプ」作成の実例を見ていきましょう。Adobe XDを使用して、どのようにプロトタイピングしていくのかを把握することで、忠実度とレベルの関係について理解することができます。
まず、発注側の要望と作成するプロトタイプの忠実度／レベルを確認しておきます。

クライアントの要望

- アプリの使いやすさ(ユーザビリティ)を初期段階で確認したい
- 見た目のデザインについてはあとでもよい

作成するプロトタイプの忠実度とレベル

- 低忠実度のプロトタイプを作成する
- コンテンツ・レベル →中
- ビジュアルデザイン・レベル →低
- インタラクティビティ・レベル →高
- ファンクショナル・レベル →高

作成するプロトタイプの内容

- トップ画面の作成
- ハンバーガーアイコンをタップするとメニューが表示されるインタラクションを設定
- 画面をタップすると元の画面に戻る(メニューを非表示にする)
- メニューが出現するときの移動アニメーションを設定

→ 低忠実度のプロトタイプの作成手順

スマートフォン用のアートボードを選択して、アプリの画面を描画します。[長方形] ツール、[楕円形] ツール、[テキスト] ツールなどの基本ツールだけで、構成要素をラフに描きます。見た目のデザインについては最低限の表現でかまいません。

※Adobe XDの基本操作についてはPART3で解説しています。

01 XDの描画ツールでアプリの画面を描きます。

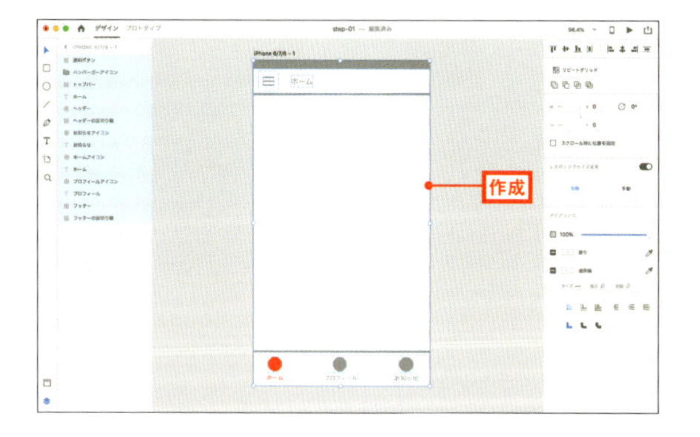

02 メニューを配置するアートボードを作成します。アートボードの塗りのチェックを外して透明にしておきます。

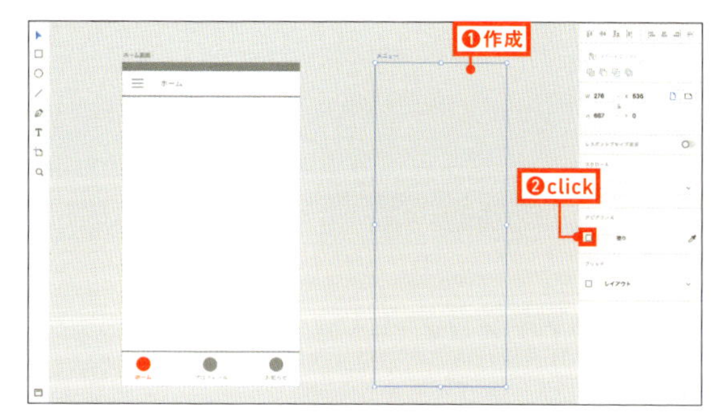

透明のアートボードを作成する

03 透明のアートボード上にメニュー画面を作成します。メニューに関しても、XDの描画ツールを使ってラフに描きます。メニューにはシャドウ(陰影)の設定をしておきます。メニューの幅をアートボードより少し狭く描き、陰影が切れないように調整します。

※アートボードを透明にしないと、トップ画面が透けて見えるイメージを表現できません。

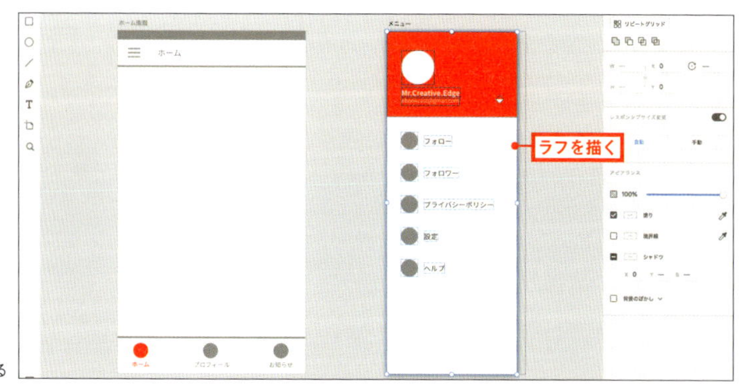

メニューが目立つようにシャドウ(陰影)を設定する

04 ▸ プロトタイプモードに切り替えて、インタラクションを設定していきます。まず、ハンバーガーアイコンをクリックして、ワイヤーを引き出しメニューのアートボードにドラッグします。

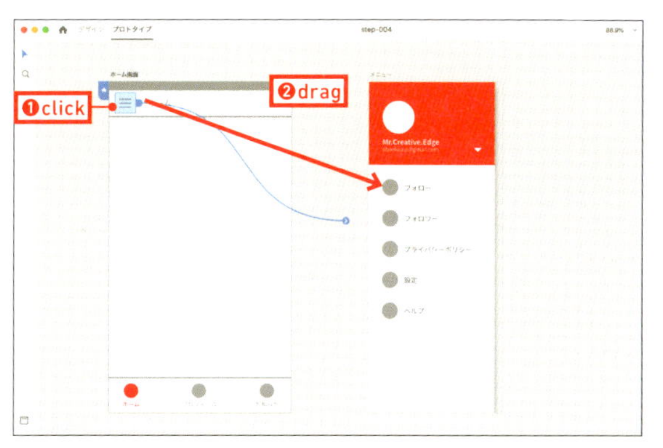

アイテムをクリックするするとタブが表示される。タブをドラッグするとワイヤーを引き出すことができる

05 ▸ [設定] パネルが表示されるので、[トリガー] を「タップ」、[アクション] を「オーバーレイ」、[アニメーション] を「右にスライド」、[イージング] を「イーズアウト」、[継続時間] を「0.4秒」にします。これで、ハンバーガーアイコンをタップしてメニューを表示する仕組みができ上がりました。

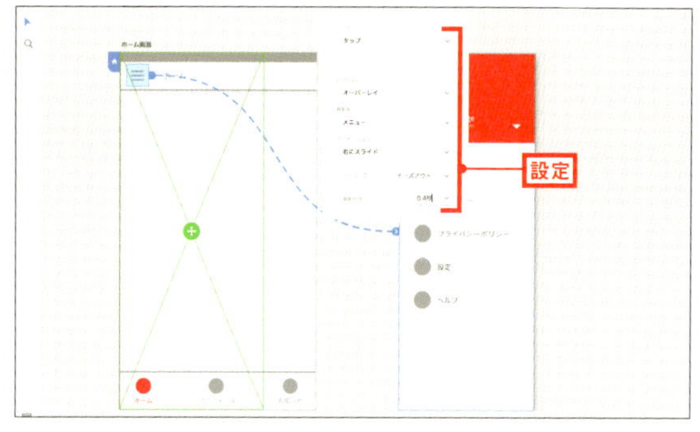

インタラクションの設定はメニューから選択するだけで完了。スクリプトなどを記述する必要はない

06 ▸ XDのデスクトッププレビュー機能を使って、動作を確認します。保存したXDファイルをCreative Cloudにアップロード（Creative Cloud Filesのフォルダにコピー）しておけば、iPhoneやAndroidのスマートフォンやタブレットで実際に触って確認することができます。

※XDのモバイルアプリ（iOS用とAndroid用）が無償で公開されています。

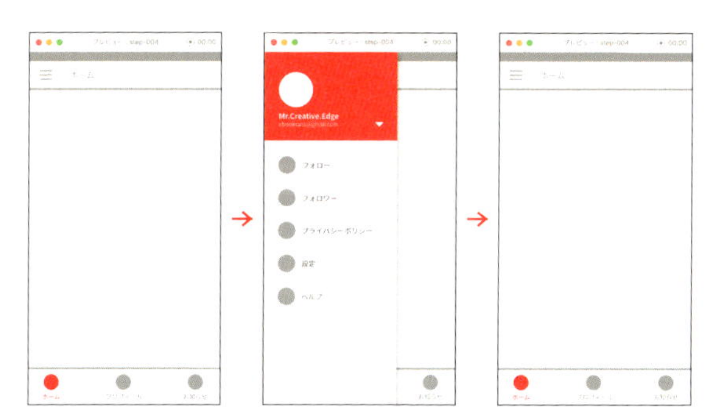

ハンバーガーアイコンをタップするとメニューが表示される（左端から右方向にスライドする）。画面をタップするとメニューが元に戻る（左方向にスライドして見えなくなる）

ファンクショナル・レベルの「高い」プロトタイプを作成する場合、「実装可能かどうか」をデザイナーとエンジニアは事前に確認しておきましょう。XDのようなプロトタイピングツールは容易に高度なインタラクションを設定できるので、実装不可能なプロトタイプを作ってしまう可能性があるので注意が必要です。

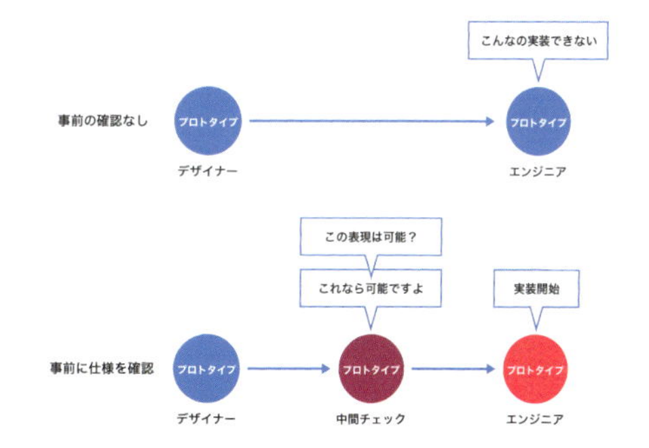

デザイナーとエンジニアは事前に仕様を確認し、意見交換しながら進めることが重要。解釈の差異が生まれないように中間チェックも必要

まとめ

[1] **プロトタイプには「Low-Fidelity Prototype（低忠実度のプロトタイプ）」と「High-Fidelity Prototype（高忠実度のプロトタイプ）」がある**

[2] **さらに、「コンテンツ・レベル」「ビジュアルデザイン・レベル」「インタラクティビティ・レベル」「ファンクショナル・レベル」の4つのレベルがある**

[3] **必要最小限の方法で効率よく作業するために、最も適したレベルを決めなくてはいけない**

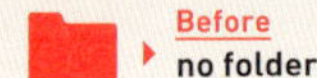

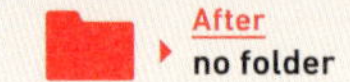

04 Webサイトのプロトタイプ制作の進め方を理解しよう

Webサイトのプロトタイピングは、プロジェクトの規模でやり方が変わります。新製品のランディングページ（シングルページサイト）とショッピングサイト（大規模サイト）のリニューアル案件では、サイト構築の方針もプロトタイプの量も異なります。Webサイトのプロトタイプ制作を効率よく進めるためには、サイトの規模やサイト構築の指針、方針などを理解しておくことが重要です。子供からお年寄りまで幅広い層の人たちが使うサイトと、流行に敏感な若年層をターゲットにしたサイトでは、優先される機能やデザインがまったく異なります。まずは、Webサイトの種類、Webサイト制作における指針や方針について理解しておきましょう。

1. Webサイトのプロトタイプ制作では、事前にサイトの規模やサイト構築の指針、方針などを理解しておくことが重要
2. Webサイトの種類を理解する
3. サイト構築の指針や方針を決めるときに役立つ3つの開発アプローチを理解する

01 Webサイトの種類を理解する

Webサイトのプロトタイピングは、サイトの規模によって進め方が大きく異なります。Webサイトには、1ページしかないシングルページサイトから数百、数千ページ以上の大規模サイトまでさまざまなタイプがあり、作成するプロトタイプの数やバリエーションも変わってきます。
Webページの構成要素にはナビゲーションメニューやボタンなどのインターフェースも含まれていますが、階層構造が深い規模の大きなサイトほど、プロトタイプ制作も検証も大掛かりになります。

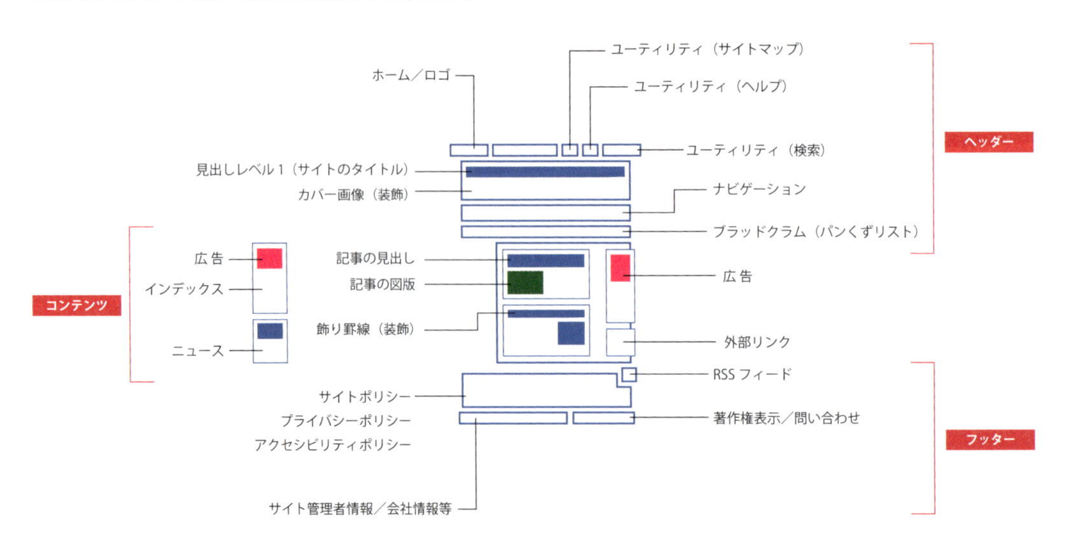

Webページの構成要素にはコンテンツだけではなくインターフェースも含まれる

シングルページサイトと階層構造を持つWebサイトとの違い

1ページしかないWebサイトを「シングルページサイト」および「シングルロングページサイト」と呼びます。ランディングページやプロモーションページ、キャンペーンページ、特設ページ、顧客向けの案内ページなどさまざまな種類があります。ページ遷移がなく、巻き物のようにスクロールさせながら閲覧するサイトです。

通常、複数のWebページの集合体を「Webサイト」と定義できますが、1ページしかないシングルページの場合もページ内リンクによって同様のユーザー体験が可能なため「サイト」と呼んでいます。10ページに満たない小規模なWebサイトを「軽量サイト」と呼びます。中小企業のサイトや個人サイトの多くがこの軽量サイトです。ブログやSNSが広く浸透したことで、情報発信の使い分けが進んだ結果だといえるでしょう。

階層構造を持つWebサイトは、トップページ、第1階層に製品ページ、第2階層に各製品の専用ページ、第3階層に各製品の詳細ページといった情報のまとまりを構築していきます。階層を持つことでサイト内が複雑になりますので、使いやすさ（ユーザビリティ）を考慮した設計が必須になります。

数百、 数千ページ以上の巨大なWebサイトを「大規模サイト」と呼びます。大企業のサイトや新聞社のニュースサイト、Amazon、楽天などのショッピングサイトなどが大規模サイトといえるでしょう。

大勢の人たちが携わる長期計画のプロジェクトになります。デザイナーの役割も細分化され、ビジュアルデザイナー、インターフェイスデザイナー、UXデザイナー、コーダーなど、職域が明確化されたチーム作業になります。仕様書やスタイルガイドなどのドキュメントを関係者で共有しながらプロジェクトが進められます。

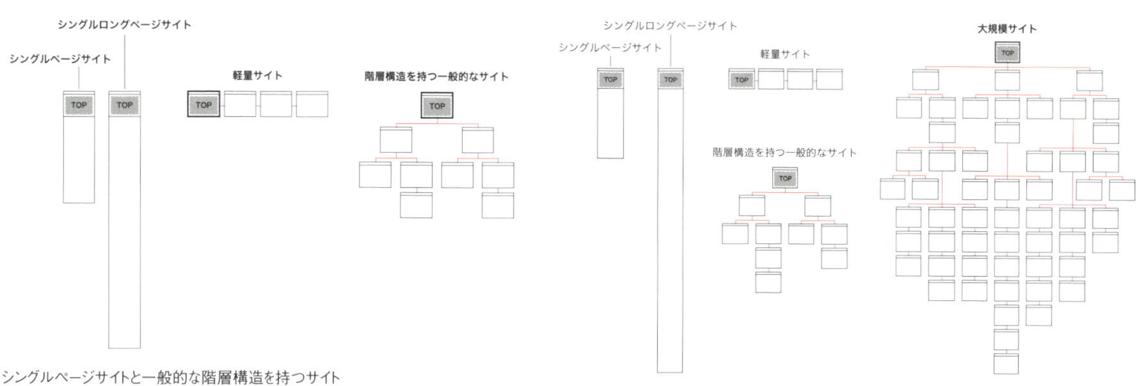

シングルページサイトと一般的な階層構造を持つサイト

大型プロジェクトとしてさまざまな人が関わる大規模サイト

Point　Adobe XDは「大規模サイト」のプロトタイピングにも利用できる

XDの開発理念の1つに「Design at the speed of thought.（思考と同じスピードでデザイン）」があります。「軽快に操作して素早くアイデアをカタチにする、動くプロトタイプを直感的かつ迅速に作成・共有できる」ツールとしてパフォーマンスを重視した開発が進められています。プレビュー版のリリースからこの方針は変わっておらず、2018年1月22日アップデートでは、ズームパフォーマンスがさらに向上しています。1,000アートボードをスムーズに拡大縮小するデモも公開されました。

今までのアプリケーションソフトは、新機能が搭載されるほど重たくなるという問題を抱えていましたが、XDは新機能の追加よりも操作パフォーマンスを優先しており、「大規模サイト」のプロトタイピングにも十分対応できるツールになっています。

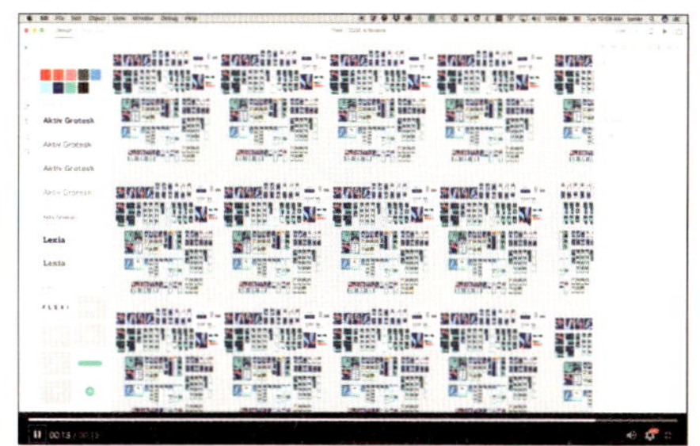

Adobe XD 新機能ページ 2018年1月22日アップデートの「ズームパフォーマンスの向上」を参照
https://www.adobe.com/jp/products/xd/features.html

02 Webサイト制作の指針や方針を決める

Webサイト構築におけるトレードオフとして、「新しい表現・技術を積極的に採用してほしい」と「未対応の古い環境にも何らかの対応をしてほしい」といったクライアントからの要望があります。この問題を曖昧に作業を進めていると、ページによって対応・未対応が混在してしまい、一貫性のない中途半端なサイトができ上がってしまう可能性が高くなってしまいます。まずは、Webサイト制作における「指針」や「方針」を決めておく必要があります。
例えば、子供からお年寄りまで幅広い層の人たちが使うサイトなら、むやみに古い環境を切り捨てることはできませんが、先進的なユーザーがターゲットのブランドサイトであれば最新の環境を中心に設計してよいかもしれません。
プログレッシブエンハンスメント、グレイスフル・デグラデーション、レグレッシブエンハンスメントの3つの考え方を理解することで、サイト制作の方針を明確にしやすくなると思いますので簡潔に紹介しておきましょう。

プログレッシブエンハンスメント

プログレッシブエンハンスメント（Progressive Enhancement）は、古いブラウザーに対しても最低限の情報を得られるように作成するという開発思想のことです。最新のブラウザーには新しい技術や視覚表現を取り入れていきますが、古い環境も切り捨てないという考え方です。

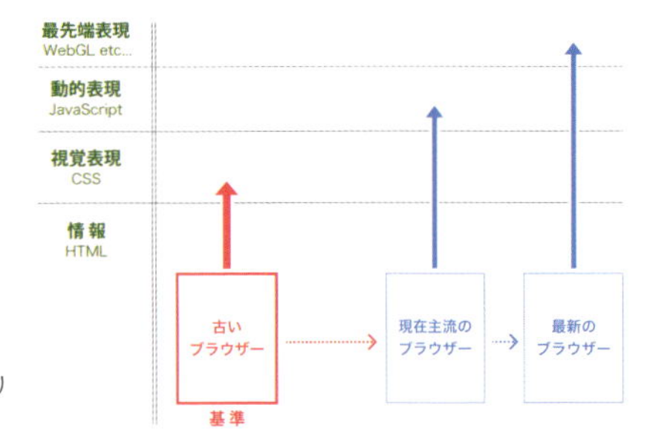

プログレッシブエンハンスメントは、古い環境を切り捨てないWebサイト制作の考え方

グレイスフル・デグラデーション

グレイスフル・デグラデーション（Graceful Degradation）は、最新のブラウザーを対象にWebページを作成しつつ、古いブラウザーに関しても品質を下げて対応する開発思想のことです。プログレッシブエンハンスメントとの違いは、現在主流の最新のブラウザーを中心に作業を進めていくということです。
プログレッシブエンハンスメントは、漸進的に最新の環境向けに機能を追加していきますが、グレイスフル・デグラデーションは、最新の環境が中心となり、後から新機能をサポートしていない環境のことを考えます。実社会にたとえるなら、健常者の利用を前提に設計された施設に対して、後から（エレベーターを設置したり段差をなくすなど）障がい者向けに対応していくバリアフリーのようなイメージです。

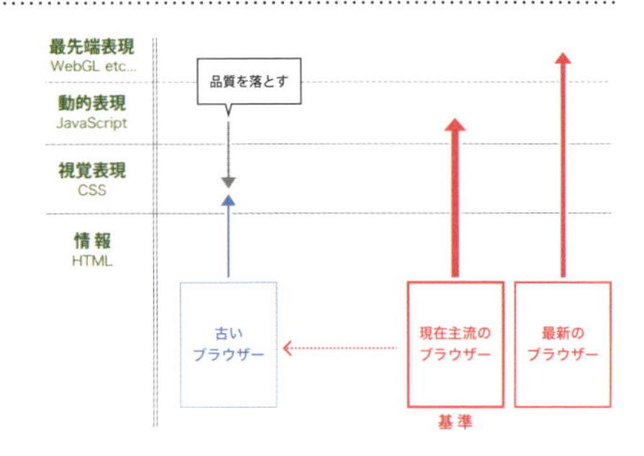

グレイスフル・デグラデーションは、最新の環境を対象に進めつつ、古い環境には品質を落として最低限の対応をするWebサイト制作の考え方

レグレッシブエンハンスメント

レグレッシブエンハンスメント（Regressive Enhancement）は、対象とする閲覧環境すべてに同等レベルの機能を実現しようとする開発思想のことです。古い環境でも、スクリプトを使って擬似的に動かし、最新のブラウザーと同じ機能を提供します。時間とコストがかかるだけでなく、メンテナンス性も低下しますので導入する場合は慎重に判断しなくてはいけません。

レグレッシブエンハンスメントは、古い環境に対しても「力ずくで」最新の機能を提供していくWebサイト制作の考え方

03 プロトタイプから情報を取得してHTML化する流れ

それでは、Webページのプロトタイプ制作からコーディングまでの流れを確認していきましょう。XDとDreamweaverを使って、レスポンシブWebデザインのページを作成します。

01 まず最初にラフスケッチを描きますが、大まかに見出しや本文、図版などを配置して基本のデザインを決めておきます。デザインが決まったら構成要素ごとに「幅の値」を追加します。ここでは、記事が入るメインコンテンツの幅を「880」px、サブコンテンツの幅を「180」px、そして、この2つの要素を含むコンテンツ全体の幅を「1220」pxにしました。

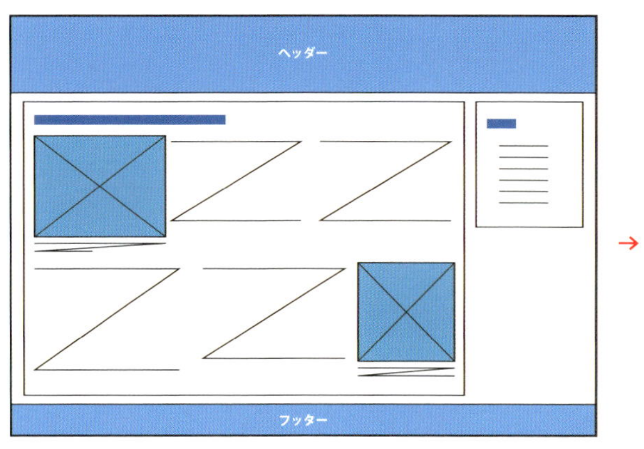

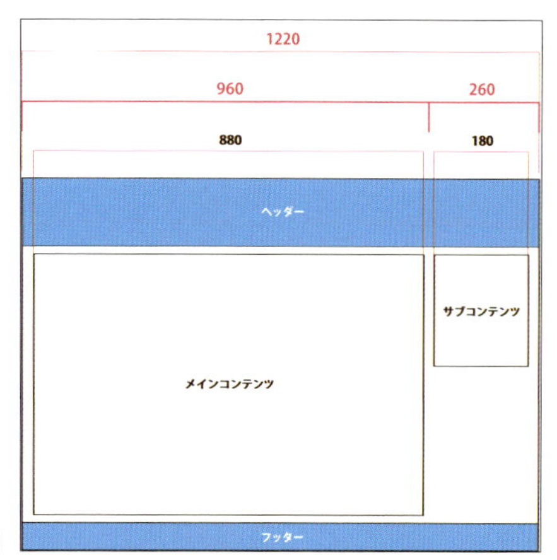

ラフスケッチを描き、コンテンツ全体の幅と左右のカラム幅を決める（固定幅レイアウトを作成）

02 構成要素の幅をピクセル値で指定した「固定幅レイアウト」をレスポンシブWebデザインのための「可変幅レイアウト」に変換し、ウィンドウの幅が「800px以上」と「960px以上」の2つブレークポイントを設定します。

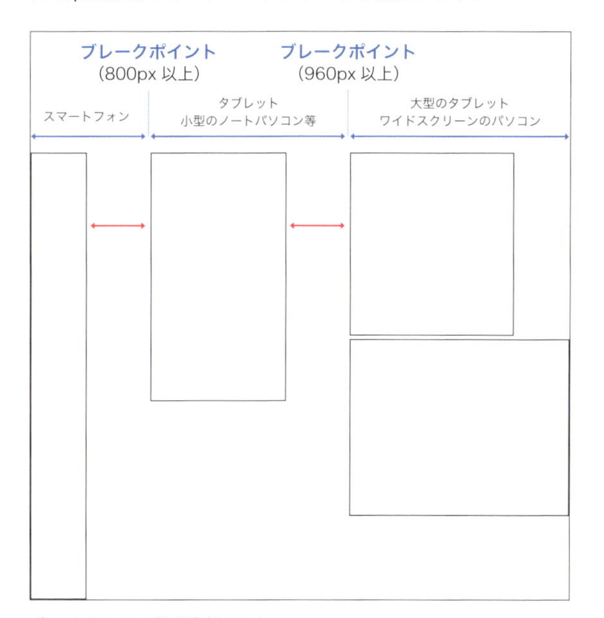

ブレークポイントを2箇所設定しておく

03 XDを起動して、レスポンシブWebデザインの2つのブレークポイント「800」px、「960」pxとコンテンツ全体の幅「1220」pxの3つのアートボードを作成します。続けて、テキストや画像などの構成要素を配置していきます。

XDを起動して、レスポンシブWebデザイン用の3つのアートボードを設定。Webページの構成要素を配置していく

04

アートボードの準備ができたらテキストや画像などの構成要素を配置していきます。

左側のページ（幅「800」px）を作成できれば、あとは構成要素を複製コピーして、幅「960」pxと「1220」pxのページも仕上げます。このプロトタイピングにそれほど時間はかかりません。

共有可能な構成要素は複製コピーしながら効率よく作業を進める

05

プロトタイプが完成したら、コーディングするときに必要なデータを取得できる「デザインスペック」を公開します。画面の右上にある［共有］アイコンをクリックして、ポップアップメニューから［デザインスペックを公開］を選択します。配置した画像などをデザインスペックから書き出せる（ダウンロードできる）ように設定してから、［公開リンクを作成］をクリックします。

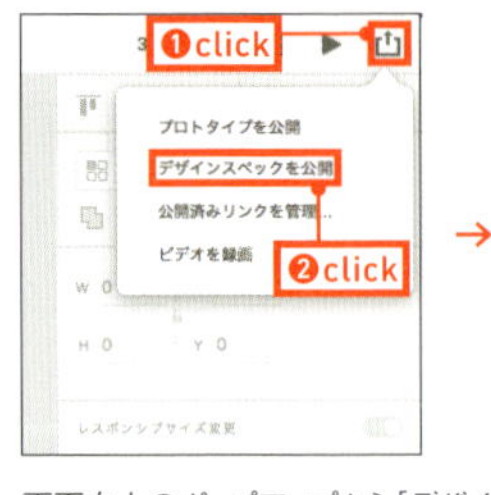

画面右上のポップアップから［デザインスペックを公開］を選択し、［公開リンクを作成］をクリックする

06

作成したプロトタイプがクラウドにアップロードされ、公開リンクが生成されます。ブラウザーで公開リンクを開くと、デザインスペックのページが表示されます。ここで、構成要素の位置情報や見出しや本文のスタイル情報、カラー情報などを取得することができます。見出しや本文などは、テキストデータが抽出されますので、そのままコピーして利用することが可能です。また、画像などは選択して書き出すことができます（［ダウンロード］ボタンが表示されます）。

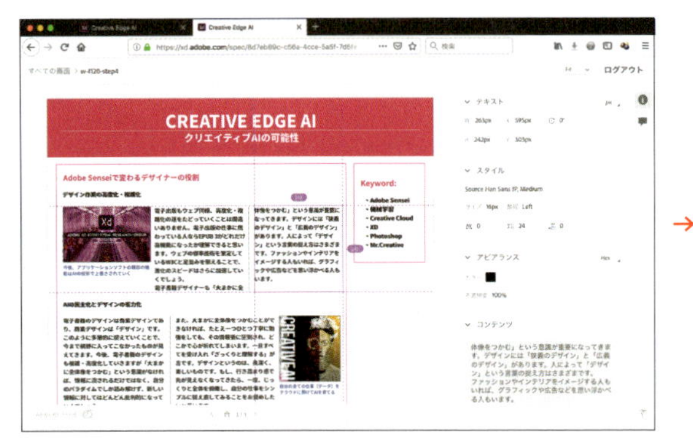

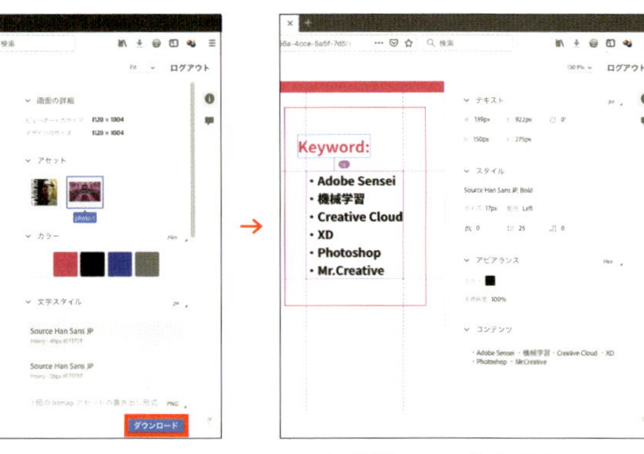

アップロードが完了し、公開ページのURLが生成される。デザインスペックのページを表示する

ページに配置されている構成要素をクリックすると幅の値やページ上の座標値などを確認できる

07

コメント機能が搭載されているので、エンジニアがデザインスペックを確認しながら、プロトタイプを作成したデザイナーに対して質問したり要望を記入することができます。

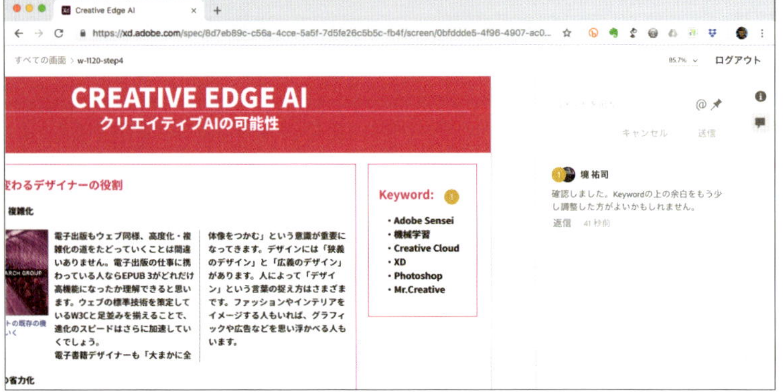

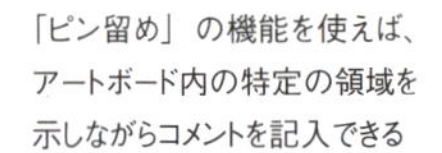

「ピン留め」の機能を使えば、アートボード内の特定の領域を示しながらコメントを記入できる

08 デザインスペックから、コーディングに必要な情報を取得できたら、HTMLマークアップとCSSデザインを開始します。ここでは、Dreamweaverを使用します。

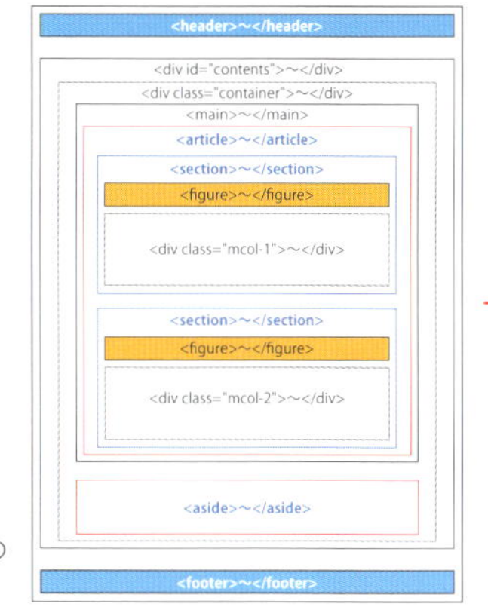

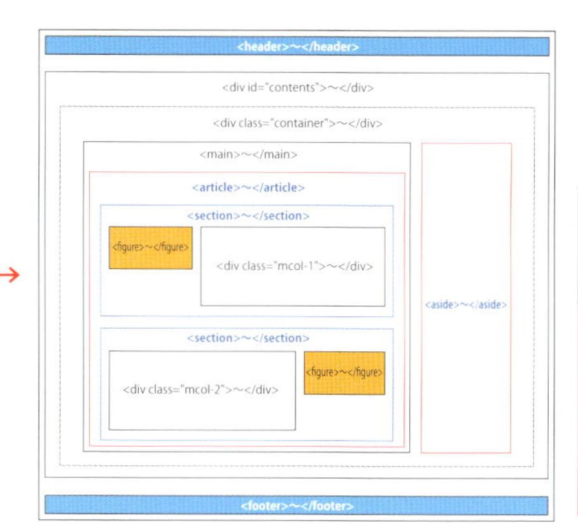

HTMLマークアップのための構造化

09 ページの構造が確定したら、Dreamweaverで基本マークアップ、CSSデザインのためのコンテナー設定などを進めながら、Webページを作成していきます。

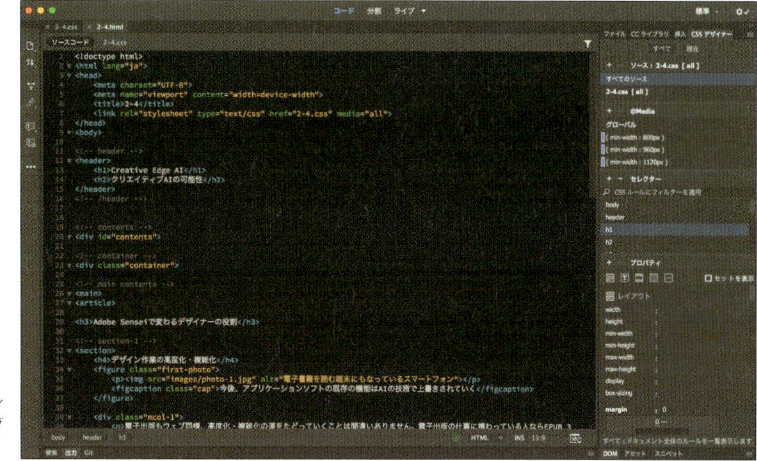

デザインスペックから取得した情報を使ってコーディングを開始する

レスポンシブWebデザイン

レスポンシブWebデザインのCSSデザインは、ウィンドウ幅が狭いモバイルから始めていくと効率的です。まず、スマートフォン対応のスタイルを記述し、その下に「タブレットや小型ノートパソコン」「ワイドスクリーンのパソコン」などのスタイルを追加して、メディアクエリで切り替える仕組みをつくります。

01 Dreamweaverのライブビューでページをプレビューしながらコードを記述していきます。

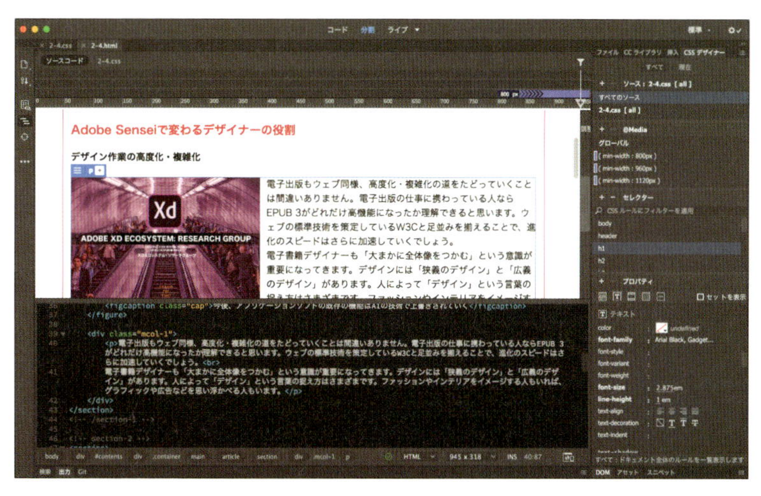

Dreamweaverに搭載されている「CSSデザイナー」を使用すれば直感的にCSSを指定することができる（デザインスペックから取得した値を効率よく入力できる）。コーディングに慣れている人はコードビューのみで作業してもかまわない

02 ▶ スクラバーをドラッグしてウィンドウ可変を実行し、レスポンシブWebデザインの設定を確認します。

→

XDには、作成したプロトタイプからHTMLやCSSを生成する機能はないので、コーディングを担当する人は公開されているデザインスペックから必要な情報やアセットを取得して作業を進めることになります。
今後は、HTMLやCSSを生成する拡張プラグインや変換サービスなどが登場してくるので、HTML化の選択肢は増えていきます。すでに、XDファイルから忠実かつ厳格なHTMLページを作成するサービスが登場しています。

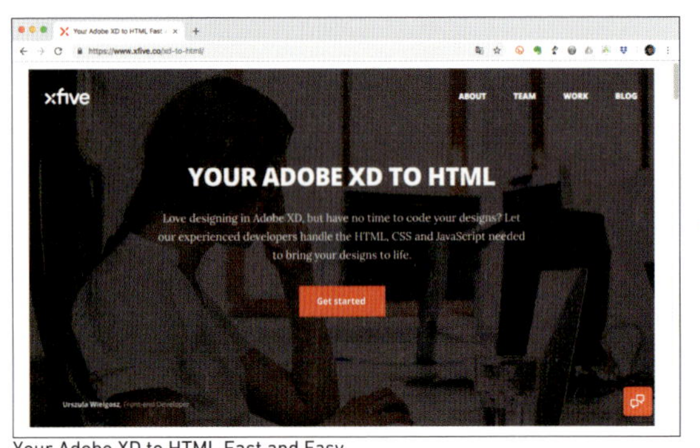

→

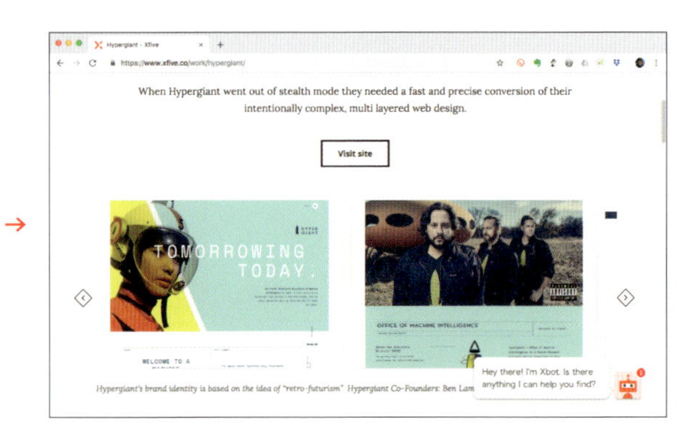

Your Adobe XD to HTML Fast and Easy
https://www.xfive.co/xd-to-html/

04 関連情報：Apple・Google・Microsoftのデザインガイドラインで学ぶ

アプリ開発で必ず必要になるのが「ガイドライン」です。iOSやmacOSのアプリ開発では、Appleが公開している「Human Interface Guidelines（ヒューマンインターフェイスガイドライン）」、Androidの場合はGoogleの「Material Design（マテリアルデザイン）」、そしてWindows 10では「UWP（Universal Windows Platform）」のガイドライン、および新デザインシステムの「Fluent design system（フルーエントデザインシステム）」があります。
Material DesignなどはWebにおいても一貫したユーザー体験を提供しており、その取り組みそのものがUIデザインの勉強になります。
プロトタイピングで各社のUIキットを活用する場合は、デザインガイドラインをすぐに参照できるように準備をしておきましょう（UIキットについては「2-2. プロトタイピングのためのUIキットを活用しよう」で解説しています）。どのガイドラインも情報量が多いため、空き時間をうまく利用しながら内容を確認してください。Evernoteなどに必要な情報を取り込んでおくとオフラインでも閲覧できますので、プロトタイピングしながら参照するときに役立ちます。

Appleのデザインガイドライン

Appleのガイドラインといえば「Human Interface Guidelines（ヒューマンインターフェイスガイドライン）」が有名です。30年以上前からある長い歴史をもつドキュメントで、国内でも2004年に「Human Interface Guidelines:The Apple Desktop Interface（日本語版）」が出版されています。
※1989年にアジソン・ウェスレイ・パブリッシャーズ・ジャパンが発行した書籍の再刊です。
現在の「Human Interface Guidelines」に日本語訳はありませんが、UIデザインおよび情報設計の参考になりますので是非ご覧になってください。Metaphors（比喩の使用）やDirect Manipulation（直接操作）、Consistency（一貫性）など、いくつかは80年代後半に発行されたガイドラインのデザイン原則を継承しています。Macのアプリらしさ、iPhoneのアプリらしさをガイドラインによって原則化し、開発者やデザイナーに対して具体例を示しながら解説していますので、iOSアプリのプロトタイピングを行うときは一読しておきましょう。
macOS、iOS、watchOS、tvOSの4つのガイドラインがあります。

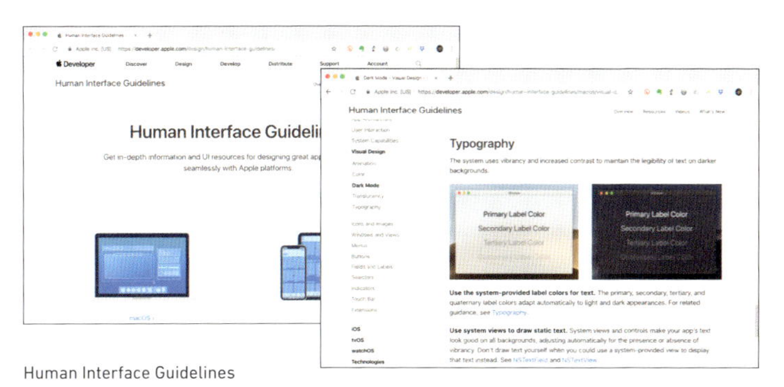

Human Interface Guidelines
https://developer.apple.com/design/human-interface-guidelines/

参考情報：
ユーザインターフェイスのデザインのヒント
https://developer.apple.com/jp/design/tips/

Googleのデザインガイドライン

Androidアプリの開発では、Material Design（マテリアル デザイン）のガイドラインを使用します。Material Designは2004年に開催されたGoogle I/Oで発表されたガイドラインですが、難易度が高く、Material Designの厳格なデザイン原則に従うと見た目では差別化しにくいため、どこも同じような見栄えのアプリになってしまいました。結果的に、独自解釈のアプリが増えてしまうという問題を抱えることになります。
2018年のGoogle I/Oでは、大幅アップデートの新しいMaterial Designを発表。一貫性と個々のアプリのオリジナリティを両立させるための新ツール「Material Theming」がリリースされました。Material Themingは、GmailやGoogle Play、Google News、Google Homeなどのアプリに使われています。
専用ツールの「Material Theme Editor」は、プロトタイピングツール「Sketch」のプラグインとして提供されています（2018年11月現在）。
Material Designはとても洗練されたデザインガイドラインです。読み解くのに時間がかかるかもしれませんが、AppleのHuman Interface Guidelinesと比較しながら見てくと、さまざまな気づきを得られるでしょう。

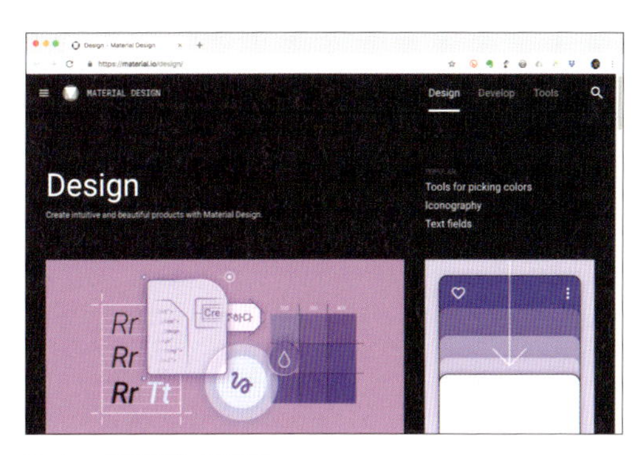

Design - MATERIAL DESIGN
https://material.io/design/

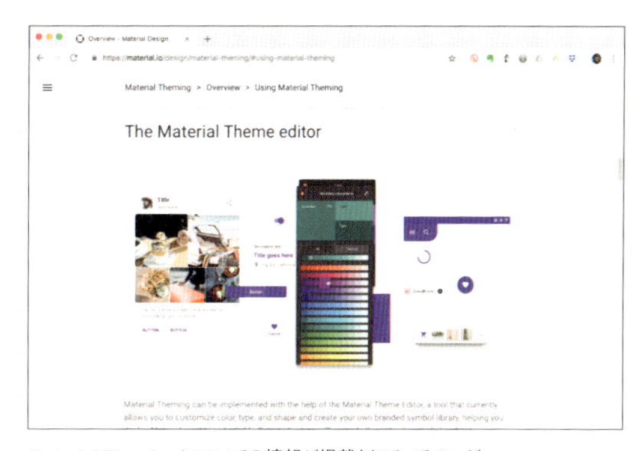

Material Themingについての情報が掲載されているページ
Overview - Material Design
https://material.io/design/material-theming/

Microsoftのデザインガイドライン

Microsoftは「Metro」と呼ばれるデザインシステムを推進していましたが、2017年に開催された開発者向けカンファレンス「Build」で「Fluent design system（フルーエントデザインシステム）」という新しいデザインシステムを発表しました。2017年10月17日の大型アップデート（Windows 10 Fall Creators Update）から導入。スタートメニューや電卓アプリなどに採用され、「アクリルマテリアル」と呼ばれる背景がうっすら透けて見える視覚表現などが使われています。

Fluent design systemは、GoogleのMaterial Designに近いといえるでしょう。非スクリーンデバイスやAR、VR、MRなども含むあらゆるユーザー体験を扱うデザインシステムになっており、「Light（光で伝える）」「Depth（レイヤーの重なり）」「Motion（意味を伝えるモーション）」「Material（手触り感のある表面）」「Scale（奥行きのある空間）」の5つで構成されています。

ガイドラインをご覧ください。Material Designと重なるUIコンセプトがいくつも出てきます。

【参考情報】

Windows 10のすべてのデバイスで利用可能な共通アプリ・プラットフォームを提供する「UWP（Universal Windows Platform）」のガイドライン

Windows アプリ UX デザイン ガイドライン | MSDN
https://msdn.microsoft.com/ja-jp/mt634411.aspx

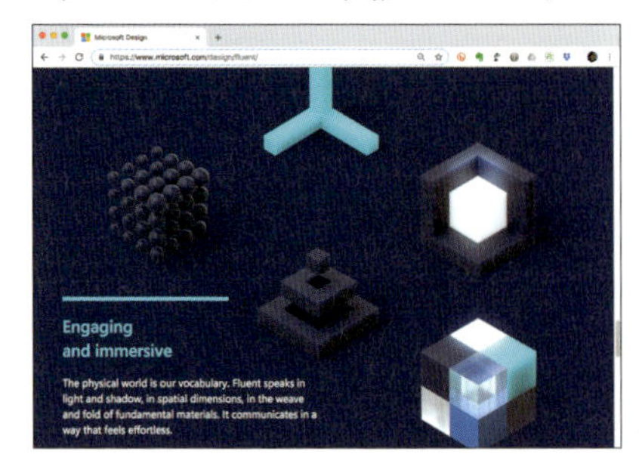

Microsoft Design
https://www.microsoft.com/design/fluent/

Point　イノベーションのためのプロトタイピング

プロトタイピングの目的は何でしょう?

大半は顧客ニーズを理解したり、問題解決のためのプロトタイプ制作でしょう。今まで学習してきたとおりです。チームメンバーやクライアントとアイデアを共有し、公開と検証を実行しながら十分なレベルに達するまで反復を繰り返していきます。

一方で、イノベーションを起こすために実施されるプロトタイピングもあります。ダークホースプロトタイプ（Dark Horse Prototype）などと呼ばれています。常識にとらわれず、自由かつ思い切った発想で進めていきます。このプロトタイピングでは、あり得ないと思われるアイデアでもかまいません。イノベーションとは、既存のものを組み合わせて新しいものを生み出したり、新しい切り口や使い方などを創造する行為です。既存のものを改良しながら、新しいものを作り出すことではありません。企業は新製品開発においてイノベーションを求めていますので、ダークホースプロトタイプなどは有効な手段となります。

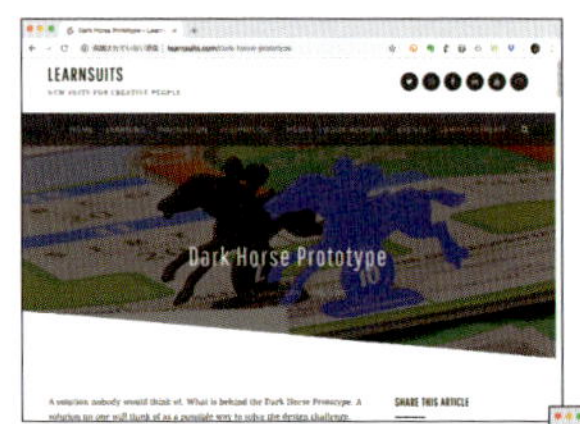

Dark Horse Prototype - LearnSuits
http://learnsuits.com/dark-horse-prototype

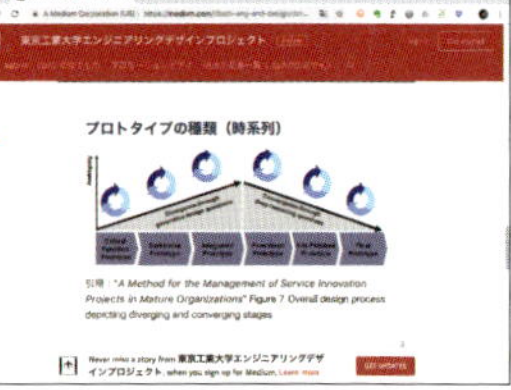

プロトタイプであそぼう – 東京工業大学 エンジニアリングデザインプロジェクト
https://medium.com/titech-eng-and-design/dancing-with-prototyping-c7e74c225f34

まとめ

［1］ Webサイトのプロトタイプ制作を効率よく進めるためには、サイトの規模やサイト構築の指針、方針などを理解しておくことが重要である

［2］ Adobe XDは「大規模サイト」のプロトタイピングにも利用できる

［3］ 最初にWebサイト制作における「指針」や「方針」を決めておく

［4］ プログレッシブエンハンスメント、グレイスフル・デグラデーション、レグレッシブエンハンスメントの3つの考え方を理解する

実践

>PART 3

Adobe XDの基本操作

Adobe XDのワークスペースは他のAdobe製品とは異なり、カスタマイズできませんが、機能が絞られていますのでプロトタイプ制作の作業効率にはあまり影響しません。作業速度を向上させるには、［レイヤー］パネルとの併用がポイントになります。PART3では実習を進めながら、XDの基本操作を習得していきます。

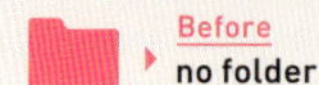

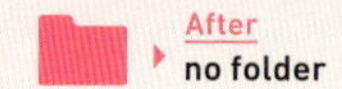

01 Adobe XDのワークスペース

アプリケーションソフトの画面全体を「ワークスペース」と呼びますが、XDのワークスペースはとてもシンプルです。また、UI（ユーザーインターフェイス）が他のAdobe製品とは大きく異なります。XD特有のUIについて学習していきましょう。

1. XDのワークスペースはシンプルでわかりやすく、他のプロトタイピングツールより覚えやすい
2. 「デザインモード」でプロトタイプを作成し、「プロトタイピングモード」で画面遷移などのインタラクションを設定する
3. パーツの配置に重要な［レイヤー］［アセット］パネルは表示／非表示しながら作業する

ワークスペースの基本構成

XDのワークスペースはとてもシンプルでわかりやすい構成になっています。上部に「アプリケーションツールバー」、左右に「ツールバー」と「プロパティインスペクター」が固定されており、中央がワークエリア（デザイン作業をする場所）です。左には表示／非表示が可能な「アセット」と「レイヤー」のパネルがあります。他のプロトタイピングツールより機能が絞られているので、短時間で習得することができます。

デザインモードのワークスペース

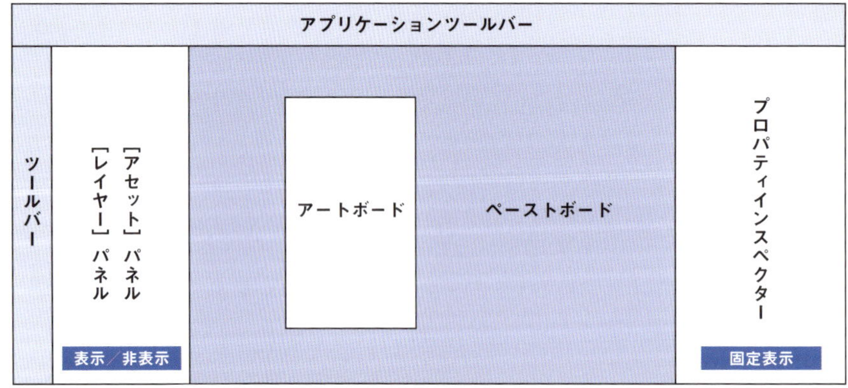

ワークスペースの左右に固定されているツールを使用しながら、中央のワークエリアで作業をする

XDのワークスペースは独特のUI構成になっています。PhotoshopやIllustratorなどの他のクリエイティブツールはワークスペースを自由にカスタマイズできますが、XDは動かすことはできません。ツールバーとプロパティインスペクターは左右に固定されており、常に表示された状態になっています。

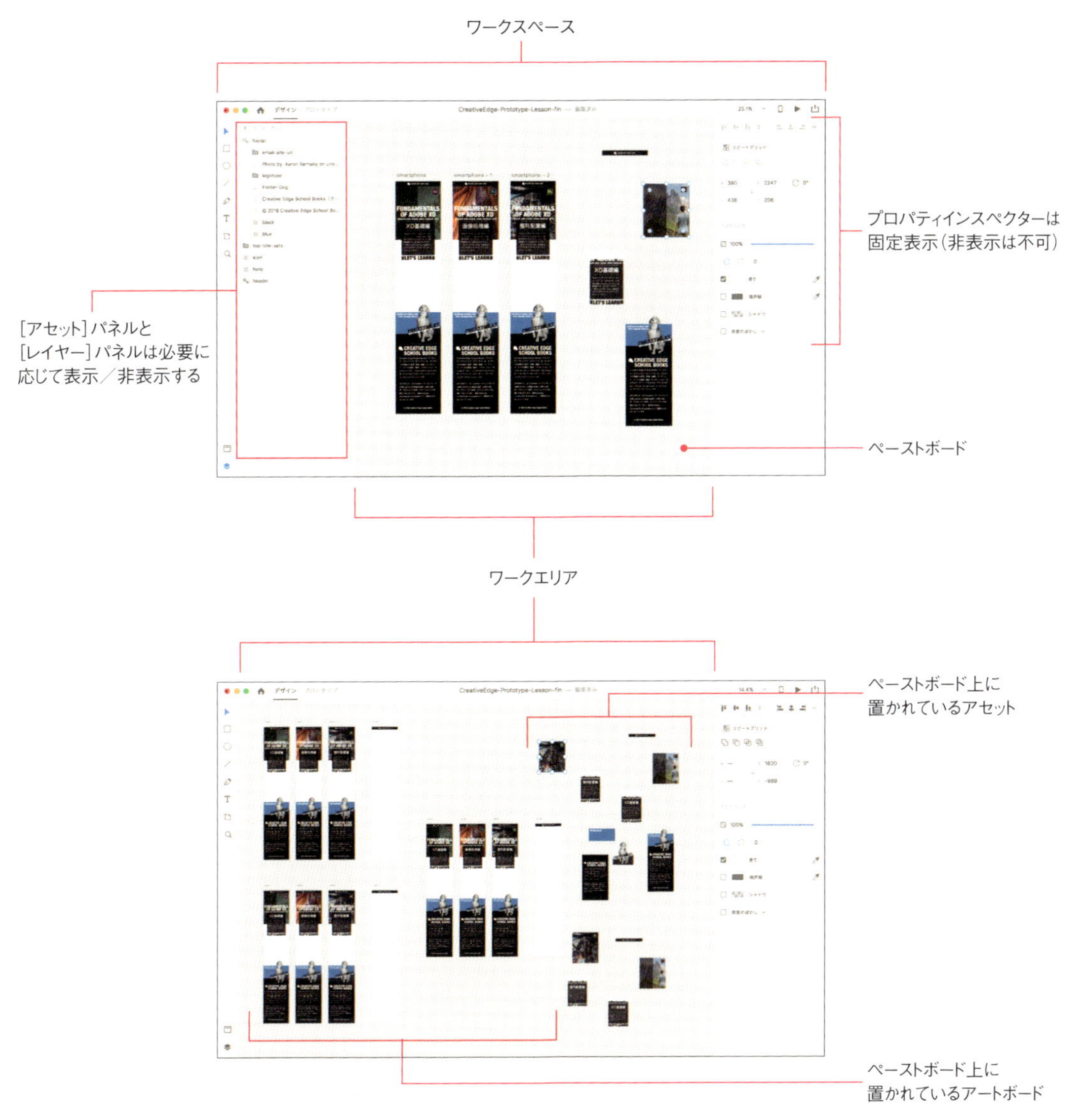

ワークスペースの左右に固定されているツールを使用しながら、中央のワークエリアで作業をする

中央のグレーの領域を「ペーストボード」と呼びます。アートボードやプロトタイプに必要なアセットを置く場所です。左右の機能パネル（ツールバー、プロパティインスペクター）以外の領域を「ワークエリア」、すべてを含む全体を「ワークスペース」と呼ぶので覚えておいてください。

デザインモードとプロトタイプモード

XDには「デザイン」と「プロトタイプ」の2つのモードがあります。アプリケーションツールバーの左側に切り替えのボタンが配置されています。デフォルトではデザインモードになっているので、画面のデザインが完了したら、プロトタイプモードに切り替えてインタラクションを設定していきます。ボタンをクリックして画面遷移させたりフェードイン効果を適用するなど、実際のWebサイトやアプリを操作しているような疑似体験を提供することが可能です。

なお、プロトタイプモードではプロパティインスペクターは表示されないので、外観の修正などはデザインモードに戻って作業する必要があります。

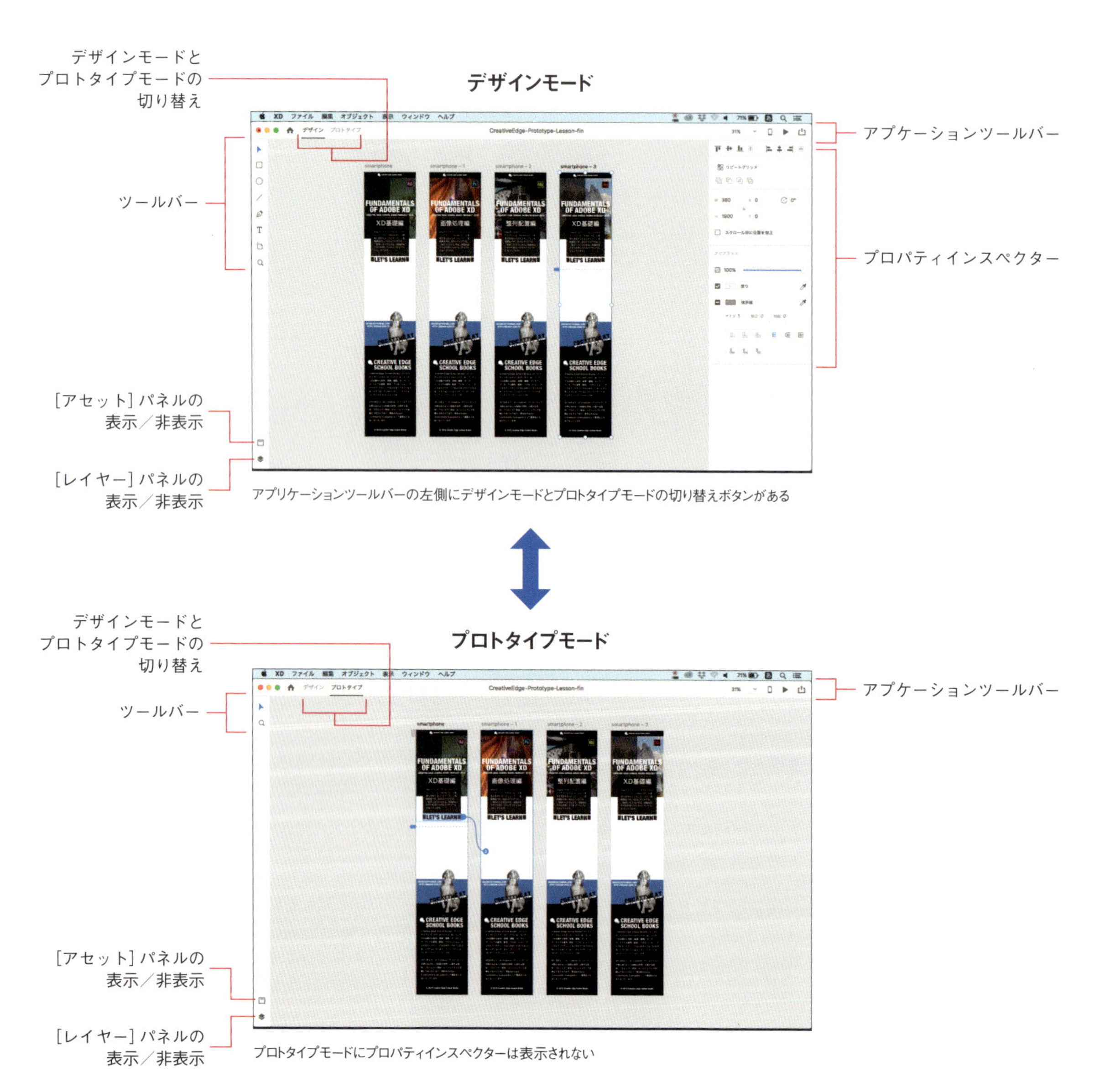

アプリケーションツールバーの左側にデザインモードとプロトタイプモードの切り替えボタンがある

プロトタイプモードにプロパティインスペクターは表示されない

[アセット] パネルと [レイヤー] パネル

[アセット] パネルと[レイヤー] パネルは、必要に応じて表示／非表示が可能です。ツールバーの最下部にアイコンがあります。クリックすると表示、もう一度クリックすると非表示になります。画面が狭いノートPCなどでXDを使う場合は、パネルを非表示にしてワークエリアの領域をできるだけ大きくしておいた方がよいでしょう。

[アセット] パネル

[レイヤー] パネル

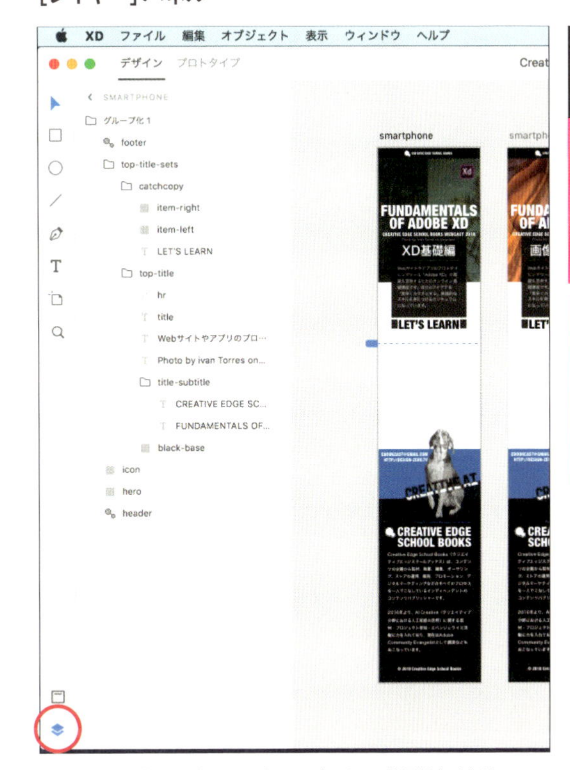

[アセット] パネルと [レイヤー] パネルはデザイン、プロトタイプどちらのモードでも使用可能。複雑な作業になるほど、[アセット] パネルと [レイヤー] パネルの使用頻度が高くなる。ワイドスクリーンの大きなディスプレイが使用できる環境なら常に表示しておこう

Point　XDのUIはなぜ目立たないのか

XDは紙とペンで作成するペーパープロトタイピングのように、(デザイナーに限らず)誰でも気軽に使えるように設計されています。基本的な操作は、ショートカットキーや control キー＋クリック(右クリック)によるコンテキストメニューの活用、ドラッグ＆ドロップによる画像の読み込み、他のアプリケーションソフトからのコピー＆ペーストなどです。直感的に使うことを重視しているので、アイコンやUIの文字が小さい、Windows版には標準的なアプリケーションメニューがないなど、ツールの中もかなり大胆に省力化されています。
他のアプリケーションソフトのように「メニューからダイアログを開いて読み込む」といった操作は、XDでは「ドラッグ＆ドロップで読み込む」に変わります。ツールのアイコンをクリックしたり、メニューからコマンドを選ぶ操作はキーボードのショートカットキーに置き換えます。慣れるまでは併用してもかまいませんが、早い段階で直感的な操作を習得しましょう。プロトタイプ制作のスピードが飛躍的に向上します。

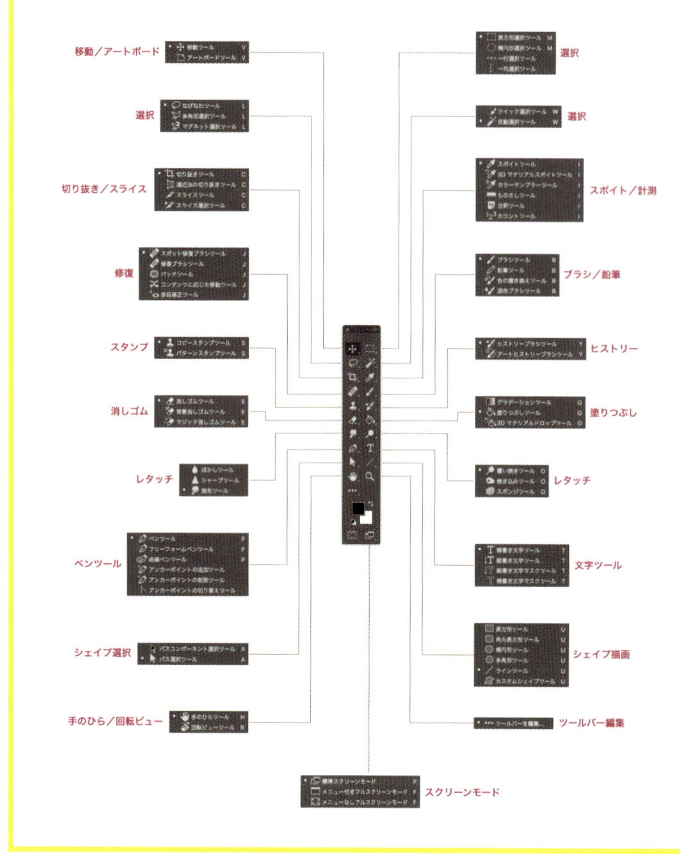

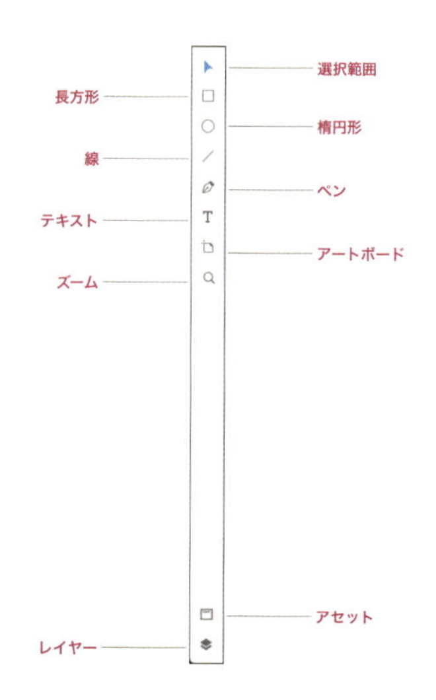

【XDとPhotoshopのツールの比較】
XDのツールバーは、最初のプレビュー版からベータ版、そして正式版までほとんど変化がない。グラフィック機能については今後も大きく変わらない可能性が高い。素材を作り込む時は、IllustratorやPhotoshopを使い、コピー＆ペーストでXDに移しながら作業を進めることになる

まとめ

[1] **XDのワークスペースはとてもシンプルでカスタマイズはできない**

[2] **XDにはデザインモードとプロトタイプモードがある**

[3] **[アセット]パネルと[レイヤー]パネルは必要に応じて表示／非表示が可能**

[4] **XDの作業はショートカットキーや control キー＋クリック(右クリック)、ドラッグ＆ドロップが基本**

Before ▸ no folder
After ▸ no folder

02 アートボードの画面操作

XDのワークエリアはペーストボードと複数のアートボードのみで「ページ」の概念はありません。広大なギャラリースペースにさまざまな大きさのキャンバスを置いていくイメージになるので、ズームイン／アウトは大変重要な操作です。

1. ショートカットキーを活用して効率的に作業する
2. プロトタイピングで最も使用頻度が高いズームイン／アウトはショートカットキーを使う
3. アートボードの表示を素早く切り替える操作を覚える

ショートカットキーで画面表示を切り替える

XDは紙にペンで描くように軽快に操作できる軽量のプロトタイピングツールです。アートボードのズームイン／アウトや移動などの操作は使用頻度が高いため、可能なかぎりショートカットキーで実行していきましょう。ワークエリアの外に出る操作が劇的に減るので、より直感的に進められ、ビジュアルデザインの作業に没頭することができます。

01 XDを起動してアートボードを作成する

01 ▸ それでは、XDを起動してください。ホーム画面が表示されるので、ここではアートボードの「Web 1920」をクリックします。

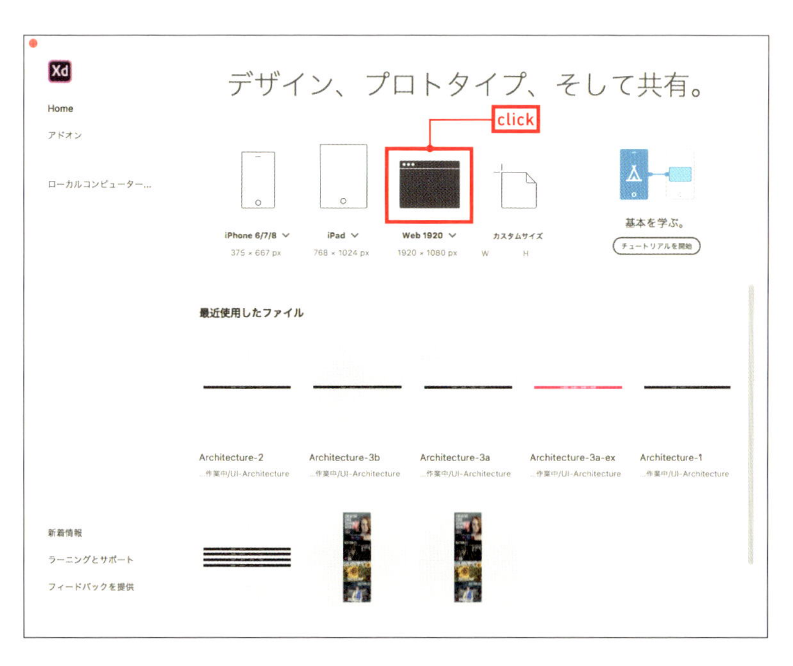

02 ▸ XDのワークスペースは上部に「アプリケーションツールバー」、左端に「ツールバー」、そして右端に「プロパティインスペクター」が固定配置されています。ツールバーの下にはアセットとレイヤーのアイコンがあり、クリックでパネルの表示／非表示を切り替えることができます。
ここでは、パネルを非表示にしておきましょう。

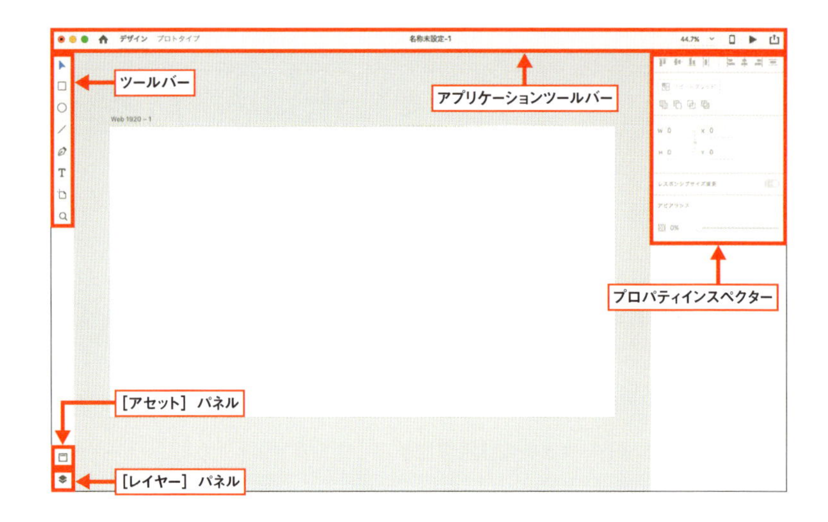

02 ズームイン／アウトの操作方法

01 ▸ まず覚えておいてほしいのは、アートボードのズームイン／アウトと移動です。移動は space キーを押しながらドラッグします。マウスカーソルが手のひらアイコン（ハンドツール）に変わります。

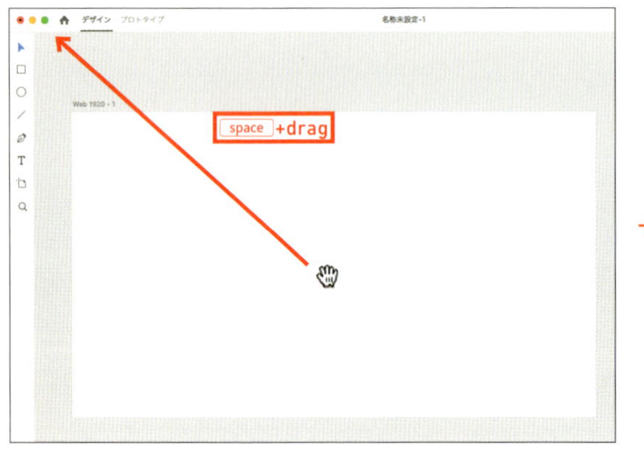

→

space キーを押しながらドラッグするとワークエリア内を移動することができる

02 ▸ 次はズームイン／アウト（拡大表示・縮小表示）です。ツールバーに「ズーム」ツールがありますが、ショートカットキーで操作しましょう。
command（Ctrl）+ shift + + キーを押すとズームインします。
command（Ctrl）+ − キーでズームアウトです。ワークエリアの中心がズームイン／アウトする仕様になっています。

OS	ズームイン	ズームアウト
Mac	command + shift + + キー	command + − キー
Windows	Ctrl + shift + + キー	Ctrl + − キー

03 ▸ アートボードを大きく表示したり、移動したり、ズームアウトするなど、何回も試してみましょう。慣れてくると素早くズームイン／アウト、移動の操作ができるようになります。

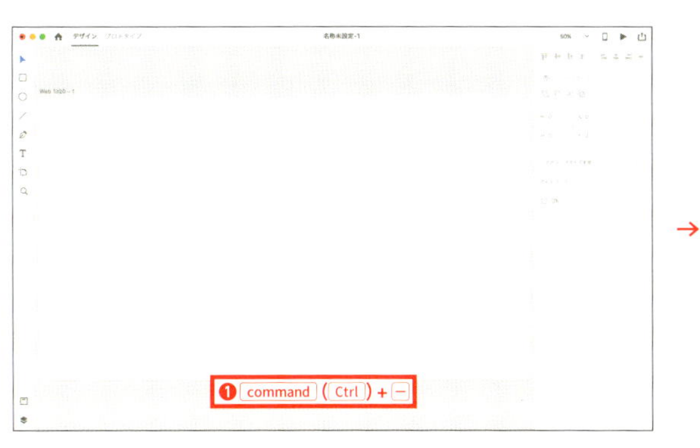

→

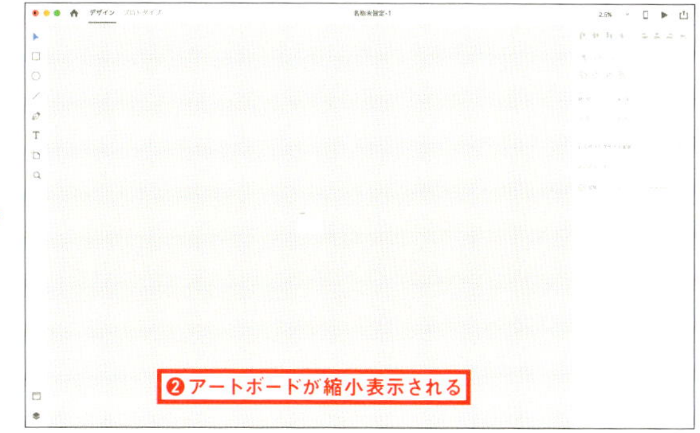

もし小さすぎて見えなくなったり、どこに移動したのかわからなくなった場合は、command（Ctrl）+ 0 キーで全体表示する。次のステップで解説している

03 アートボードの表示を素早く切り替える

01 ▸ 全体表示と100%表示／200%表示のショートカットキーも覚えてください。

全体表示は、ペーストボード上のすべてのアートボードを画面サイズに合わせて表示します。頻繁に使用する操作です。

Mac は、command（Ctrl）+ 0 キーです（数字の「0」）。100%表示／200%表示は、数字の 1 と 2 キーを使います。

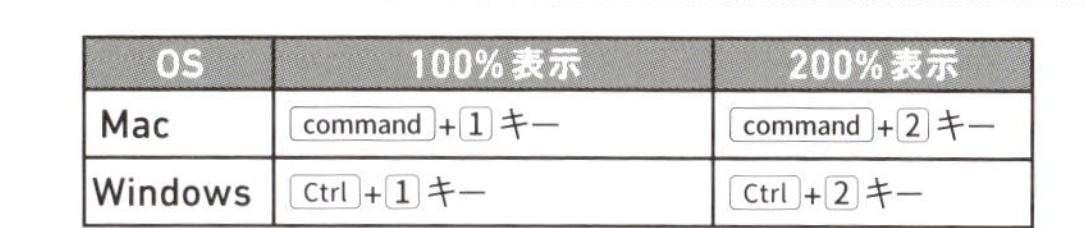

OS	100%表示	200%表示
Mac	command + 1 キー	command + 2 キー
Windows	Ctrl + 1 キー	Ctrl + 2 キー

100%表示

command （Ctrl）+ 0

→

↙

Attention PC環境によって適した操作方法を選ぶ

ショートカットキーによる操作は「初心者から実践すべき基本」ですが、使用しているPCによっては別の方法が適しているかもしれません。たとえば、AppleのMacBook Proを使用しているなら、トラックパッドを使ったピンチイン／アウトが便利です。キーボード操作より速く、直感的ですからトラックパッド利用を基本にした方がよいでしょう。また、マウスのホイール操作に慣れている人は、ショートカットキー操作より作業しやすいはずです。
これからXDを学ぶ初心者の方には、ショートカットキー操作を推奨しますが、ある程度XDの作業に慣れてきたら、自分が最も作業しやすい方法を選択してください。

デバイス	ズームイン	ズームアウト
トラックパッド	ピンチアウト	ピンチイン
Mac	option キー＋スクロールホイール↑	option キー＋スクロールホイール↓
Windows	Ctrl キー＋スクロールホイール↑	Ctrl キー＋スクロールホイール↓

まとめ

[1] ズームイン／アウトや移動などの操作は可能なかぎりショートカットキーで実行

[2] command＋shift＋＋（shift＋Ctrl＋＋）キーでズームイン

[3] command＋－（Ctrl＋－）キーでズームアウト

[4] space キー＋ドラッグで移動

[5] トラックパッドやマウスホイール操作も有効

Before ▸ no folder　After ▸ no folder

03 ツールとモードを切り替えながら作図する

ワークエリアのズームイン／アウトでは、ショートカットキーによる無駄のない素早い操作を推奨していますが、頻繁に使用するツールもやはりキー操作が適しています。また、描画したオブジェクトを編集するときの操作についても学習します。

1. ツールはショートカットキーで切り替えられる
2. 頻繁に使用するツールのショートカットキーを覚えておくと、作業効率が上がる
3. 作成したオブジェクトはパス編集モードで修正できる

01 ショートカットキーでツールを切り替える

ツールバーの[選択]ツール▶は描画作業において最も使用するツールです。たとえば、長方形を描いた後、位置を変更したい場合は[選択]ツール▶に切り替えなくてはいけません。楕円を描いたり、テキストを入力した場合も同様です。必ず「選択ツールに切り替える」操作が必要になるので、ツールバーのアイコンをクリックする方法ではどう考えても非効率です。キー操作を覚えましょう。

01 ▸ ツールバーのすべてのツールにショートカットキーが割り当てられていますが、まずは[選択]ツール▶です。[長方形]ツール□を選択してアートボードに適当な大きさの長方形を描いてください。

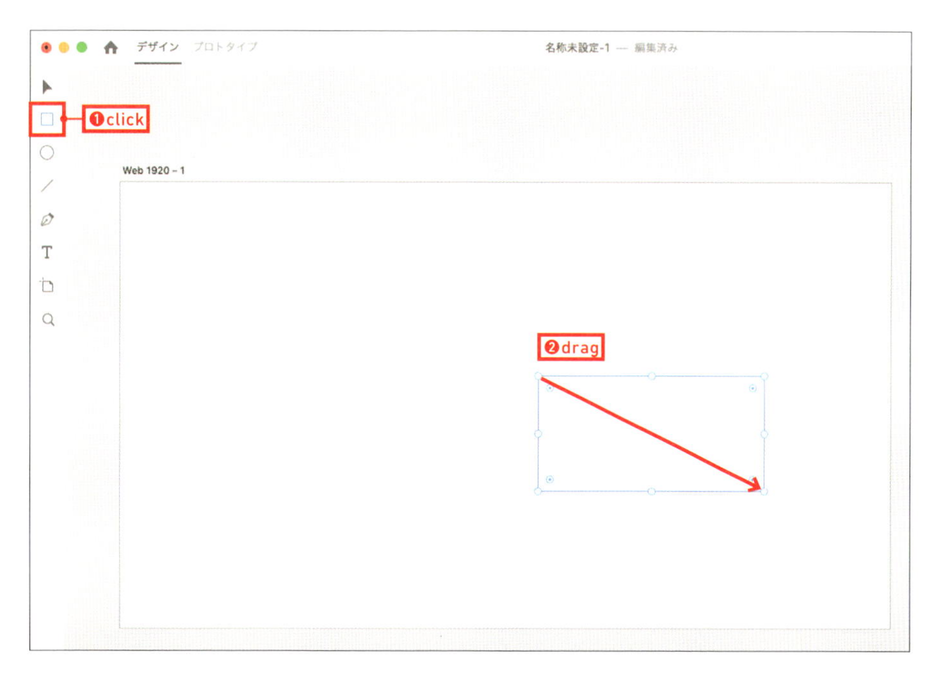

02 キーボードの V を押します。カーソルが［選択］ツール ▶ の形状に変わったはずです。描いた長方形をドラッグして動かしてみましょう。

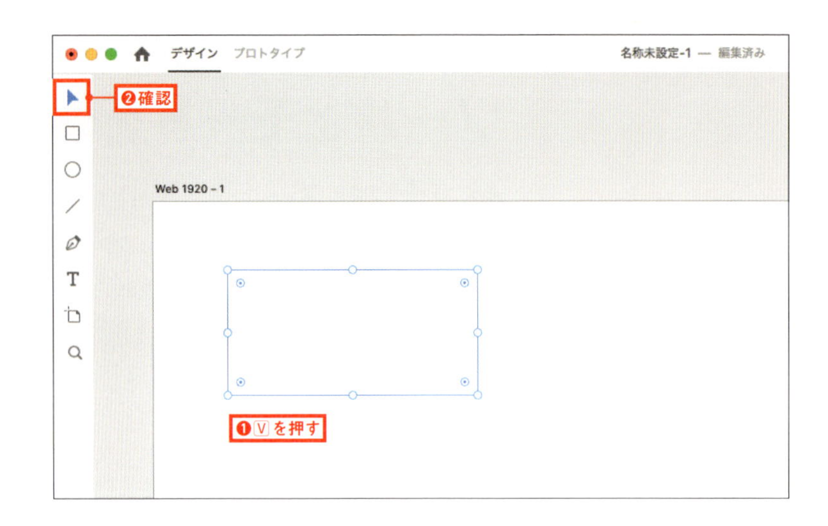

03 同じように［楕円形］ツール◯を選択して適当な大きさの楕円を描いてから、ショートカットキーで［選択］ツール ▶ に切り替えて動かしてください。いかがでしょう？
ツールバーのアイコンをクリックするより効率的だということが理解できたと思います。

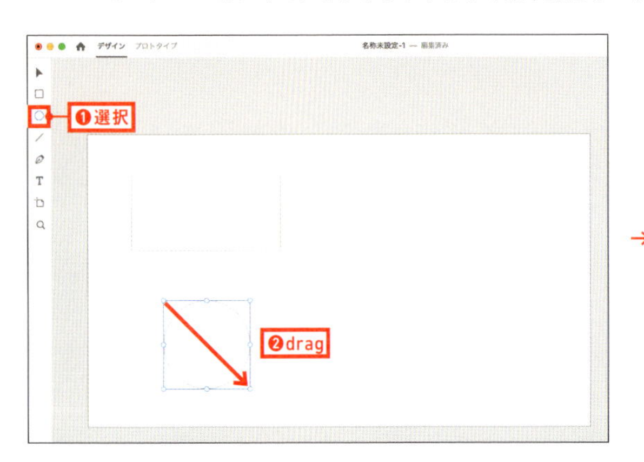

→

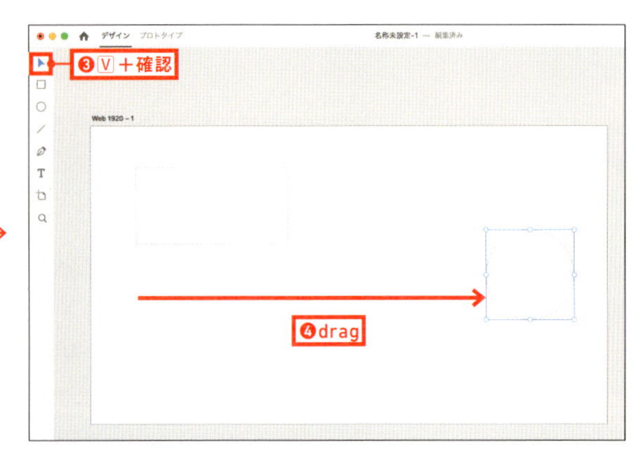

04 操作に慣れてきたら、［長方形］ツール□や［楕円形］ツール◯など、他のツールもショートカットキーを覚えていきましょう。［線ツール（LINE）］は「L」、［ペンツール（Pen）］は「P」のように、ツール名の頭文字が割り当てられているので、すぐに覚えられると思います。

ツール	キー
長方形ツール	R
楕円形ツール	E
線ツール	L
ペンツール	P
テキストツール	T
アートボードツール	A
ズームツール	Z

02 パス編集モードに切り替えながら作図する

XDの描画ツールは、長方形と楕円形、直線、曲線しかありませんので、Illustratorなどの作図ツールとは比較になりませんが、XD独特の柔軟性があり、コツをつかむことで高速描画が可能になります。

［長方形］ツール□や［楕円形］ツール◯で描いた図形を「シェイプ」と呼びます。シェイプとは、数値情報を内部に保持しているグラフィックデータ（ベクターグラフィック）のことです。XDは、シェイプを編集するためのモードを持っており、「ダブルクリック」で切り替えることができます。

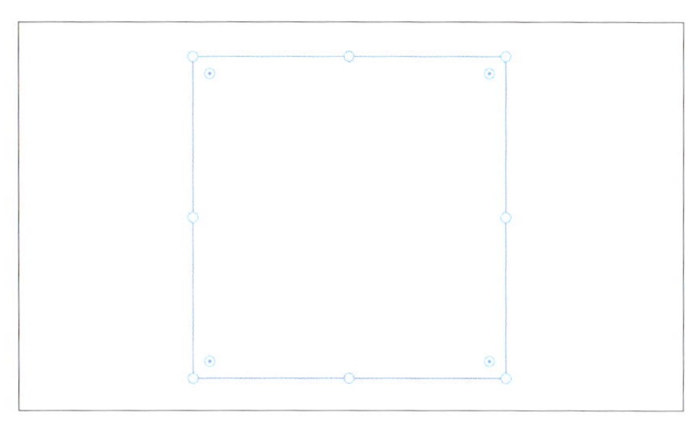

［長方形］ツール□で描いたシェイプ

ダブルクリックするとシェイプを編集できるモードに切り替わる

01 長方形を作成する

01 ［長方形］ツール□を選択して正方形を描いてください。shift キーを押しながらドラッグすると正方形になります。キーボードのVキーを押して［選択］ツールに切り替え、図形をダブルクリックしてみましょう。

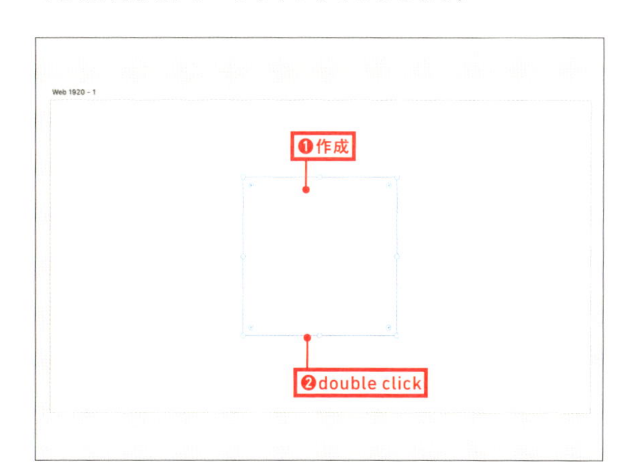

02 左上のポイントが黒くなっています。これは選択状態を表しています。つまり［パス編集モード］に切り替わったということです。余白をクリックすると解除されます。［パス編集モード］に切り替わると、編集可能なアンカーポイント（コントロールポイント）が有効になります。2つ以上のアンカーポイントによって引かれたラインを「パス」と呼びます。

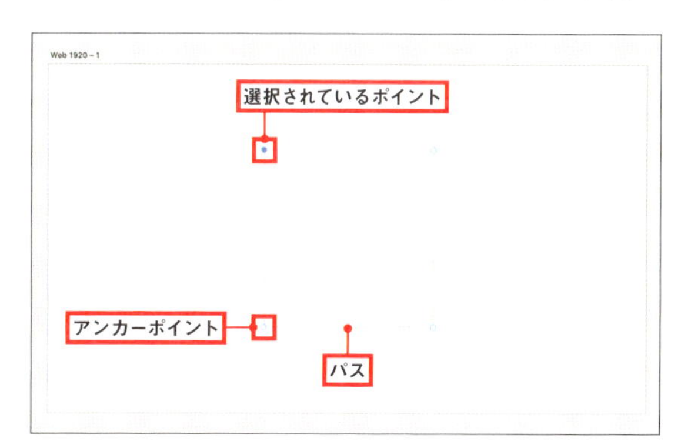

03 それでは編集してみましょう。アンカーポイントをドラッグすると位置を変更できるので、右上のポイントをドラッグして図形を変形させてください。

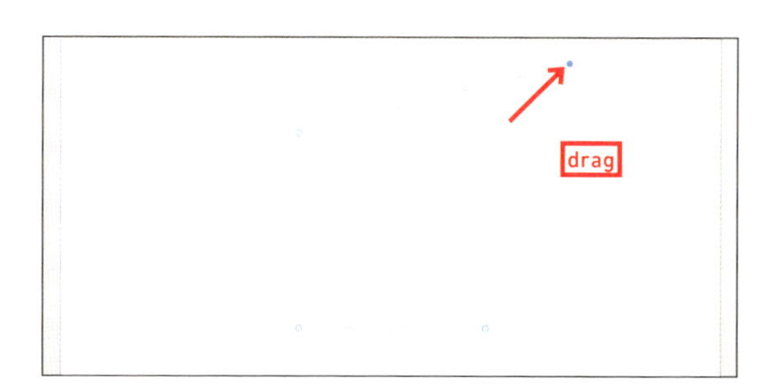

02 アンカーポイントを追加する

次は新しいアンカーポイントを追加します。ラインの上にマウスカーソルを置くと黒いポイントが表示されるので、クリックすると追加されます。追加したアンカーポイントも同様に動かすことができます。

※複数のアンカーポイントを同時に選択する場合は、shift キーを使ってください。

01 ［パス編集モード］で図形の線上にマウスカーソルを置くとポイントが表示されます。クリックすると新たなアンカーポイントが追加され、ドラッグして動かすことができます。

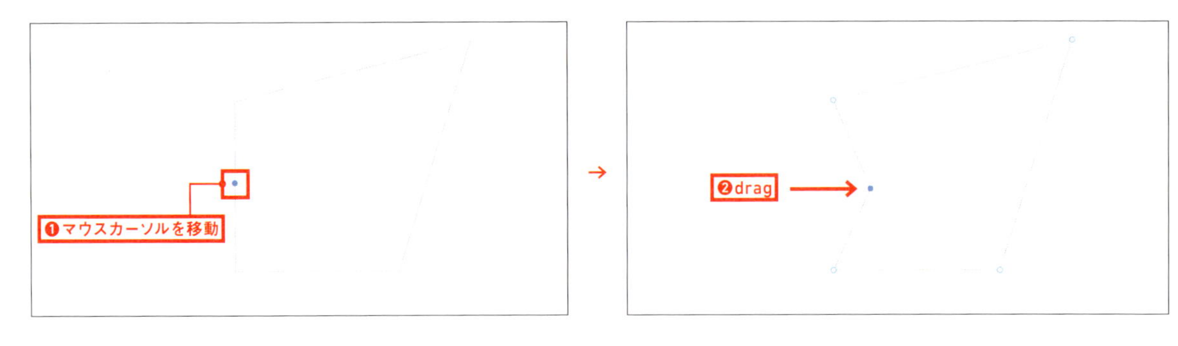

02 shift キーを押しながらクリックすると、複数のアンカーポイントを同時に選択することができ、ドラッグして動かすことができます。

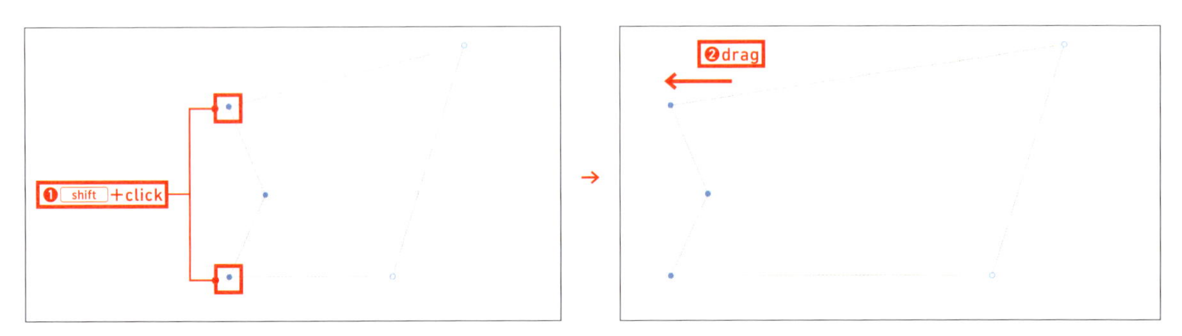

03 直線から曲線を切り替える

さらに、アンカーポイントをダブルクリックすると「折れ線」を「曲線」に変換できます。ダブルクリックする度に「折れ線」と「曲線」が切り替わります。アンカーポイントから出ている2つの方向線をハンドルと呼びます。このハンドルを動かすことで曲線を自由にコントロールすることができます。

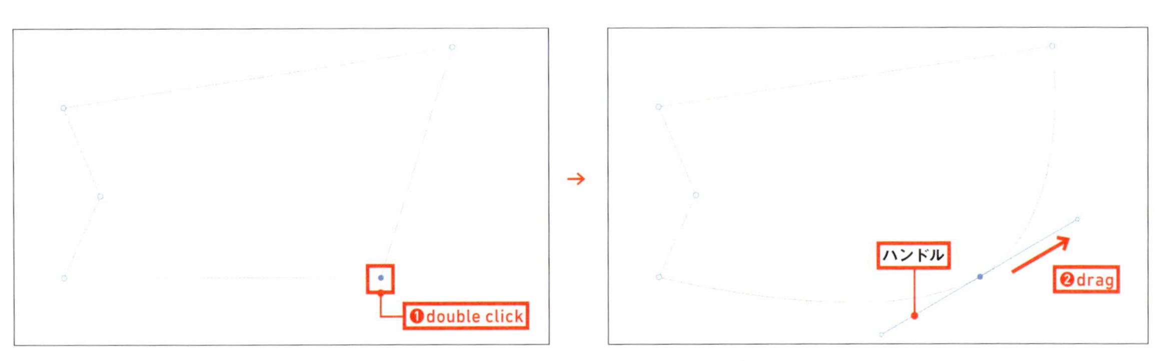

右下角のアンカーポイントは「折れ線」になっている。ダブルクリックすると「曲線」に変換され、ハンドルを使ってカーブをコントロールできる

04 線を曲線にする

線も同じ特性を持っています。たとえば、[線] ツール／で直線を引いて、ダブルクリックすると両端のアンカーポイントを編集できますが、このアンカーポイントをダブルクリックすると曲線に変換されます。

01 ▸ [線] ツール／で直線を引きます。

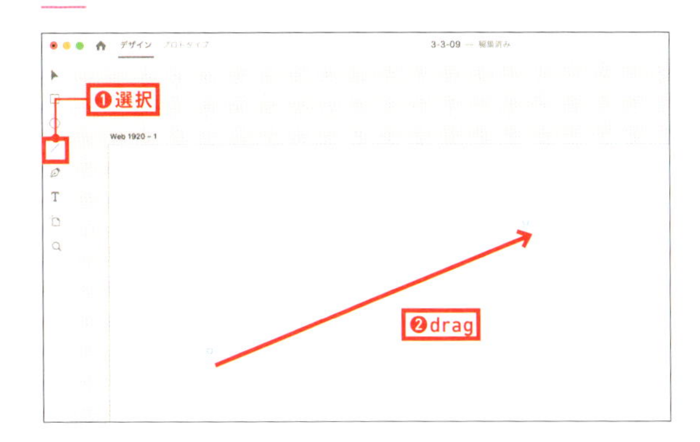

02 ▸ 描いた線をダブルクリックして [パス編集モード] に切り替えます。[選択] ツール▶で端のアンカーポイントをダブルクリックすると「曲線」に変換され、ハンドルが表示されます。

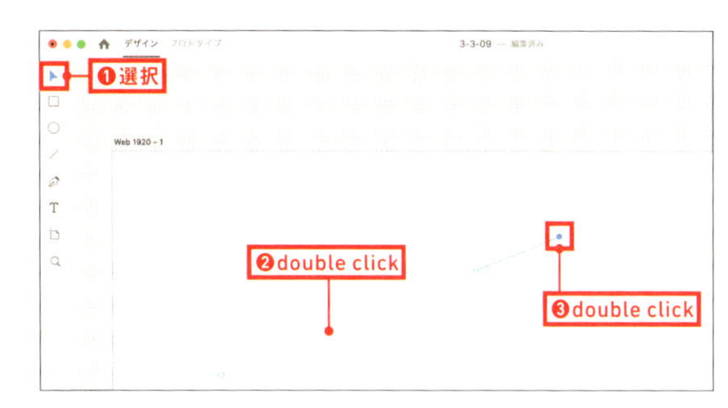

03 ▸ このハンドルをドラッグすることで、曲線を編集できます。

05 ペンツールで描画する

Adobe Illustrator の [ペン] ツールはとても高機能ですが習得にかなり時間がかかります。プロのデザイナーなら、どんなに練習が必要でも習得しなければいけませんが、プロトタイピングツールのユーザーはデザイナーだけではありません。プロジェクトの初期フェーズではディレクターやプランナーなども使用するので、習得に時間がかかるツールは敬遠されます。
XDは「最低限必要な機能」を「簡単な操作」で使用できるように設計されているので、さまざまなプロセス、かつさまざまな職種の人たちに使われています。
デザイナーがグラフィック素材をしっかり作り込みたいなら、Illustrator を使い、XD との連携で作業を進めることになります。

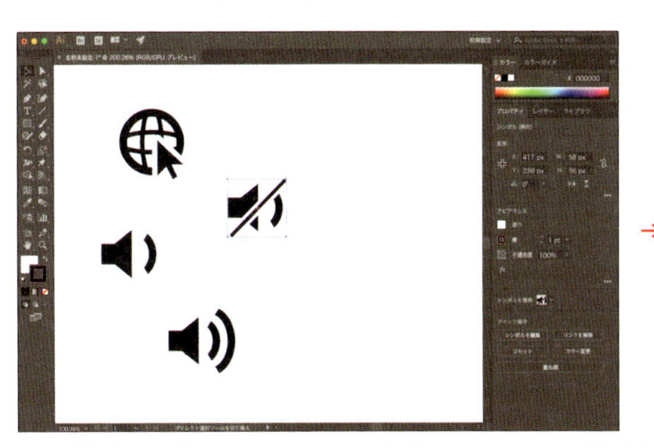

→

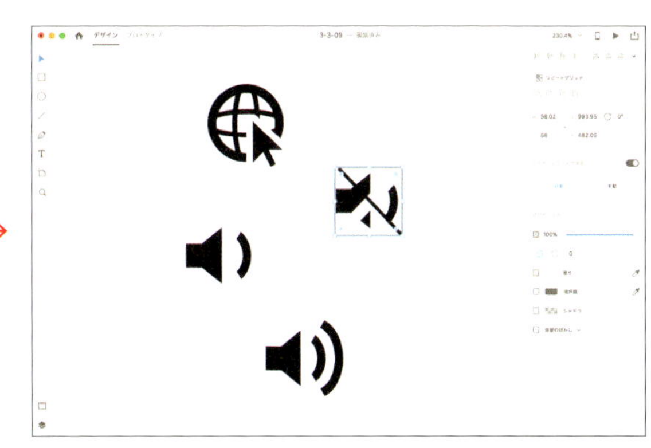

XD では難易度の高い描画は、Adobe Illustrator で作業し、コピー＆ペーストで利用した方が効率的である

Point　用語について理解しておこう

XDのワークエリアに置かれてる画像やテキストなどを「オブジェクト」と呼びます。XDのチュートリアルでも頻繁に「オブジェクト」という用語が出てきます。ツールバーの［長方形］ツール□や［楕円形］ツール○、［線］ツール／、［ペン］ツールで描画されたオブジェクトは「シェイプオブジェクト」です。通常はたんに「シェイプ」と呼びます。

プロトタイプに使用された（もしくは使用する）オブジェクトを「アセット」と呼びます。プロトタイプを構成する画像やテキストのことです。XDには「［アセット］パネル」が用意されているので、素材データの再利用やカラー、テキスト設定などを管理して作業を効率化できます。

※プロトタイプの構成要素を表現するとき「エレメント」と呼ぶこともあります。XDのプロトタイピングにおいては、オブジェクトと同義だと理解してください。

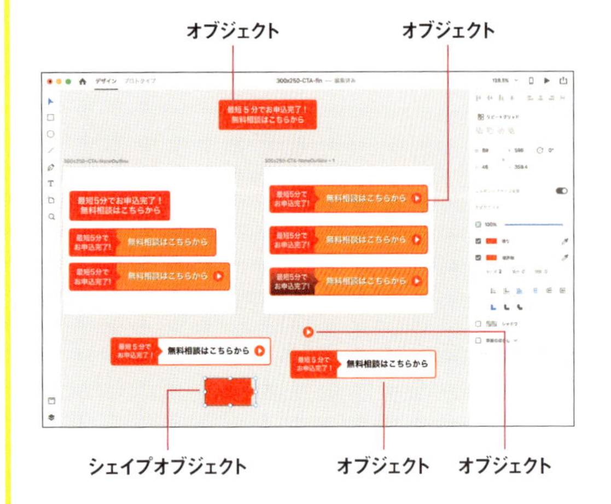

ワークエリア上のすべてのデータ（画像やテキストなど）は「オブジェクト」

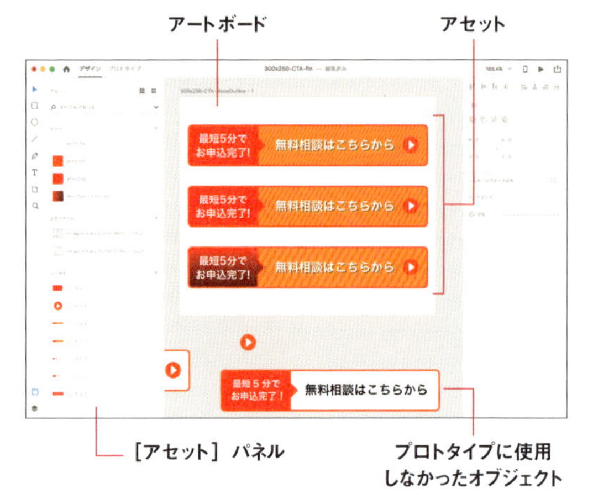

アートボード上に配置されたオブジェクトは「アセット」。プロトタイプ制作で使用した素材データである。［アセット］パネルでは使用したカラーやテキスト設定なども登録できる

まとめ

［1］使用頻度が高い［選択］ツール▶はVキーで切り替える

［2］ワークエリアに置かれてる画像やテキストなどを「オブジェクト」と呼ぶ

［3］描画ツールで描かれたオブジェクトは「シェイプオブジェクト（たんにシェイプでよい）」である

［4］プロトタイプに使用された（もしくは使用する）オブジェクトは「アセット」と呼ぶ

［5］XDにはアセットを管理できる［アセット］パネルが搭載されている

［6］シェイプをダブルクリックするとシェイプを編集するためのモードに切り替わる

［7］2つのアンカーポイント間のラインを「パス」と呼ぶ

［8］アンカーポイントをダブルクリックすると「折れ線」と「曲線」に切り替えられる

Before ▸ no folder　After ▸ no folder

04 レイヤーパネルでオブジェクトを編集する

XDには「レイヤー」機能が搭載されています。IllustratorやPhotoshopのレイヤーは高機能ですが、XDの機能はとてもシンプルです。
ただ、機能が少ない簡易版ではありません。XD特有のプロトタイピングに最適化された使い方が可能です。

1. [レイヤー] パネルとアートボードの動作について理解する
2. [レイヤー] パネルで、アートボード上のオブジェクトを選択したり、グループ化することができる
3. グループ化したオブジェクトをまとめて編集する

01 レイヤーパネルとアートボードの関係を理解する

XDの[レイヤー] パネルには、ペーストボードおよびアートボード上のオブジェクトが反映される仕様になっており、オブジェクトの選択や複製、グループ化などの作業を実行することも可能になっています。
作成するプロトタイプが複雑な構成になるほど、アートボード上の作業は煩雑になっていくので、レイヤー機能を最大限に活用していきましょう。

01 レイヤーの階層を利用して作図する

01 XDを起動してホーム画面の「Web 1920」を選択します。[レイヤー] パネルを表示してください。アートボードは、100%表示にしておきましょう。

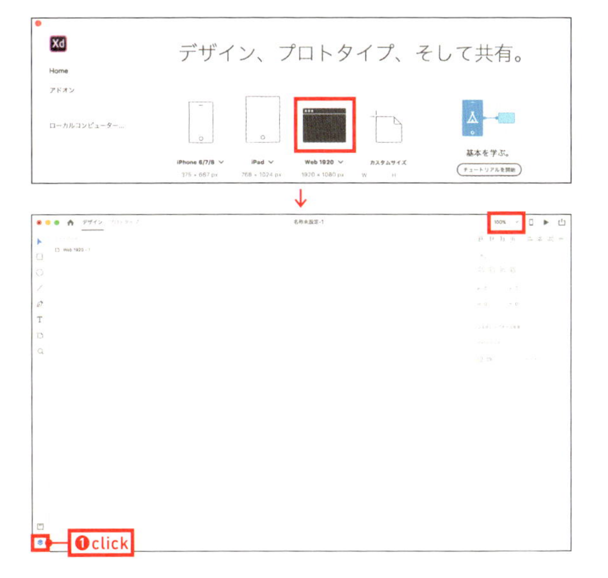

02 まず、[長方形] ツール□で正方形を描いてください。[レイヤー] パネルには「長方形 1」と表示されています。

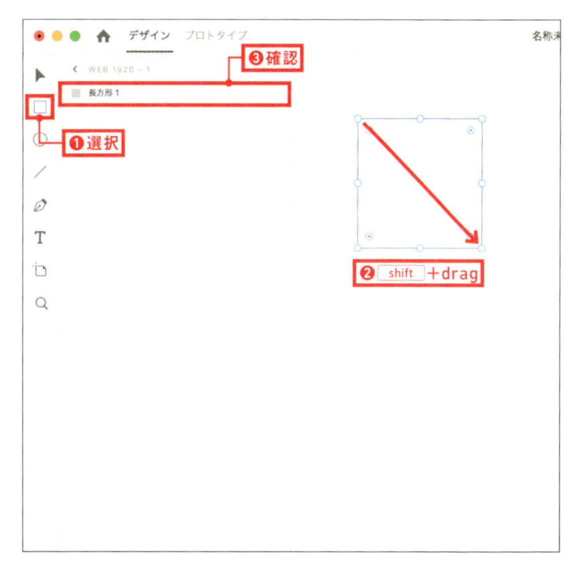

03 ▸ 次は、[楕円形] ツール◯で正円を描いてください。[レイヤー] パネルには「楕円形 1」と表示されています。「長方形 1」の上に表示されていることを確認しておきます。

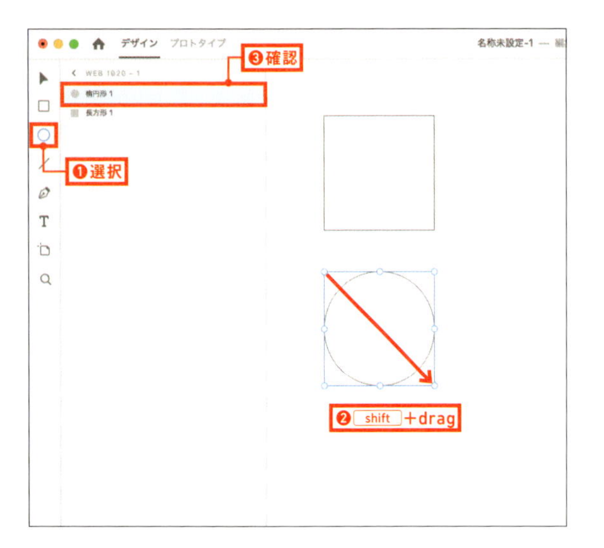

04 ▸ 同様に、[線] ツール／を使って水平線を引いてください。[レイヤー] パネルを見ると、「楕円形 1」の上に「線 1」と表示されています。[レイヤー] パネルでは、最新の描画ほど上に表示されることがわかったと思います。

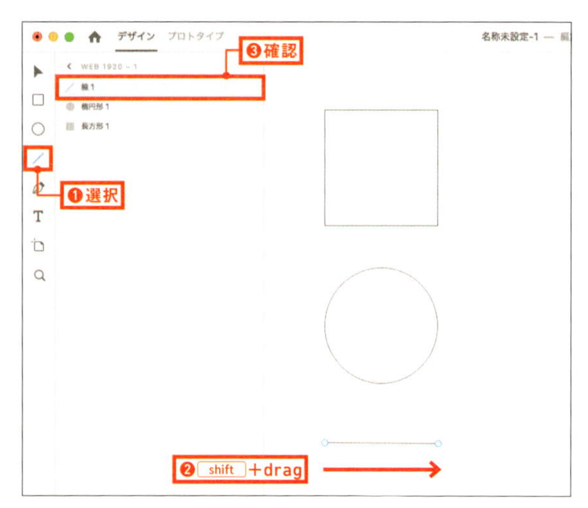

02 オブジェクトをグループ化する

01 ▸ すべてのオブジェクトを選択します。プロパティインスペクターで、[境界線] のサイズを大きくしておきましょう。ここでは「10」にします。

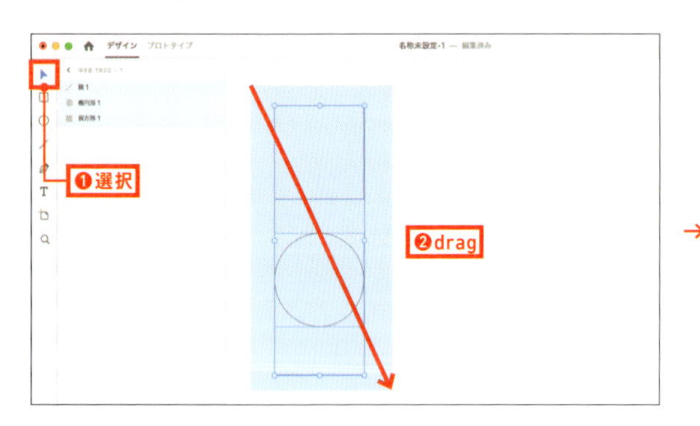

→

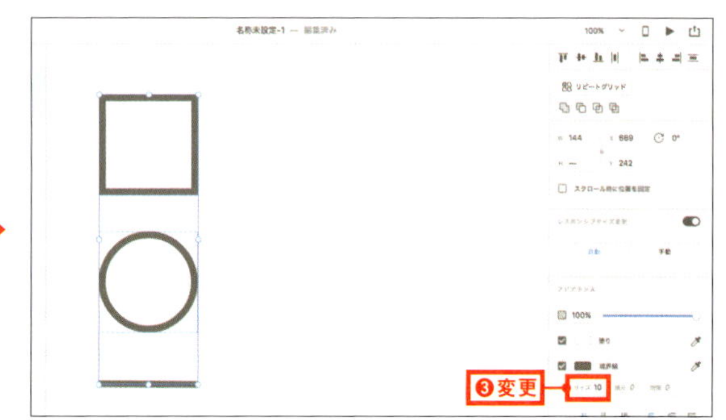

02 ▸ 続けて、control キー＋クリック（右クリック）して「グループ化」を選んでください。3つのオブジェクトが1つのグループオブジェクトになりました。[レイヤー] パネルを見てください。「グループ化 1」と表示されています。

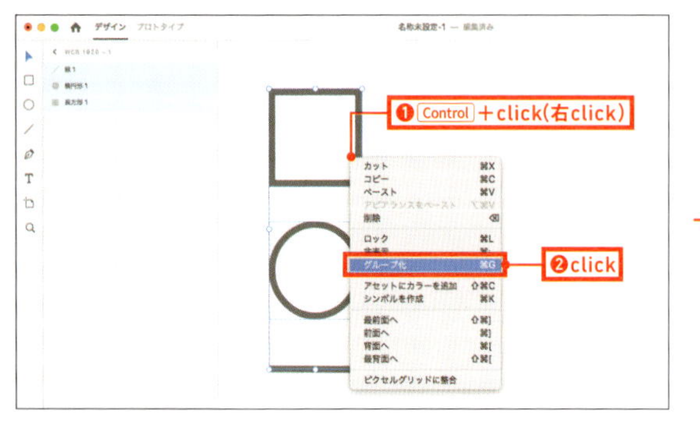

→

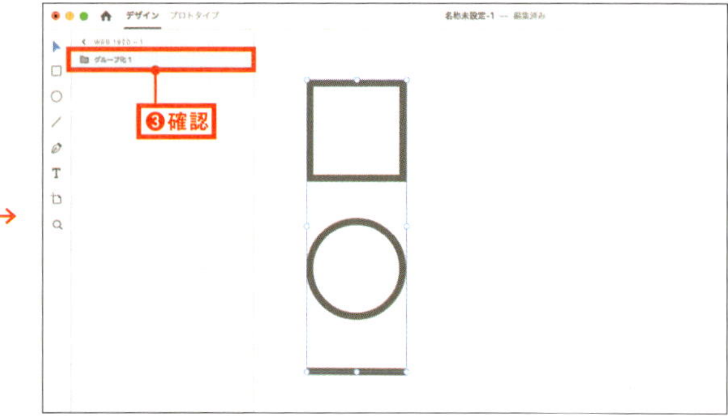

03 [レイヤー] パネルの「グループ化 1」のフォルダアイコンをクリックするとフォルダが開きます。中には3つのオブジェクト(「長方形 1」「楕円形 1」「線 1」)が入っています。

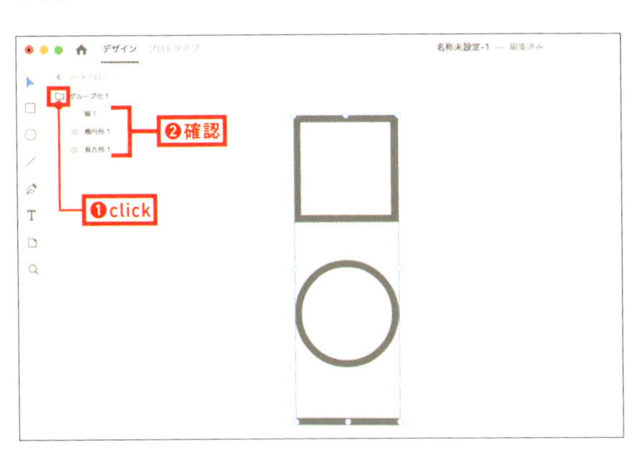

04 一番最初に描いた「長方形 1」をクリックしてみましょう。アートボード上の正方形が選択状態になりました。レイヤーボード上のオブジェクトは、[レイヤー] パネルを使って選択できることを覚えておいてください。

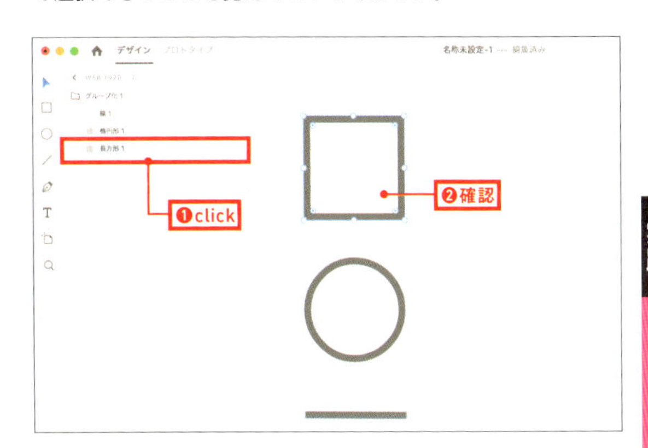

05 アートボードの余白をクリックして選択を解除します。正方形をダブルクリックしてください。[グループ編集モード] に切り替わりました。オブジェクトをダブルクリックする操作は、[レイヤー] パネルのレイヤー名をクリックする操作と同じ結果になります。

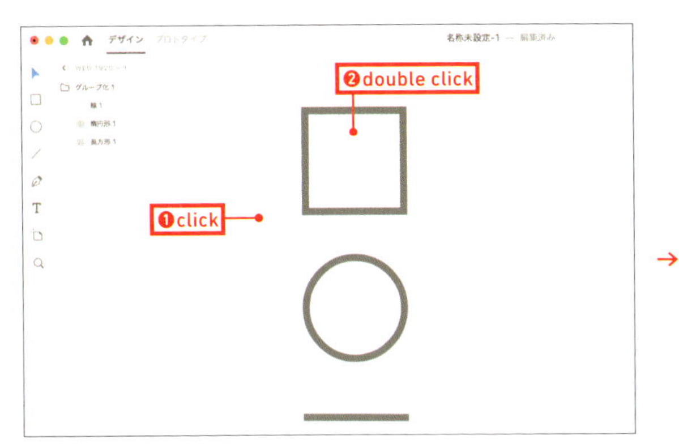

→

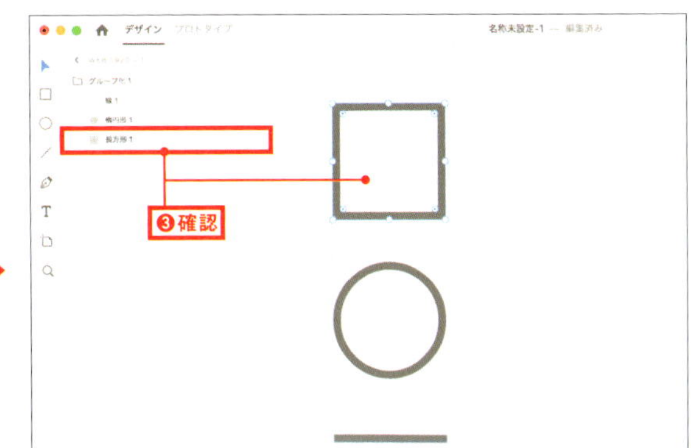

03 グループ化したオブジェクトを一緒に移動する

01 次は複製を実行してみましょう。[レイヤー] パネルの「グループ化 1」を control キー＋クリック(右クリック)して「複製」を選んでください。「グループ化 2」が追加されました。

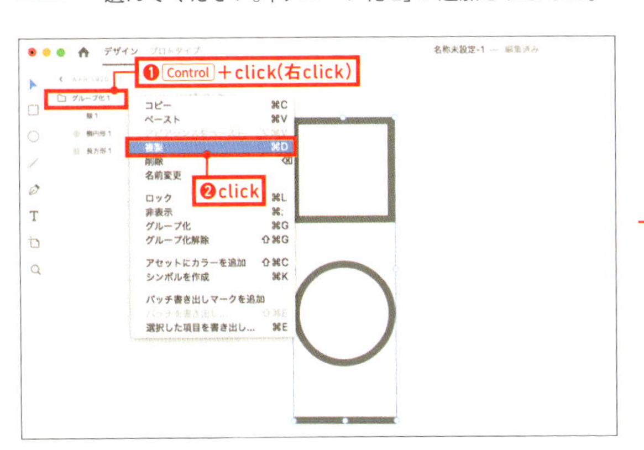

→

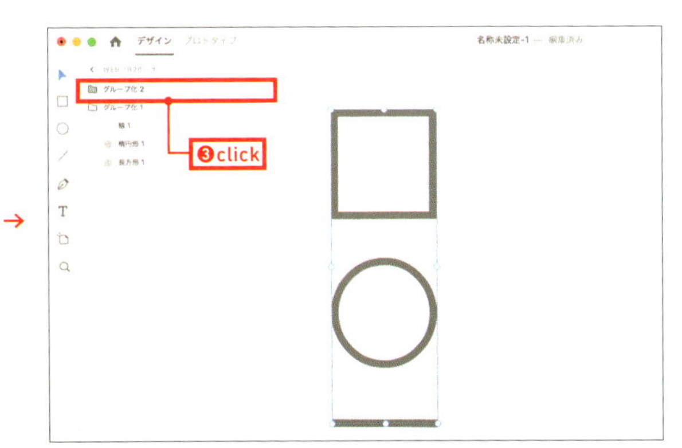

02 アートボード上のグループオブジェクトが選択状態になっているので、右側にドラッグしてみましょう。複製されていることがわかります。

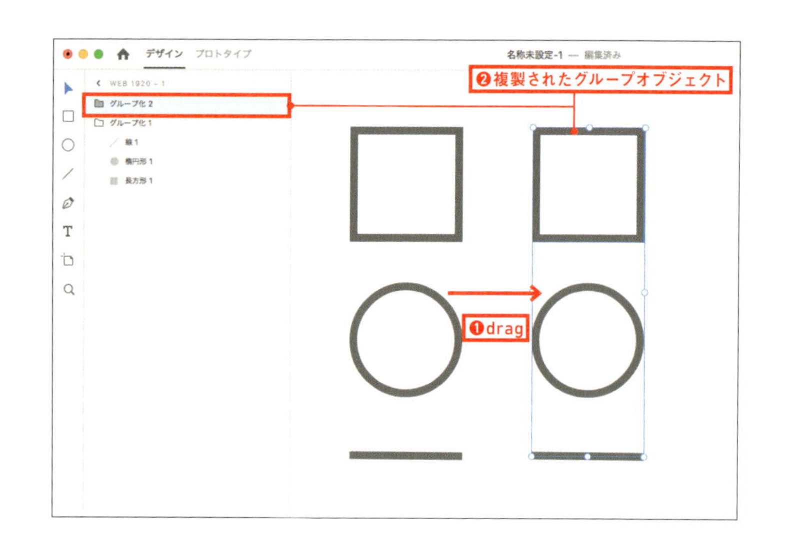

03 それでは、「グループ化 2」を「グループ化 1」の中に入れてみましょう。「グループ化 2」をドラッグして、「グループ化 1」の中に動かします。「線 1」の上に青いラインが表示されたら、マウスボタンを離してください。

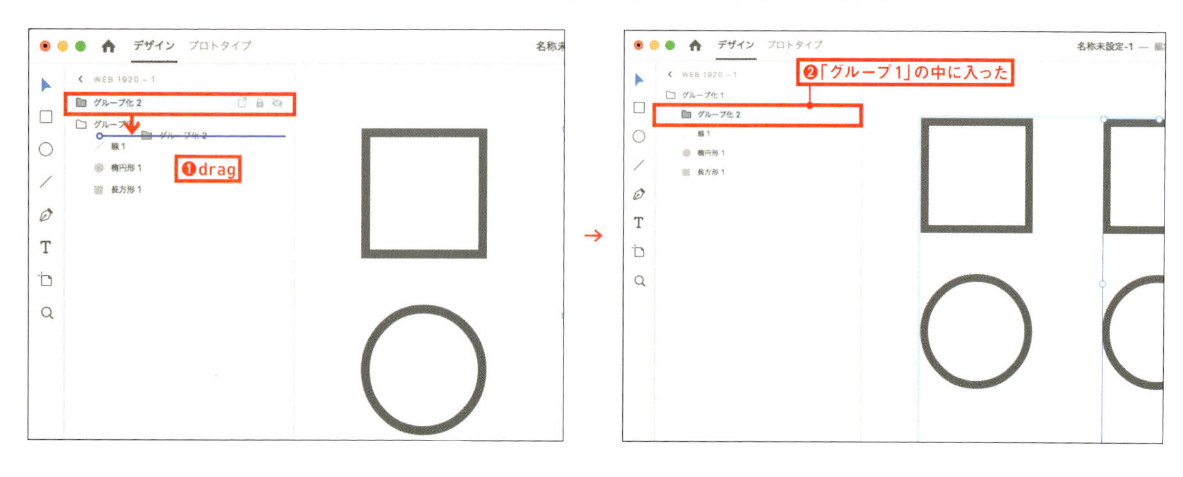

04 [レイヤー] パネルの「グループ化 1」をクリックして選択します。続けて、アートボード上のグループオブジェクトをドラッグしてみましょう。2つのグループが一緒に動くことを確認してください。

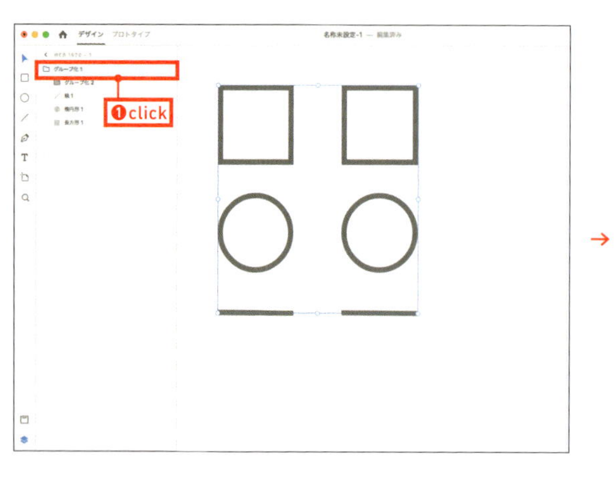

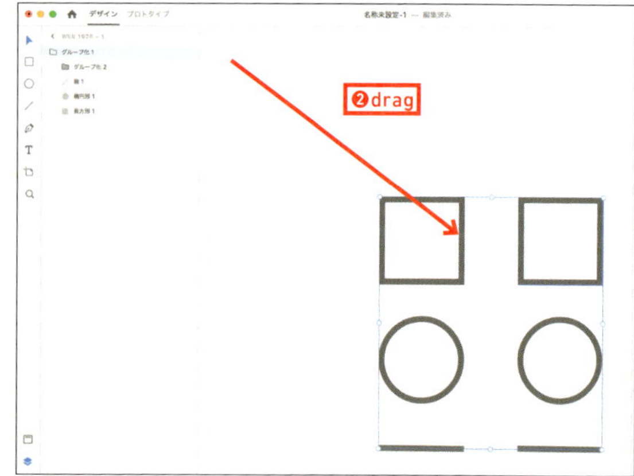

05 ▸ それでは、[レイヤー] パネルの「グループ化 2」をクリックして選択してから、アートボード上のグループオブジェクトを上方向にドラッグしてみましょう。「グループ化 2」だけが移動しました。

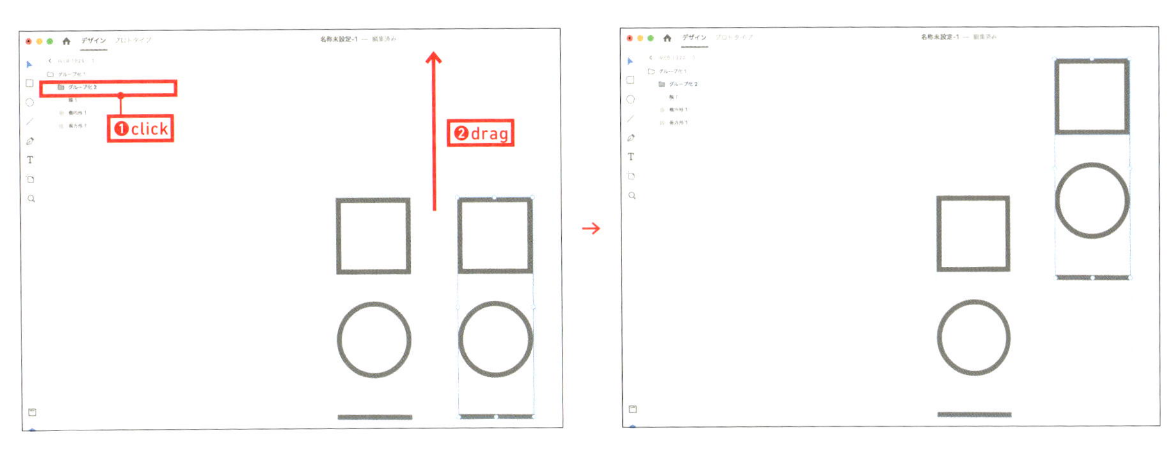

06 ▸ [レイヤー] パネルの「グループ化 1」をクリックして選択します。続けて、アートボード上のグループオブジェクトを左方向にドラッグしてみましょう。2つのグループが一緒に動きました。

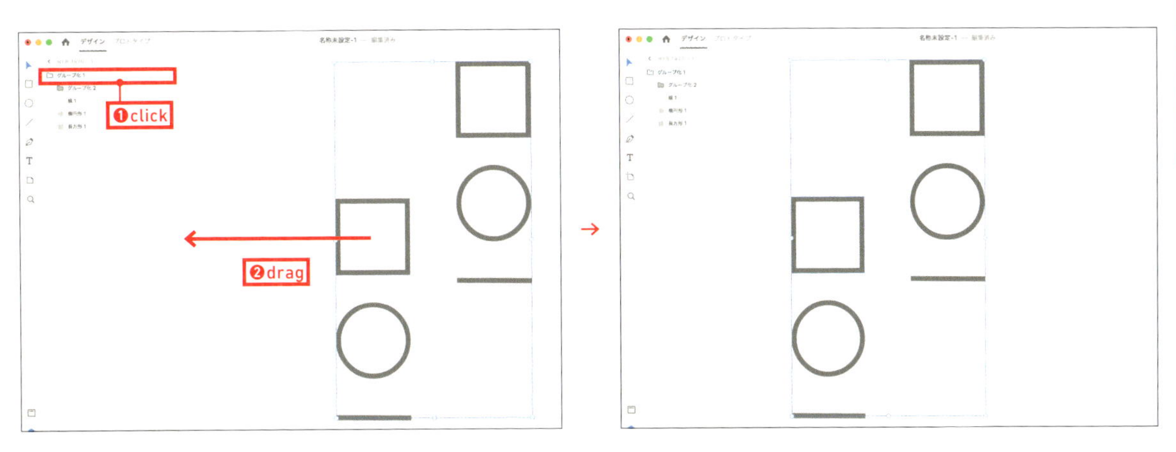

07 ▸ 最後の確認です。「グループ化 2」を「グループ化 1」の外に出しましょう（グループ解除することになります）。
[レイヤー] パネルの「グループ化 2」をクリックして選択します。クリックするとフォルダが開きますが、もう一度クリックすると閉じます。「グループ化 2」をドラッグして「グループ化 1」の上に移動させてください（青いラインが表示されます）。

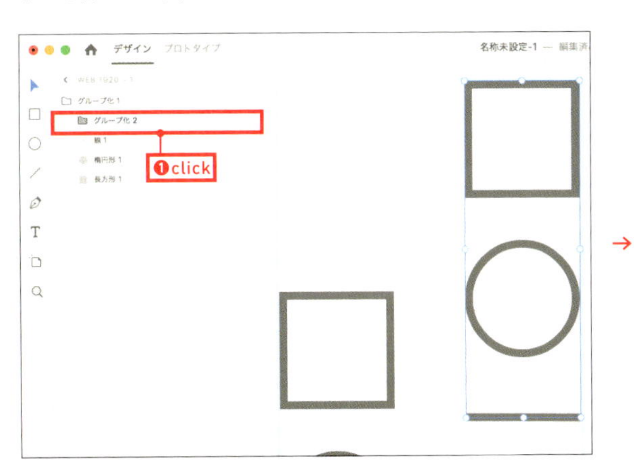

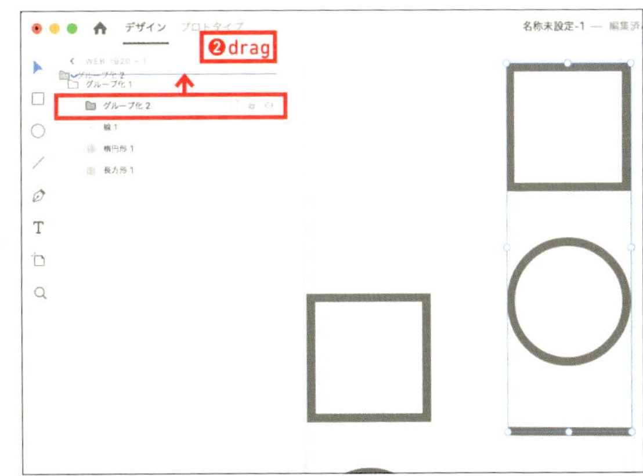

08 ▸ これで、「グループ化 2」はグループ解除され、アートボード上では2つのグループオブジェクトに戻りました。アートボード上の「グループ化 2」をドラッグして動かしてみましょう。グループ解除されたことがわかります。

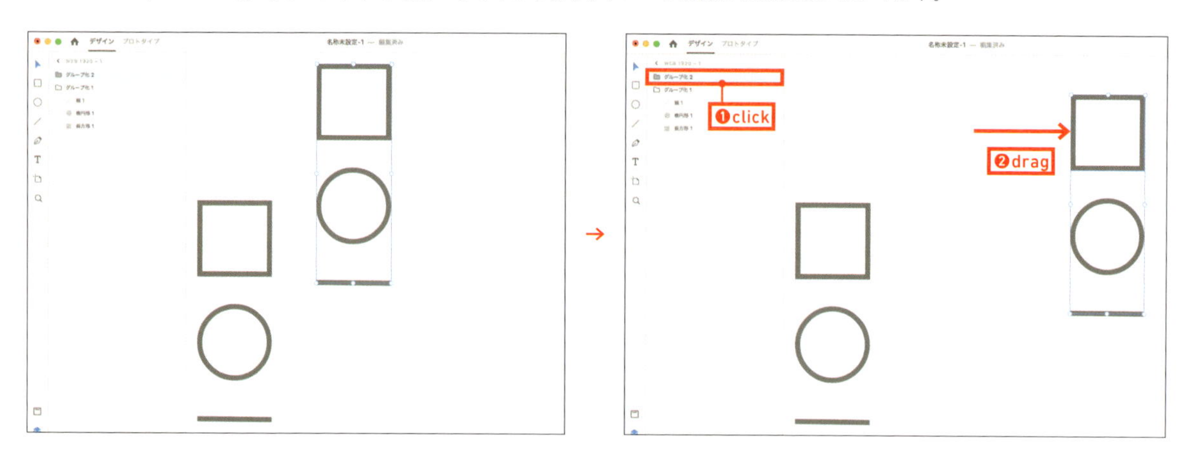

02 レイヤーパネルを活用してオブジェクトを操作する

ここでは、プロトタイプ制作で参考になるケーススタディを取り上げたいと思います。関係性のあるオブジェクトは可能なかぎりグループ化しておけば、アートボード上で作業しやすくなりますが、数が多くなるとグループ管理だけでは限界があります。
特に、同じ大きさのオブジェクトが重なっている場合、アートボード上の操作だけでは作業手順が増えてしまいます。このような場面では、レイヤー選択が大変役立ちます。

01 ▸ ［長方形］ツール□で正方形を描いてください（大きさは図を参照）。［レイヤー］パネルには「長方形 1」と表示されています。

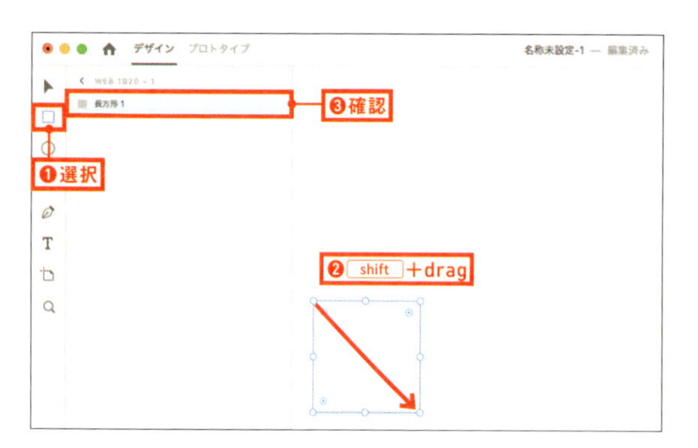

02 ▸ プロパティインスペクターで、境界線のサイズを大きくします。ここでは「10」にしておきましょう。続けて、複製をします。option（Alt）キーを押しながらドラッグしてください。

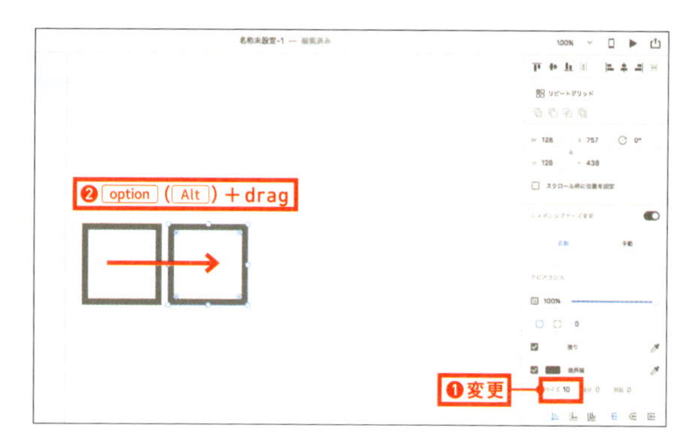

03 ▸ 同様に複製をして、水平に5つの正方形を並べます。

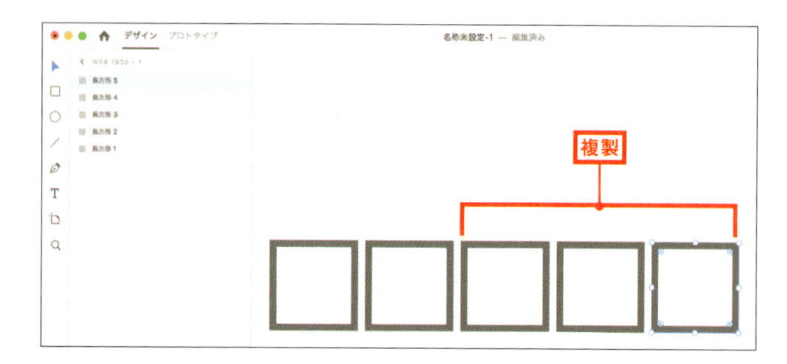

04 中央の正方形をクリックします。プロパティインスペクターの［塗り］をクリックして、カラーピッカーで赤を選んでください。

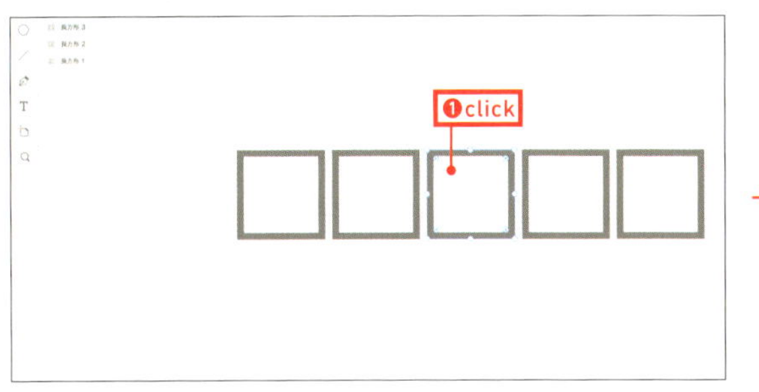

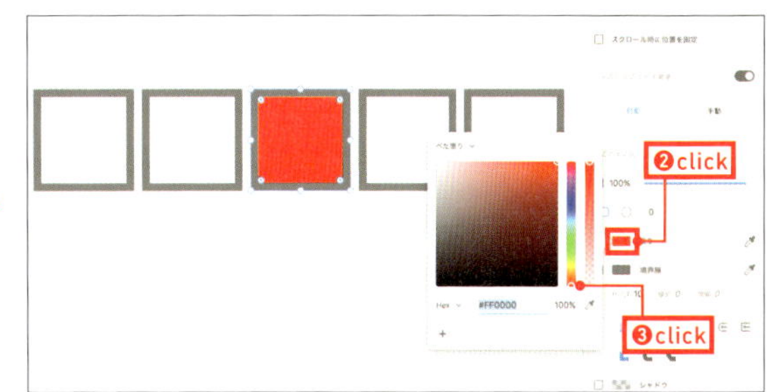

05 すべてを選択します。プロパティインスペクターの［中央揃え（水平方向）］アイコンをクリックしてください（右から3番目のアイコン）。

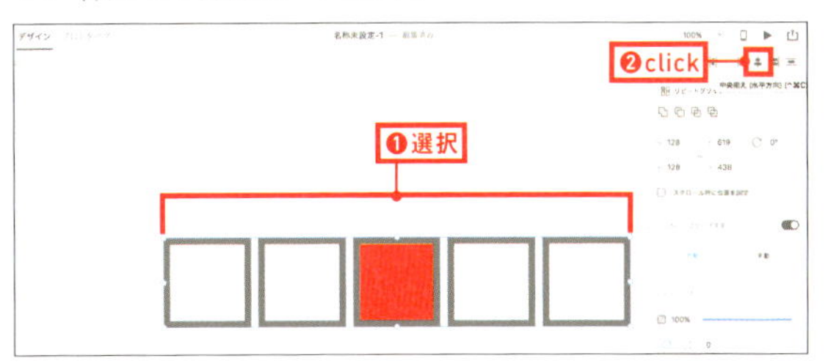

06 5つの正方形がアートボード上で「中央揃え」になり、同じ位置に重なりました。［レイヤー］パネルを見てください。「長方形 1」が一番下、「長方形 5」が最上部にあります。

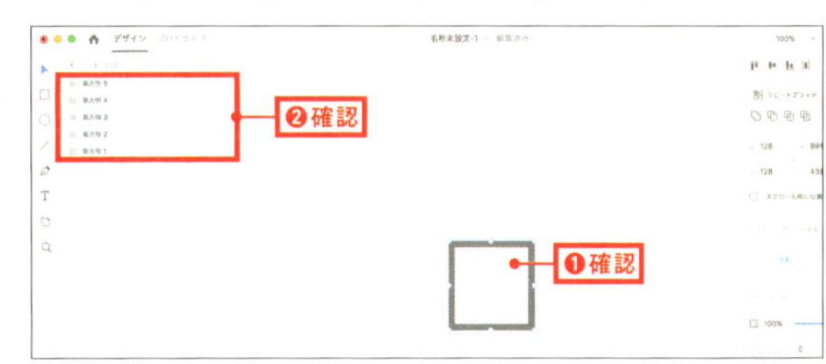

07 赤く塗った正方形だけを選択するにはどうしたらよいでしょう？　アートボード上では困難ですが、［レイヤー］パネルなら「長方形 3」をクリックするだけです。

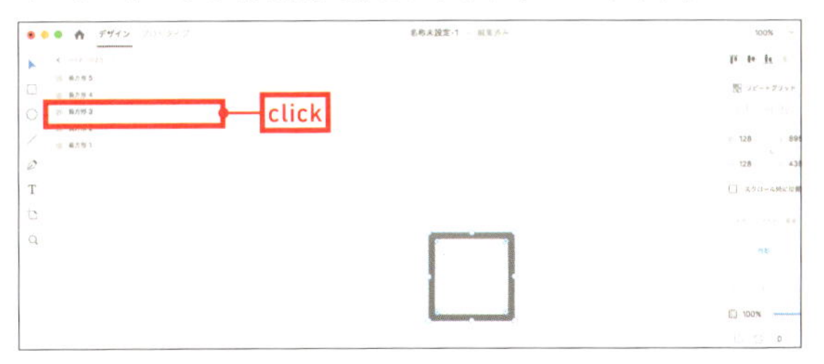

08 キーボードのカーソルキー（←↑↓→）を使って、選択された「長方形 3」を動かしてみましょう。マウスを使うと一番上の正方形を選択してしまうことになるので注意してください。

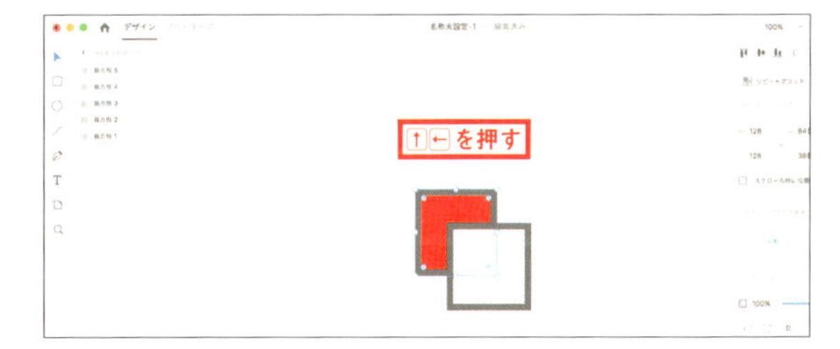

まとめ

［1］**XDの［レイヤー］パネルには、ペーストボードおよびアートボード上のオブジェクトが反映される**

［2］**アートボード上の操作だけでは限界があるため、レイヤー機能も併用すること**

［3］**［レイヤー］パネル内でも複数のオブジェクトをグループ化することができる**

［4］**レイヤーはマウスドラッグで簡単に順番を変更することができる**

［5］**グループオブジェクトを別のグループオブジェクトの中に入れたり（グループ化）、取り出すこと（グループ化の解除）が可能**

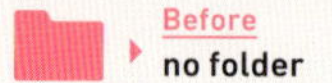

05 [実習] フキダシのバリエーションを作る

漫画ではお馴染みの「フキダシ（吹き出し）」は、ランディングページやバナー広告などでもよく使われる表現要素です。XDでは、[楕円形] ツール○と [ペン] ツールだけで簡単に作成できます。また、完成したあとでも自由に編集することが可能です。

1. フキダシのベースを楕円を複製し、合体して作成する
2. フキダシのしっぽを [ペン] ツールで描く
3. 作成したフキダシの形、線の太さや結合部分を編集する

01 楕円形を複製して組み合わせてフキダシを作る

フキダシの形状は「複数の楕円を組み合わせる」方法と「ペンツールで描く」方法があります。[ペン] ツールによる描画はトレーニングが必要なため、ここでは楕円を組み合わせる方法を使って素早くフキダシを作成します（この方法に特別なスキルは必要ありません）。

01 [楕円形] ツール○でたまご型の楕円を描いてください。キーボードのⓋキー（半角英数モード）を押して [選択] ツールに切り替えます。

02 4つ続けて楕円を複製していきます。option（Alt）キーを押しながら、楕円をドラッグすると複製されるので、位置を変えながら同じ作業を繰り返してください。

※もし、うまくいかなかった場合は、[選択] ツールで1つひとつ位置を調整してもかまいません。

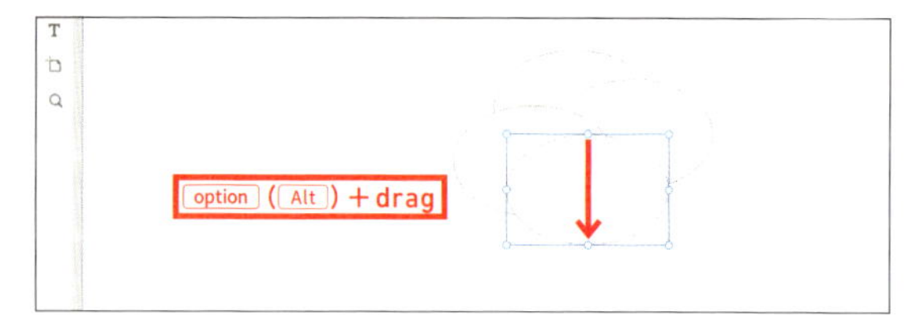

03 [選択] ツールですべての楕円を選択します。プロパティインスペクターの [合体] アイコンをクリックしてください。4つの楕円が1つのオブジェクトになります。

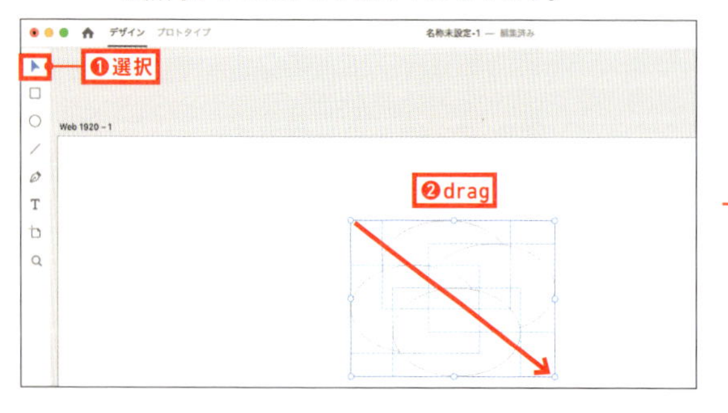

→

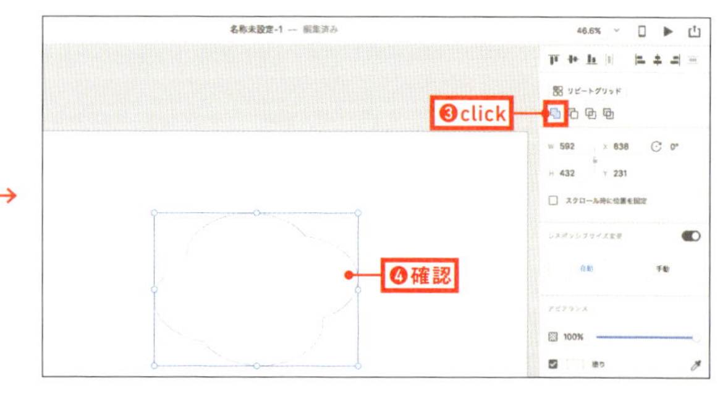

04 形状がはっきりするように線の幅を太くしておきます。プロパティインスペクターの[アピアランス]に境界線の設定があります。[サイズ]の数値をクリックして、キーボードの↑キーを9回押してください。数値が10になります。

※ shift +↑キーで10増えるので、1回の操作で11にしてから↓キーを押して10にすることができます。

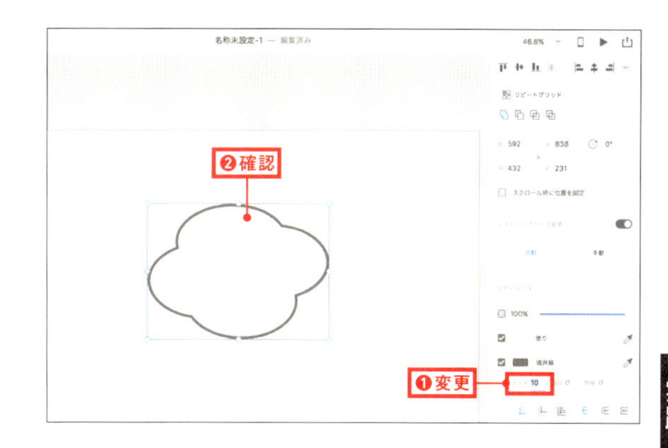

02 フキダシのしっぽを追加する

しっぽの描画は[ペン]ツールを使います。いきなりカーブを描くより、直線で描いたあとに「折れ線」から「曲線」に変換した方が簡単です。全体のバランスを調整する場合は、まずフキダシをダブルクリックして[パス編集モード]に切り替えます。そして、編集したい箇所をダブルクリックすると、合体する前の楕円形を選択することができます。

01 [ペン]ツールを選択して、フキダシのしっぽを描きます。合体したオブジェクトの左下に折れ線を描いてください。折れ線を描き終わったら、キーボードの esc キーを押して[ペン]ツールの描画モードを解除します。
V キーを押して[選択]ツールに切り替えてから、境界線のサイズを「10」に変更しましょう。

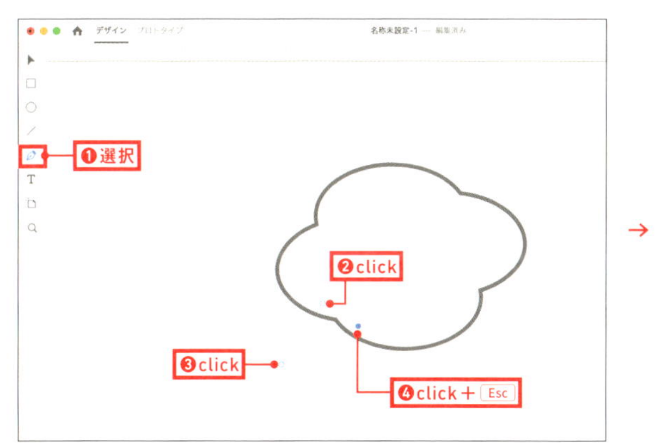

→

02 一度、余白をクリックして折れ線の選択を解除します。フキダシとのバランスを調整してください。

折れ線が編集可能な状態になる

→

一度、余白をクリックして折れ線の選択を解除。再びクリックすると選択状態になる

03 折れ線をダブルクリックすると編集モードに切り替わるので、線の中間をクリックして新しいポイントを追加します。2つの線にそれぞれ追加してください。続けて、ポイントをダブルクリックすると「折れ線」から「曲線」に変換されます。

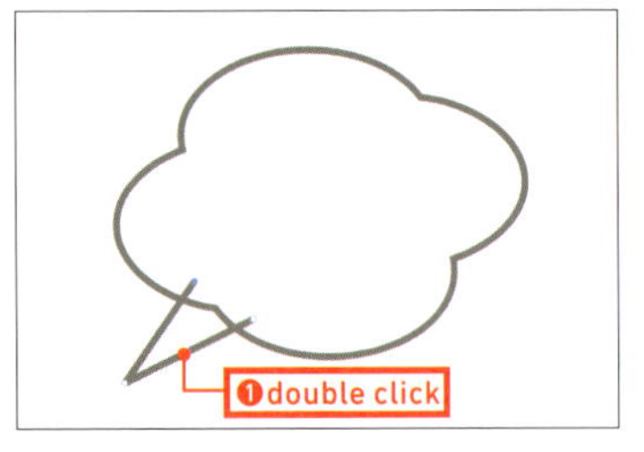

ダブルクリックすると［パス編集モード］に切り替わる

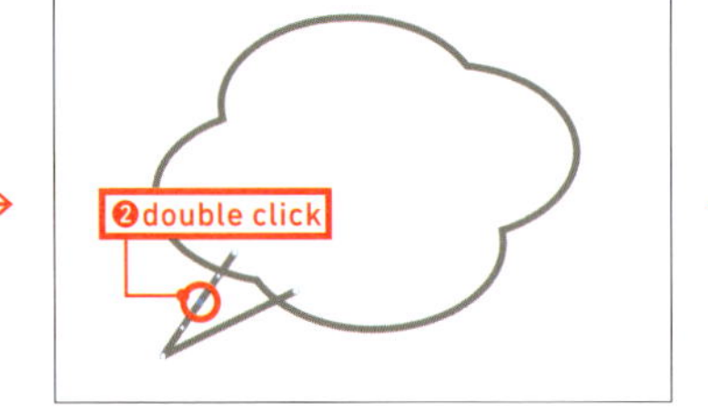

線の中間部分をクリックしてアンカーポイントを追加

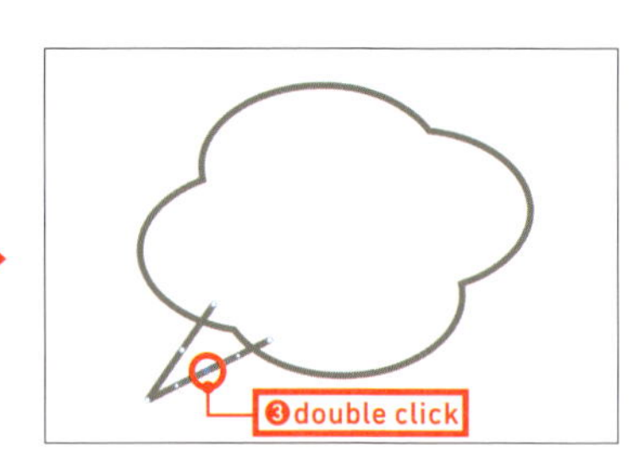

同様にアンカーポイントを追加

04 2つのポイントを曲線に変換したら、下方向に少しドラッグしてください。これで、フキダシのしっぽができ上がります。

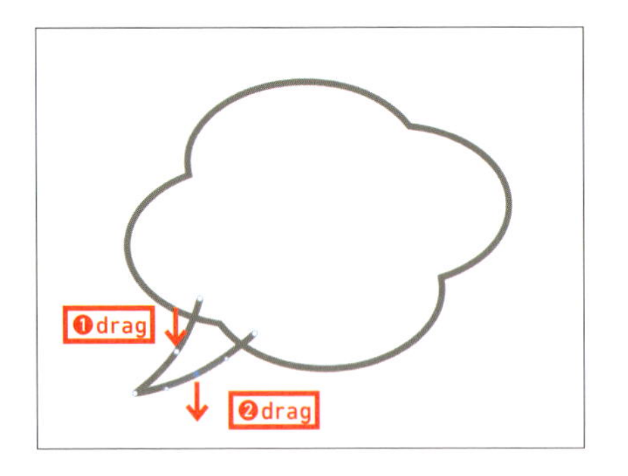

05 全体を選択して、プロパティインスペクターの［合体］アイコンをクリックしてください。これでフキダシができ上がりました。仕上げは、線のタッチを調整する作業になります。

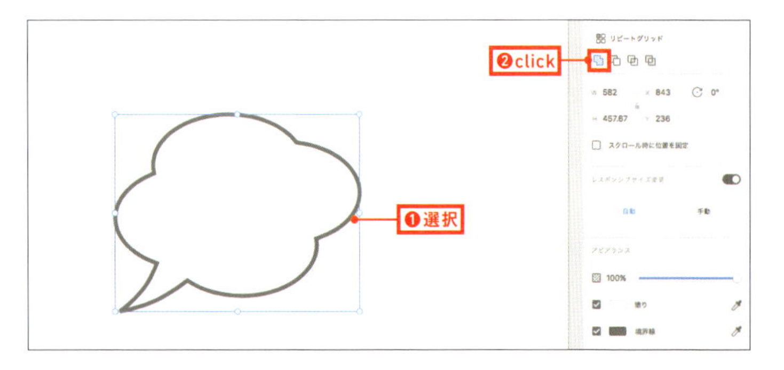

03 線のタッチやフキダシの形状を変更する

線の設定には、位置（内側・外側・中央）、先端の形状（なし・丸型先端・突出先端）があります。この設定で見栄えがかなり変わります。また、折れ線の角（結合部分）については「マイター結合（鋭角になる）」「ラウンド結合（角が丸くなる）」「ベベル結合（角が切れる）」を設定できます。

01 境界線の設定には、位置や先端の形状などがあります。デフォルトでは線の位置が「中央」になっているので「内側」に変更します。［境界線（内側）］アイコンをクリックしてください。フキダシのしっぽの先が鋭角に変わりました。線の太さによっても結果が異なることがあるので、まずは実際に試してみましょう。

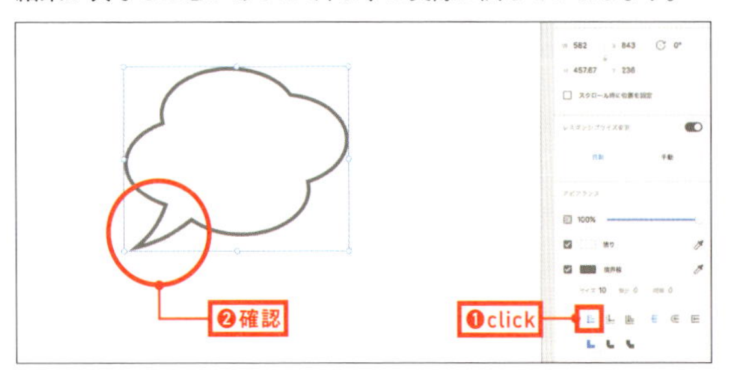

02 バリエーションを作成してみます。option（Alt）キーを押しながら、フキダシをドラッグして複製してください。たとえば、フキダシの下部を膨らみを調整したい場合は、まずフキダシをダブルクリックして［パス編集モード］に切り替えます。

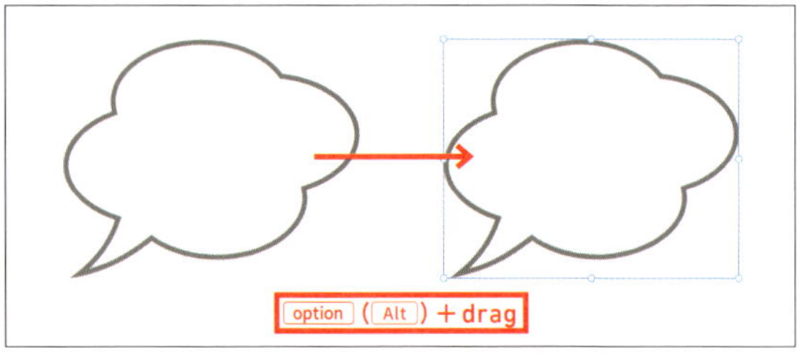

フキダシを複製する

03 続けて、フキダシの下部をダブルクリックしてください。これで、フキダシの形状を構成している楕円形が選択状態になるので、キーボードのカーソルキー（← ↑ ↓ →）を使って調整できるようになります。

※マウスドラッグで動かすこともできますが、他の場所をクリックして編集モードを解除しないように注意してください。

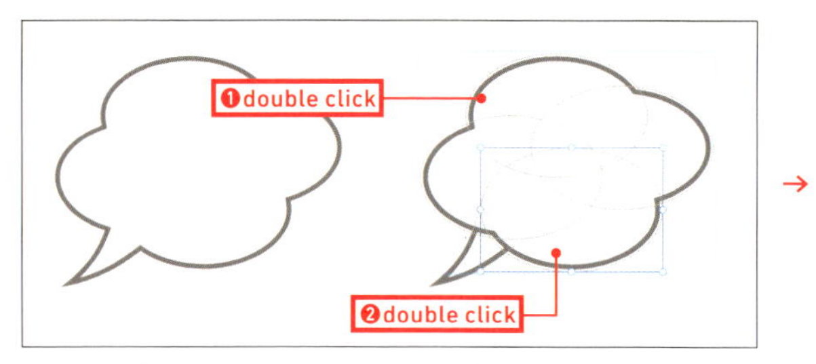

フキダシをダブルクリック、続けてフキダシの下部をダブルクリックする

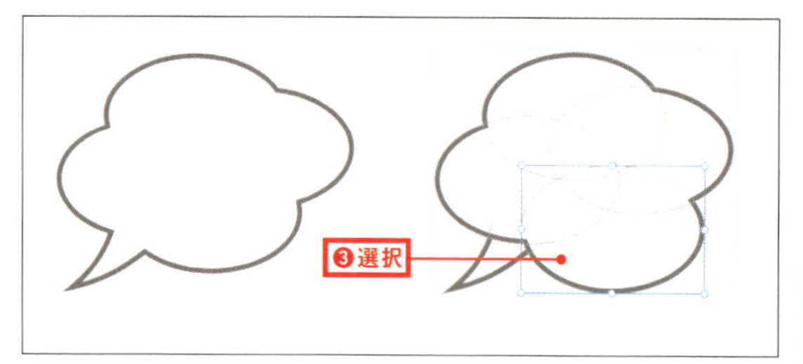

キーボードのカーソルキーで位置を調整できる。マウスドラッグでも可能だがピクセル単位の調整はカーソルキーが適している

04 ダブルクリックして［パス編集モード］に切り替えれば、自由に編集できるため、バリエーション展開を素早く実行することができます。

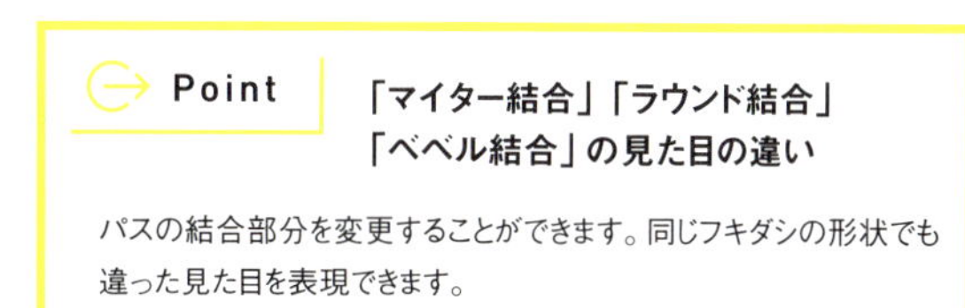

Point

「マイター結合」「ラウンド結合」「ベベル結合」の見た目の違い

パスの結合部分を変更することができます。同じフキダシの形状でも違った見た目を表現できます。

まとめ

［1］**フキダシの形状は複数の楕円形の組み合わせで表現できる**

［2］**フキダシのしっぽは［ペン］ツールで描画、追加ができる**

［3］**フキダシの形状を編集したい場合は、ダブルクリックして［パス編集モード］に切り替えてから、編集したい箇所をダブルクリックする**

［4］**線の設定には、位置（「内側」「外側」「中央」）、先端の形状（「なし」「丸型先端」「突出先端」）がある**

［5］**折れ線の結合部分は「マイター結合」「ラウンド結合」「ベベル結合」がある**

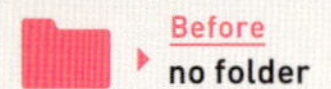

06 [実習] ページの角がめくれる形状を作る

ページの角がめくれた効果 (Page Curl Effect) は、部分を目立たせたり、画面の重なりを表現するときに使用されます。Webデザインの初期から採用されている視覚表現です。[長方形] ツール□と線形グラデーション機能で作成することが可能です。

1. 長方形を組み合わせてページの角が折れた形状を作る
2. 色を設定したり、グラデーションを設定して陰影をつける
3. めくれた角から、背景に配置されているテキストの一部が見えるようにする

01 長方形の組み合わせでページの角が折れた表現をする

ページの角が折れたような形状は、長方形だけで表現することができます。正方形を斜めに切って、画面の角に配置すれば基本ベースができ上がります。XD はダブルクリックで[パス編集モード]に切り替えられるので、スピーディに作業を進めることができます。

01 XD を起動してホーム画面の [カスタムサイズ] に数値を入力します。[W] に「300」、[H] に「250」と入力して、カスタムサイズのアートボードアイコンをクリックしてください。
幅「300px」、高さ「250px」のアートボードが作成されました。これはバナー広告で使用されるサイズです。

→

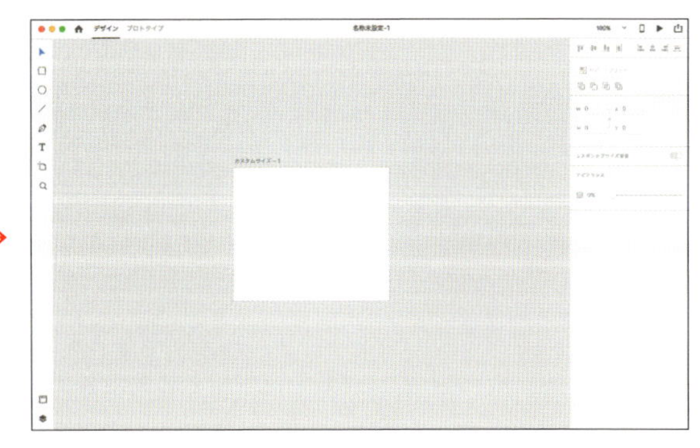

02

[長方形] ツール□を選択して、アートボードと同じサイズ（300x250）の長方形を描いてください。プロパティインスペクターで [境界線] のチェックを外して、[塗り] をクリックします。表示されたカラーピッカーで黄色を選んでください。

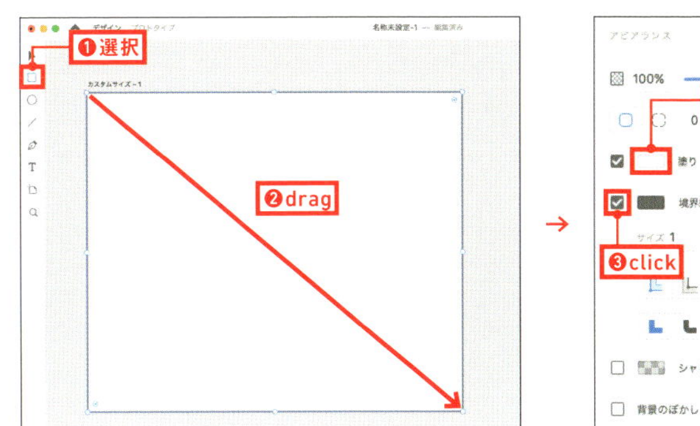

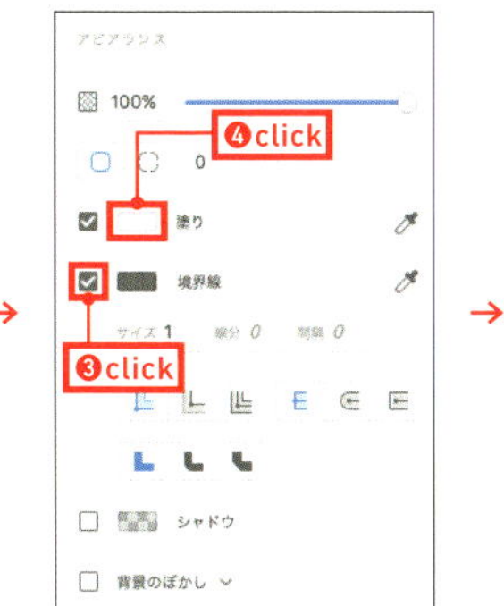

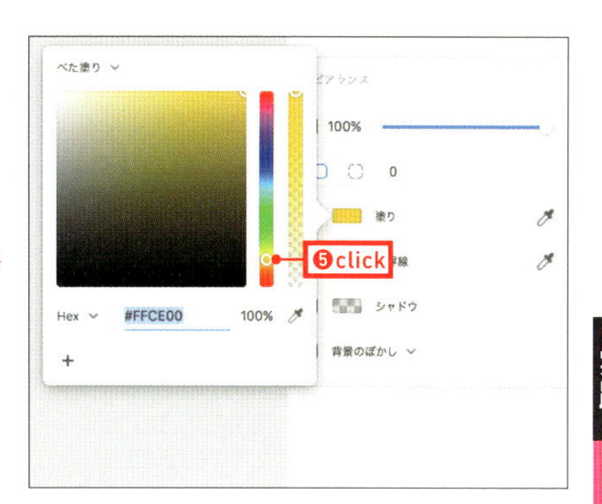

03

[長方形] ツール□で、幅と高さが「80」pxの正方形を描画します。正方形を描画しながら、プロパティインスペクターの [W] と [H] の数値を確認しましょう。描画できたらアートボードの右下の角に配置してください。

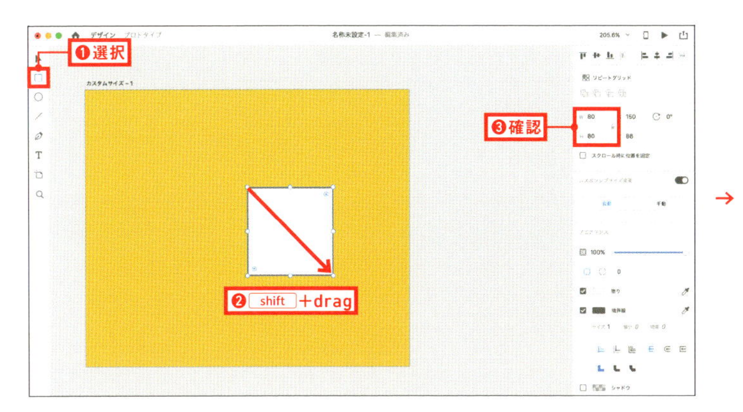

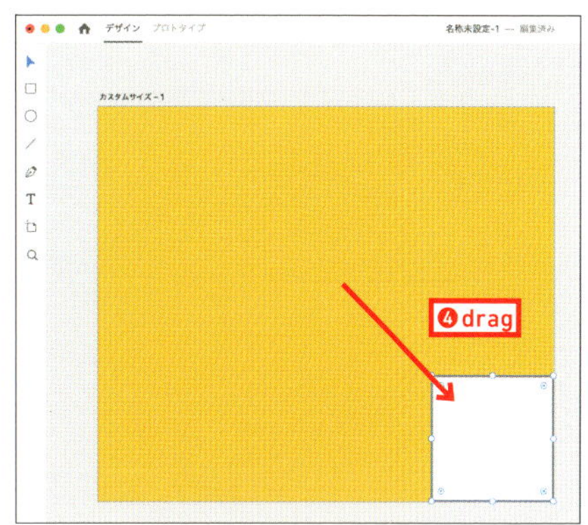

04

右下に配置した正方形を option （ Alt ）キーを押しながら複製します。

05 右下に配置した正方形をダブルクリックして[パス編集モード]に切り替えます。左上のアンカーポイントが選択状態になっているので、そのまま delete キーを押します。これで正方形の半分が削除されました。

06 アートボード全体を選択して、プロパティインスペクターの[前面オブジェクトで型抜き]アイコンをクリックします。アートボードと同サイズの長方形を、右下に配置した図形で型抜きしました。

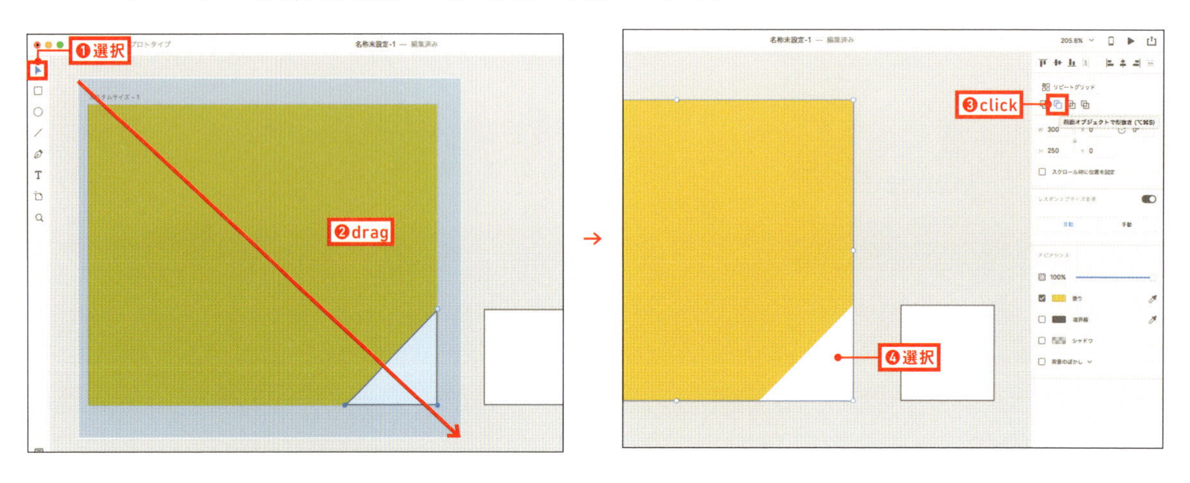

07 アートボードの右下をダブルクリックして選択し、プロパティインスペクターの[塗り]をクリックします。表示されたカラーピッカーで濃い黄色を選んでください。

02 グラデーションとパスの編集で折れた角の丸みを表現する

角がめくれた表現で、グラデーションを使うと立体感を出すことができます。XDには、線形グラデーションと円形グラデーションしか搭載されていませんが、これだけでも十分な効果があります。

※Illustratorで複雑なグラデーションを作成してXDにコピー＆ペーストすることも可能です。

01 複製した正方形をダブルクリックして［パス編集モード］に切り替えます。右下のアンカーポイントを選択して、そのまま delete キーを押します。

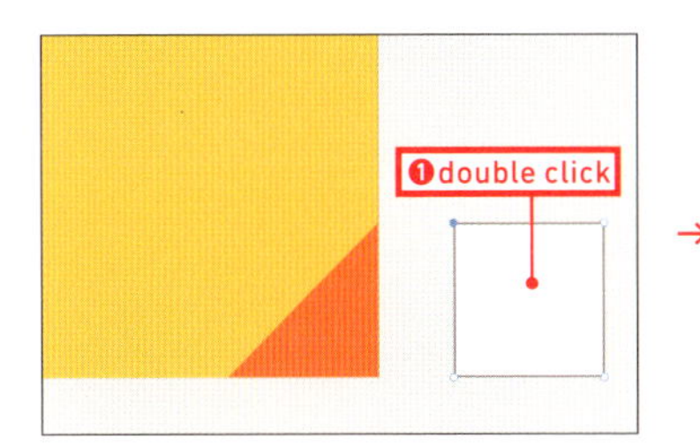

ダブルクリックして［パス編集モード］に切り替える

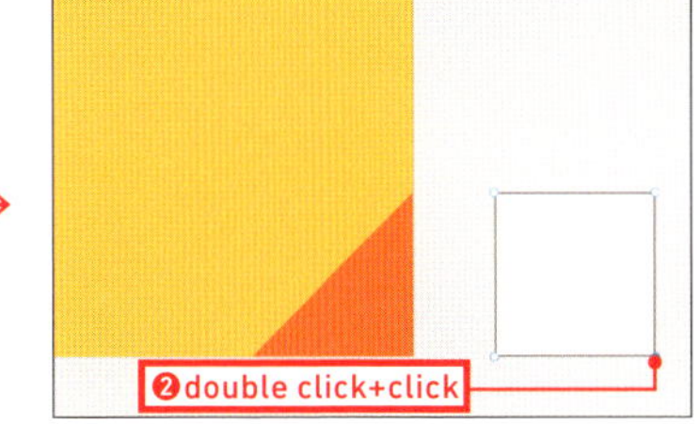

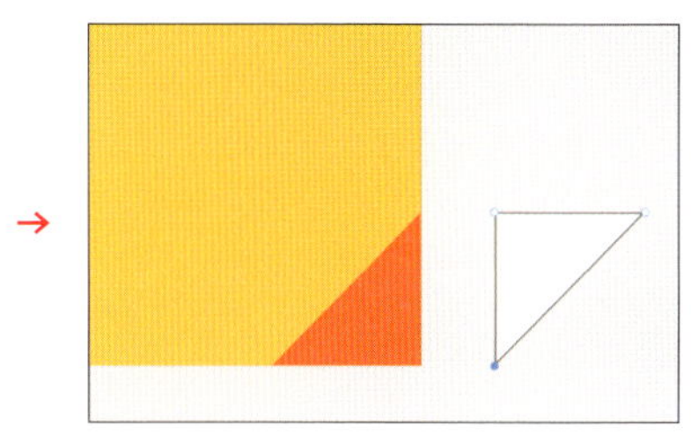

右下のアンカーポイントをクリックして選択して、delete キーを押して半分削除する

02 三角をアートボードの右下に配置してください（図を参照）。プロパティインスペクターで［境界線］のチェックを外して、［塗り］をクリックします。表示されたカラーピッカーの左上の項目を［べた塗り］から［線形グラデーション］に変更しましょう。

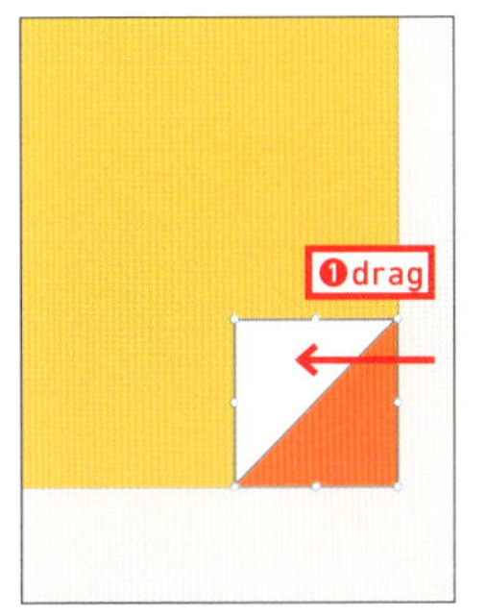

アートボードの右下に配置する

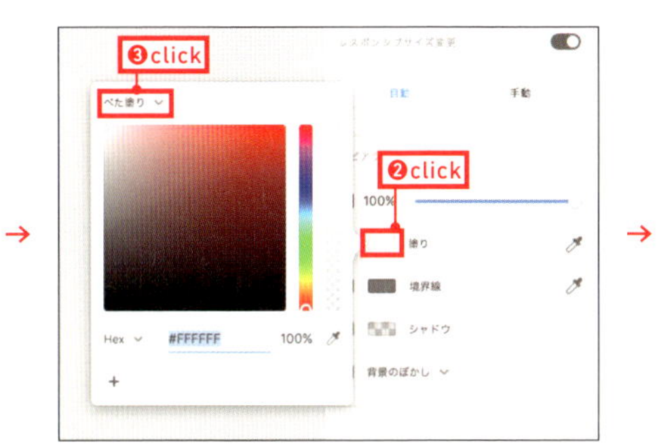

［塗り］をクリックしてカラーピッカーを表示する

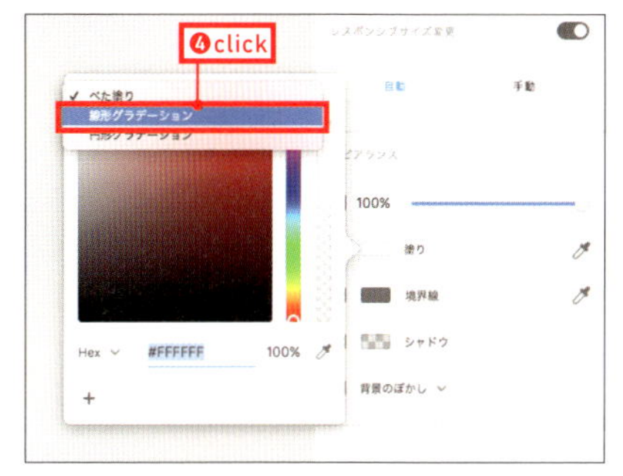

「べた塗り」から「線形グラデーション」に変更する

03 図形がグラデーションで塗られました。コントロールライン両端のポイントを動かして、グラデーションの幅と方向を調整してください（図を参照）。

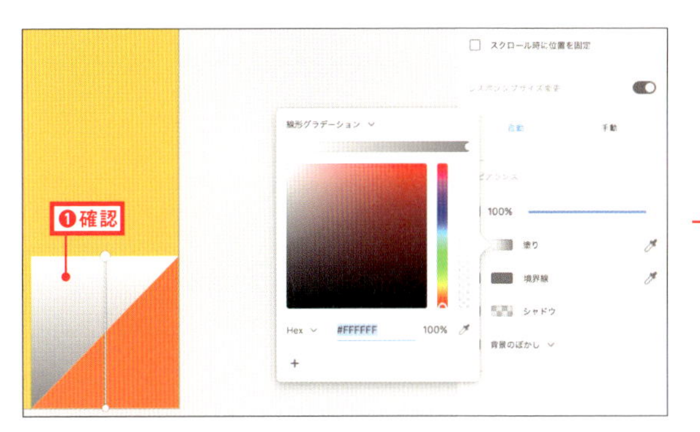

図形にグラデーションが設定される

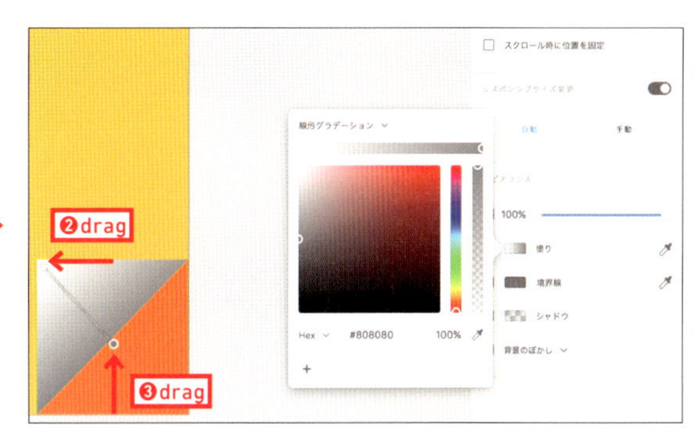

ライン両端のポイントをドラッグしてグラデーションの幅と方向を調整する

04 アートボードの外側をクリックしてカラーピッカーを非表示にします。グラデーションを塗った図形をダブルクリックして、上部のポイントをドラッグして少し縮めます。

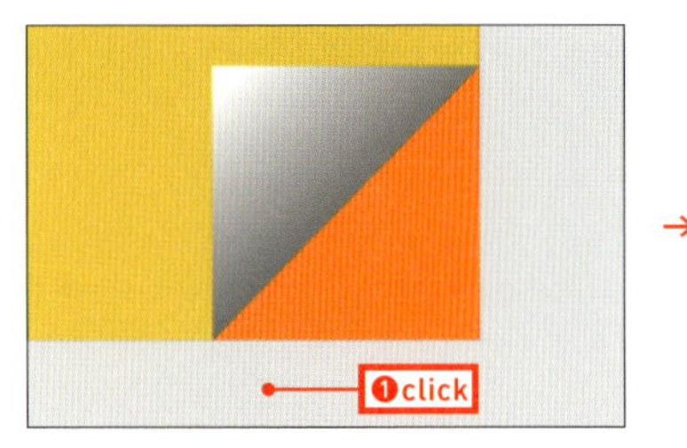

アートボードの外側をクリック

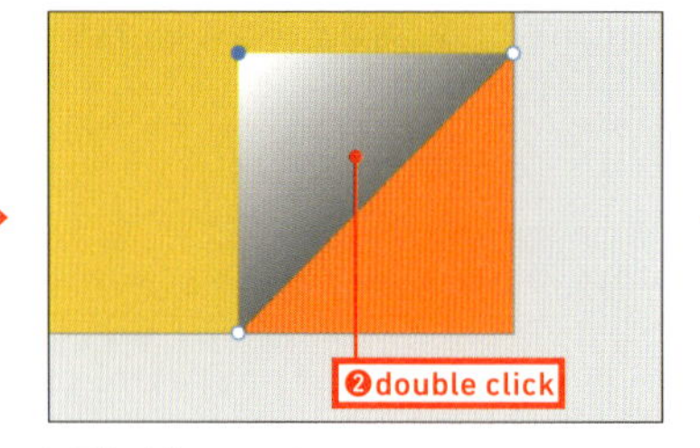

図形をダブルクリックする

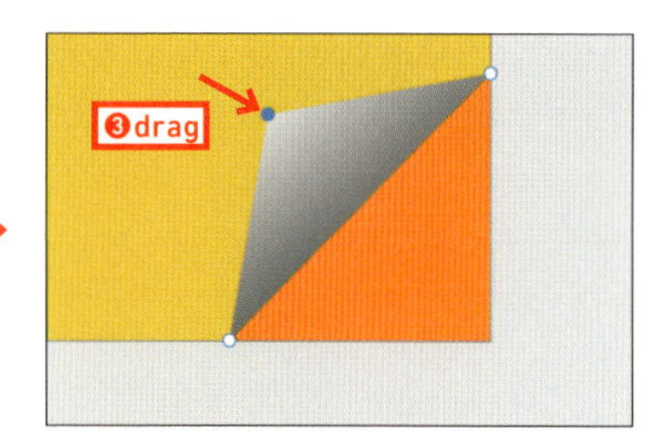

上部のポイントをドラッグして変形

05 図形をダブルクリックして［パス編集モード］に切り替え、辺をダブルクリックして曲線アンカーポイントを2つ追加します（図を参照）。

※図形の辺をクリックするとアンカーポイントが追加されますが、ダブルクリックすると、曲線に変換されたアンカーポイントが追加されます。

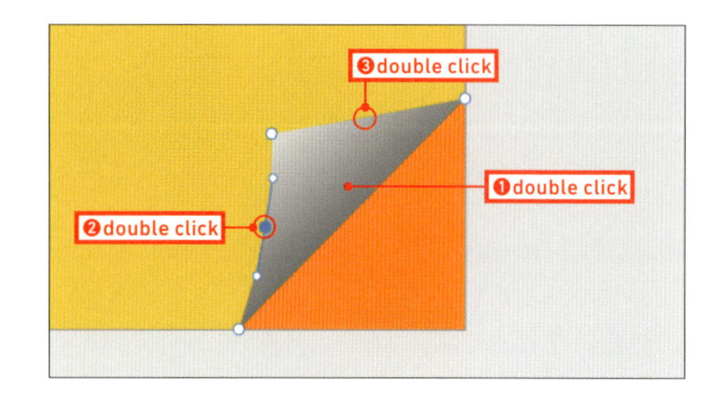

06 追加したアンカーポイントをドラッグして、図形の辺を緩いカーブにします。

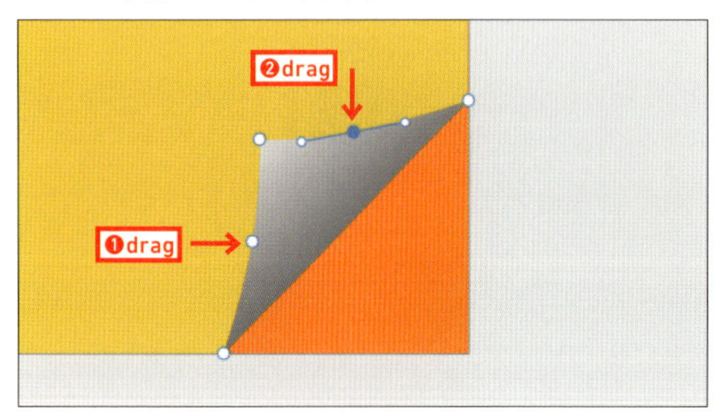

07 さらに、図形の下部にもダブルクリックして曲線アンカーポイントを追加し、緩いカーブにしてください。

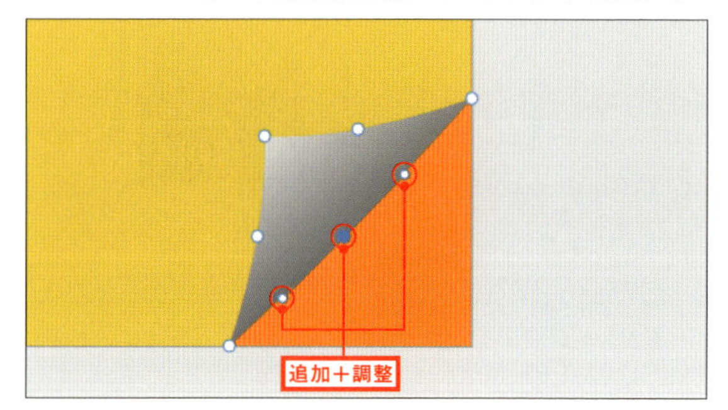

08 一度、アートボードの外側をクリックして選択を解除し、再び図形をクリックして選択します。続けて、プロパティインスペクターの［シャドウ］をチェックしてください。陰影が付きます。

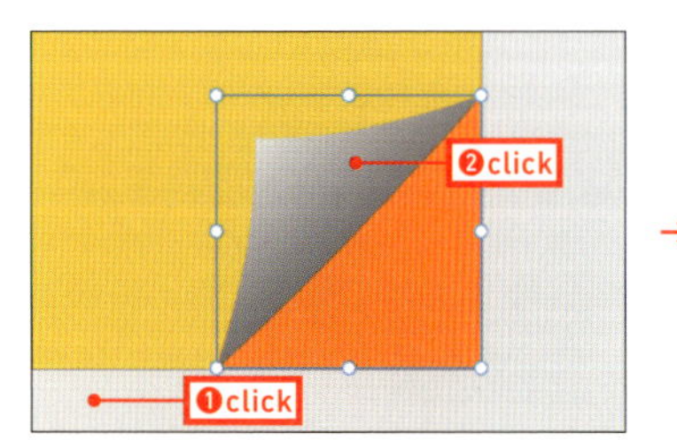

アートボードの外側をクリックする図形をクリックして選択する

［シャドウ］をチェックして陰影を付ける

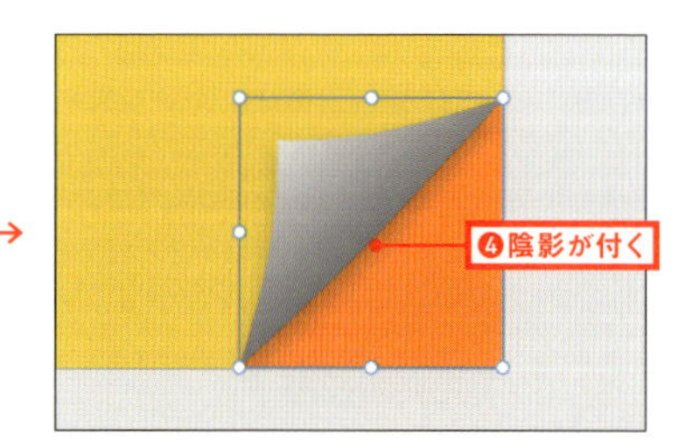

03 テキストの配置と陰影を調整する

シャドウ(陰影)は使いすぎると違和感のある重たいビジュアルになってしまいますが、ある部分を目立たせるときには便利な機能です。グラデーションの幅と方向をどのように設定するかで仕上がりが変わってくるので、試行錯誤が必要です。

01 [テキスト] ツール T を選択して、アートボード上に「CREATIVE」と入力します。テキストの色は白、サイズとフォントは図を参考にしてください(似たフォントでかまいません)。

02 入力したテキストをドラッグして、右下に移動します。一番上のレイヤーになっているので、control キー+クリック(右クリック)して[背面へ]を2回続けて選択してください。

テキストを右下に移動して control キー+クリック(右クリック)[背面へ]を選択する

もう一度 [背面へ] を選択する

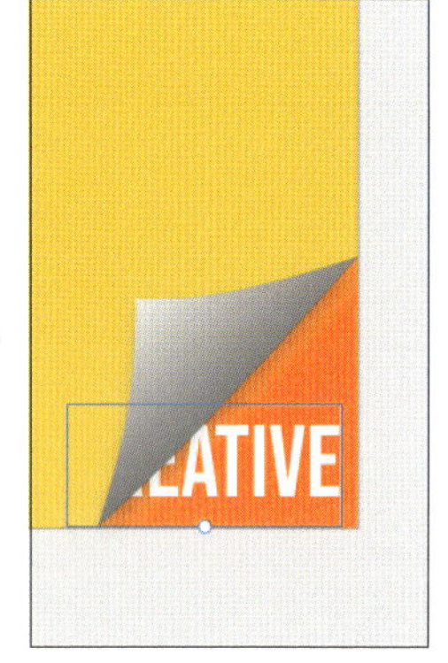

アートボードの真上に置かれた状態

03 プロパティインスペクターの不透明度スライダーで「60%」に変更します。
これで、めくれたページの角とページの下に表示されているテキストを表現できました。

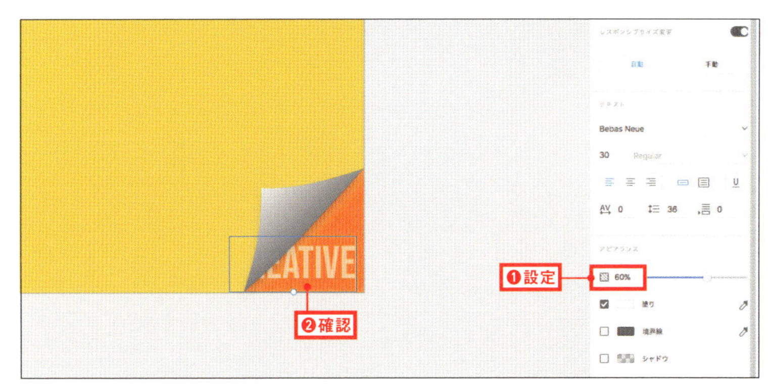

不透明度スライダーで「60%」に変更する

実践 > PART 3 Adobe XDの基本操作

04 ▸ 陰影を調整しておきましょう。グラデーションの図形をクリックして選択してから、プロパティインスペクターの[シャドウ]のXに「−8」、Yに「12」を入力して return（Enter）キーを押します。

→

05 ▸ 最後は全体調整です。グラデーションの幅を調整しなくてはいけませんので、プロパティインスペクターの[塗り]をクリックしてカラーピッカーを表示し、コントロールライン両端のポイントを動かしながらグラデーションの幅と方向を調整しましょう。

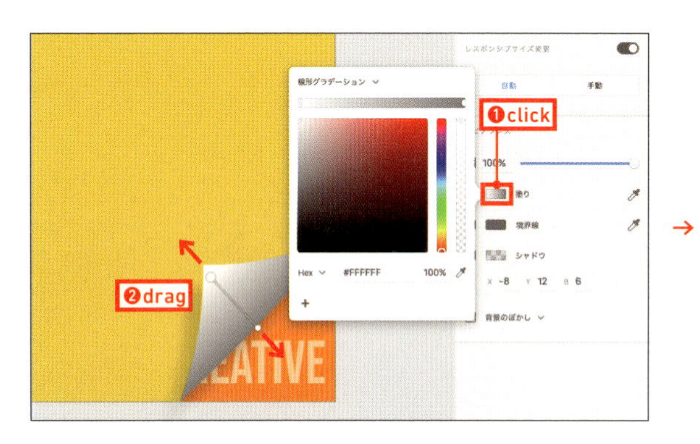

→

まとめ

[1] ページの角が折れたビジュアルは[長方形]ツール□と線形グラデーション機能で作成することができる

[2] グラデーションは[塗り]のカラーピッカーで設定する

[3] グラデーションの幅や方向は（カラーピッカーを表示した状態で）自由に編集することができる

[4] 複雑なグラデーションはIllustratorで作成して、XDにコピー＆ペーストで渡すことができる（※ただし、複雑なグラデーションはXDで編集できないため、修正したい場合はIllustratorでやり直す必要がある）

Before ▸ 3-07　After ▸ 3-07F

07 ［実習］バナー広告のバリエーションを作成する

この実習では、バナー広告のバリエーションを素早く作成します。5つのアートボードに写真やテキストを配置していきますが、可能なかぎり「重複する作業」を減らしていきます。「同じ作業を繰り返さない」というのが重要なポイントです。

1. 複数のアートボードに写真を配置するためのシェイプを作成する
2. 写真を素早く配置する
3. テキストやロゴを素早く配置して調整する

01 アートボードにレイアウト用のシェイプを配置する

このプロセスでは、アートボードに写真を挿入するためのトリミング用シェイプを配置します。すでに描画されているシェイプをコピーするだけの作業ですが、複数のアートボードに対して同時にペーストするので1回の操作で完了します。

01 ▸ 素材フォルダ「Banner-Materials」の中にある「300x250.xd」をダブルクリックして開いてください。もし、［アセット］パネルと［レイヤー］パネルが表示されている場合は非表示にしておきましょう。

※「300x250.xd」はMacで作成されたXDファイルですが、Adobe Fontsのフォントを指定していますのでWindowsでもフォントが置き換わりません。ただし、インターネットに接続されていない場合、「フォントが見つかりません」と表示され、Windowsのシステムフォントに置き換わります。フォントが置き換わると見栄えは変わってしまいますが、作業に支障はありません。

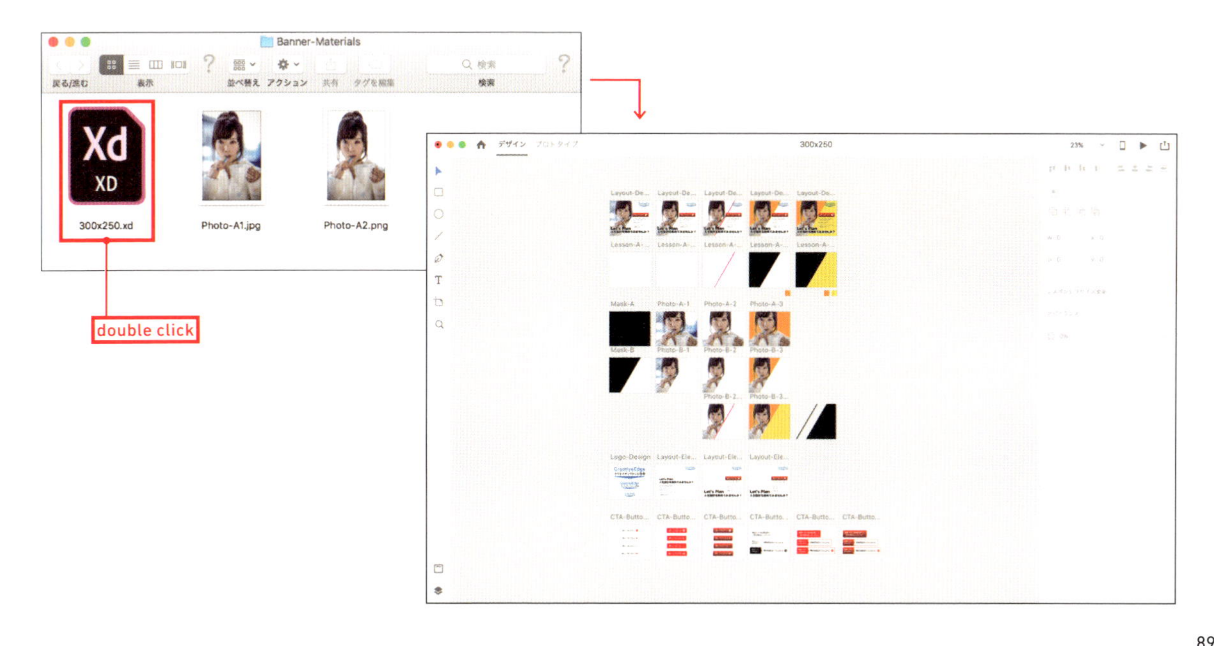

02 ▸ 右上に配置されているアートボードを拡大表示してください（図を参照）。アートボード名「Lesson-A-1-4」の下にあるカラーをクリックします。続けて、control キー＋クリック（右クリック）して［コピー］を選んでください。

03 ▸ アートボード名「Lesson-A-1-4」の黒いシェイプをクリックします。shift キーを押しながら、「Lesson-A-1-5」の黒いシェイプもクリックしてください。これで2つのアートボードのシェイプが同時に選択されました。

04 ▸ どちらかのシェイプを control キー＋クリック（右クリック）して［アピアランスをペースト］を選びます。カラーが同時に設定されました。

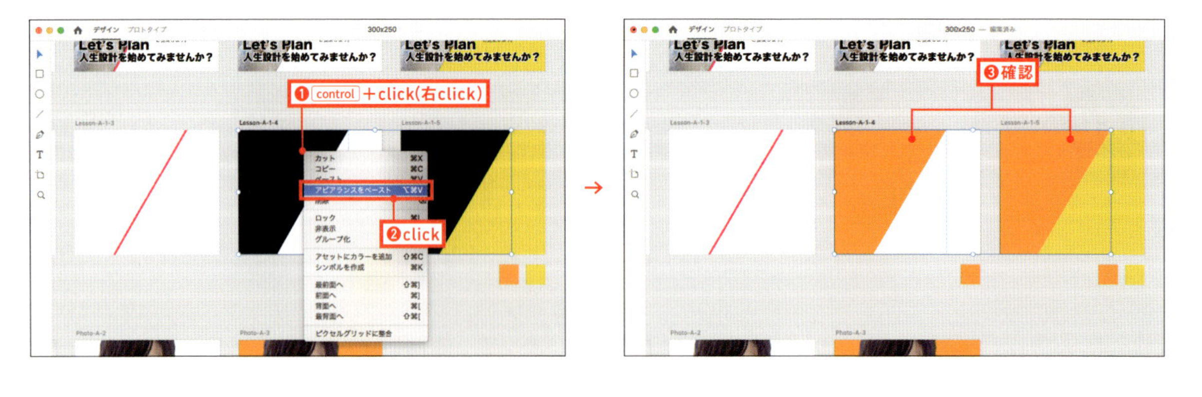

05 次は左下のアートボードが見えるように画面を移動させてください（図を参照）。アートボード名「Mask-B」の黒いシェイプをクリックします。続けて、control キー＋クリック（右クリック）して［コピー］を選んでください。

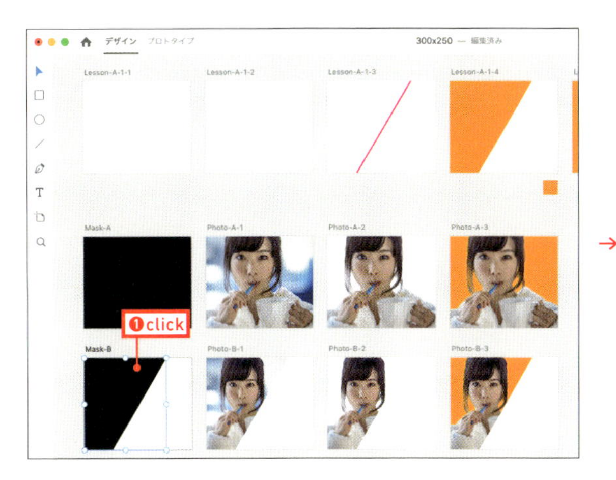

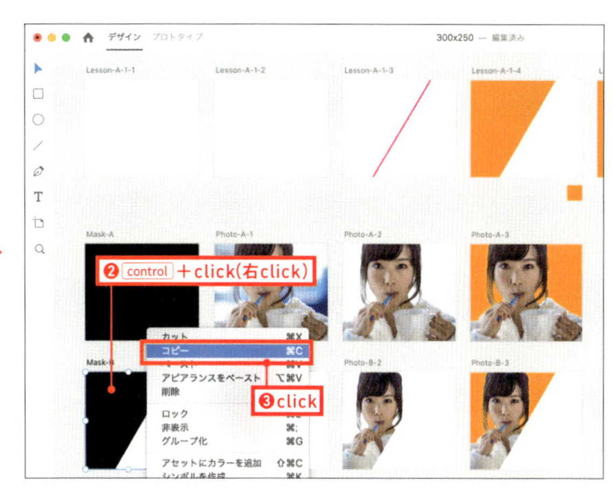

06 アートボード名「Lesson-A-1-1」から「Lesson-A-1-5」まですべて見えるように画面を動かしてください。この5つのアートボードをすべて選択します。矩形を描くようにドラッグしてすべてのアートボードを囲んでください。

※「Lesson-A-1-4」から「Lesson-A-1-5」の下にあるカラーを含まないように注意しましょう。

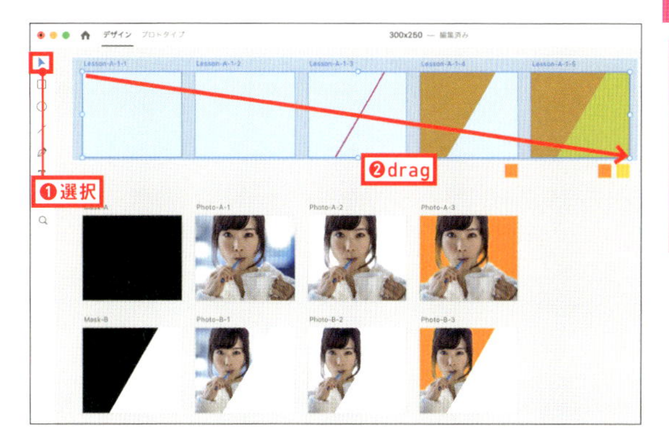

07 選択したアートボード上を control キー＋クリック（右クリック）して「ペースト」を選んでください。コピーした黒いシェイプがすべてのアートボードにペーストされました。

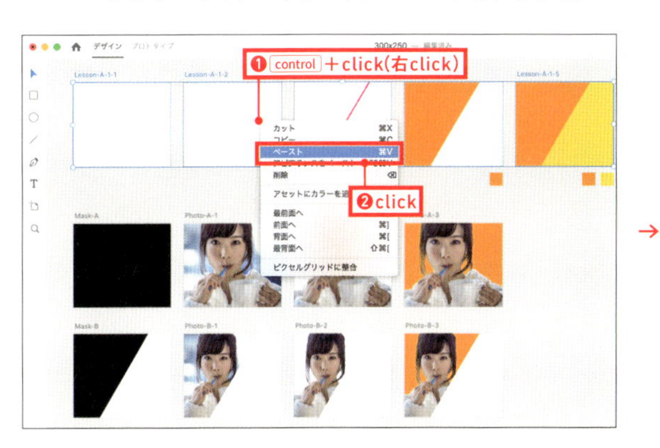

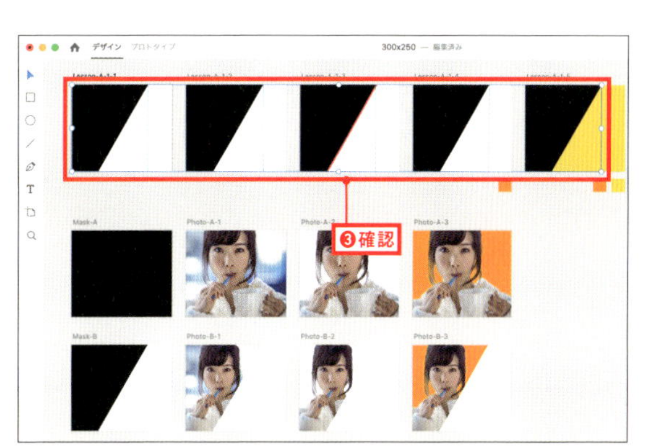

02 写真を素早くレイアウトする

アートボードに配置したトリミング用のシェイプに写真画像を挿入していきます。画像ファイルをドラッグ＆ドロップするだけで簡単に挿入できますが、1つひとつ操作していくのは面倒です。ここでは、「アピアランスをペースト」を使って、複数のシェイプに対して写真画像を同時に挿入します。

01 素材フォルダ「Banner-Materials」の中にある写真画像「Photo-A1.jpg」を確認してください。そのまま写真画像をドラッグして、アートボード名「Lesson-A-1-1」のシェイプにドロップしてみましょう。

02 シェイプの中に写真が挿入されました。次は「Photo-A2.jpg」を control キー＋クリック（右クリック）して「コピー」を選んでください（Macでは「"Photo-A2.png"をコピー」）。

03 アートボード名「Lesson-A-1-2」のシェイプをクリックして選択します。shift キーを押しながら、「Lesson-A-1-3」、「Lesson-A-1-4」、「Lesson-A-1-5」のシェイプも選択していきます。これで、4つのアートボードのシェイプが同時に選択されました。

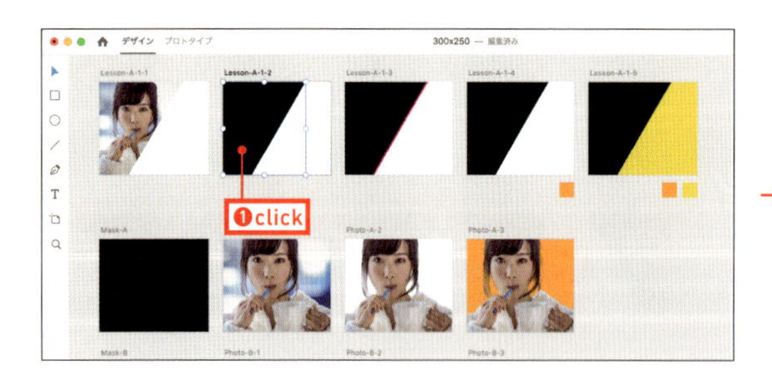

→

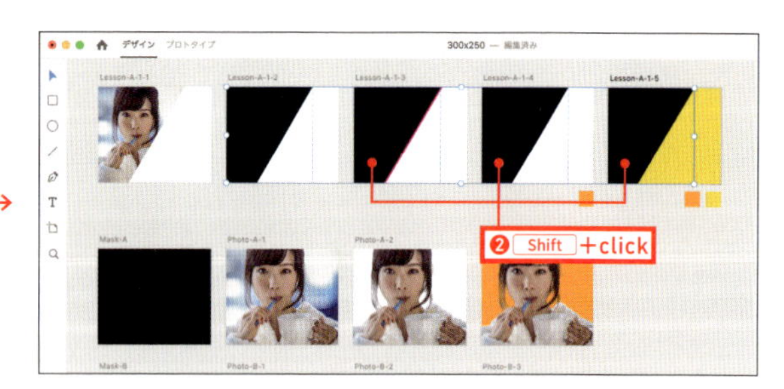

04 選択したシェイプを control キー＋クリック（右クリック）して「アピアランスをペースト」を選んでください。4つのシェイプに写真が挿入されました。

→

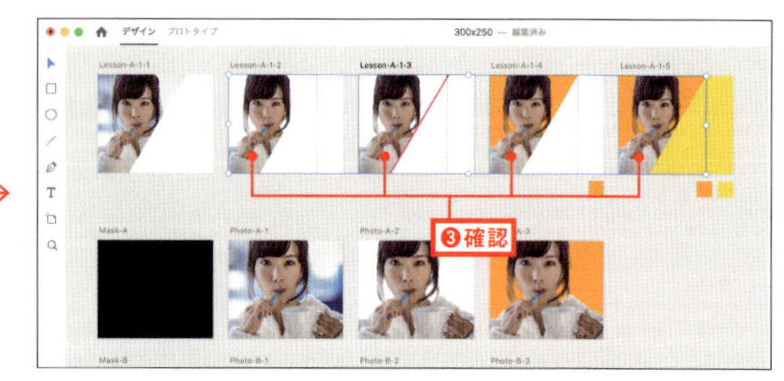

03 構成要素を配置して写真のサイズを調整する

キャッチコピーや本文、ロゴ、ボタンなどの構成要素はすでにレイアウトされているので、写真を配置した5つのアートボードにまとめてコピー&ペーストします。挿入した写真は、サイズや位置を変更してバリエーションを調整していきます。「アピアランスをペースト」で挿入した写真もダブルクリックでトリミング編集モードに切り替わるので、簡単に調整することができます。
アートボード上のオブジェクトが多い場合は(何層にも重なっているため)選択するのが難しくなりますが、[レイヤー]パネルで容易に選択することが可能です。

01 右下のアートボードが見えるように画面を移動してください(図を参照)。アートボード名「Layout-Element-3」をすべて選択します。

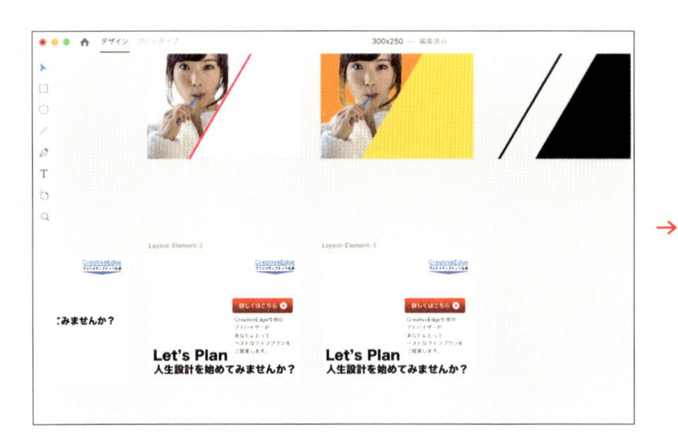

→

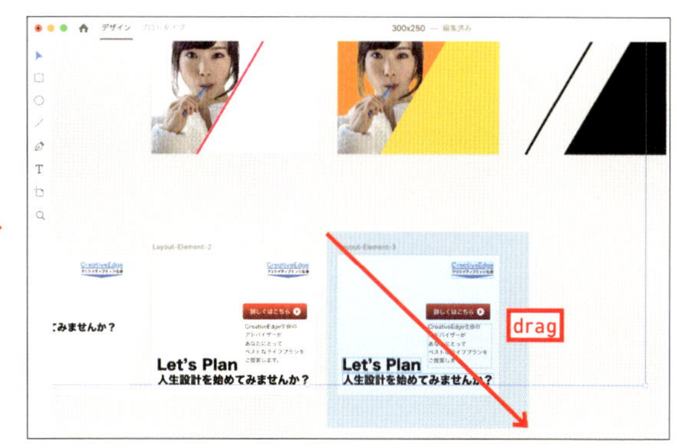

02 control キー+クリック(右クリック)して[コピー]を選んでください。写真を挿入した5つのアートボードが見えるように画面を移動させましょう。

→

03 5つのアートボードをすべて選択します。矩形を描くようにドラッグしてすべてのアートボードを囲んでください。「Lesson-A-1-4」から「Lesson-A-1-5」の下にあるカラーを含まないように注意しましょう。
続けて、control キー+クリック(右クリック)して[ペースト]を選んでください。

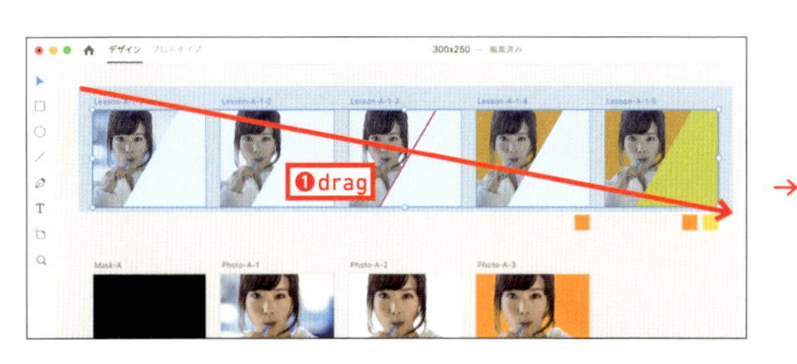

→

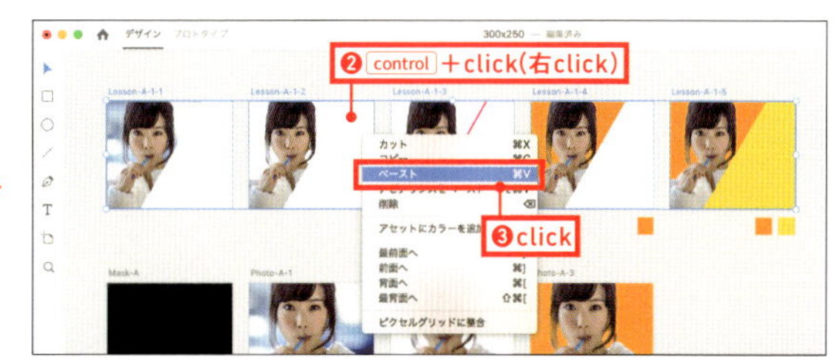

04 すべてのアートボードにペーストされました。右側の2つのアートボード「Lesson-A-4」「Lesson-A-5」を拡大表示してください。

05 左側のアートボードの写真のサイズを調整します。写真をダブルクリックしてください。ドラッグして位置を変更してみましょう。さらに写真を少し拡大します。

06 背景色も変更しましょう。シェイプが写真の背面にあるためクリックして選択できませんので、[レイヤー] パネルを使います。パネルを表示すると写真のレイヤーが選択された状態になっています（「パス 26」がハイライト表示されています）。

07 下には同じレイヤー名「パス 26」があります。これが背景のシェイプです。クリックしてみましょう。アートボード上のシェイプが選択されました。

08 ▸ プロパティインスペクターの[塗り]をクリックしてカラーピッカーを表示します。カラーを明るい青に変更してください。

09 ▸ これで写真のサイズと背景色を変更したバリエーションが完成しました。アートボード上で複数のオブジェクトが重なっていると、選択が困難になるので[レイヤー]パネルを活用しましょう。

まとめ

[1] プロトタイプ制作では、可能なかぎり「重複する作業」を減らし「同じ作業を繰り返さない」ように心がける

[2] XDは複数のアートボードに対して同時にコピー＆ペーストすることができる

[3] 写真画像でも「アピアランスをペースト」を実行できる

[4] 「アピアランスをペースト」で挿入した写真画像をダブルクリックするとトリミング編集モードに切り替わる

[5] オブジェクトの数が多い場合は[レイヤー]パネルを使って選択する

Column XDの機能を拡張するプラグインの活用

2018年10月の更新は今までにない大型のアップデートでしたが、最もインパクトがあったは「XDの拡張機能（プラグイン）」です。現在、世界中の開発者が競って、XDの機能を拡張するためのプラグインを開発しています。日々増え続けているすべてのプラグインを試すことは難しいため、本書では扱いませんでしたが、サポートサイトをご覧になってください。
可能なかぎり検証を行い、日本語環境で有用なプラグインを厳選して紹介しています。

Learn Adobe XD（本書のサポートサイト）
http://design-zero.tv/AdobeXD/

XDのプラグインは、JavaScriptのスキルがあれば誰でも開発することができます（ReactやVueなども使用できます）。XDに追加された［プラグイン］メニューの［開発版］→［開発フォルダーを表示］でプラグイン用のフォルダーを作成すれば、すぐに始めることが可能です。

参考記事：
はじめてのAdobe XDプラグイン開発！定番のHello Worldを表示させてみよう
https://blogs.adobe.com/japan/web-getting-started-with-xd-plugin-development/

01 ［プラグイン］メニュー（Windowsはメインツールバーのポップアップメニュー☰）の［プラグインを見つける］を選択します。ここでは「PhotoSplash」というプラグインをインストールしてみましょう。［インストール］をクリックします。

※「PhotoSplash」は、プロが撮影した写真を無償で商用利用できるサイト「UnSplash」を利用したプラグインです。検索した写真を自動的に配置してくれます。

02 ［プラグイン］メニューに追加されるので、［PhotoSplash］を選択します。検索画面で「Dog」と入力して実行します。

※このプラグインは、アートボード上に写真を挿入する図形を描き、選択状態になっていないと使用できません。

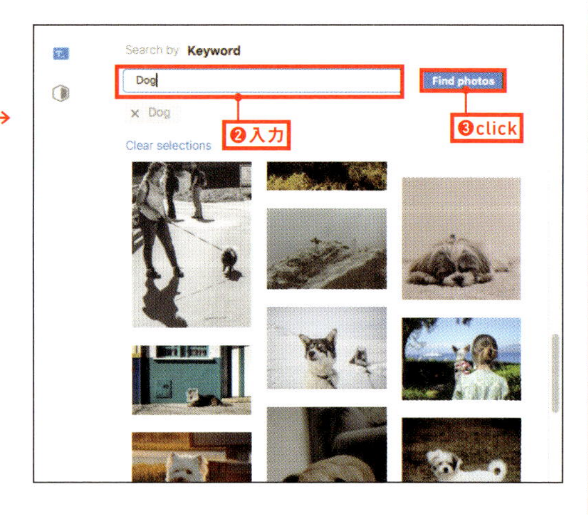

03 写真が自動的に挿入されました。ギャラリーやカタログアプリなど、写真を大量に配置したいときに便利なプラグインです。

今までXDでは不可能だった作業がプラグインによって可能になっています。何時間も掛かっていた面倒な作業が半分の時間で完了できるかもしれません。まずは、どのようなプラグインがあるのかチェックしておきましょう。

実践

>PART

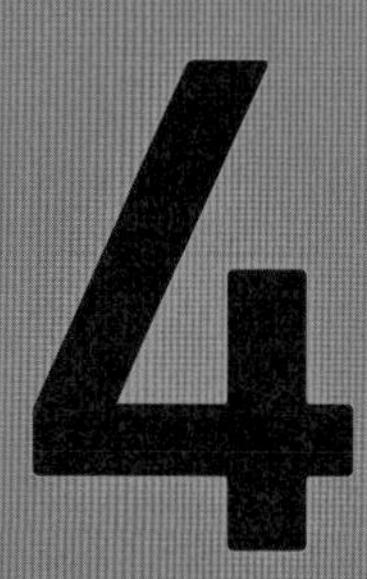

Adobe XDで動くプロトタイプを制作する

Adobe XDには、動くプロトタイプを作成するためのインタラクション機能が搭載されています。PART4ではドラッグジェスチャーや自動アニメーションなどの使い方を学習します。
ここで紹介した方法は、今後のXDのアップデート（およびプラグイン）によって、もっと効率よく作成できるようになる可能性がありますので、サポートサイトで最新の情報を確認してください（p.5参照）。

>PART 4

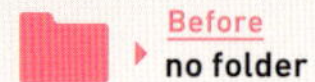

01 プロトタイプモードで簡単なインタラクションを設定する

XDには「デザイン」と「プロトタイプ」の2つのモードがあります。デザインモードで外観をデザインし、プロトタイプモードに切り替えてインタラクション（トリガーやアクション、アニメーション、イージングなど）を設定していきます。画面遷移させたり、フェードイン効果などを適用することが可能です。

1. プロトタイプモードでインタラクションを設定する流れを理解する
2. インタラクションを設定する
3. トランジションを設定する

インタラクションの設定方法を理解する

本格的なプロトタイプ制作に進む前に、基本機能について理解しておきましょう。XDのプロトタイプモードはとてもシンプルです。デザインモードで右側に固定されていたプロパティインスペクターも表示されません。ツールバーにも［選択］ツールと［ズーム］ツールの2つのアイコンしかないので、実行できる操作は選択とドラッグだけです。

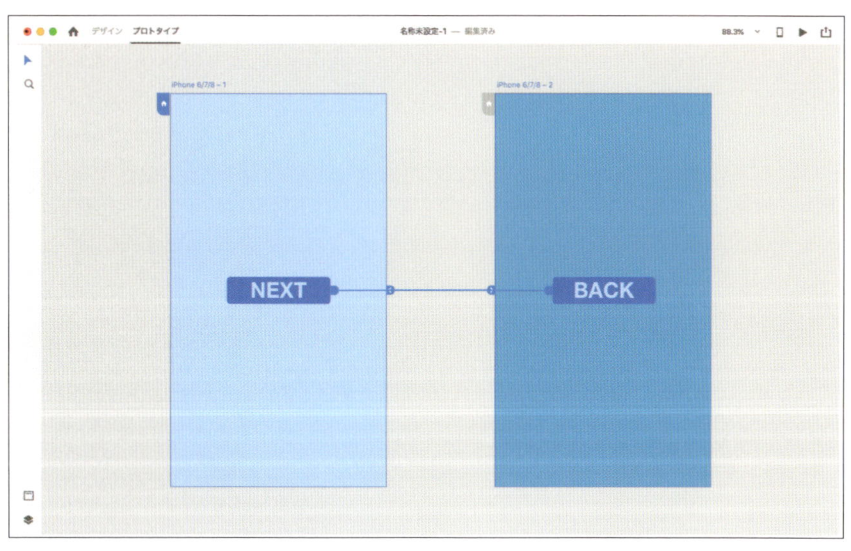

プロトタイプモードはツールバーしか表示されない（［レイヤー］パネルと［アセット］パネルは表示／非表示が可能）

プロトタイプモードでの操作の流れ

プロトタイプモードでは、2つ以上のアートボードが必要です。また、アートボード上にオブジェクトが配置されていないとインタラクションを設定することはできません。ここでは、まずボタンを作成してから、アートボードを複製して簡単なインタラクションを設定します。学習の流れは次のとおりです。

1. ボタンを作成して配置する
2. アートボードを複製する
3. 簡単なインタラクションを設定する
4. トランジションの設定を変更する

この作業の目的は「インタラクションの設定方法の理解」ですから、作成するプロトタイプの完成度を考慮する必要はありません。設定する手順が理解できればOKです。

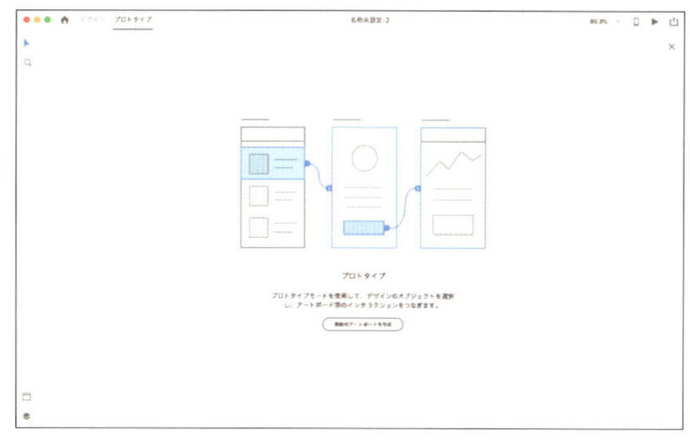

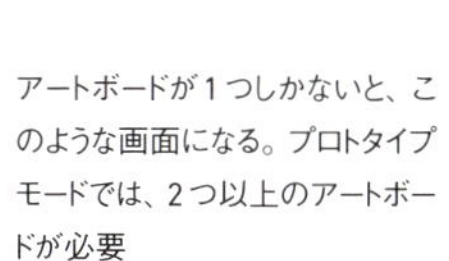
アートボードが1つしかないと、このような画面になる。プロトタイプモードでは、2つ以上のアートボードが必要

01 ボタンを作成して配置する

まず、アートボード上にボタンを作成します。長方形にテキストを重ねたシンプルなボタンです。作業の最後に「グループ化」を実行して完成となります。

→ 画像を配置する

01 XDを起動して、ホーム画面の「iPhone 6/7/8」アートボードアイコンをクリックします。

02 アートボードの中央に［長方形］ツール□で矩形を描いてください。適当な大きさで描いてから、プロパティインスペクターの［W］に「180」、［H］に「46」を入力しましょう。

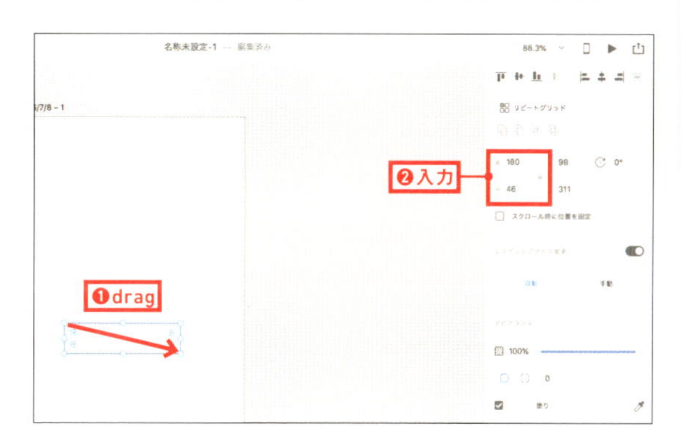

03 作業しやすいようにアートボードを拡大表示しておきます。まず、角を丸くします。プロパティインスペクターの［アピアランス］で角丸の半径に「6」と入力してください。［境界線］のチェックはオフにして［塗り］をクリックしてカラーピッカーで明るい青を選びます。

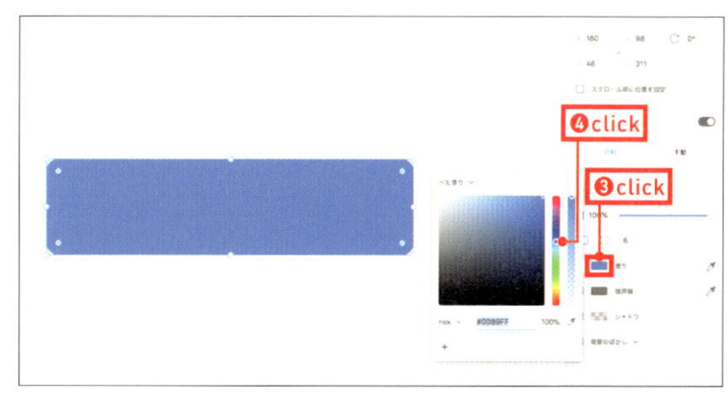

04 [テキスト] ツールTで「NEXT」と入力して、プロパティインスペクターの[テキスト]でフォントと文字サイズを設定してください。テキストの大きさとフォントは図を参考にしましょう。[選択] ツールで長方形の上にテキストを重ねて、文字の色を白にします([塗り]のカラーピッカーで白を選びます)。

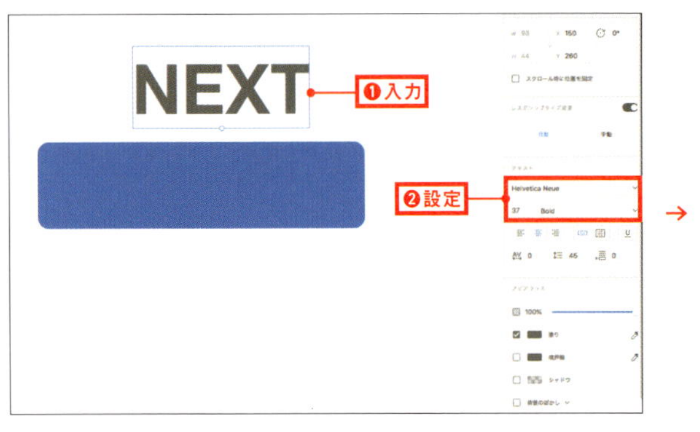

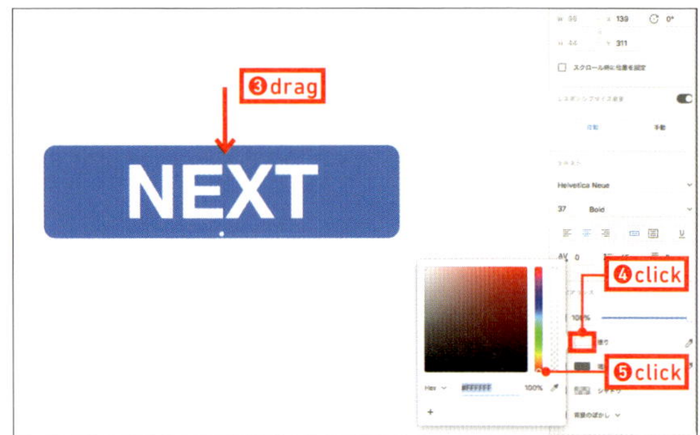

05 長方形とテキストを選択してから、control キー+クリック(右クリック)してコンテキストメニューから[グループ化]を選択してください。これでボタンが作成できました。

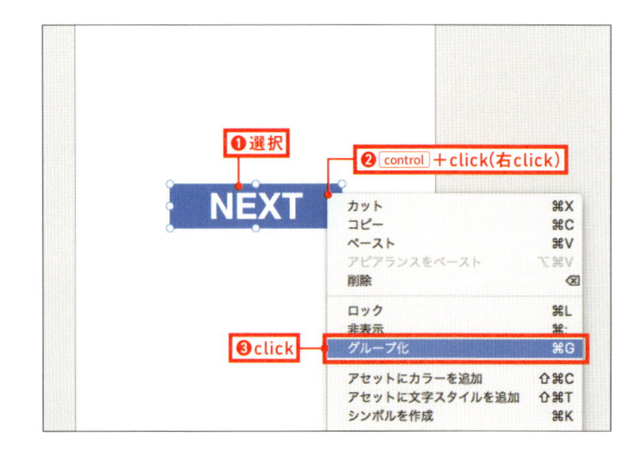

02 アートボードを複製する

プロトタイプモードでは2つ以上のアートボードが必要です。ここではアートボードを複製して、ボタンのテキストを変更します。左のアートボード上のボタンは「NEXT」、右が「BACK」になります。同じ背景色だと画面遷移の変化を確認しにくいため、右側のアートボードに長方形を描いてカラーを設定しておきます。

01 アートボードを複製します。ワークエリアを縮小表示して右側にスペースを作ります。アートボード名を option (Alt) キーを押しながらドラッグしてください。

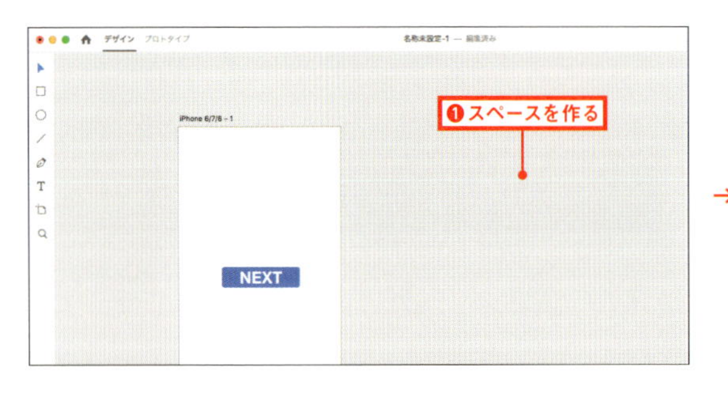

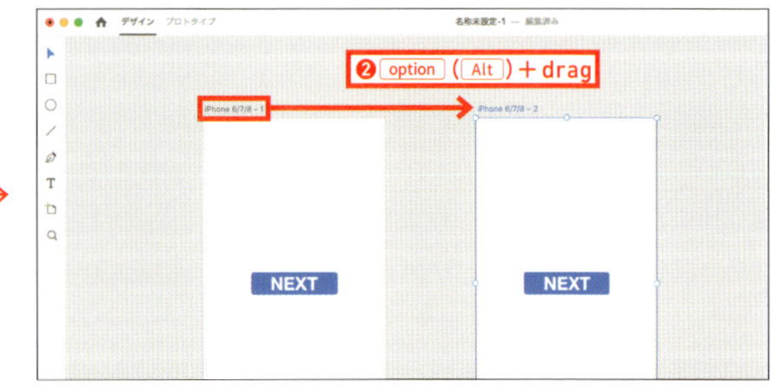

02 複製したアートボードのボタンを編集するので、拡大表示しておきましょう。ボタンの「NEXT」をダブルクリックすると、テキストが選択されるので、もう一度ダブルクリックします。テキストが編集可能になるので、「BACK」に変更してください。

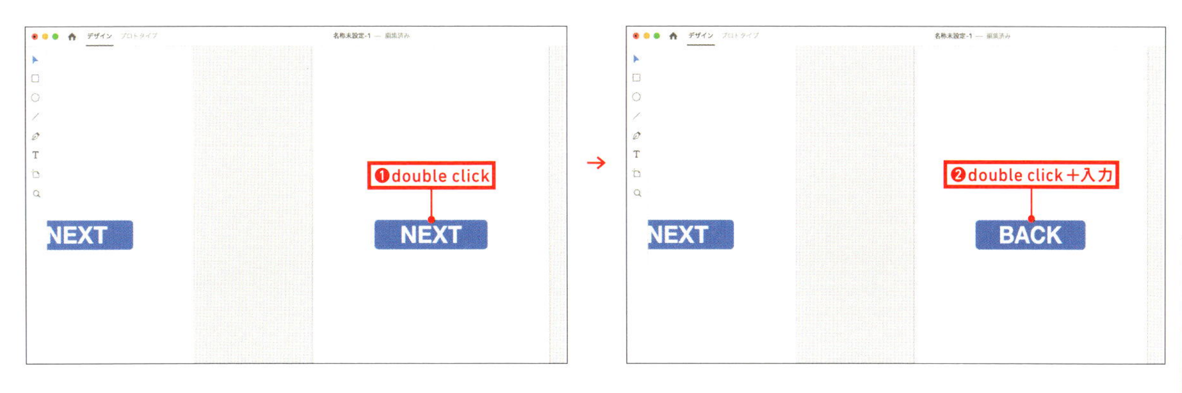

03 [長方形] ツール□を使って、複製したアートボードに矩形を描きます。アートボードと同じサイズにしてください。描画できたら、control キー＋クリック（右クリック）して [最背面へ] を選択します。これで、ボタンの背景に図形が配置されました。

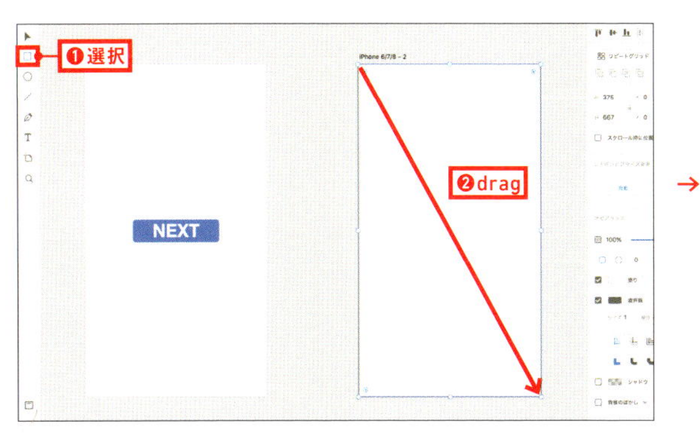

04 背面の長方形が選択状態になっていることを確認してから、[塗り] のカラーピッカーで明るい青を選んでください（図を参考にしましょう）。

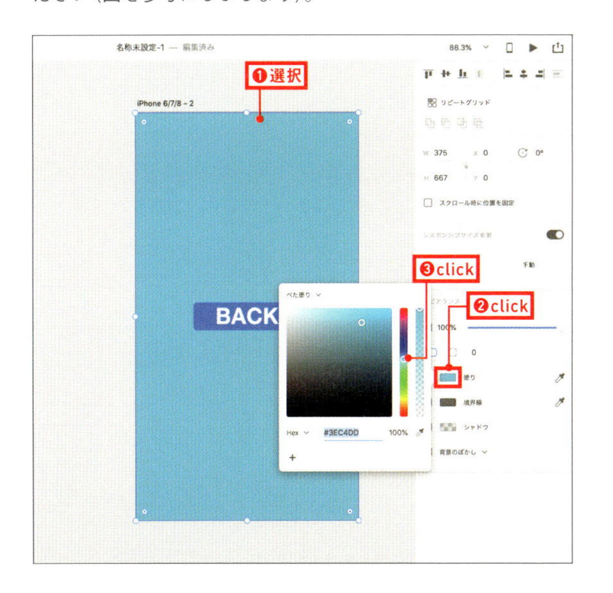

05 画面の左上の [プロトタイプ] をクリックします。プロトタイプ作成のモードに切り替わりました。

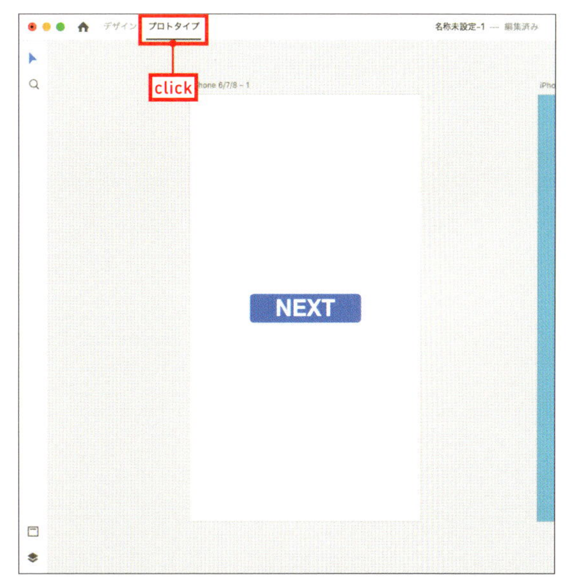

03 簡単なインタラクションを設定する

設定するインタラクションの内容は、左のアートボードの「NEXT」ボタンをクリックすると、右のアートボードに切り替わり、「BACK」ボタンをクリックすると元の画面に戻るというシンプルなものです。ボタンをクリックすると、ハンドルが表示されるので、ドラッグしてワイヤーを引き出し、右のアートボードに重ねると［設定］パネルを表示することができます。

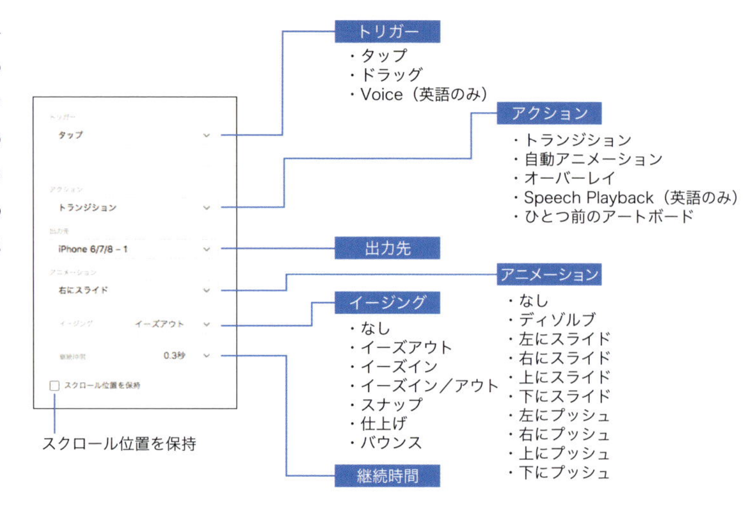

01 ▸ それでは簡単なインタラクションを設定してみましょう。左側のアートボード上の「NEXT」ボタンをクリックします。ボタンの右側にハンドルが表示されたことを確認してください。ハンドルをドラッグすると、ワイヤーを引き出すことができます。

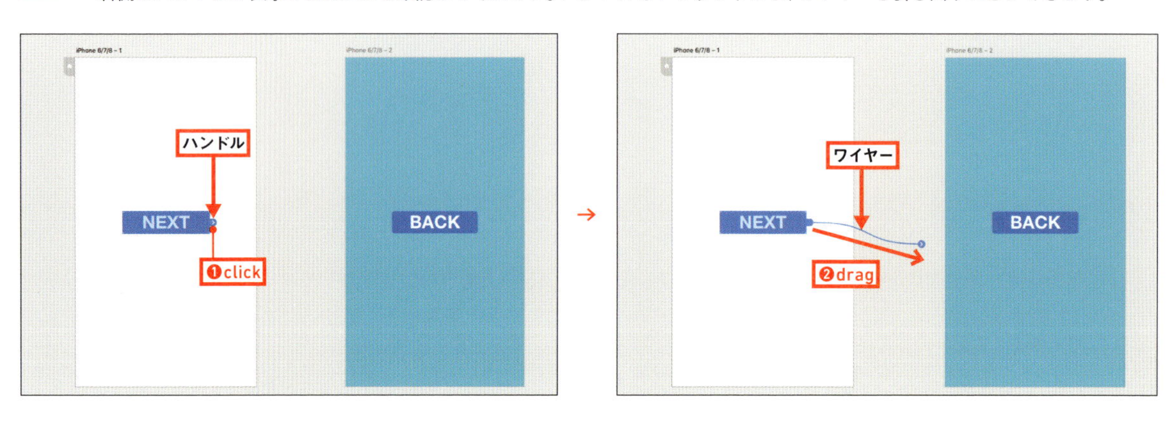

02 ▸ ドラッグしたワイヤーを右側のアートボードに重ねてください。マウスボタンを離すと［設定］パネルが表示されます。ここでは、デフォルト設定のまま進めます。

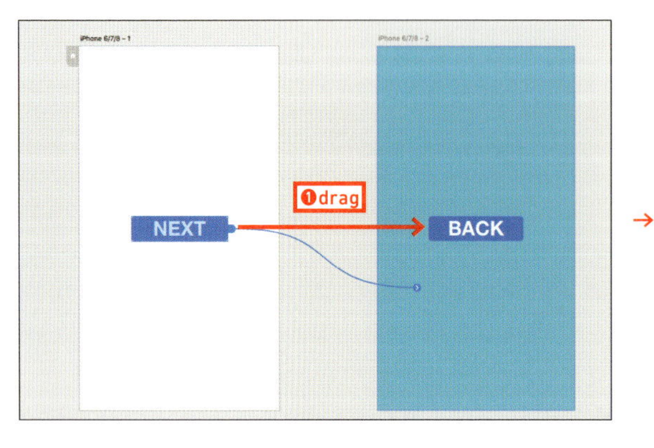

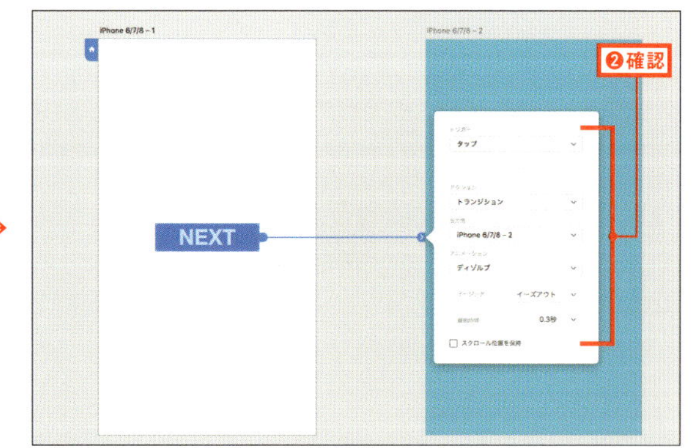

03 ペーストボード(グレーの領域)の適当な場所をクリックして選択を解除します。続けて、右側の「BACK」ボタンをクリックします。

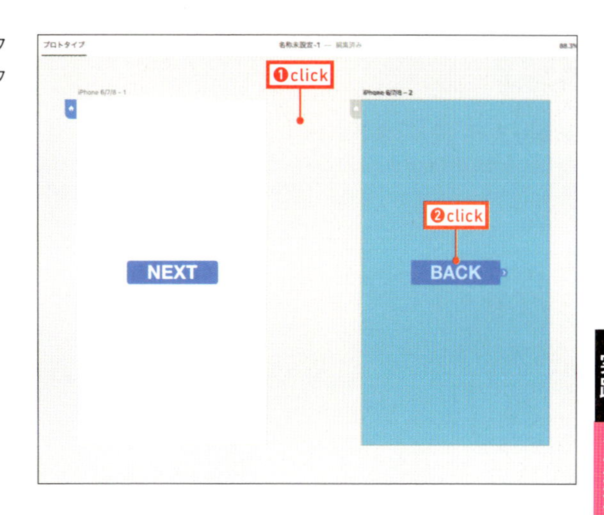

04 ハンドルをドラッグしてワイヤーを引き出して、左側のアートボードに重ねてください。ここでもデフォルト設定のまま進めます。

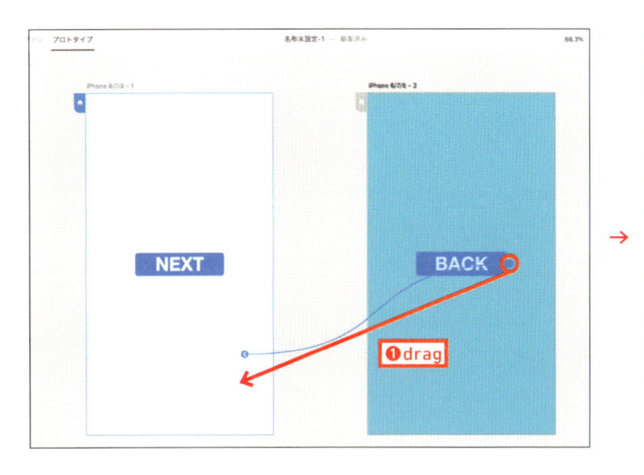

→

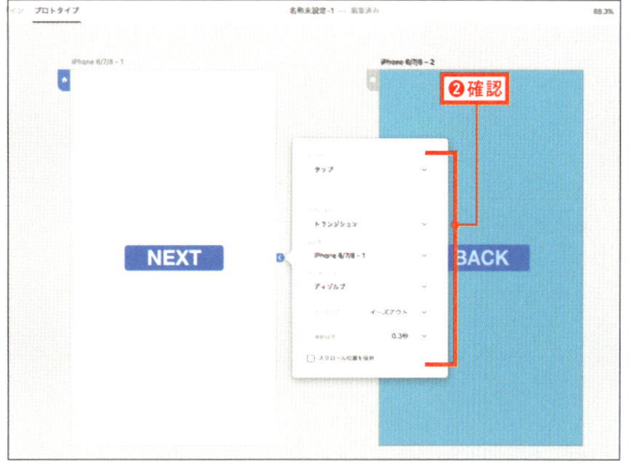

05 ペーストボードの適当な場所をクリックして選択を解除し、画面右上の[デスクトッププレビュー]アイコン▶をクリックしてください。

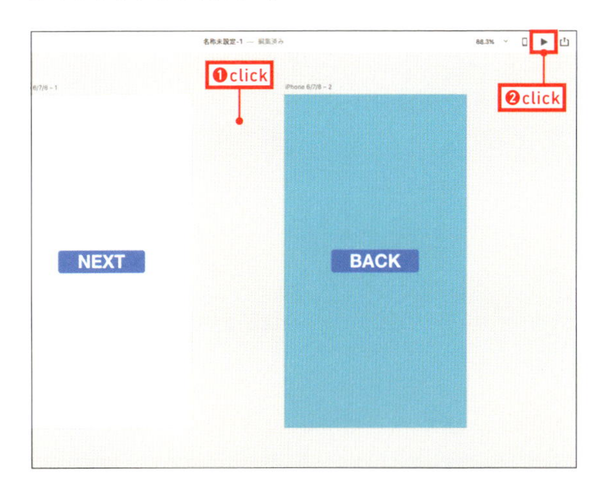

06 [プレビュー]ウィンドウが表示されます。「NEXT」ボタンをクリックしてみましょう。もう1つのアートボードに切り替わります。デフォルト設定では[ディゾルブ]になっているので、フェードで切り替わりました。

04 トランジションの設定を変更する

設定した内容を変更する場合は、ボタンをクリックして接続されているワイヤーを表示し、接続ポイントをクリックすれば[設定]パネルを表示することができます。ここでは、デフォルトの[ディゾルブ]から「スライド」に変更してみます。スライドには方向があり「左にスライド」と「右にスライド」を選択できます。

01 設定を変更してみましょう。[プレビュー]ウィンドウは閉じておきます。ペーストボードの適当な場所をクリックして選択を解除し、「NEXT」ボタンをクリックしてください。接続されているワイヤーが表示されます。

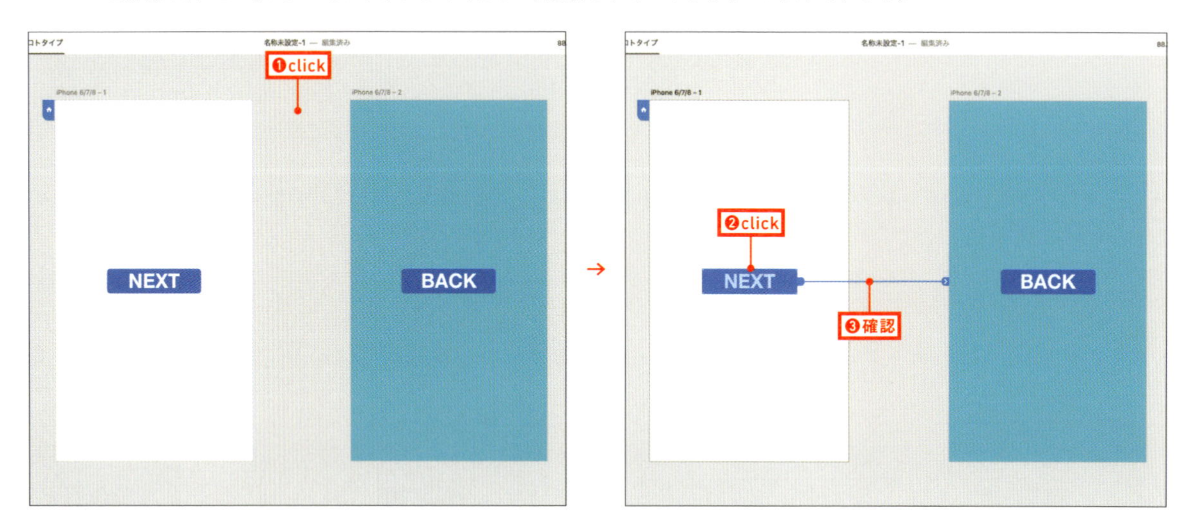

02 ワイヤーの接続ポイントをクリックすると、[設定]パネルが表示されるので、[ディゾルブ]をクリックしてください。ポップアップメニューが表示されるので「左にスライド」を選択します。

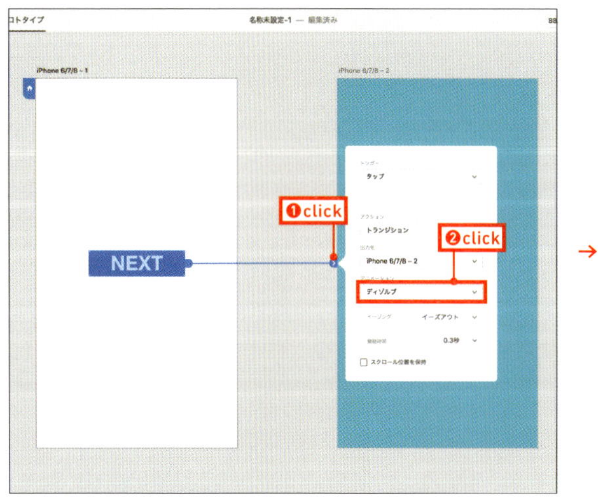

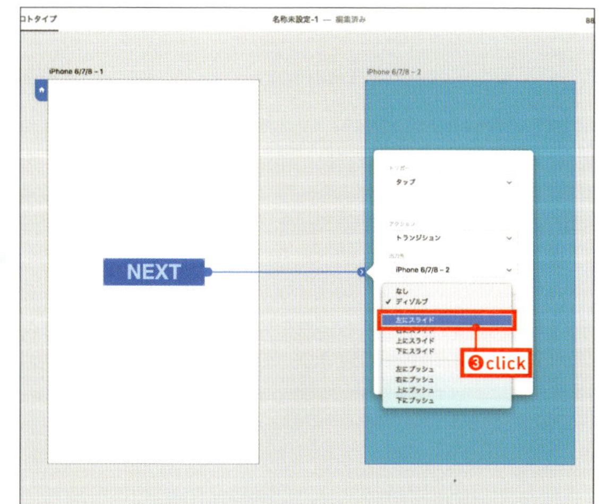

03 ペーストボードの適当な場所をクリックして選択を解除し、今度は「BACK」ボタンをクリックしてください。ワイヤーの接続ポイントをクリックして、[設定]パネルの[ディゾルブ]をクリック、ポップアップメニューの「右にスライド」を選択します。

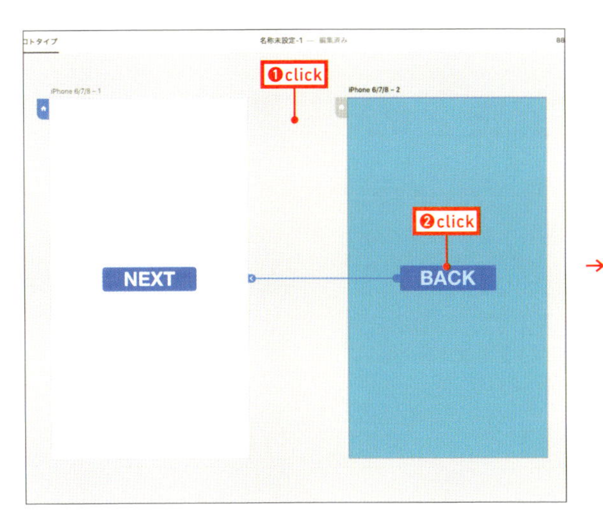

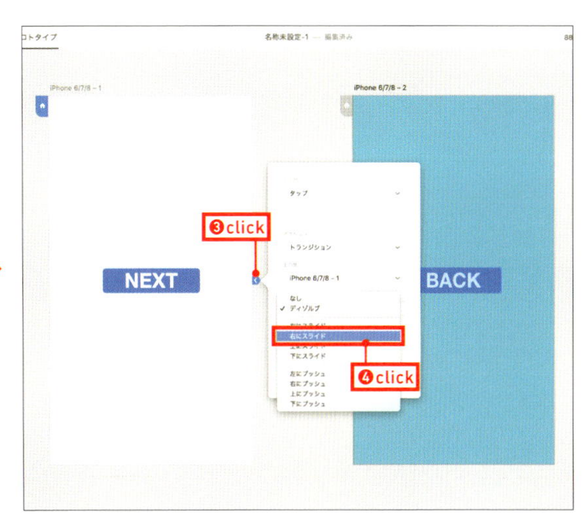

04 プレビューして確認してみましょう。画面右上の[デスクトッププレビュー]アイコン▶をクリックし、続けて「NEXT」ボタンをクリックしてみましょう。隣のアートボードが右から左にスライドして切り替わりました。「BACK」ボタンをクリックすると左のアートボードが左から右にスライドして切り替わります。

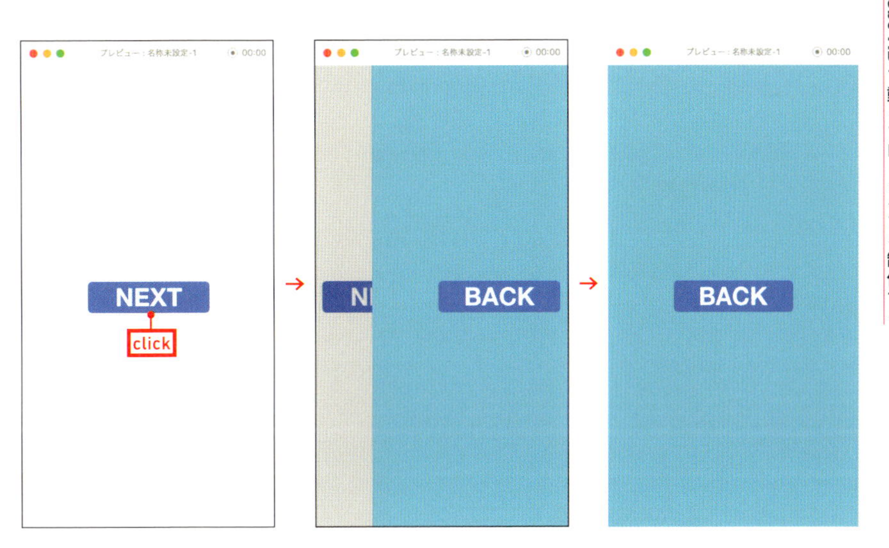

まとめ

[1] **XDには[デザイン]と[プロトタイプ]の2つのモードがある**

[2] **プロトタイプモードでは、2つ以上のアートボードが必要で、アートボード上にオブジェクトが配置されていないとインタラクションを設定できない**

[3] **オブジェクトをクリックすると右端にハンドルが表示される**

[4] **ハンドルからワイヤーを引き出して、他のアートボードに重ねると[設定]パネルが表示される**

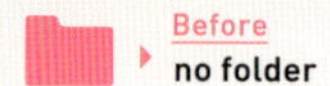

02 ドラッグジェスチャーと自動アニメーションの基本操作

XDのインタラクション機能はとてもシンプルですが、直感的にプロトタイピングできる最低限の機能をバランスよく搭載しています。ディスプレイを指でスワイプして、スムーズに画面遷移させるなど、高度な処理も簡単な操作で設定することができます。

1. トリガーとアクションの関係について理解する
2. アートボードを作成してオブジェクトにトリガーを設定する
3. ドラッグ操作で動くカルーセルのジェスチャーを設定する

トリガーとアクションの関係について理解する

→ トリガーとは?

トリガーとは「アクション」を開始させるための「きっかけ」のことで、XDの［設定］パネルには「タップ」「ドラッグ」「Voice（音声）」が用意されています。「画面をタップするのか」「ドラッグするのか」「音声コマンドで動かすのか」、プロトタイプの内容にあわせて選択することになります。
使用頻度が高いのは「タップ」操作ですが、画面を切り替えたり、パネルを引き出したり、カルーセル（サムネイルなどを左右に回しながら閲覧できる動的な表現）などで「ドラッグ」操作はよく使われます。

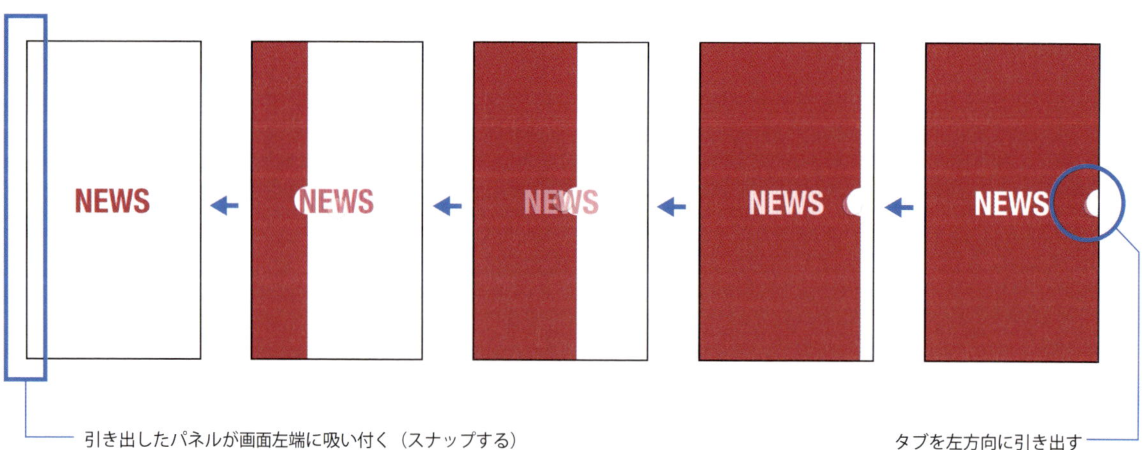

ここで作成するプロトタイプは、右端に配置されているタブを左方向にドラッグする（引き出す）仕組みを設定する

トリガーを設定する作業の流れ

[トリガー]で「ドラッグ」を選択すると、自動的に[アクション]から「自動アニメーション」が選択されます。つまり、ドラッグ操作と自動アニメーション機能の連携によって動作する仕組みになっています。
また、アートボードに配置されているオブジェクトの開始位置と終了位置によってドラッグの方向が「右から左（左から右）」なのか、あるいは「上から下（下から上）」なのか決定します。XDがオブジェクトの位置を認識してドラッグの方向を決める仕様になっているので覚えておきましょう。

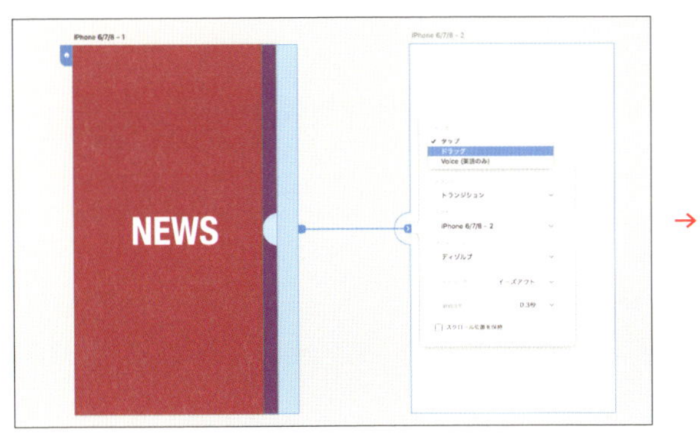

→
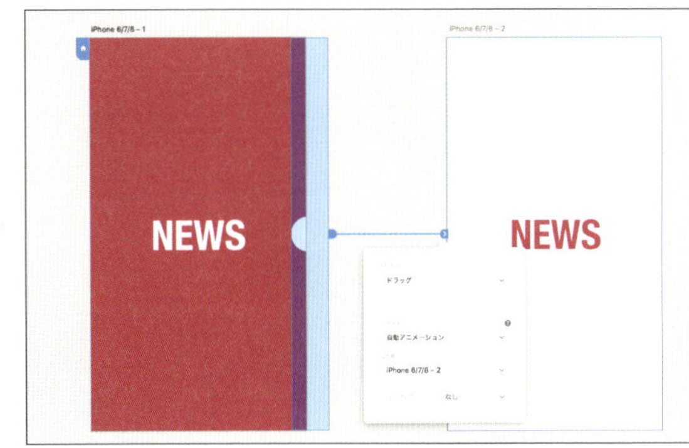

[トリガー]で「ドラッグ」を選択すると自動的に、アクションから「自動アニメーション」が選択される仕様になっている

ここでは「ドラッグ」を[トリガー]とした「パネルを右サイドから引き出す」動作を表現します。手順は以下のとおりです。

1. アートボードに引き出しパネルを配置する
2. アートボードを複製してパネルのサイズを変更する
3. ドラッグジェスチャーを設定する

01 アートボードに引き出しパネルを配置する

作成するプロトタイプは、画面の右端に小さなタブがある簡単なものです。タブを左方向にドラッグするとパネルがスライドして表示されます。「パネルを画面の右側から引き出す」という表現になります。

01 XDを起動して、ホーム画面の「iPhone 6/7/8」アートボードアイコンをクリックします。

02 アートボードのカラーを設定するので、クリックして選択してください。[塗り]のカラーピッカーで濃いマゼンタを選びます。

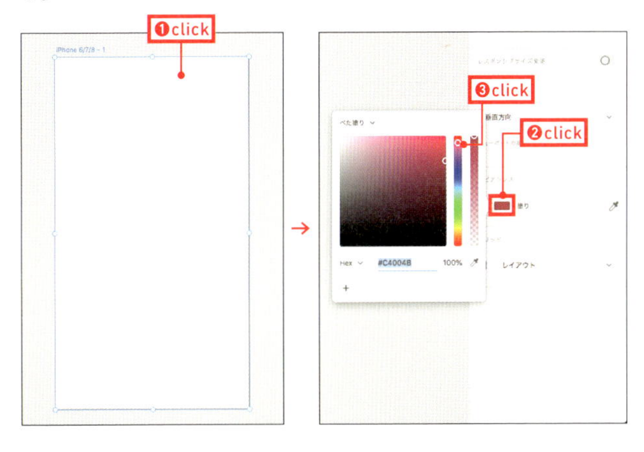

03 ▸ [テキスト] ツールTで「NEWS」と入力して、プロパティインスペクターで文字サイズを変更してください（大きさは図を参考に）。色は白にします。

※テキストはアートボードの中央に配置しておいてください。

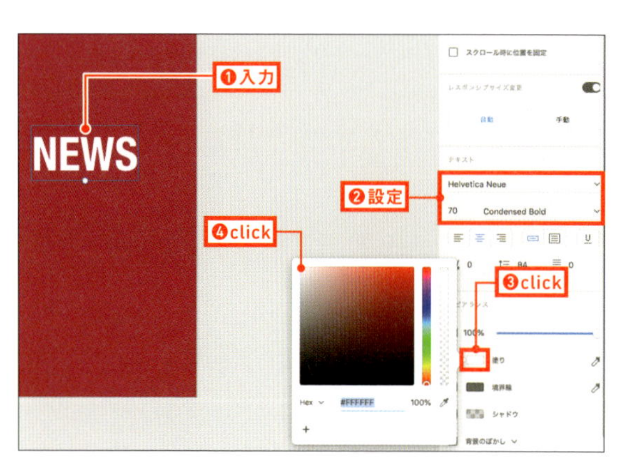

04 ▸ 次は、[長方形] ツール□で矩形を描きます。アートボードと同じ高さにしてください（幅は図を参考に）。アートボードの右端に合わせます。

05 ▸ [楕円形] ツール◯で正円を描きます。大きさは図を参考にしてください。円の半径が長方形の幅を超えないように注意しましょう。描画できたら、長方形の左辺に円の中心が合うように配置してください。

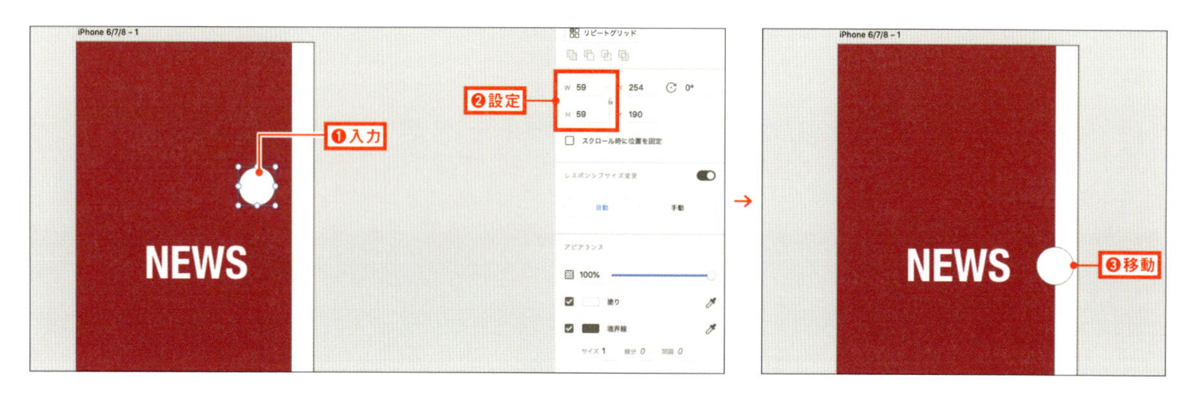

06 ▸ 配置できたら長方形と円を選択して、プロパティインスペクターの [合体] アイコンをクリックして、1つのオブジェクトにします。境界線のチェックを外しておきましょう。塗りだけのオブジェクトになります。

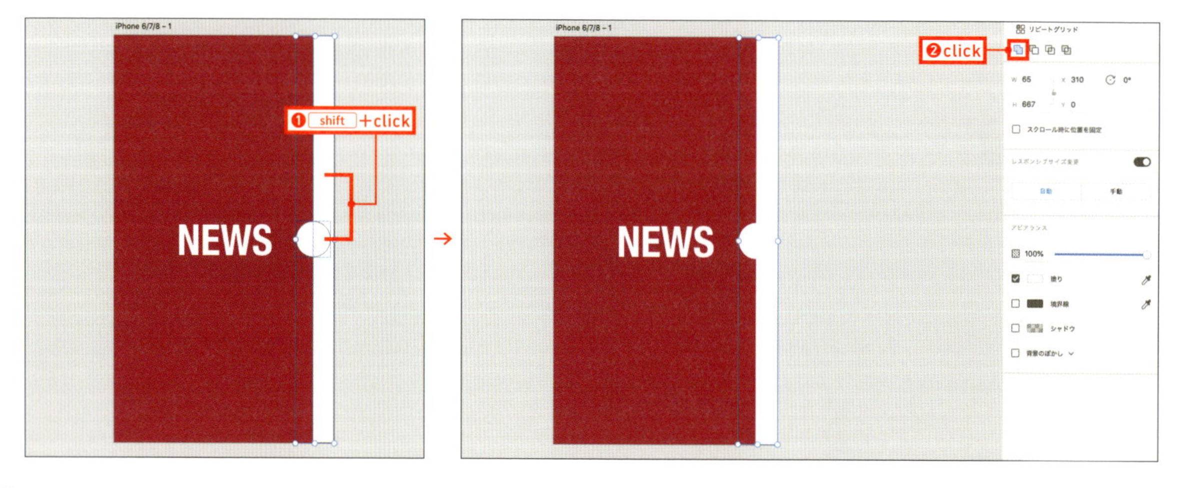

07 合体したオブジェクトを右方向に移動させてください。ちょうど長方形の部分がアートボードの外に出るように動かします。

→

02 アートボードを複製してパネルのサイズを変更する

XDの自動アニメーション機能は、複製された「同じレイヤー名のオブジェクト」を対象とします。一般的なアニメーションツールでは「トゥイーン」などと呼ばれている手法で自動補間の機能です。アートボードを複製してから、アートボード上のオブジェクトのサイズや位置、色などを変更することで（開始と終了の）オブジェクト間の変化を自動的に生成してくれます。

※アニメーションツール「Adobe Animate CC」のトゥイーンアニメーションと同等の機能だと捉えてかまいません。

01 アートボードを複製するので、ワークエリアを縮小表示して右側にスペースを確保しておきます。アートボード名を option （ Alt ）キーを押しながらドラッグして複製してください。

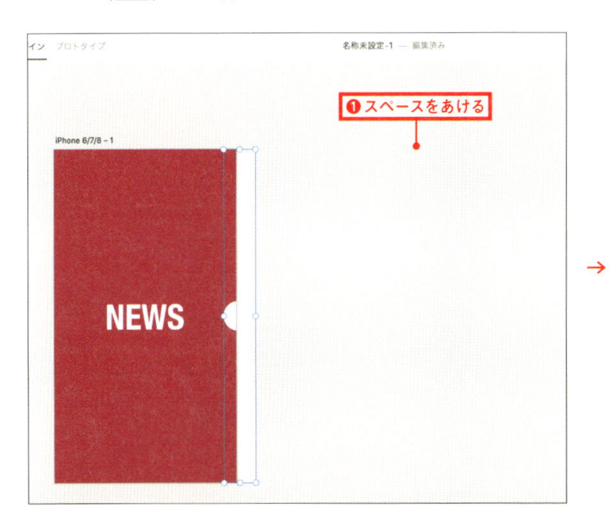

→

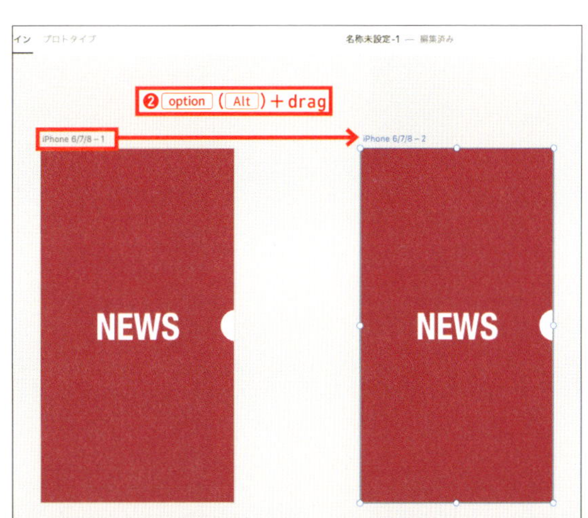

02 右端に配置したオブジェクトを選択します。円の部分をクリックすると選択できます。左方向にドラッグして、円の部分だけがアートボードの外に出るように動かしてください。

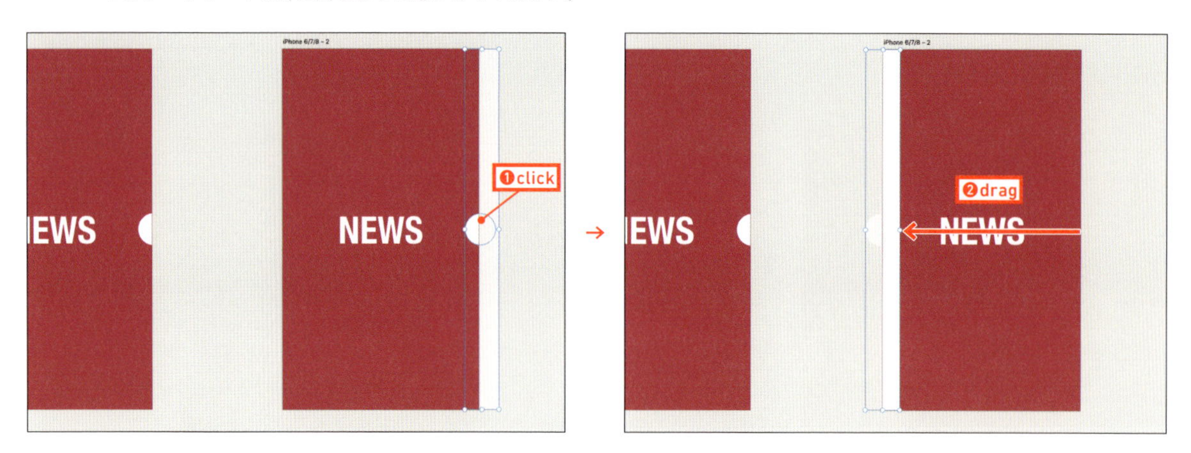

03 オブジェクトの長方形の部分をダブルクリックします。長方形と円が分離し、長方形が選択状態になっています。長方形の右辺中央のポイントを右方向にドラッグしてください。アートボードの幅に合わせます。

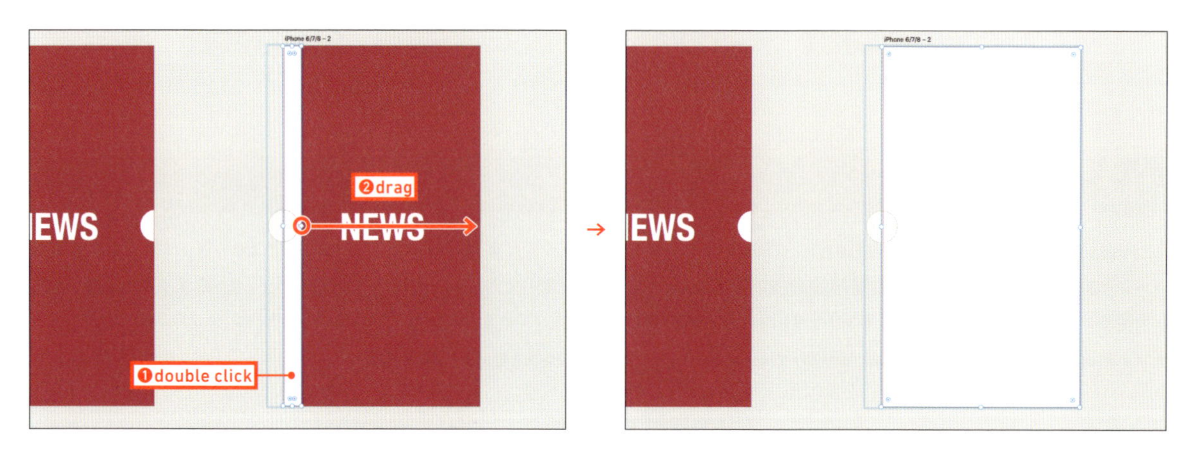

04 テキストを複製します。「NEWS」を option （Alt）キーを押しながらドラッグして複製してください。[塗り] のカラーピッカーで色を変更します。左のアートボードと同じ色にするので、カラーピッカーの [スポイト] をクリックしてください。

05 ▸ ［スポイト］を左のアートボードにあわせてクリックします。テキストが同じ色に変更されたことを確認しましょう。

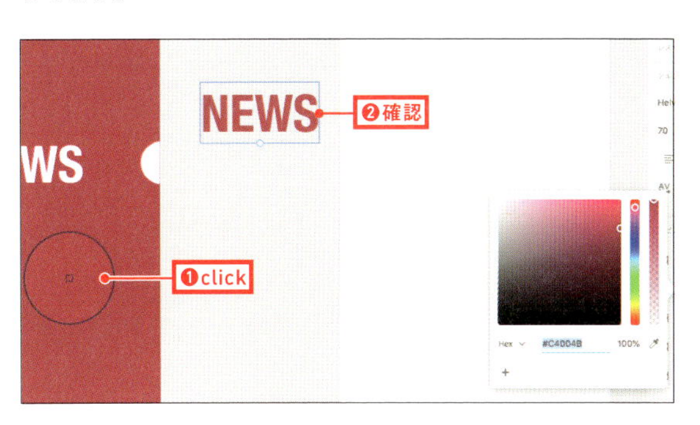

06 ▸ 右のアートボードの中央にテキストを配置してください。ここからプロトタイピングの作業に進みます。

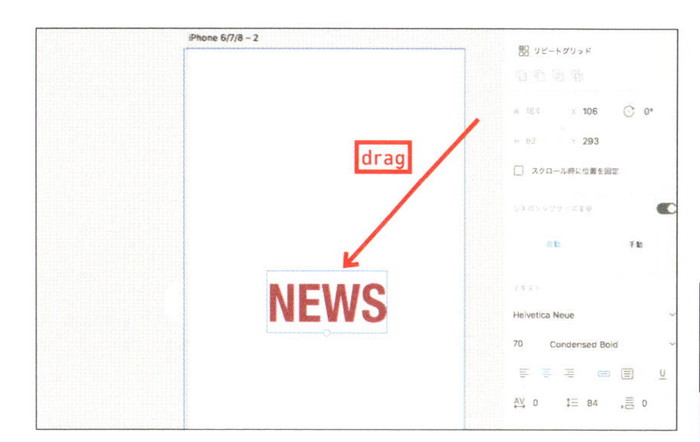

03 ドラッグジェスチャーを設定する

［トリガー］から「ドラッグ」を選択すると、XDは自動的に［アクション］の設定を「自動アニメーション」にします。オブジェクトの開始位置が画面の左端で、終了位置が右端であれば、ドラッグの方向は［左から右］になります。
また、開始位置が上で終了位置が下部であれば、「上から下」の方向にドラッグする仕様になります。この特性を理解することで、意図したとおりのプロトタイプを作成することができます。

01 ▸ それでは、プロトタイプモードに切り替えてください（画面左上の［プロトタイプ］をクリック）。

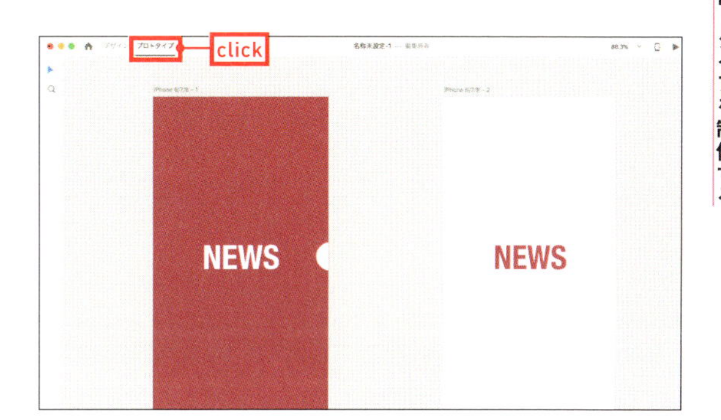

02 ▸ 左のアートボードに配置されているオブジェクトをクリックして選択します。ハンドルからワイヤーを引き出して、右のアートボードに重ねてください。

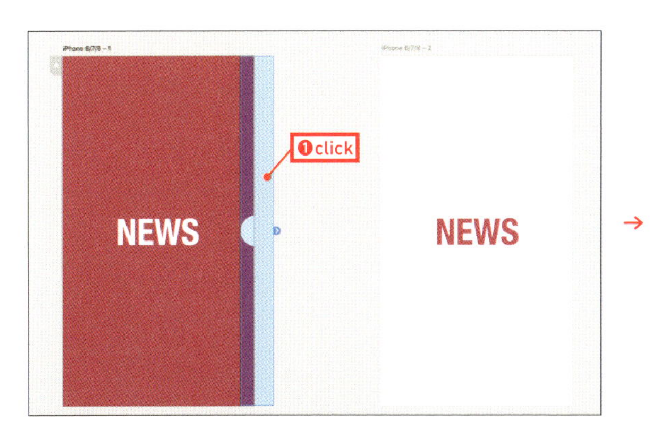

→

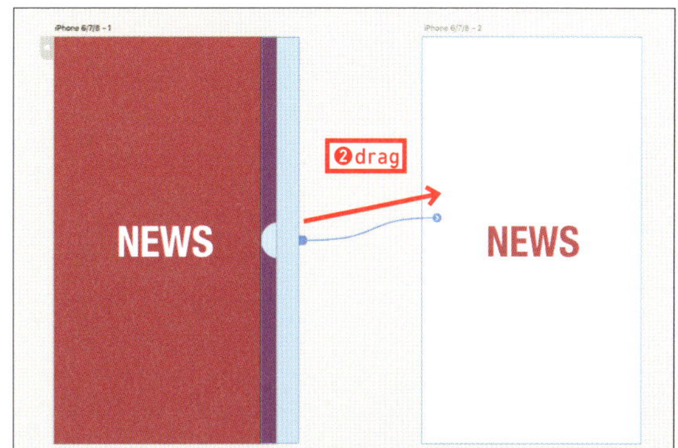

実践 ＞PART 4 Adobe XDで動くプロトタイプを制作する

03 [設定] パネルが表示されるので、[トリガー] のポップアップメニューから「ドラッグ」を選んでください（デフォルトは「タップ」になっています）。

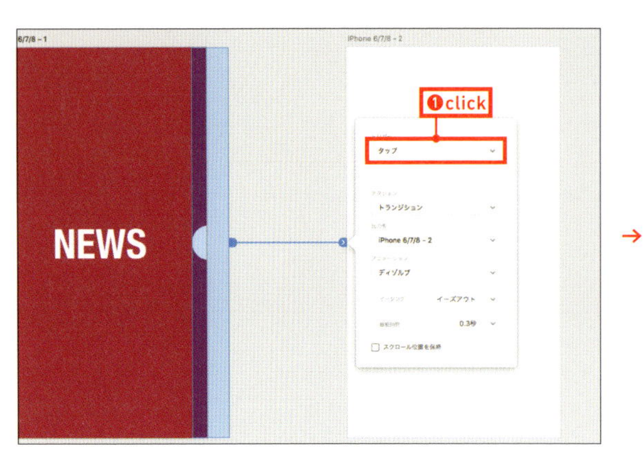

04 [トリガー] を「ドラッグ」にすると、自動的に [アクション] が「自動アニメーション」になります。

※ [設定] パネルの位置が変わってしまいますが特に問題はありません。

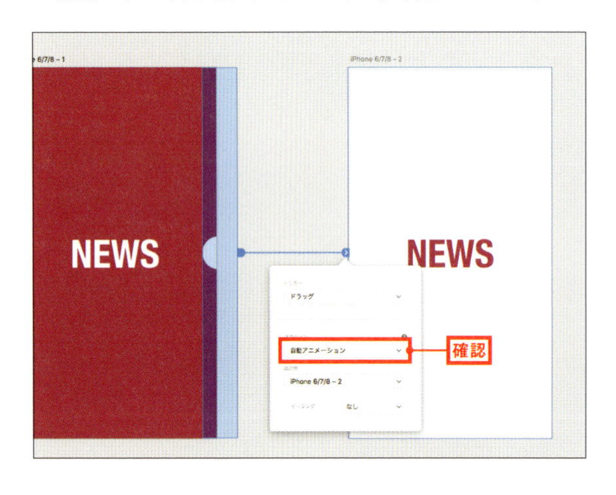

05 一番下の [イージング] のポップアップメニューから「スナップ」を選んでください。

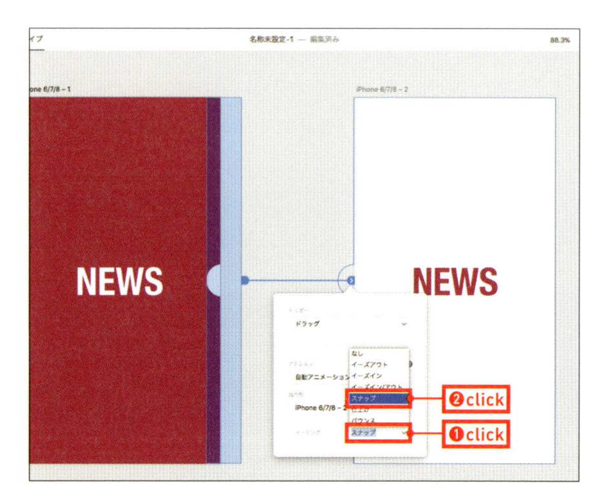

06 一度、ペーストボードをクリックして選択を解除してから、右のアートボードのオブジェクトをクリックして選択してください。ハンドルからワイヤーを引き出して、左のアートボードに重ねてください。

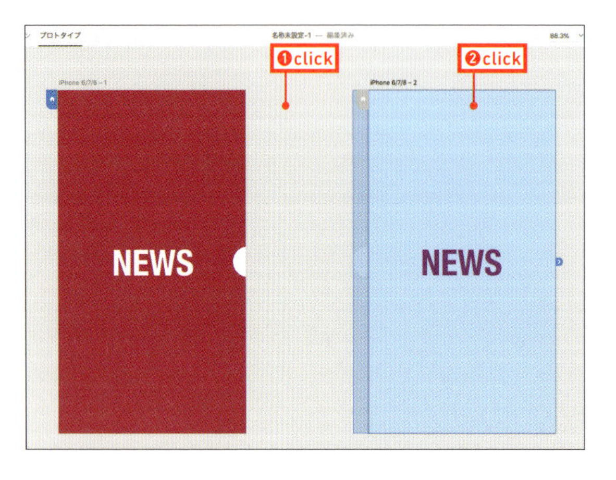

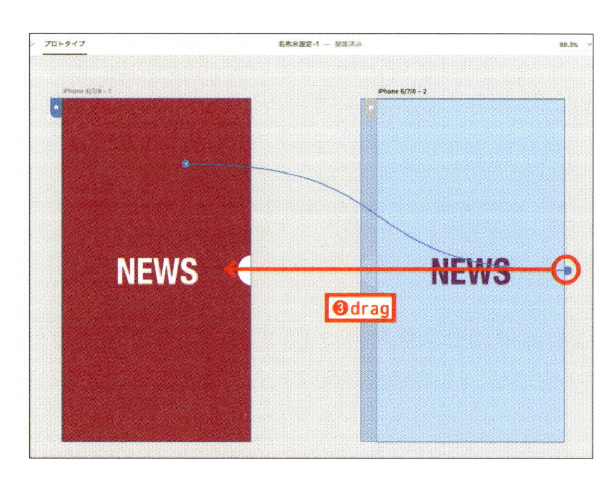

07 [設定] パネルが表示されますが変更する箇所はないので、ペーストボードをクリックして選択を解除しておきます。プレビューして動作を確認してみましょう。画面右上の [デスクトッププレビュー] アイコン▶をクリックしてください。

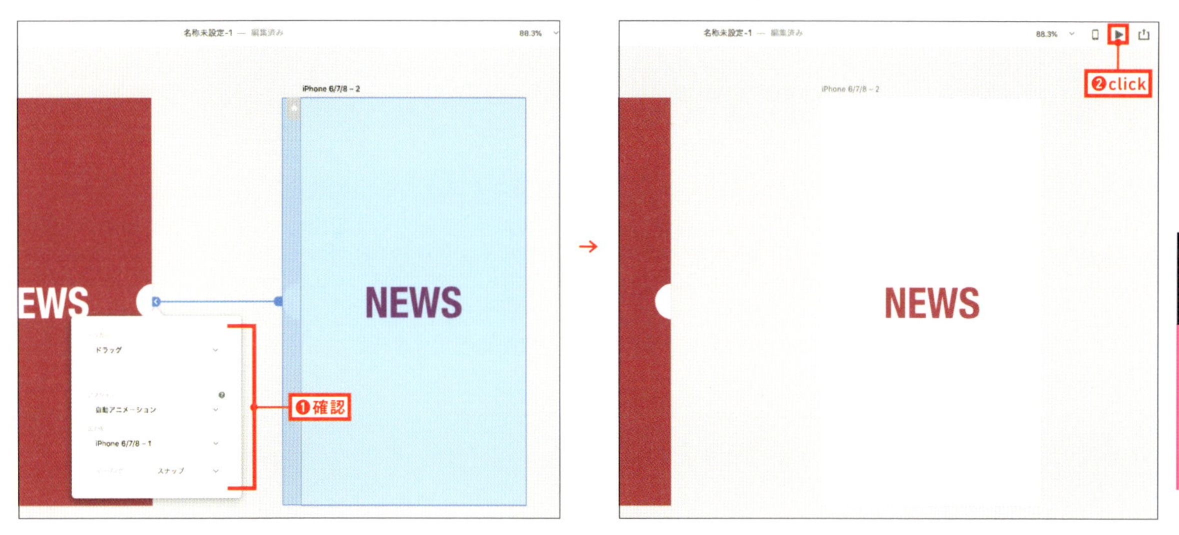

08 マウスカーソルをゆっくり右から左にドラッグしてみてください (画面右端のタブを引き出すようにドラッグ)。アートボードに配置したオブジェクトがスライドしていきます。[イージング] で「スナップ」を選択しているので、パネルを引き出したあと、画面左端に吸い付くような動きになります。何度も操作して動作を確認してください。

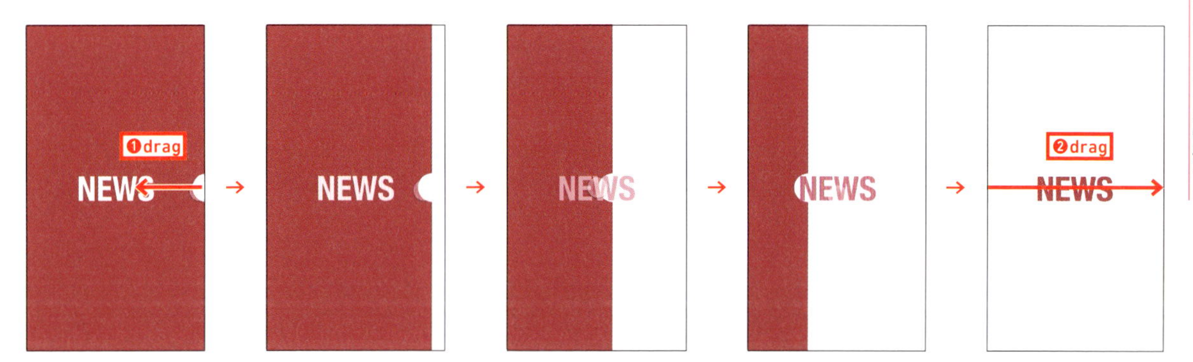

ここで紹介した方法は、今後のXDのアップデート(およびプラグイン)によって、もっと効率よく作成できるようになる可能性があるので、サポートサイト(http://design-zero.tv/AdobeXD/)で最新の情報を確認してください。

まとめ

[1] **トリガーとは「アクション」を開始させるための「きっかけ」のこと**

[2] **XDの [設定] パネルには「タップ」「ドラッグ」「Voice (音声)」の3つのトリガーが用意されている**

[3] **[トリガー] で「ドラッグ」を選択すると、自動的に [アクション] から「自動アニメーション」が選択される**

[4] **アートボードに配置されているオブジェクトの開始位置と終了位置によってドラッグの方向が決まる**

03 ドラッグ操作で動くカルーセルを作成する

カルーセルは写真などのサムネイルを左右にドラッグしながら閲覧できる動的なUIのことです。ショッピングサイトやニュースサイトなどで多用されているメジャーな表現方法の1つですが、XDを使えば簡単にプロトタイプを作成することができます。

1. ドラッグジェスチャーで動かすカルーセルの基本デザインを作成する
2. プレビューしたときの複数のアートボードの表示順は、並びの順番より「高さ」の位置で決まる
3. ドラッグジェスチャーとアニメーションを設定する

カルーセルを設定するアートボードを作成する

作業のプロセスは大まかに3段階あります。まず、サムネイルとキャプションのグループオブジェクトを作成してアートボードに配置します。サムネイルに画像を挿入後、アートボードを（サムネイルと同じ数）複製していきますが、複製したアートボードの位置に注意する必要があります。詳細はレッスンの中で学習します。
最後にプロトタイプモードでインタラクションを設定します。　カルーセルを表現するには、 ドラッグジェスチャーと自動アニメーションを設定しなければいけません。作業の流れは以下のとおりです。

1. サムネイルとキャプションの基本デザインの作り方
2. サムネイルに画像を挿入してアートボードを複製する
3. ドラッグジェスチャーと自動アニメーションを設定する

01 サムネイルとキャプションの基本デザインを作成する

［長方形］ツール□でサムネイルのボックスを作成して、下部にキャプションのダミーを配置します。グループ化して1つのオブジェクトにしたあと、複製して3つのサムネイルのセットを作成します。最後に、グループ化して1つのオブジェクトにします。これが、カルーセルの基本となります。

01 XDを起動して、ホーム画面の「iPhone 6/7/8」アートボードアイコンの下にある⌄をクリックします。ポップアップメニューから［iPhone 6/7/8 Plus (414 x 736)］を選んでください。

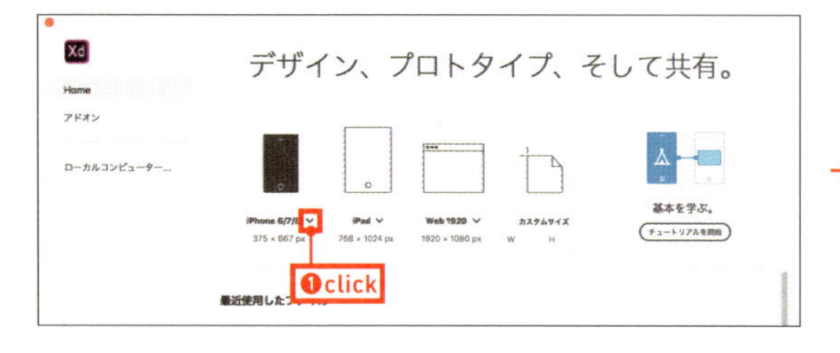

→

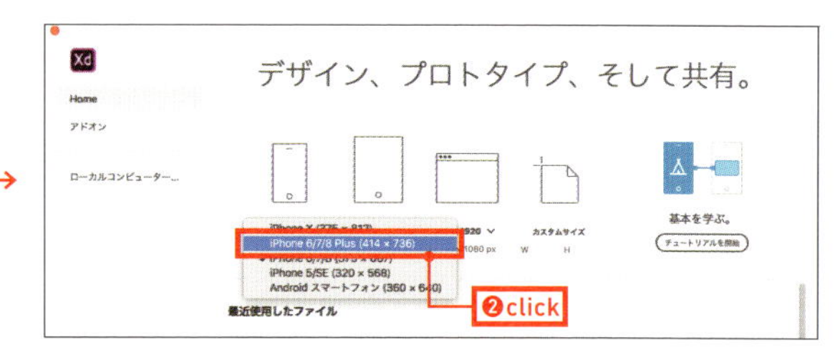

02 [長方形] ツール□で矩形を描きます。適当なサイズで描画してから、プロパティインスペクターの [W] に「280」、[H] に「400」を入力してください。アートボードの中央に配置しておきます。

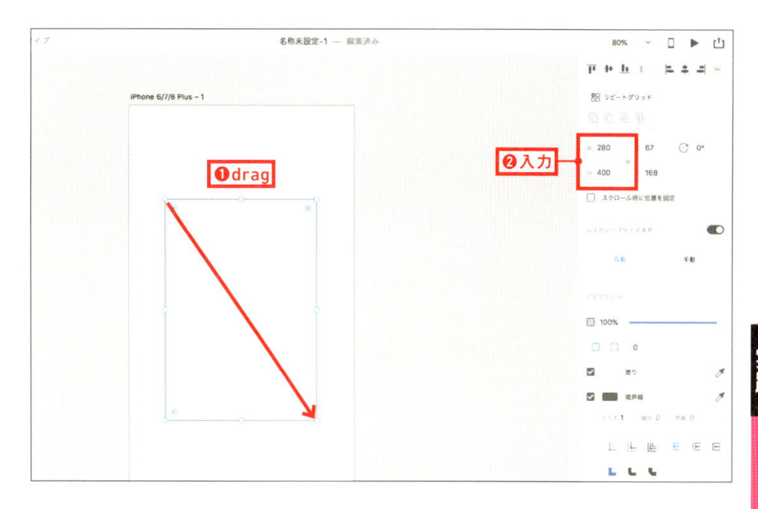

03 [テキスト] ツールTで「Illustration Art 001」と入力して、プロパティインスペクターの [中央揃え] アイコン をクリックしてください。フォントとサイズは自由に決めてかまいません（図を参考にしてください）。

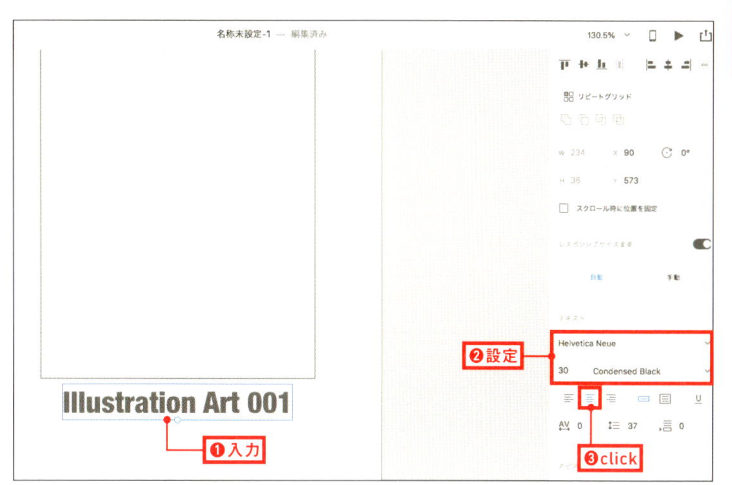

04 さらにテキストを追加していきます。「2019年01月20日」「Creative Edge School Books」と入力して、それぞれの図を参考にしてフォントとサイズを決めてください。

※どちらもプロパティインスペクターの [中央揃え] アイコン をクリックしておいてください。

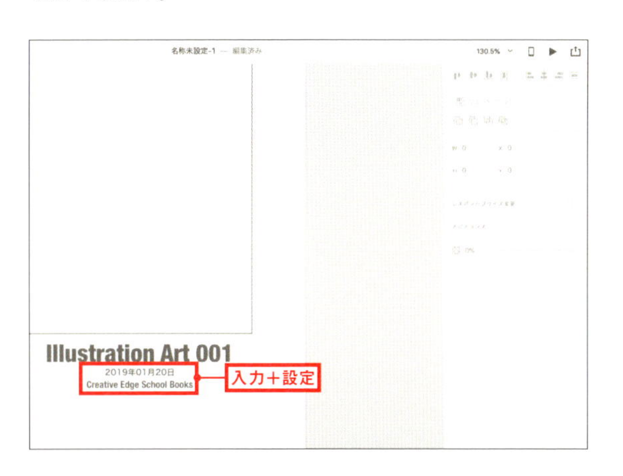

05 すべてを選択して control キー＋クリック（右クリック）、コンテキストメニューから [グループ化] を選びます。これがカルーセルの基本オブジェクトになります。

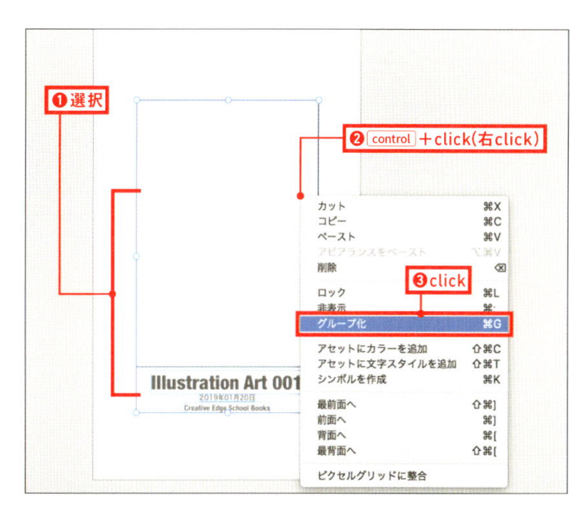

06 右側にアートボードを複製するので、option（Alt）キーを押しながら右方向にドラッグしてください。元のオブジェクトとの間隔は「30px」にしておきましょう（ドラッグ時に数値が表示されるので確認してください）。続けて、もう1つ複製します。

※2つ目のオブジェクトの一部が消えてしまいますが問題ありません。

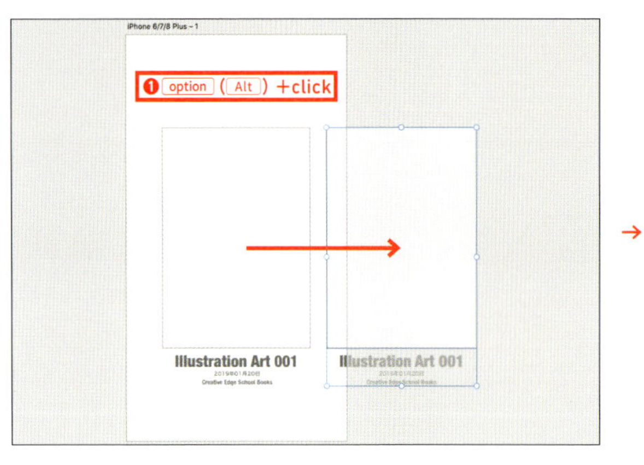

→

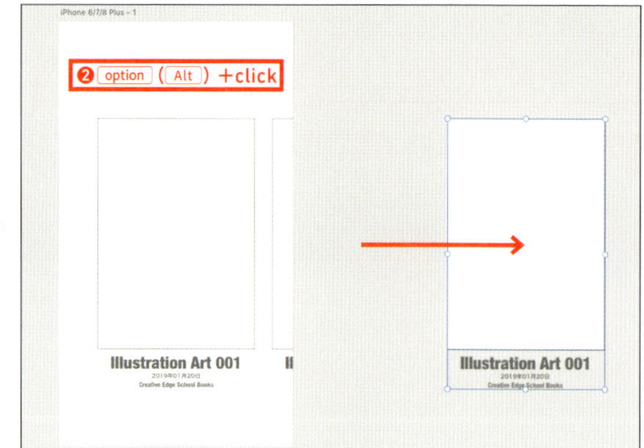

07 左側のアートボードのオブジェクトをクリックしてください。複製したオブジェクトを確認することができます。

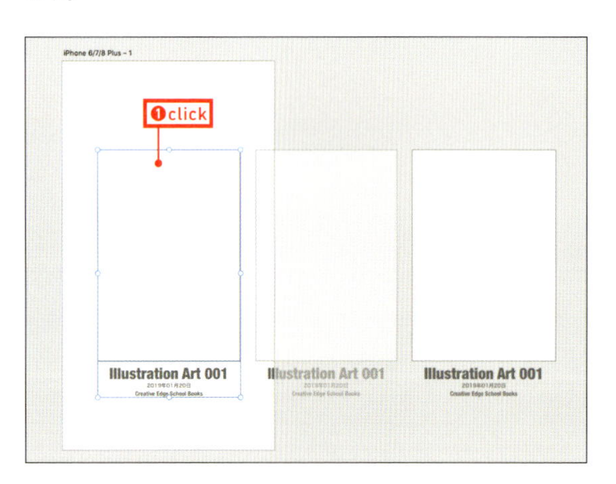

08 すべてを選択して control キー＋クリック（右クリック）、コンテキストメニューから［グループ化］を選びます。この3つのオブジェクト（サムネイルとキャプション）をドラッグ操作で左右に動かす仕組みを設定していきます。

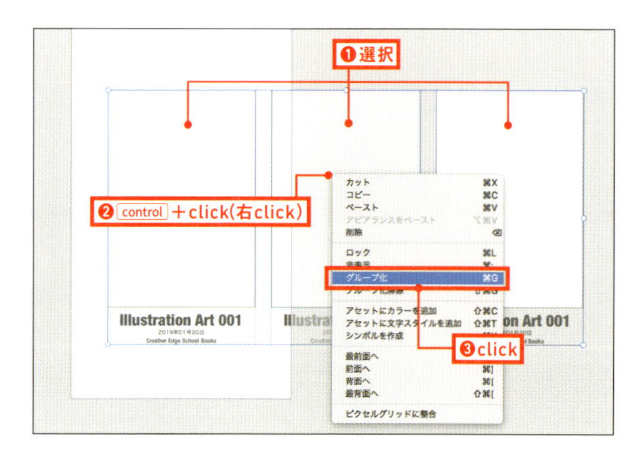

09 ここまでを保存しておきましょう。別名で保存を選択して「4-3-step01」と入力して保存してください（保存ファイルには「.xd」という拡張子が付きます）。

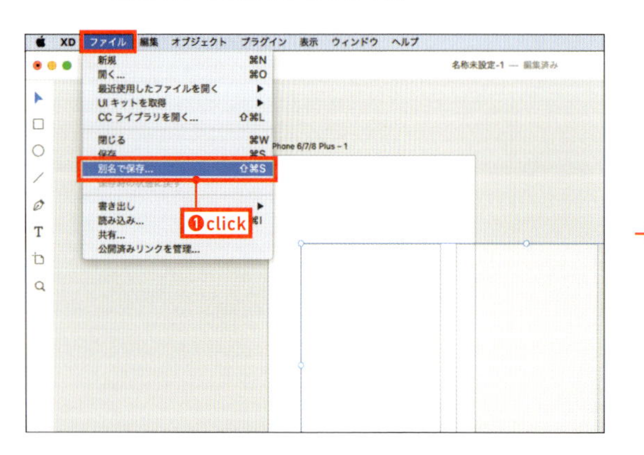

→

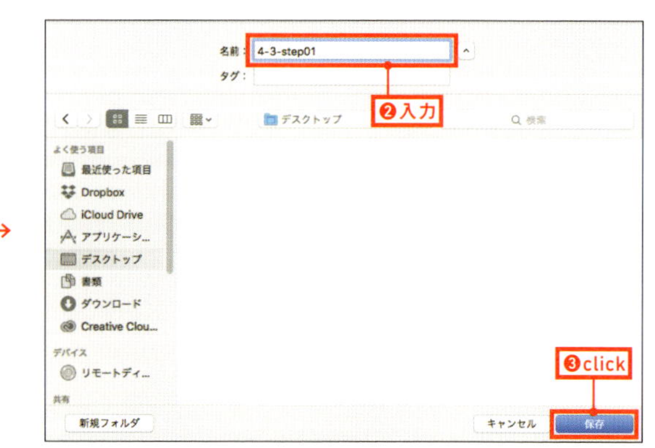

02 サムネイルに画像を挿入してアートボードを複製する

サムネイルのボックスに、素材の画像ファイルを挿入します。アートボードの外にあるシェイプには画像をドラッグできないので、挿入するシェイプ（サムネイルのボックス）をアートボードの中央に移動しなければいけません。画像を挿入できたら、アートボードを複製します。

01 オブジェクトの長方形にイラスト画像を挿入していきます。「4-03」フォルダのレッスンデータを開いてください。画像ファイルをドラッグするので、XDのワークエリアとレッスンデータのウィンドウが同時に見えるように調整しましょう。

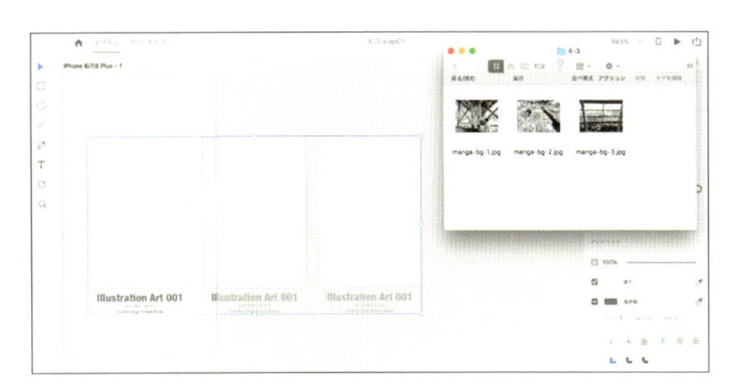

02 1枚目の画像を左端の長方形にドラッグしてください。自動的にトリミングされます。

03 2つ目のオブジェクトをアートボードの中央に移動させてください。アートボードの外にあるオブジェクトにはドラッグできないので、位置を調整する必要があります。移動できたら2つ目の画像ファイルをドラッグしましょう。

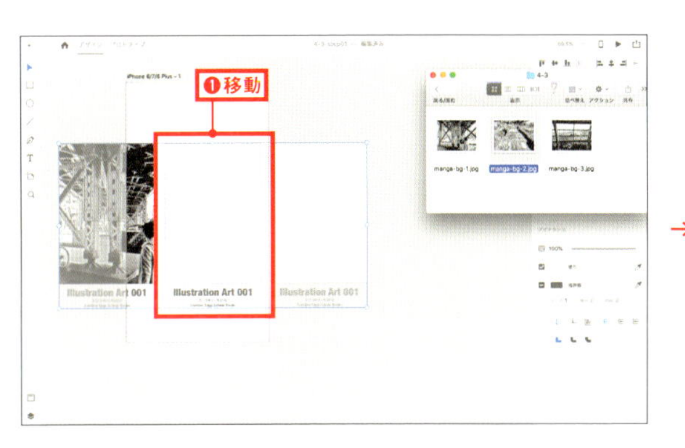

→

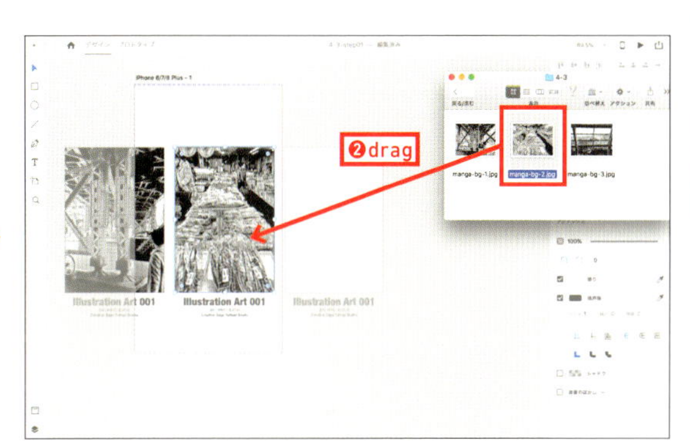

04 同様に3つ目の画像ファイルも挿入してください。右端のオブジェクトをアートボードの中央に移動させてから、画像ファイルをドラッグします。

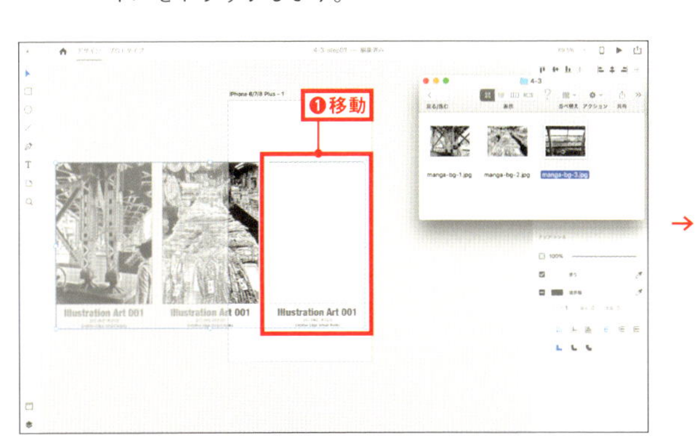

→

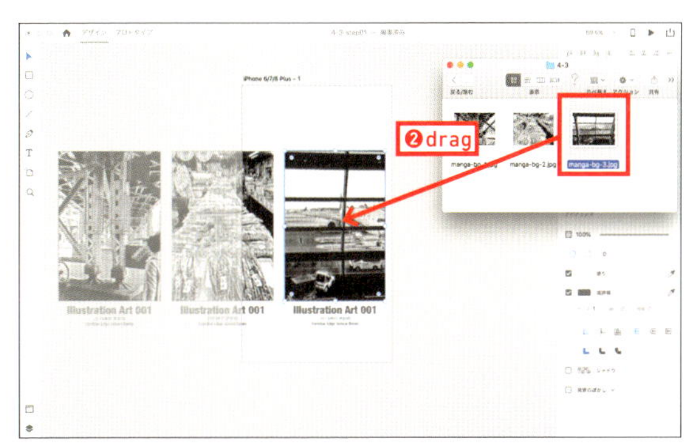

05 すべての画像ファイルが挿入できたら、左端のオブジェクトをドラッグして位置を変更します。まず、アートボードの中央に移動させてください。水色の水平線が表示されたら、左右方向にゆっくりドラッグします。数値が表示されるので「67」にあわせてください。

※オブジェクトが中央に配置されると左右の空きがそれぞれ「67」pxになります。

06 アートボードを複製するのでワークエリアを縮小表示してください。続けて、option（Alt）キーを押しながらアートボード名をドラッグします。複製する位置は図を参考にしてください。

※オブジェクトが右側にはみ出ているので、余裕をもってアートボードの位置を調整してください。

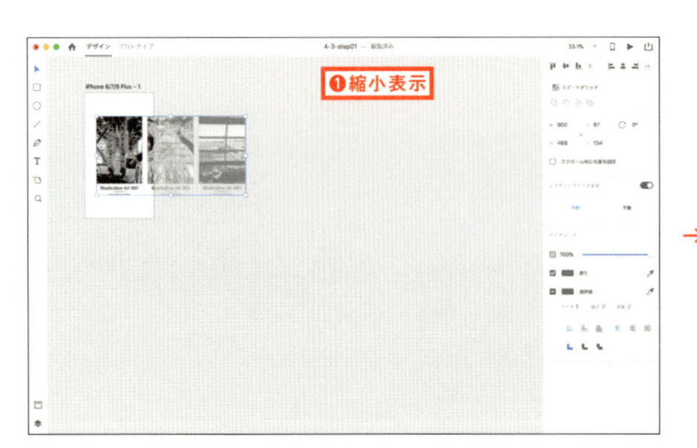

→

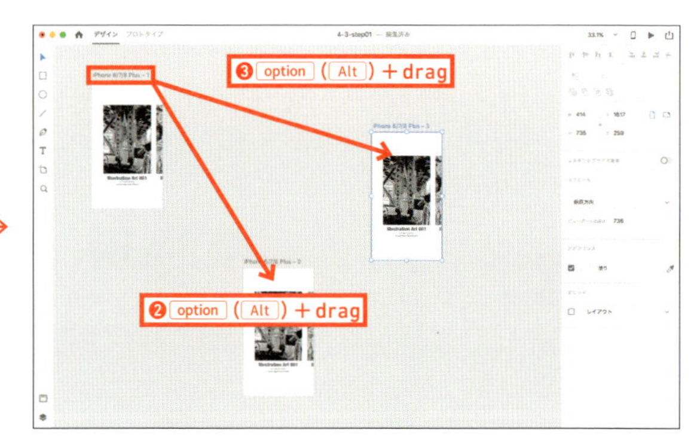

07 3つのオブジェクトをshiftキーを押しながら選択すると、全体像を把握できるので、オブジェクトが重なっていないかチェックしましょう。ここまでを保存しておきましょう。別名で保存を選択して「4-3-step02」と入力して保存してください。

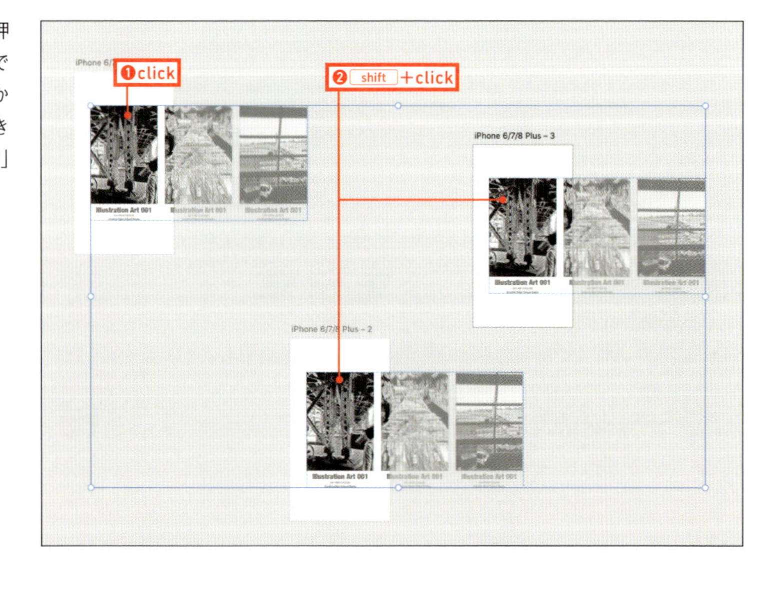

03 ドラッグジェスチャーと自動アニメーションを設定する

複製したアートボード上のオブジェクトの位置を調整していきます。2つ目のアートボードは2番目のサムネイルを中央に移動させます。最後のアートボードは3番目のサムネイルを中央に配置します。中央に配置する場合はスマートガイドが表示されるので簡単に実行できますが、端のサムネイルをアートボードの中央に配置するには事前に、（中央に配置したときの）左右のピクセル数を調べておく必要があります。この場合は左右「67」pxになっているので、この数値にあわせて配置しています。

01 ▸ オブジェクトの位置を変更していきます。2つ目のアートボードのオブジェクトを選択します。shift キーを押しながら左方向にドラッグして、真ん中のオブジェクトをアートボードの中央にあわせてください。

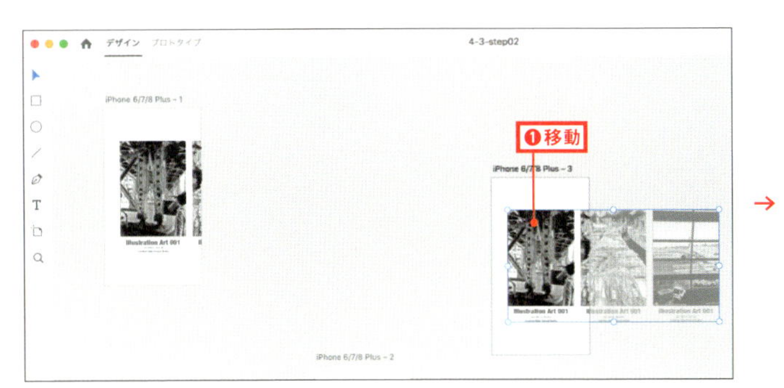

→

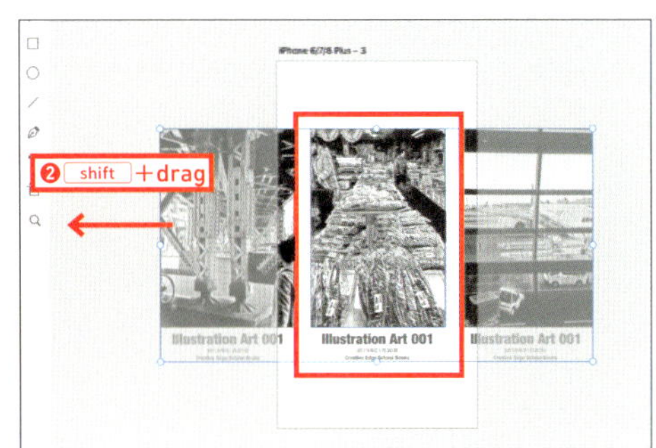

02 ▸ 同様に、3つ目のアートボードのオブジェクトも右側のオブジェクトがアートボードの中心になるように shift キーを押しながら左方向にドラッグします。右側に数値が表示されるので「67」にあわせておきましょう。3つのオブジェクトを shift キーを押しながら選択して、オブジェクトが重なっていないかチェックします。

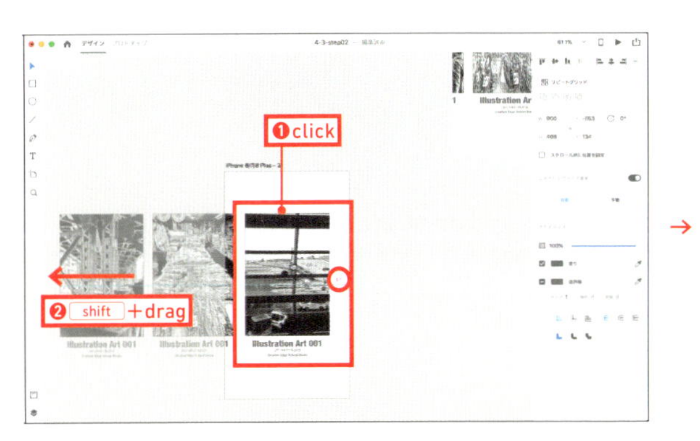

→

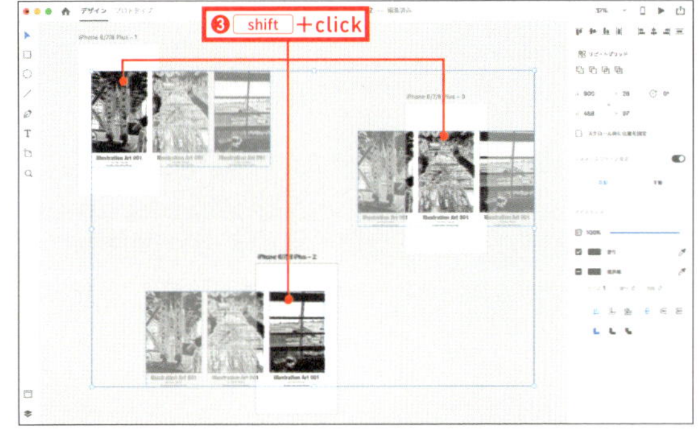

03 ▸ プロトタイプモードに切り替えてください。1つ目のオブジェクトをクリックして選択します。続けて、中央のサムネイルをダブルクリックして選択状態にしてください。

※選択されたサムネイルの右端にハンドルが表示されていることを確認しましょう。

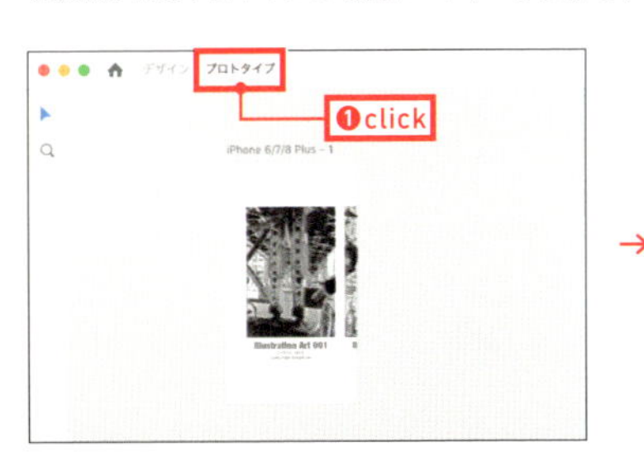

→

→

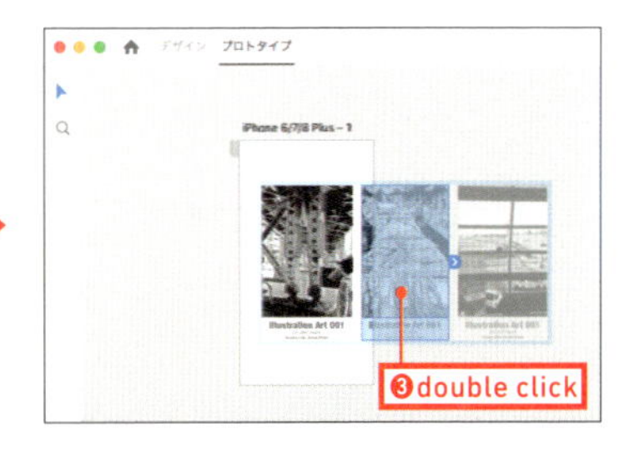

04 ▸ ハンドルをドラッグして2つ目のアートボードに重ねます。[設定] パネルが表示されます。[トリガー] の「タップ」の⌄をクリックします。

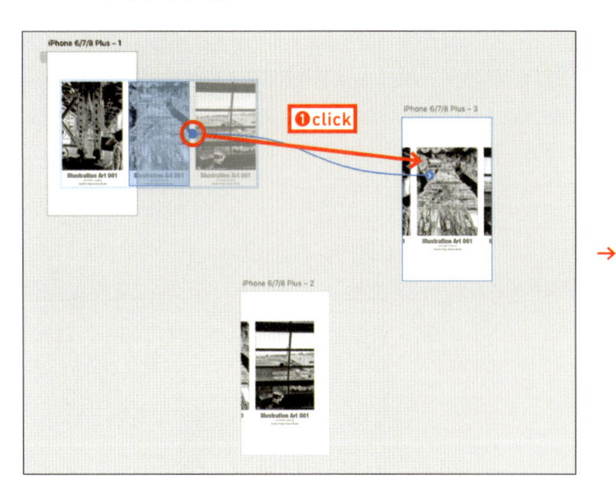

→

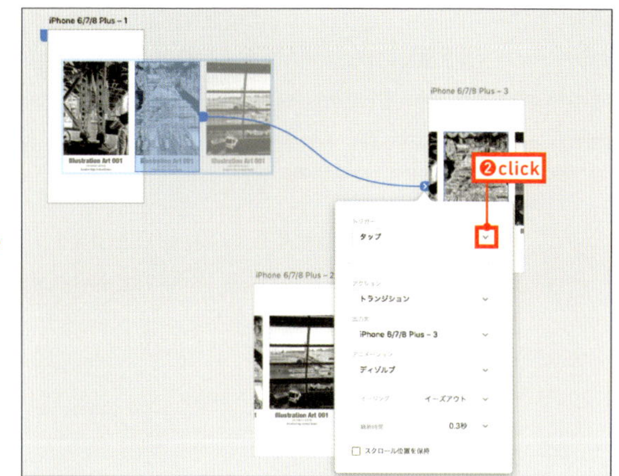

05 ▸ ポップアップメニューから「ドラッグ」を選択してください。自動的に [アクション] の「自動アニメーション」が選択されます。さらに、[イージング] の「スナップ」を選んでください。

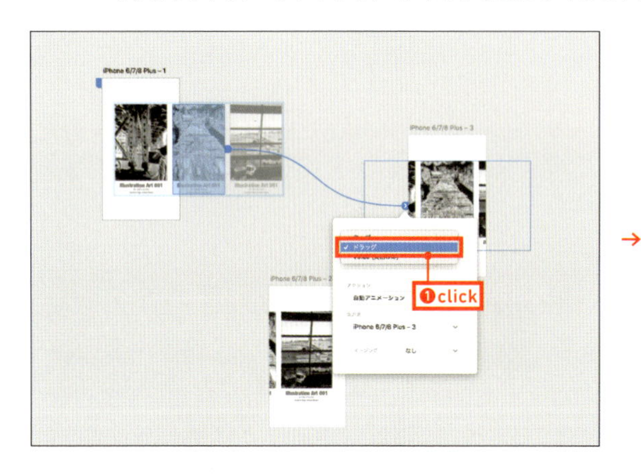

→

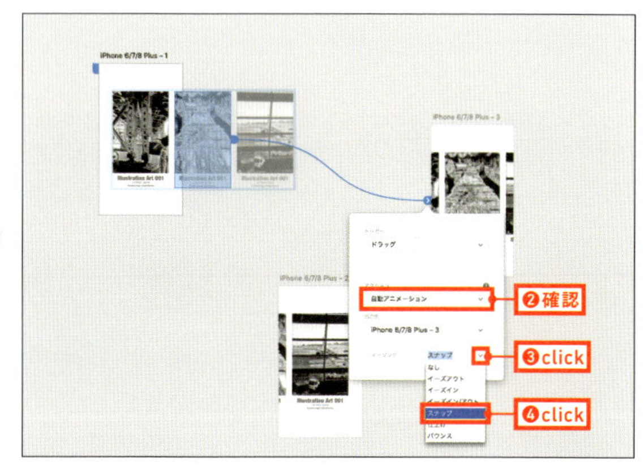

06 ▸ 次は2つ目のアートボードのオブジェクトをクリックして選択します。左側のサムネイルをダブルクリックして選択状態にします。

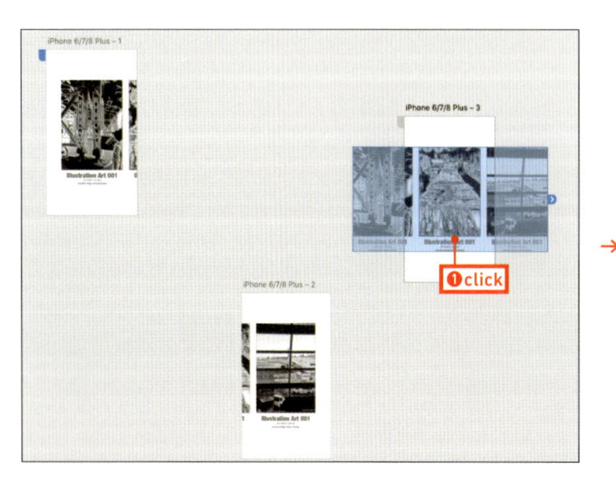

→

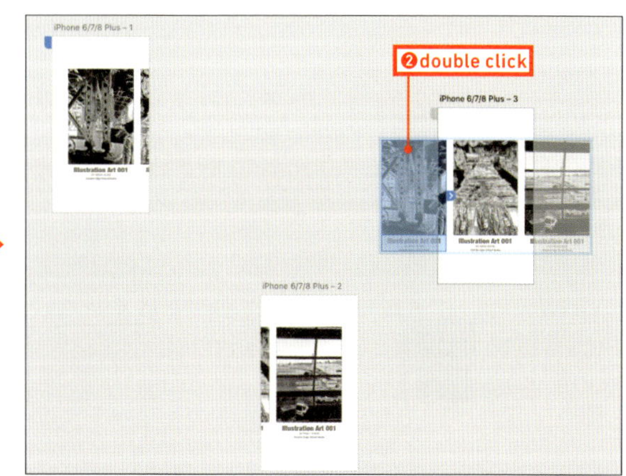

07 ハンドルをドラッグして1つ目のアートボードに重ねます。[設定]パネルが表示されます。

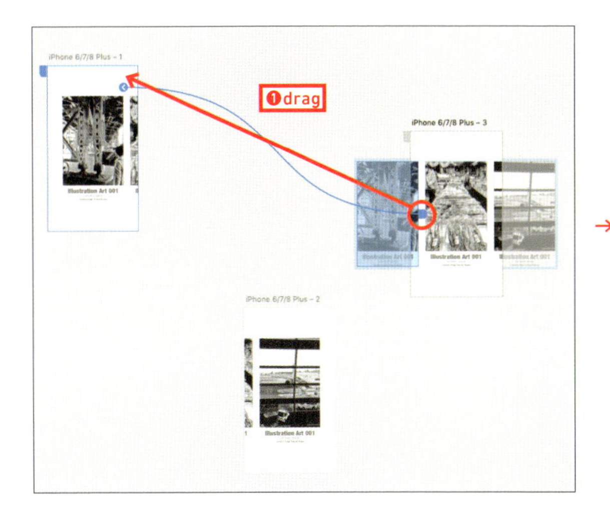

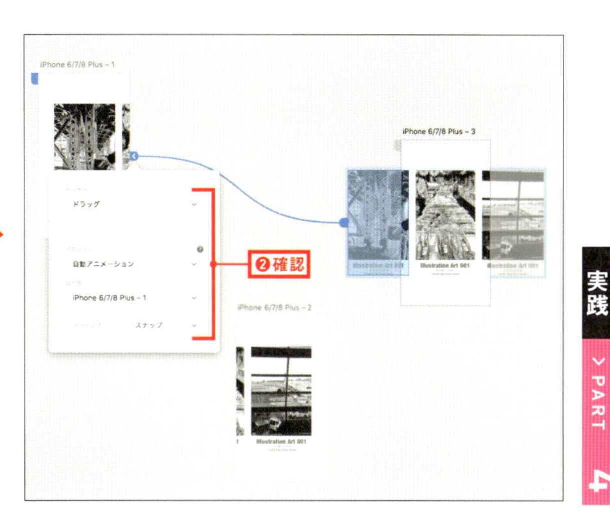

08 1つ目のアートボード名をクリックしてから、[デスクトッププレビュー]アイコン▶をクリックしてください。動作を確認しましょう。

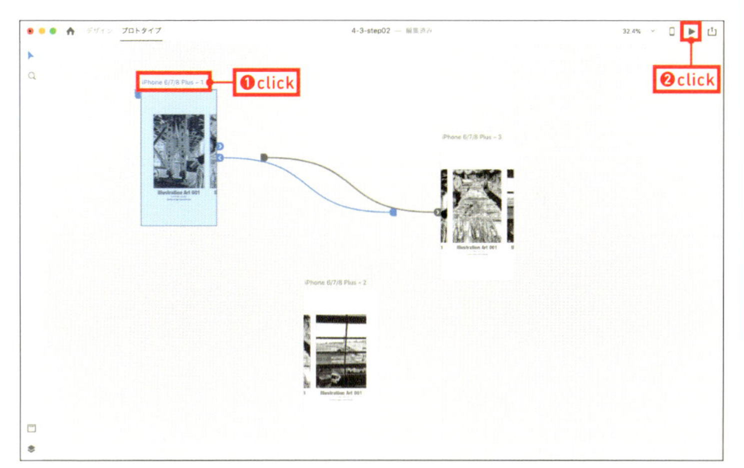

09 右端のサムネイル(見えている部分)を左方向にドラッグします。2番目のサムネイルが中央に移動します。今度は左端のサムネイル(見えている部分)を右方向にドラッグしてください。1番目のサムネイルが中央に移動して元の状態に戻ります。

※中央に表示されているサムネイルはドラッグの設定がないので、左右の一部分だけ見えているサムネイルをドラッグするプロトタイプになります。

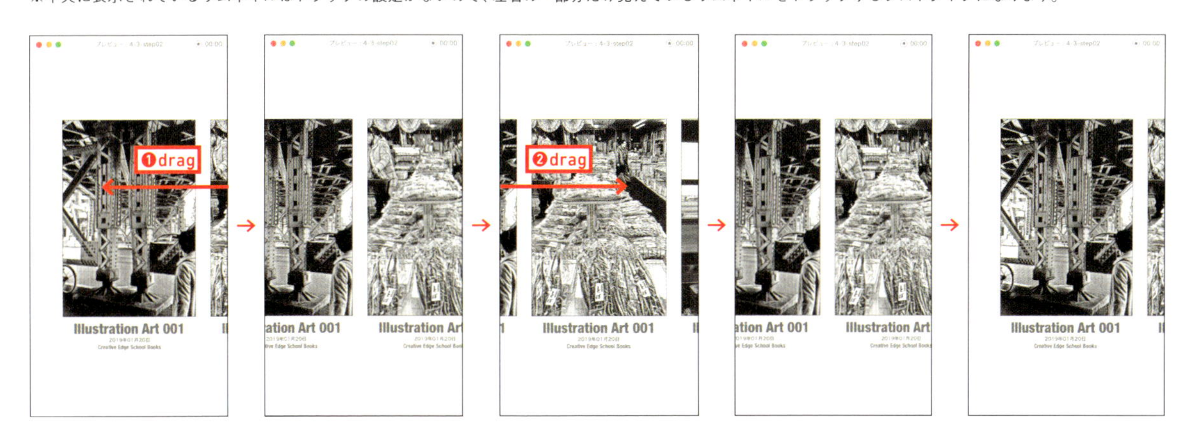

10 ▸ 残りも同様の作業です。2つ目のアートボードのオブジェクトをクリックして選択します。右側のサムネイルをダブルクリックして選択状態にしてから、ハンドルをドラッグして3つ目のアートボードに重ねます。[設定] パネルが表示されます。

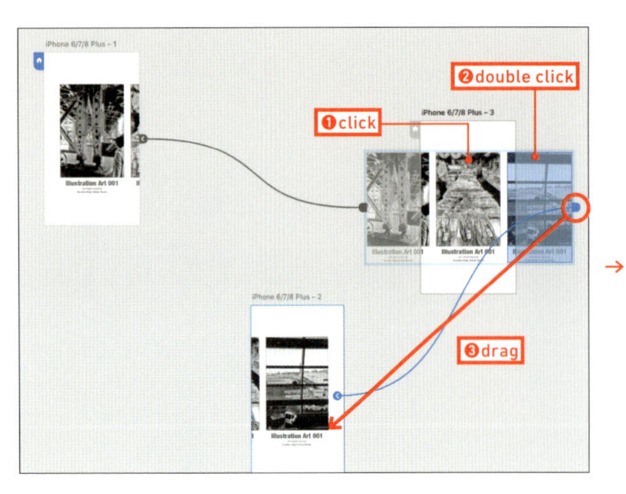

→

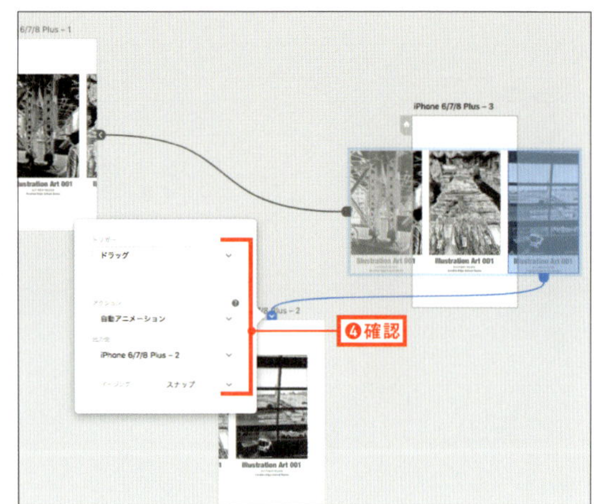

Point アートボードの位置とプレビュー時の表示順について

この作業では3つのアートボードに対してインタラクションを設定していますが、アートボードを複製するとき、2つ目を「斜め右下」、3つ目を「右端」に複製しました。アートボード名を見ると複製した順番がわかります。

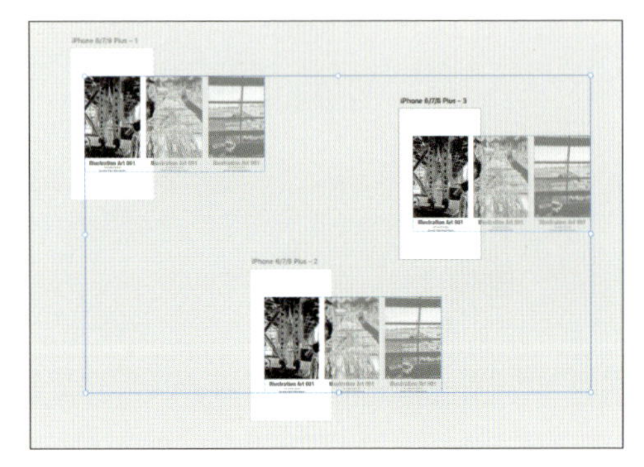

アートボード名：
iPhone 6/7/8 Plus -1（左側）／Phone 6/7/8 Plus -2（中央下）
iPhone 6/7/8 Plus -3（右側）

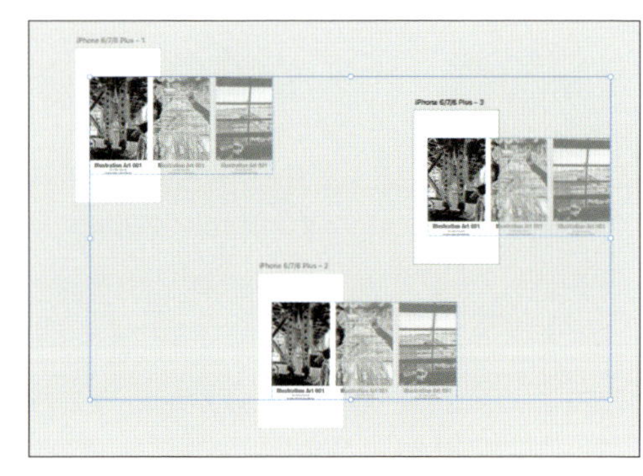

2つ目のアートボードを「斜め右下」、3つ目を「右端」に複製

ところが、ドラッグジェスチャーの設定ではワイヤーを（左側のオブジェクトから）右側のアートボードにつなげました。つまり、1つ目のアートボードから3つ目のアートボードに接続したわけです。
実は、プレビュー時に表示されるアートボードの順番は「高さ」が影響します。一番左端が最初のアートボードになりますが、次に表示されるアートボードは「高さ」で決まるので、この場合は3つ目のアートボードが表示されます。2番目に複製して斜め右下に配置したアートボードは最後に表示されるので、注意してください。
※今回はプレビュー再生の仕様を理解するために、あえて「高さ」を変えて配置しましたが、通常の作業では水平／垂直方向に複製した方が効率的です。

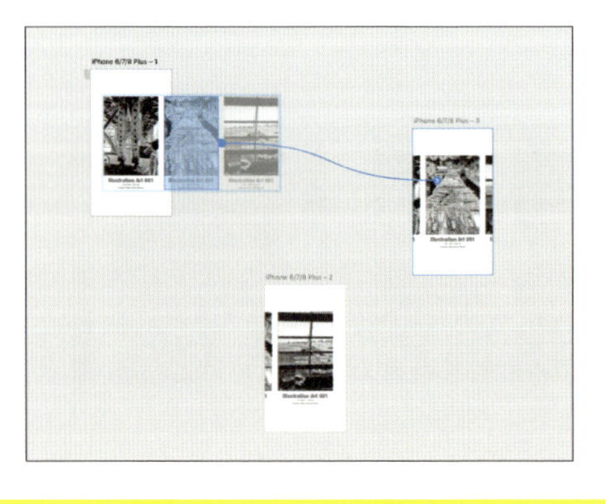

1つ目のアートボードから、3番目に複製したアートボードにワイヤーを接続したが、プレビュー時の再生順は「左側」→「右側」→「中央下」となるため問題ない

11 ▸ 3つ目のアートボードのオブジェクトをクリックして選択します。中央のサムネイルをダブルクリックして選択状態にしてから、ハンドルをドラッグして2つ目のアートボードに重ねてください。

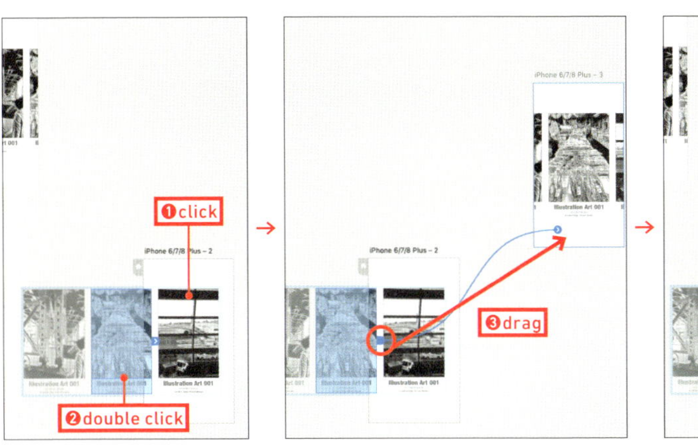

→

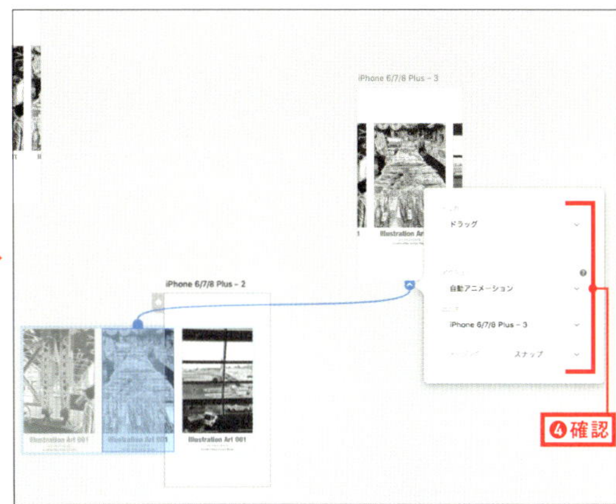

12 ▸ 1つ目のアートボード名をクリックしてから、[デスクトッププレビュー] アイコン▶をクリックしてください。動作を確認しましょう。これでドラッグジェスチャーによるカルーセルの仕組みが完成しました。ここまでを保存しておきましょう。別名で保存を選択して「4-3-step03」と入力して保存してください。

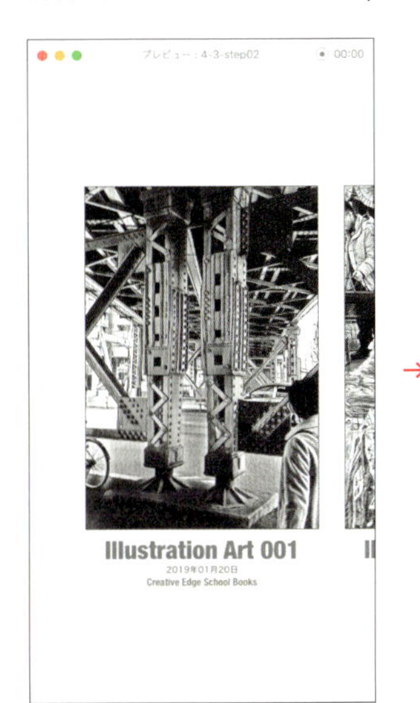

→

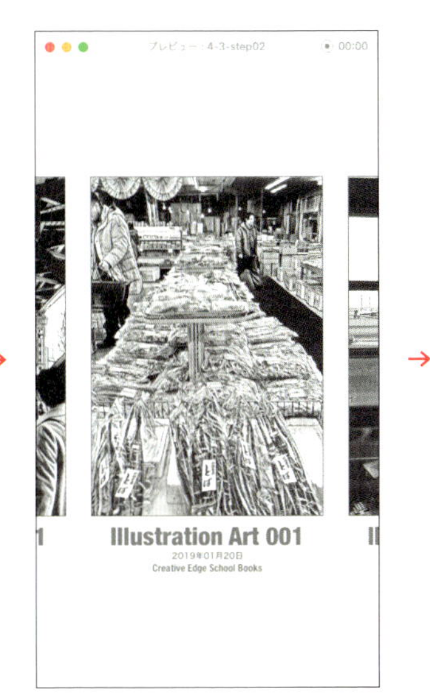

→

まとめ

[1] **アートボードの外にあるシェイプには画像をドラッグできない**

[2] **アートボードに配置したオブジェクトの一部が（アートボードから）はみ出た場合、その部分は非表示になる**

[3] **プレビュー時に表示されるアートボードの順番は［高さ］が影響する。たとえば、左側→中央→右側という順番に並んでいても、中央のオブジェクトが右側より下に配置されている場合、プレビュー時は3番目に表示される**

04 カルーセルに奥行き感とクリック（タップ）操作を追加する

このレッスンでは「4-03　ドラッグ操作で動くカルーセルを作成する」で設定した基本的な仕組みに、奥行き感を表現するデザインやクリック（タップ）操作で自動的にサムネイルを切り替える機能を追加していきます。XDの標準的なテクニックを使います。

1. 基本的なカルーセルに自動的にサムネイルを切り替える機能を追加する
2. クリック（タップ）して動かす仕組みを追加する
3. キャプションの内容とカラーを設定する

動的な操作を追加したカルーセルの作成の流れ

このレッスンでは、ドラッグジェスチャーとクリック（タップ）で動作する標準的なスタイルのカルーセルを完成させます。基本となるカルーセルのプロトタイプは、「4-03　ドラッグ操作で動くカルーセルを作成する」のXDファイルを使用します。
3つのサムネイルをドラッグで左右に動かす仕組みは「4-03」で作成しましたが、ここではサムネイルの大きさを変化させることで奥行き感を表現します。さらに画面の右側をクリックすると右側のサムネイルが中央に移動、左側をクリックすると左側のサムネイルが中央に移動する仕組みを設定します。

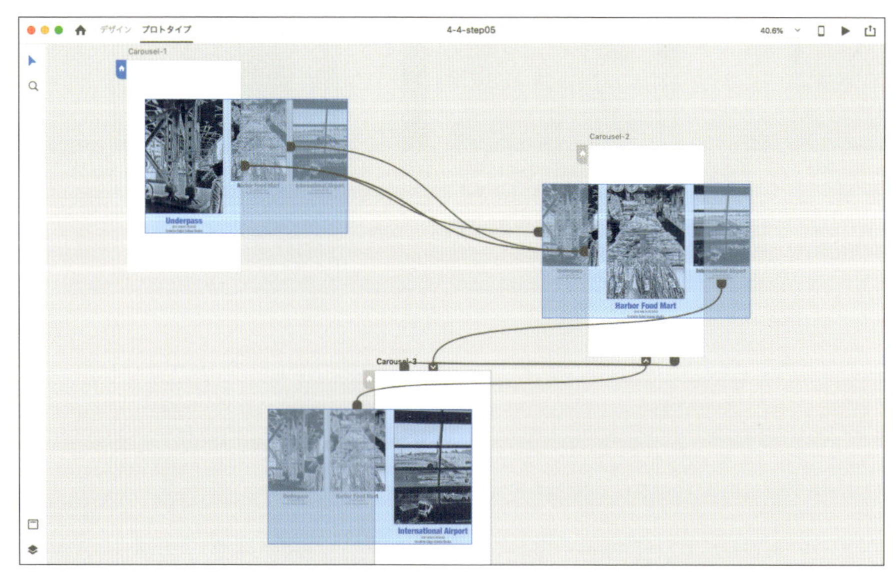

完成したカルーセルのプロトタイプモード画面。ドラッグジェスチャーとクリック（タップ）でサムネイルを動かす設定が含まれている

01 作成するカルーセルの仕組み

実際のカルーセルは中央のサムネイルを左右にドラッグすることができますが、XDの現在の機能では簡単に設定できないため（かなり複雑な仕組みになってしまう）、両端のサムネイルをドラッグする仕様にしています。プロトタイピングは実制作ではなく、あくまでアイデアや意図を伝えるための試作品なので、作業が高度になってしまう場合は（限定的な仕様になっても）簡易な作業方法を優先します。

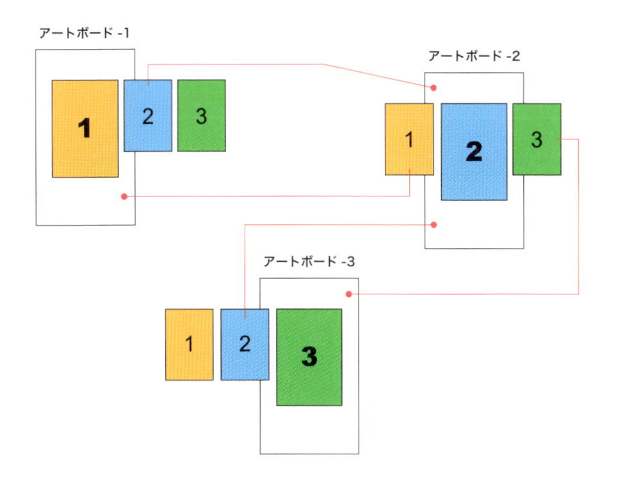

中央のサムネイルは左右のドラッグ設定ができないため、両端のサムネイルをドラッグする仕組みを採用した

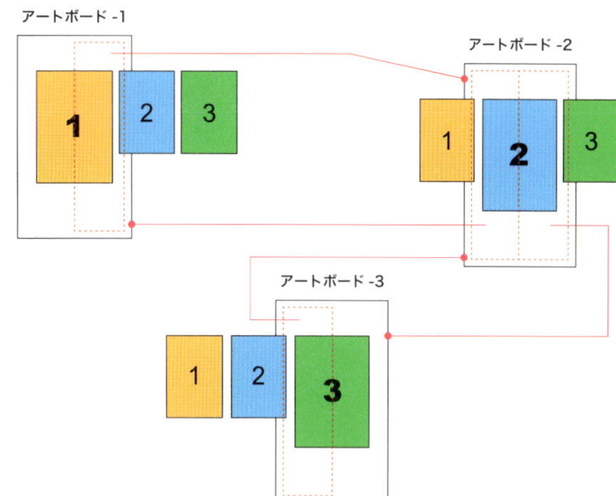

クリック（タップ）してサムネイルを動かすために、大きな透明ボタン（塗り／境界線のない長方形）を配置している

02 カルーセル作成の手順

作業のプロセスは以下のとおりです。 ステップ数は多いですが、単純な作業の繰り返しになっているので、 難易度はそれほど高くはありません。初心者でも理解できるレッスンです。

1. アートボードの名前を変更する
2. サムネイルのサイズを変更する
3. アートボードに透明な長方形を配置する
4. クリック（タップ）して動かす仕組みを追加する
5. キャプションの内容とカラーを変更する

このレッスンで保存するXDファイルは以下のとおりです。

ファイル名	内容
4-4-step01.xd	最初のレッスンファイル
4-4-step02.xd	アートボード名の変更
4-4-step03.xd	サムネイルのサイズを変更
4-4-step04.xd	透明ボタンを配置し、クリックして動かす仕組みを追加
4-4-step05.xd	キャプションの内容とカラーを変更

01 アートボードの名前を変更する

アートボード名は選択したテンプレートの名前を引き継ぎ、複製した場合は名前の末尾に数字が追加されます。自動的に付けられるアートボード名のまま作業していると、全体像を俯瞰することが難しくなっていくので、必ずわかりやすい名前に変更しておきましょう。

01 「4-04」フォルダのレッスンデータを開いてください。「4-4-step-01.xd」をダブルクリックして表示します。

※「4-4-step-01.xd」は、「4-04 ドラッグ操作で動くカルーセルを作成する」で作成した「4-3-step03.xd」と同じXDファイルです。

02 [レイヤー] パネルを表示してください（画面左下の[レイヤー] アイコンをクリック）。アートボード名を変更していきます。

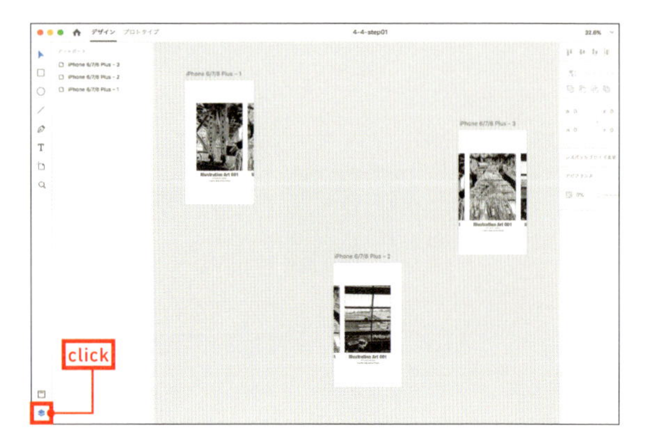

03 まず、左上のアートボードをクリックして選択しましょう（アートボード名をクリック）。[レイヤー] パネルを見ると一番下に表示されていることが確認できます。ダブルクリックすると入力可能になるので、「Carousel-1」と入力してください。

→

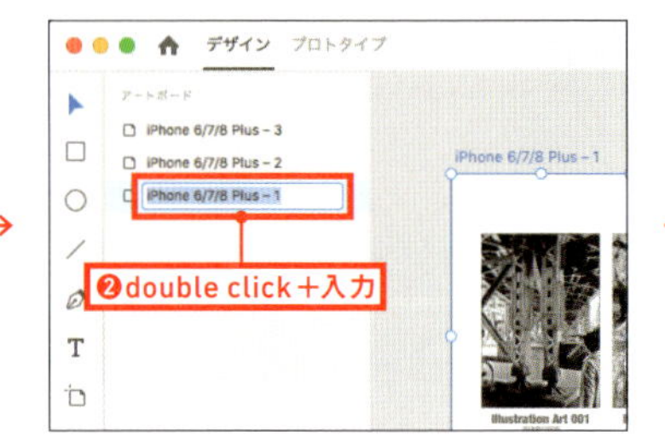

→

04 同じ操作でアートボード名を変更していきます。右側のアートボードを選択して、[レイヤー] パネルのアートボード名を「Carousel-2」に変更してください。同様に、中央下のアートボードは「Carousel-3」に変更します。

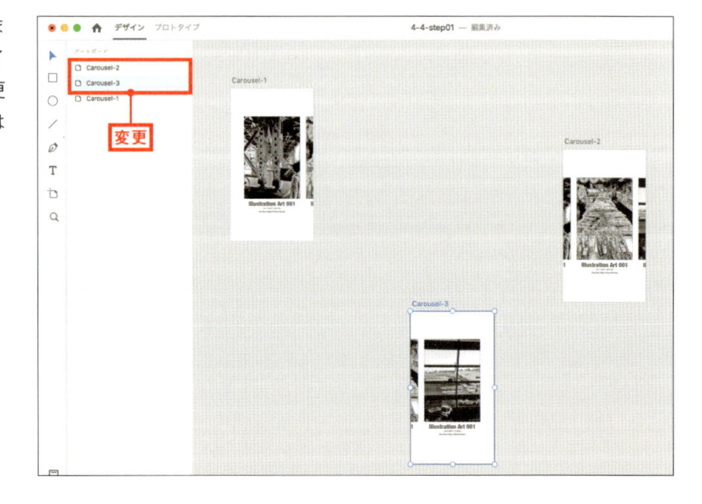

05 ▸ レイヤーの順番を変更しましょう。一番下のレイヤー「Carousel-1」を上方向にドラッグして、「Carousel-2」の上まで移動します。青いラインが表示されたらマウスボタンを離してください。これで、上から「Carousel-1」「Carousel-2」「Carousel-3」の順に並びました。

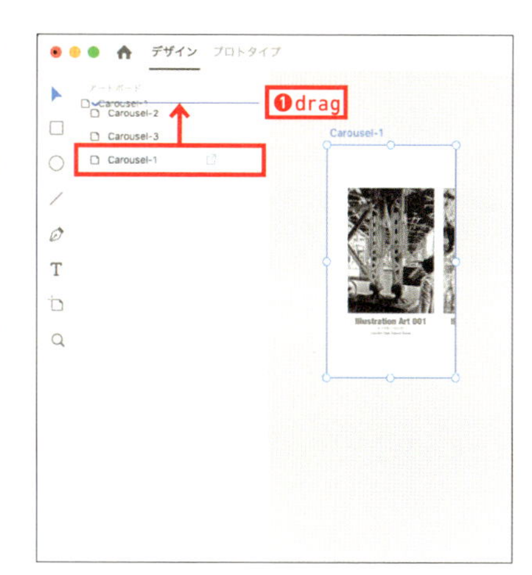

→

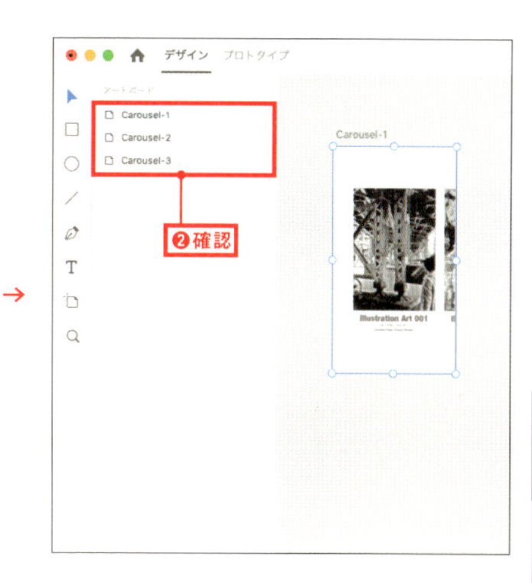

06 ▸ ［レイヤー］パネルは閉じておきます（画面左下のレイヤーのアイコンをクリック）。ここまでを保存しておきましょう。別名で保存を選び、「4-4-step02」と入力してください。

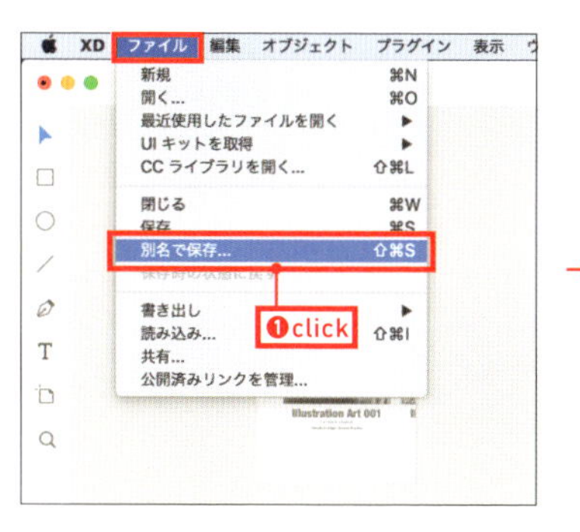

→

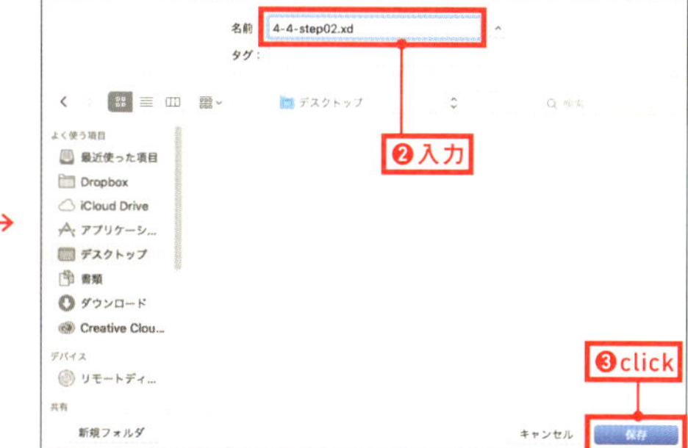

02 サムネイルのサイズを変更する

アートボードの中央に配置されるサムネイル以外を縮小します。カルーセル（carousel）には、回転木馬や回転コンベアなどの意味があり、アプリやWebサイトでは（奥のサムネイルほど小さい）遠近感を表現したスタイルが定着しています。このレッスンでも、両端のサムネイルを小さくすることで同様の奥行き感を演出します。

01 ▸ アートボード「Carousel-1」のオブジェクトをクリックして選択します。作業しやすいように拡大表示してください。

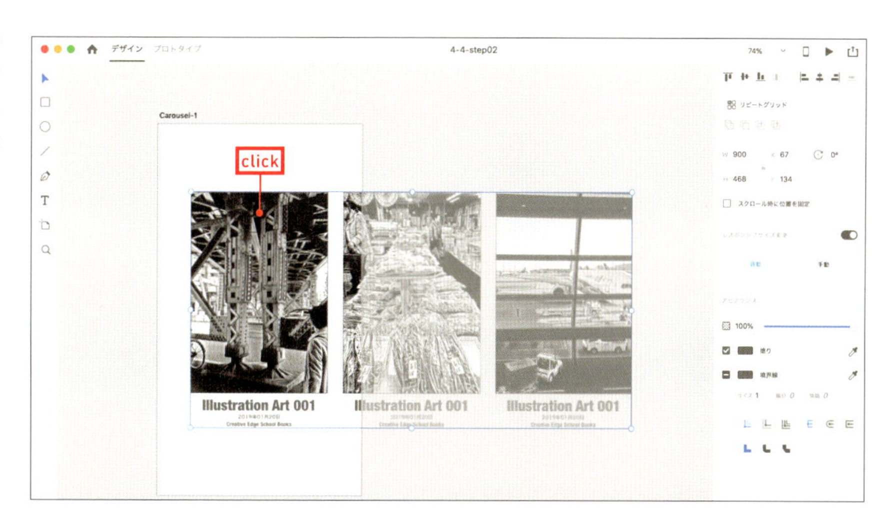

02 中央のサムネイルをダブルクリックして選択状態にします。続けて、shift キーを押しながら右側のサムネイルもクリックしてください。2つのサムネイルが選択されました。

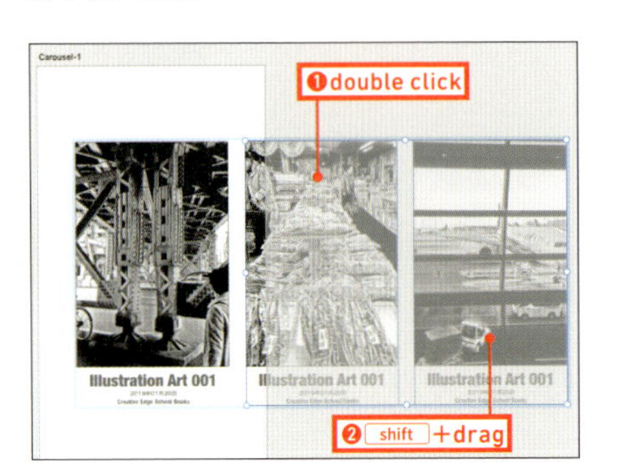

03 選択状態の2つのサムネイルの右下の角にある丸いポイントを shift キーを押しながら斜め上方向にドラッグします。2つのサムネイルが同時に縮小されていきます。縮小しながら、プロパティインスペクターの[W]の数値を見てください。[W]の数値が「200」になるまでドラッグしましょう。

※「200.58」や「200.41」など端数があってもかまいませんが、可能なかぎり「200」に近づけてください。

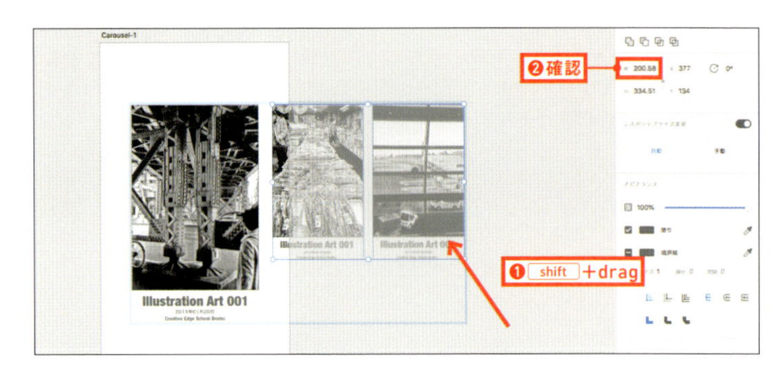

04 次は、アートボード「Carousel-2」のオブジェクトをクリックして選択します。作業しやすいように拡大表示してください。まず、左側のサムネイルをダブルクリックして選択状態にします。

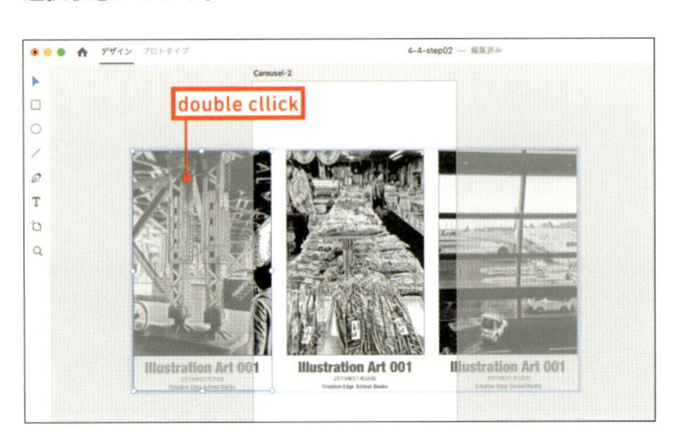

05 サムネイルの左下の角にある丸いポイントを（shift キーを押しながら）斜め上方向にドラッグしましょう。プロパティインスペクターの[W]の数値が「200」になるまでドラッグします（数値は端数があってもかまいません）。

※ドラッグするサムネイルのポイントは「左下の角」です。注意してください。

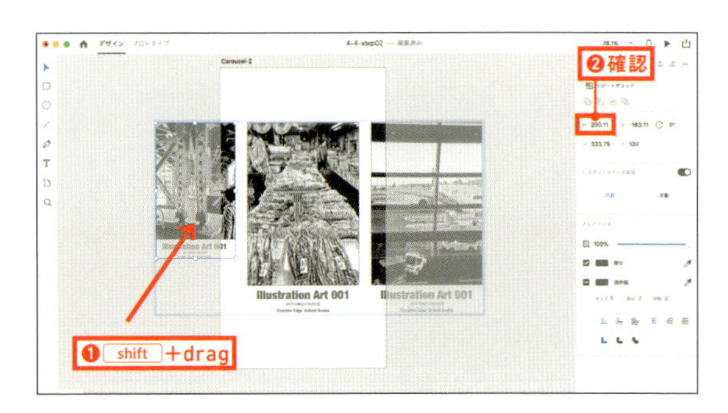

06 今度は右側のサムネイルです。選択してから、右下の角にある丸いポイントを shift キーを押しながら斜め上方向にドラッグしましょう。

※縮小していくと、左側の（すでに縮小済みの）サムネイルの高さの位置にスナップする（吸い付く）と思います。この操作で[W]の数値が「199.68」のような数値になっても問題ありません。

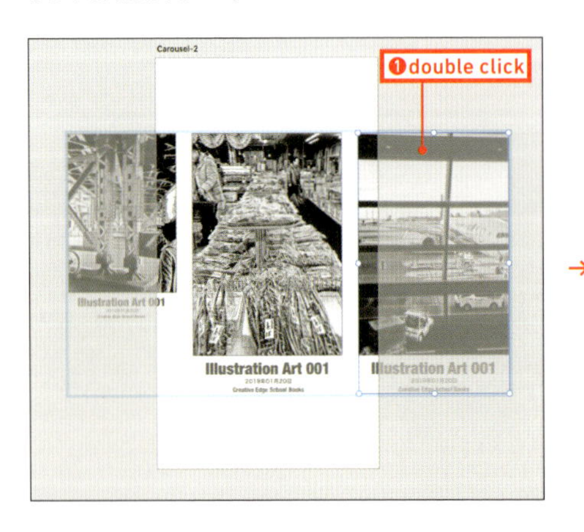

→

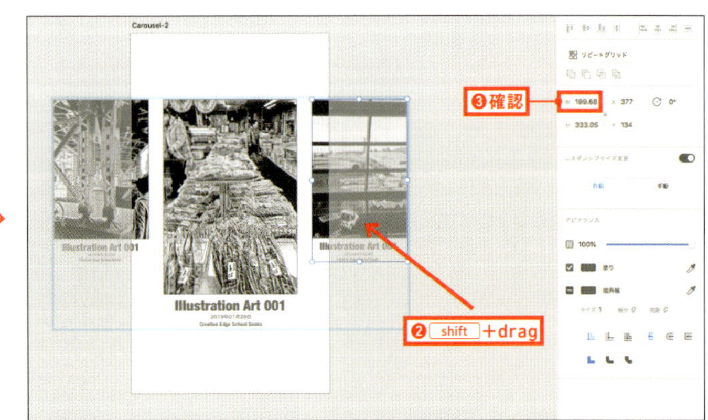

07 最後は、アートボード「Carousel-3」です。オブジェクトをクリックして選択し、作業しやすいように拡大表示してください。続けて中央のサムネイルをダブルクリックして選択状態にし、shift キーを押しながら左側のサムネイルもクリックします。2つのサムネイルが選択されました。

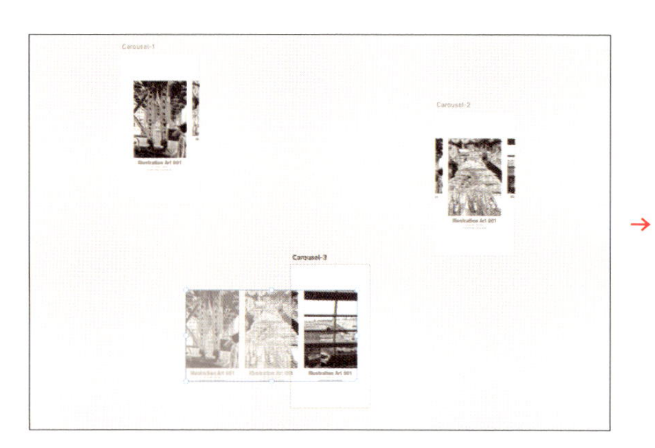

→

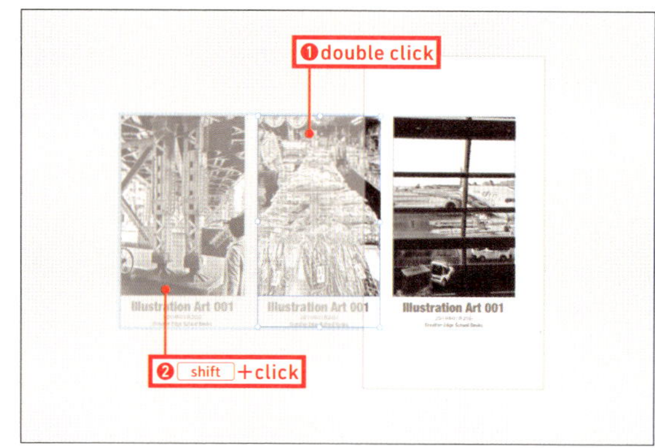

08 選択状態の2つのサムネイルの［左下の角］にある丸いポイントを shift キーを押しながら斜め上方向にドラッグします。プロパティインスペクターの［W］の数値が「200」になるまでドラッグします（端数が出てもかまいません）。

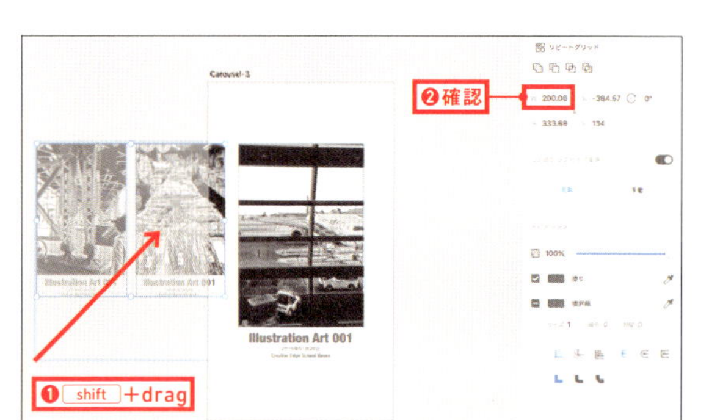

09 それではプレビューして動作をチェックしましょう。アートボード「Carousel-1」を選択してから、画面右上の［デスクトッププレビュー］アイコン▶をクリックしてください。

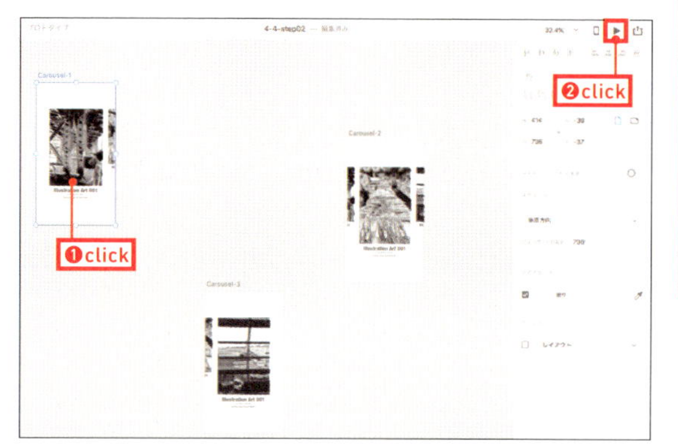

10 画面端のサムネイルをドラッグすると、拡大しながら中央に移動します。奥行き感が出ていると思います。ドラッグしながら行ったり来たりしてみましょう。問題なければ保存をしておきます。別名で保存を選び、「4-4-step03」と入力してください。

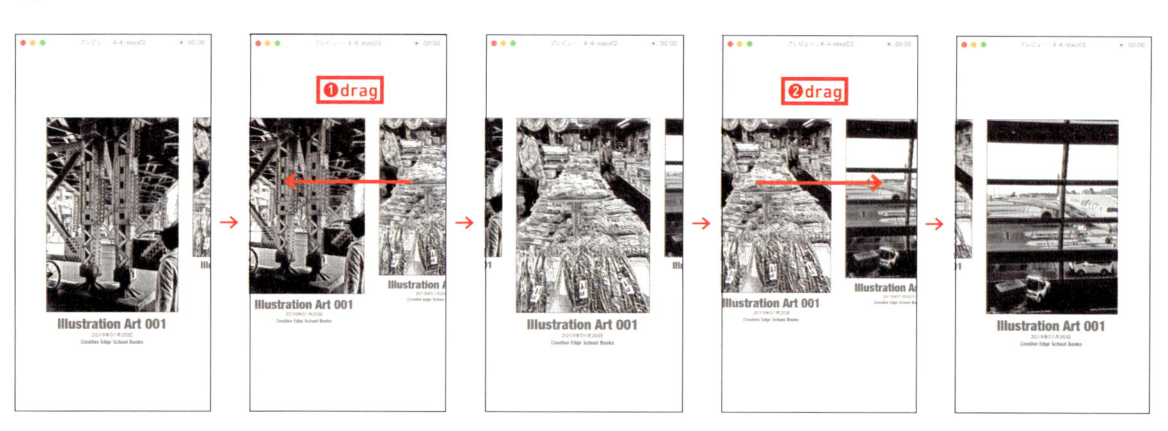

03 アートボードに透明な長方形を配置する

すでにドラッグジェスチャーによるサムネイルの切り替えの仕組みは設定されていますが、クリック(タップ)操作も使用できるように透明の長方形を追加します。アートボードの左右に縦長の2つの長方形を配置して、塗りと境界線をなくすことで「大きな透明ボタン」を表現します。

01 アートボード「Carousel-1」を選択してください。アートボードの幅の値を確認します。プロパティインスペクターの[W]の数値は「414px」になっています。

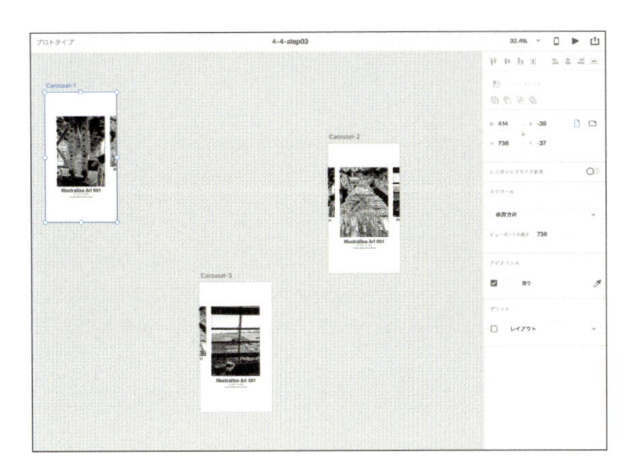

02 アートボード「Carousel-1」を拡大表示します。[長方形]ツール□でアートボードの半分のサイズの矩形を描きましょう。アートボードの左上にマウスカーソルをあわせて、矩形を描いてください。

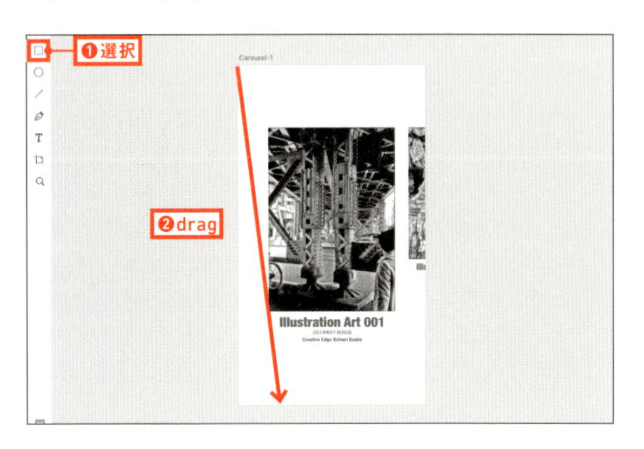

03 矩形の[幅]は「207」、[高さ]はアートボードと同じです。幅の値はプロパティインスペクターの[W]の数値を確認しましょう。

04 描画した矩形を複製します。option(Alt)キーを押しながら右方向にドラッグしてください。複製したオブジェクト(矩形)が選択状態になっていることを確認して、shiftキーを押しながら左のオブジェクトをクリックします。これで2つのオブジェクトが選択状態になりました。

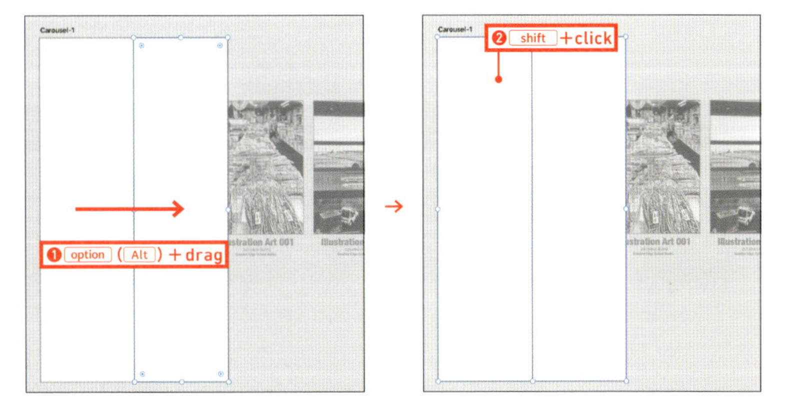

05 [control] キー＋クリック（右クリック）して、コンテキストメニューから［最背面へ］を選んでください。サムネイルの下に移動しました。次は、プロパティインスペクターのアピアランスの［塗り］と［境界線］のチェックを外します。塗りも境界線もなくなるので透明のオブジェクトになります。

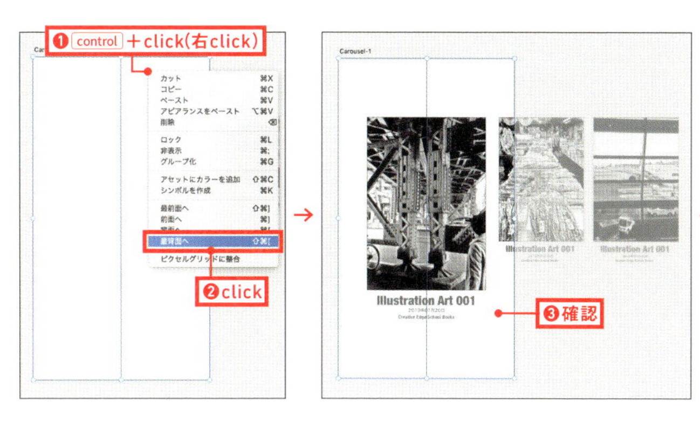

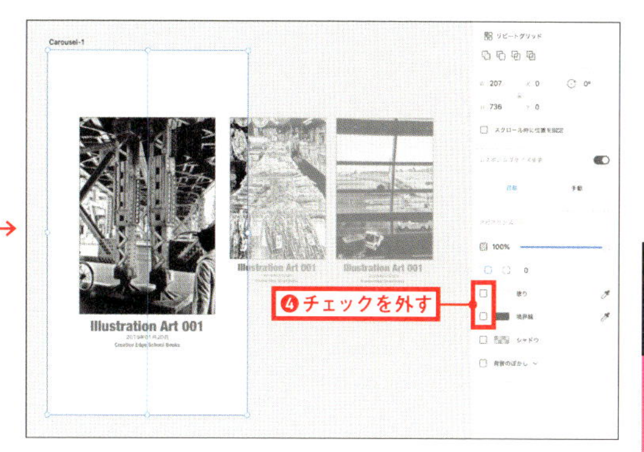

06 透明にしたオブジェクトをコピーします。[command]（[Ctrl]）＋[C]キーでコピーするか、[control] キー＋クリック（右クリック）でコンテキストメニューから「コピー」を選んでください。

※[control] キー＋クリック（右クリック）するときは必ず線の上にマウスカーソルをあわせてください。塗りの指定はありませんので、線以外をクリックすると選択が解除されます。

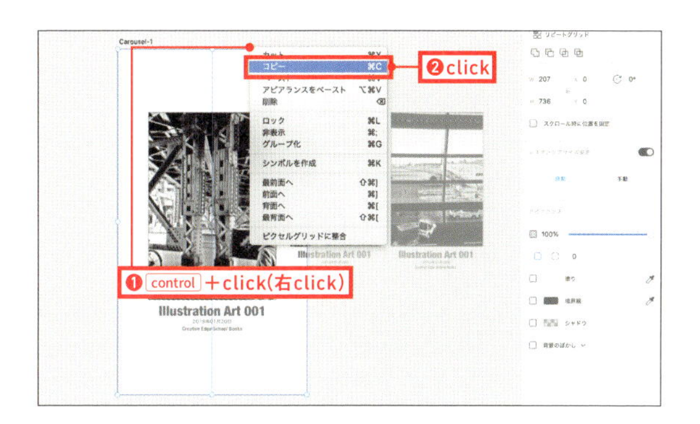

07 アートボード「Carousel-2」を拡大表示して、選択します（アートボード名をクリック）。続けて、ペーストしてください。[control] キー＋クリック（右クリック）でコンテキストメニューから「ペースト」を選びます（もしくは [command]（[Ctrl]）＋[V] キー）。

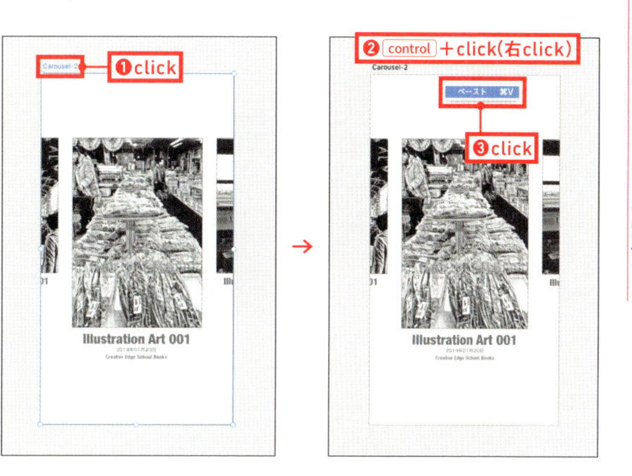

08 ペーストできたら、［レイヤー］パネルを表示してオブジェクトの重なりを確認してください。透明のオブジェクト（レイヤー名「長方形1」と「長方形2」）は、サムネイルの上にあることがわかります。線上を [control] キー＋クリック（右クリック）して、コンテキストメニューから［最背面へ］を選んでください。

※[control] キー＋クリック（右クリック）するときは必ず線の上にマウスカーソルをあわせてください。

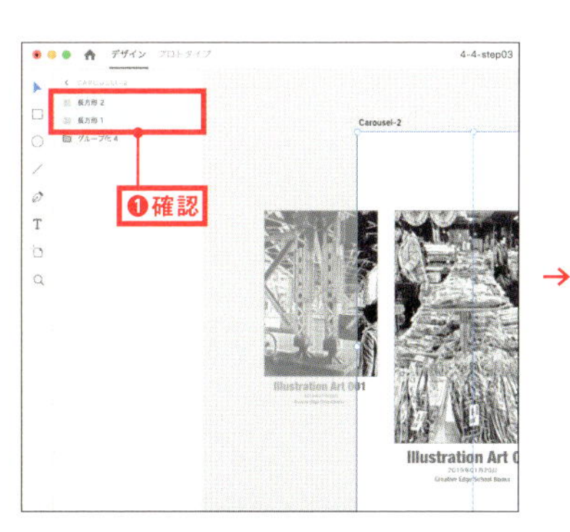

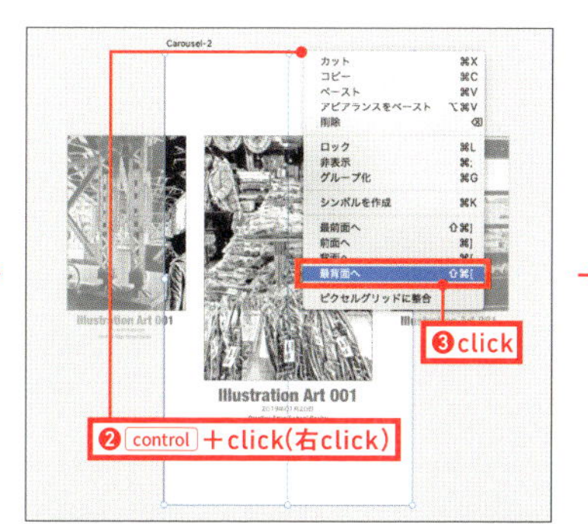

09 ▸ 最後の作業です。アートボード「Carousel-3」を拡大表示して、選択します（アートボード名をクリック）。続けて、ペーストしてください。

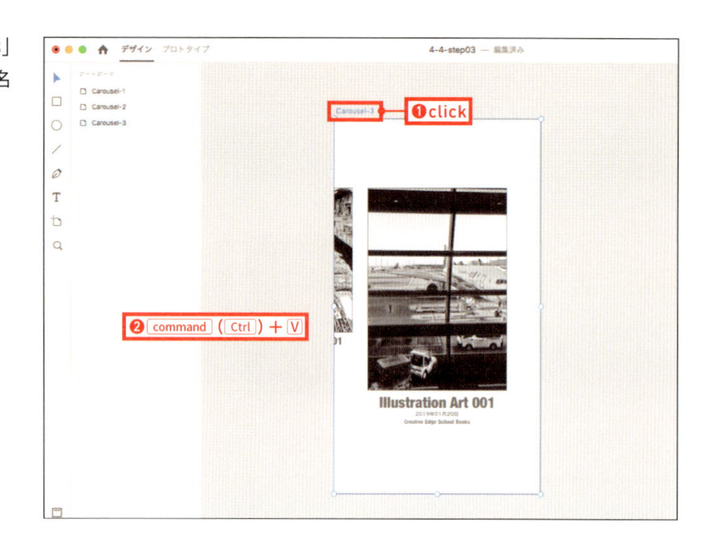

10 ▸ さらに、線上を control キー＋クリック（右クリック）してコンテキストメニューから［最背面へ］を選びましょう。「グループ化 4」の背面に「長方形 1」と「長方形 2」が移動しました。

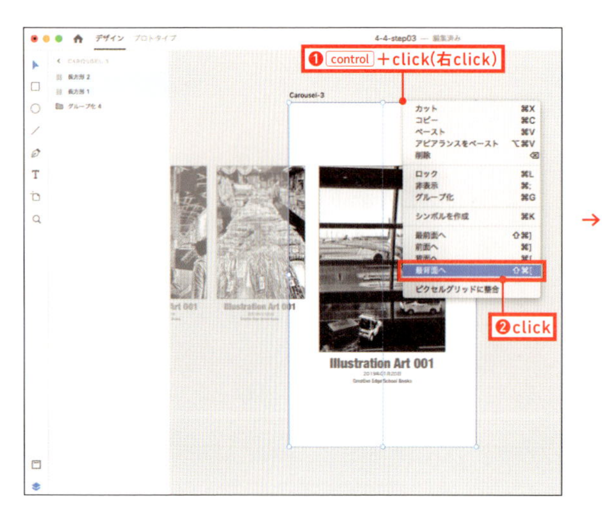

→

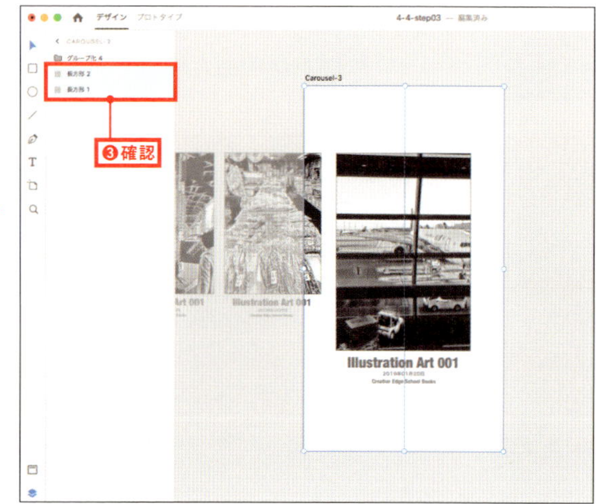

11 ▸ 全体を表示してから、ペーストボードをクリックして選択を解除しておきます。これで、インタラクションを設定するための準備ができました。

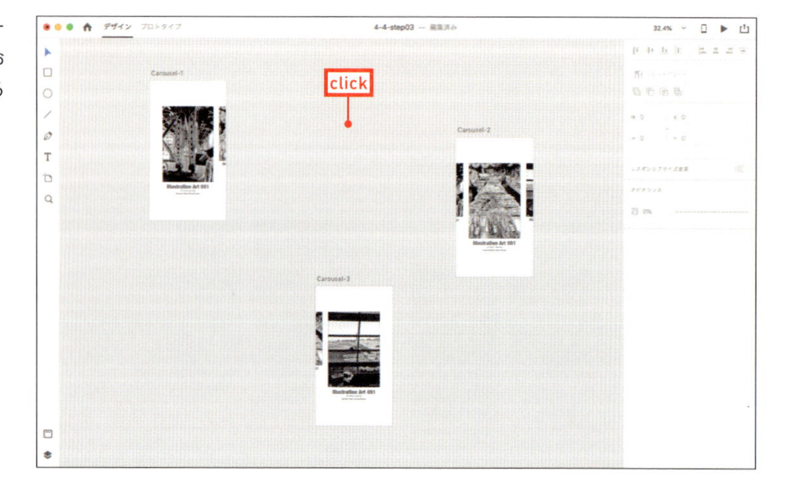

04 クリック（タップ）して動かす仕組みを追加する

アートボードの左右に配置した2つの透明な長方形に対して、トリガーやアクション、イージングなどを設定していきます。これで、ドラッグで直接カルーセルを動かしたり、クリック（タップ）で自動的にサムネイルを切り替えていく仕組みが完成します。

01 プロトタイプモードに切り替えてください（画面左上の［プロトタイプ］ をクリック）。アートボード「Carousel-1」の右側の辺にマウスカーソルを近づけます。青い枠線が表示されたらクリックします。

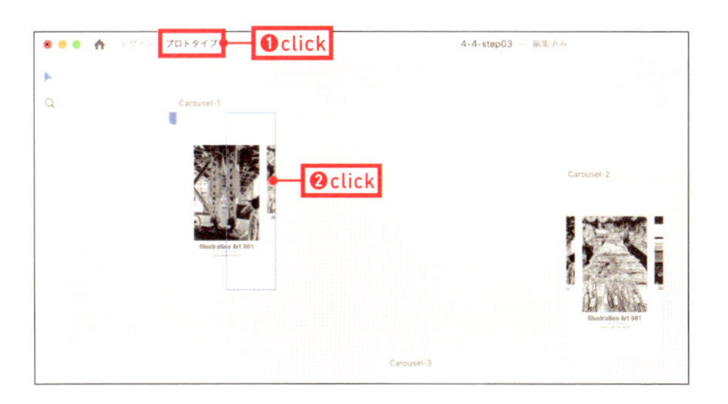

02 ハンドルが表示されるので、ドラッグしてワイヤーを引き出し、アートボード「Carousel-2」に重ねてください。

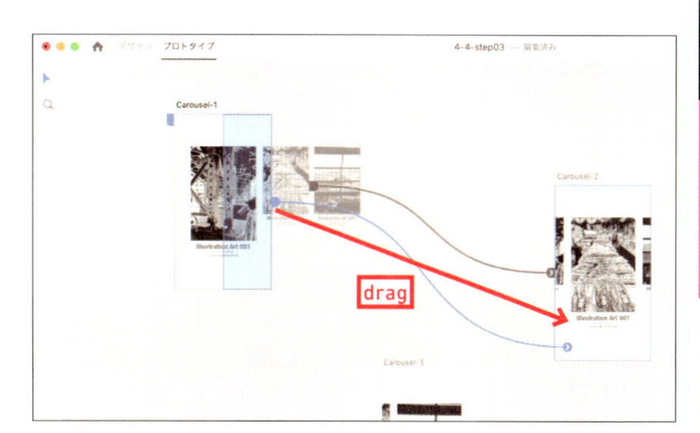

03 ［設定］パネルが表示されます。［トリガー］は「タップ」、［アクション］は「自動アニメーション」、［イージング］は「スナップ」を選択して、継続時間は「0.3」にしてください。

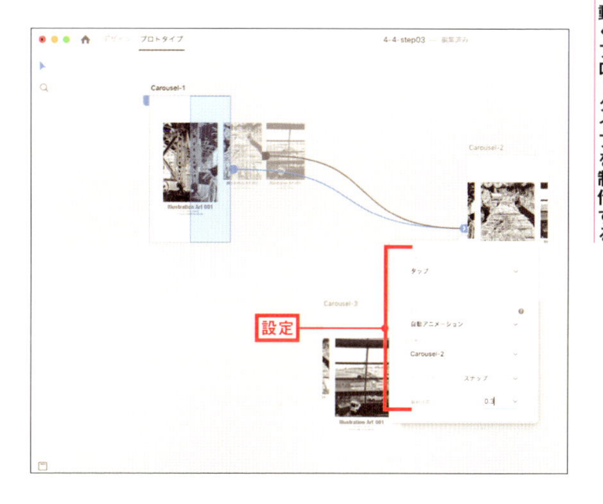

04 次はアートボード「Carousel-2」の左側の辺にマウスカーソルを近づけます。青い枠線が表示されたらクリックします。ハンドルが表示されるので、ドラッグしてワイヤーを引き出し、アートボード「Carousel-1」に重ねてください。［設定］パネルが表示されますが、ペーストボードをクリックして選択を解除しておきましょう。

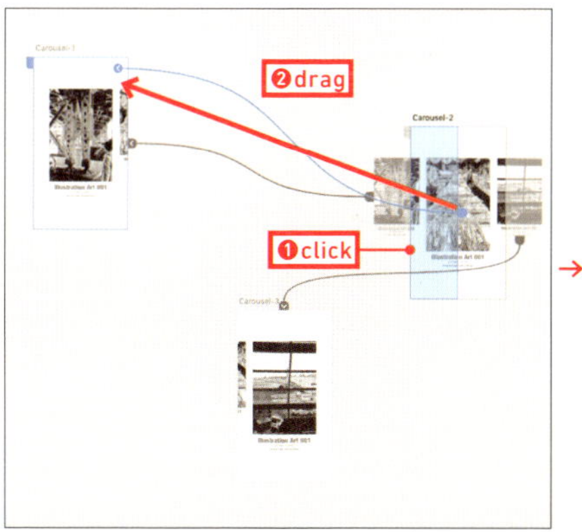

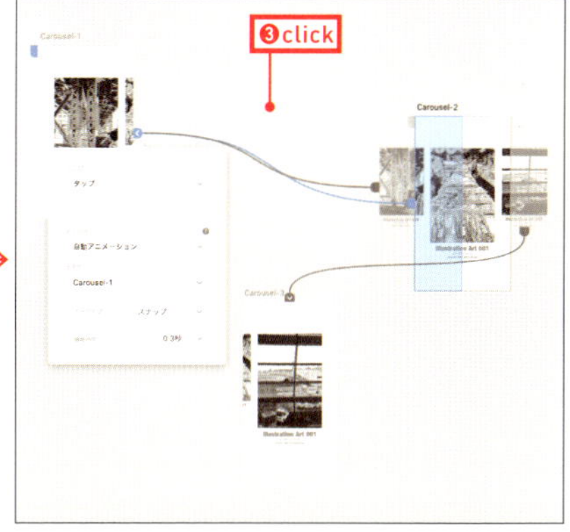

05 同じ作業です。アートボード「Carousel-2」の右側の辺にマウスカーソルを近づけ、青い枠線が表示されたらクリックします。ハンドルをドラッグしてワイヤーを引き出し、アートボード「Carousel-3」に重ねてください。[設定]パネルが表示されたら、ペーストボードをクリックして選択を解除しておきます。

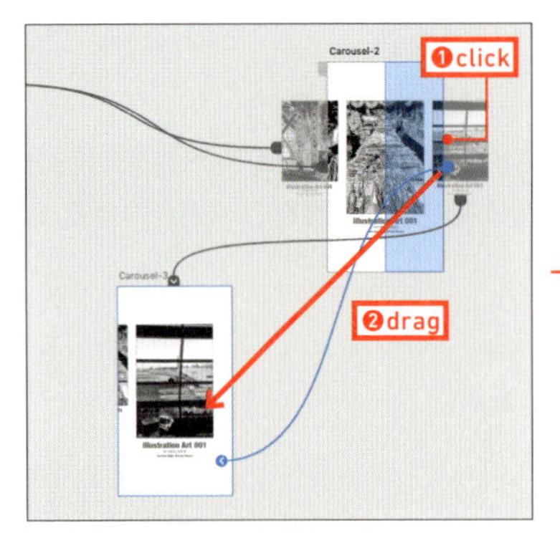

→

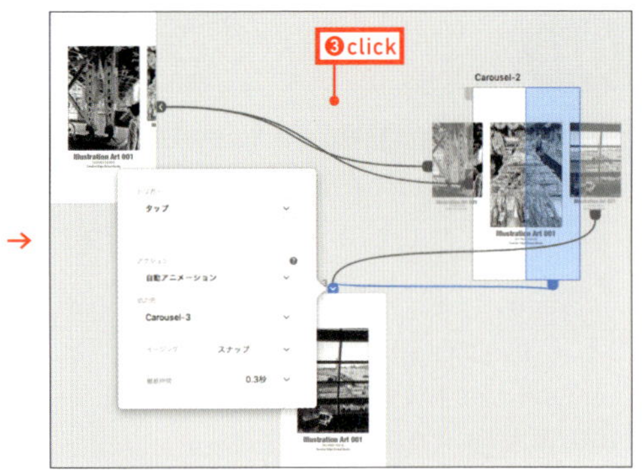

06 最後です。アートボード「Carousel-3」の左側の辺にマウスカーソルを近づけ、青い枠線が表示されたらクリックします。ハンドルをドラッグしてワイヤーをアートボード「Carousel-2」に重ねます。[設定]パネルが表示されたら、ペーストボードをクリックします。

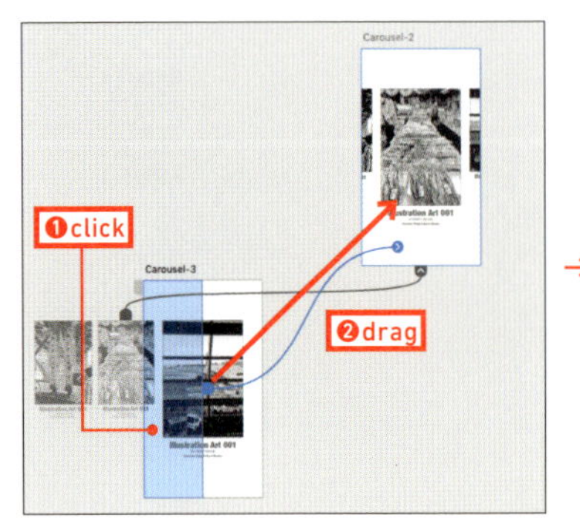

→

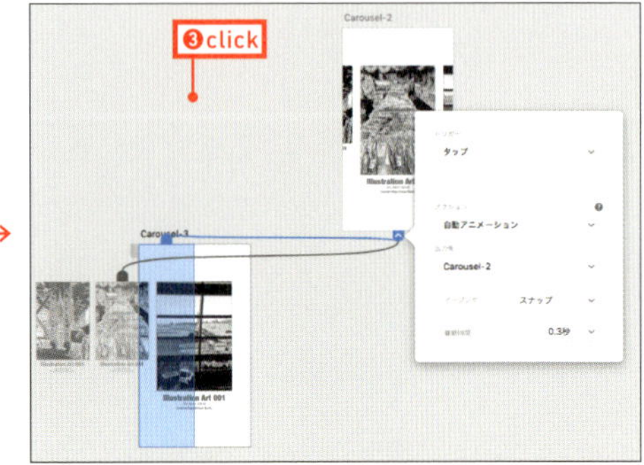

07 それではプレビューして動作をチェックしましょう。アートボード「Carousel-1」を選択してから、画面右上の[デスクトッププレビュー]アイコン▶をクリックしてください。

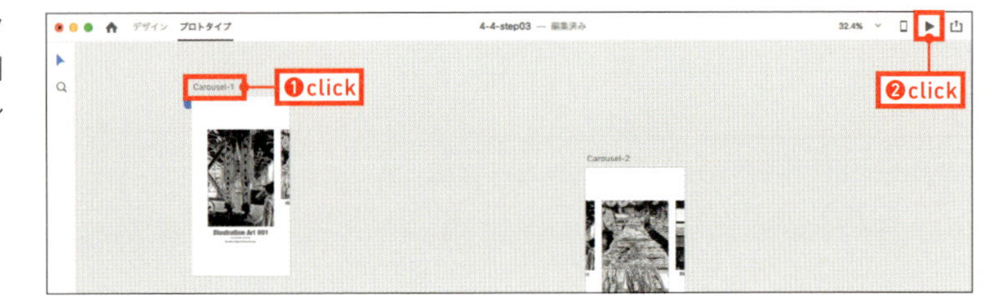

08 まず、画面の右側の領域をクリックします。アニメーションしながら次のサムネイルに変わります。もう一度、画面の右側の領域をクリックすると3番目のサムネイルに変わります。今度は、画面の左側の領域をクリックしてみましょう。サムネイルが逆方向に切り替わっていきます。

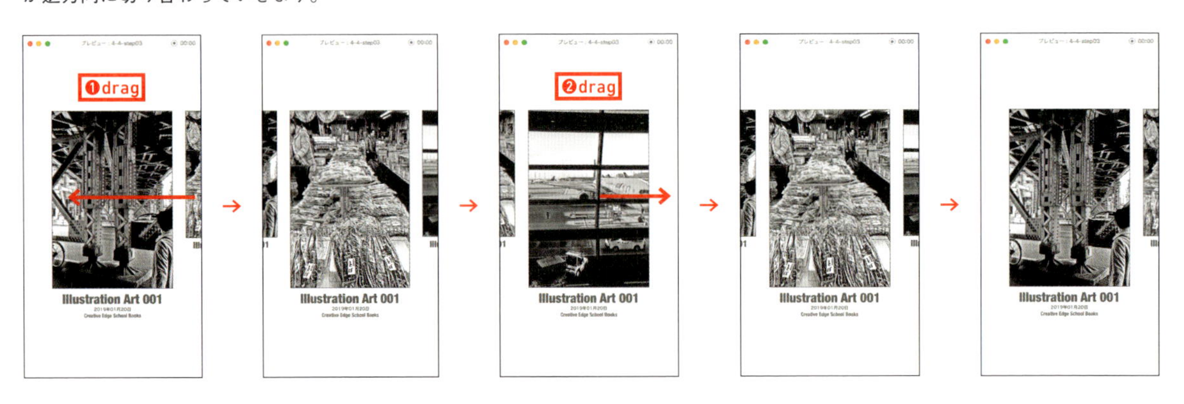

これで、ドラッグとクリック(タップ)の2つの操作に対応したカルーセルが完成しました。問題がなければ保存をしておきましょう。別名で保存を選び、「4-4-step04」と入力してください。

05 キャプションの内容とカラーを変更する

01 キャプションを変更していきましょう。まず、アートボード「Carousel-1」のオブジェクトをクリックして選択します。アートボードからはみ出ているサムネイルも表示されます。

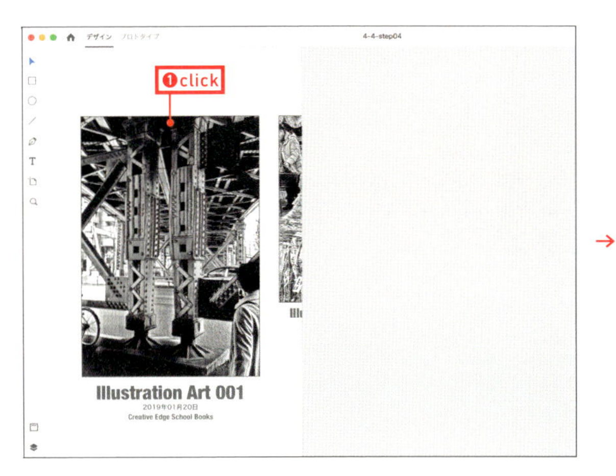

→

02 右端のサムネイルをダブルクリックしてください。続けて、キャプションをダブルクリックします。キャプションが選択状態になりました。

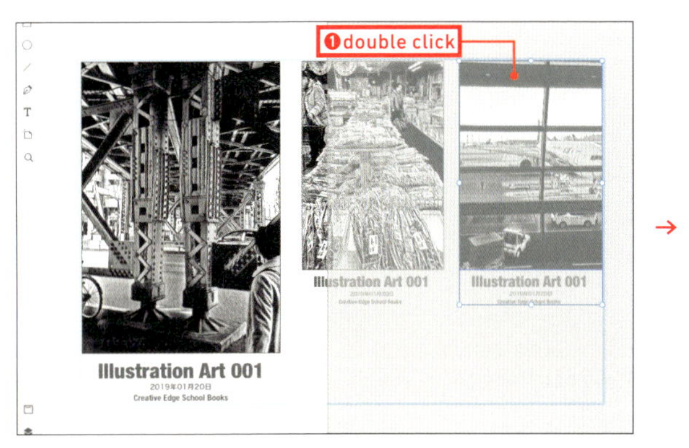

→

03 もう一度、キャプションをダブルクリックします。これで、文字入力が可能な状態になりましたので、「International Airport」と入力してください。

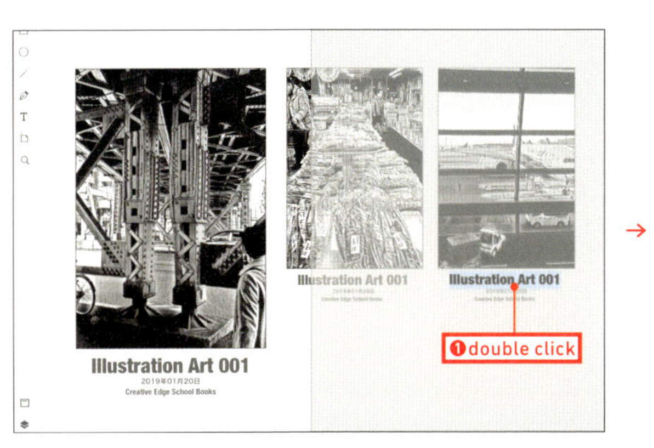

→

04 他の2つのアートボードも同様に変更していくので、「International Airport」をコピーしておきましょう。そのまま、control キー+クリック(右クリック)して「コピー」を選んでください。

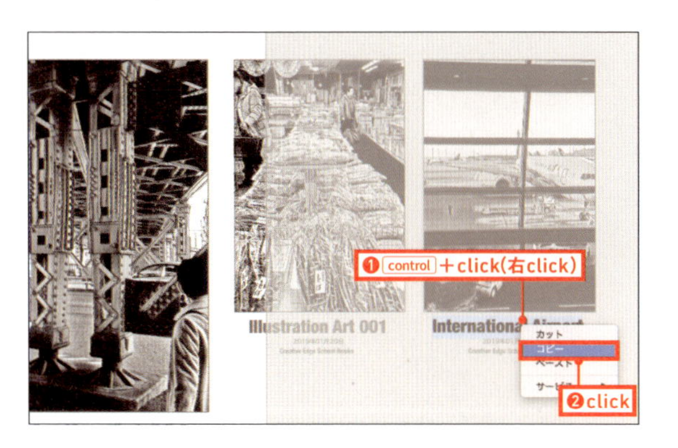

05 アートボード「Carousel-2」のオブジェクトをクリックして選択します。右端のサムネイルをダブルクリック、続けてキャプションをダブルクリックします。そのまま、control キー+クリック(右クリック)して「ペースト」を選んでください。

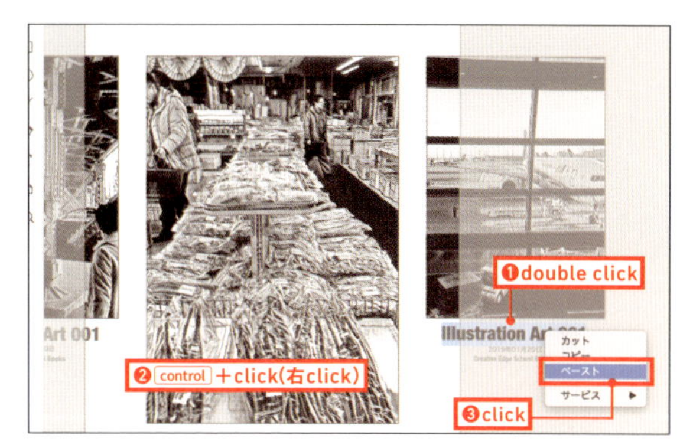

06 アートボード「Carousel-3」も同様の作業です。オブジェクトをクリックして選択します。サムネイルをダブルクリックして、続けてキャプションをダブルクリックしてから control キー+クリック(右クリック)して「ペースト」を選びます。

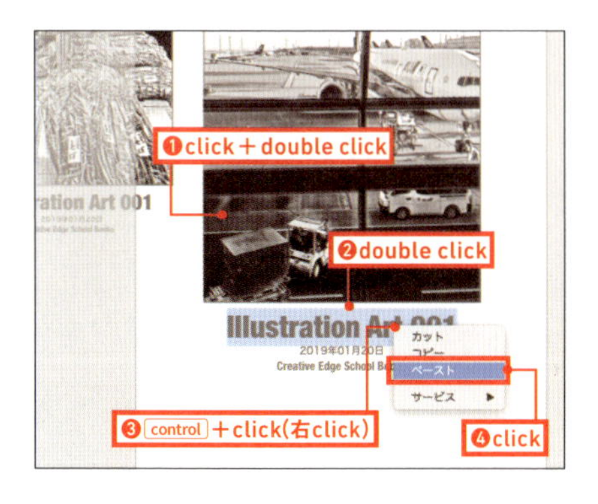

07 次は色を変更していきましょう。アートボードの中央に配置されたサムネイルのみキャプションの色を変更します。まず、アートボード「Carousel-1」のオブジェクトをクリックして選択します。中央に配置されたサムネイルをダブルクリックして、続けてキャプションをダブルクリックします。プロパティインスペクターの[塗り]をクリックして、カラーピッカーで明るい青を選択してください。

※カラーコード「#007FFF」を直接入力してもかまいません。

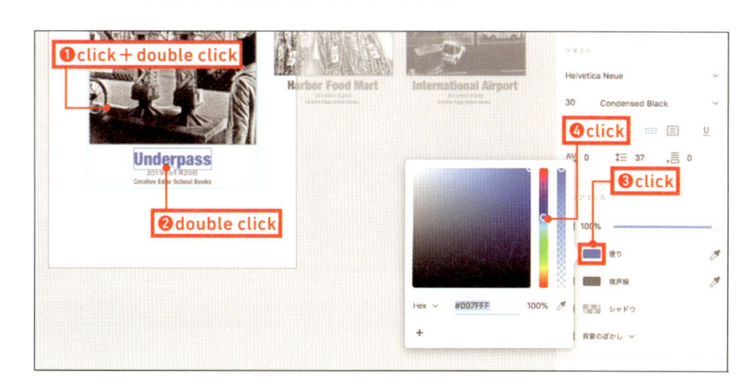

08 キャプションが選択状態になっていることを確認してから、[アセット]パネルを表示します(画面左下のアセットのアイコンをクリック)。カラーの右端にある+アイコンをクリックするとキャプションの色が登録されます。

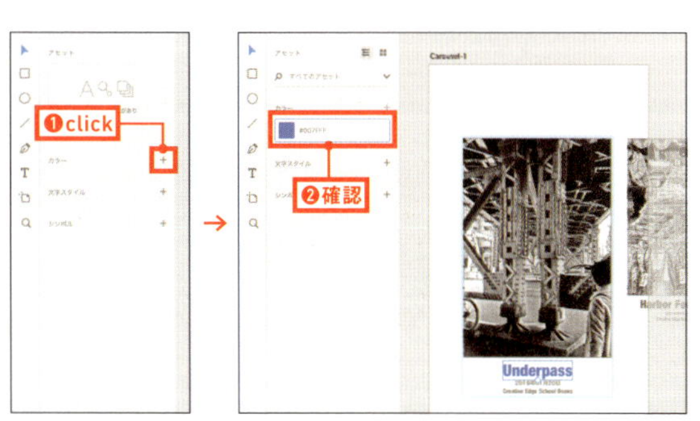

09 アートボード「Carousel-2」のキャプションを選択してください。[アセット]パネルに登録したカラーをクリックすると、キャプションの色が変わります。

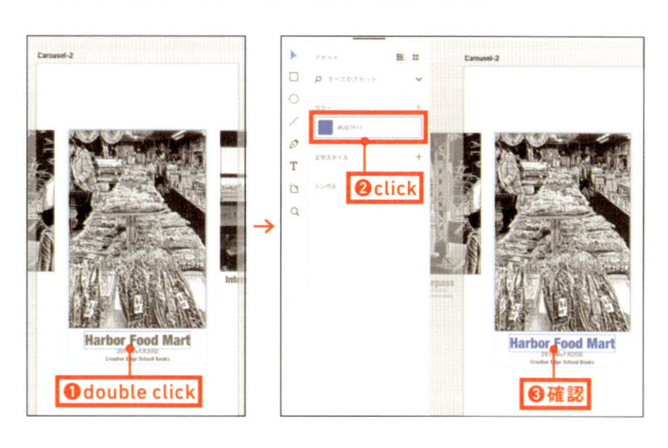

10 アートボード「Carousel-3」のキャプションも同様に［アセット］パネルに登録されたカラーを適用してください。

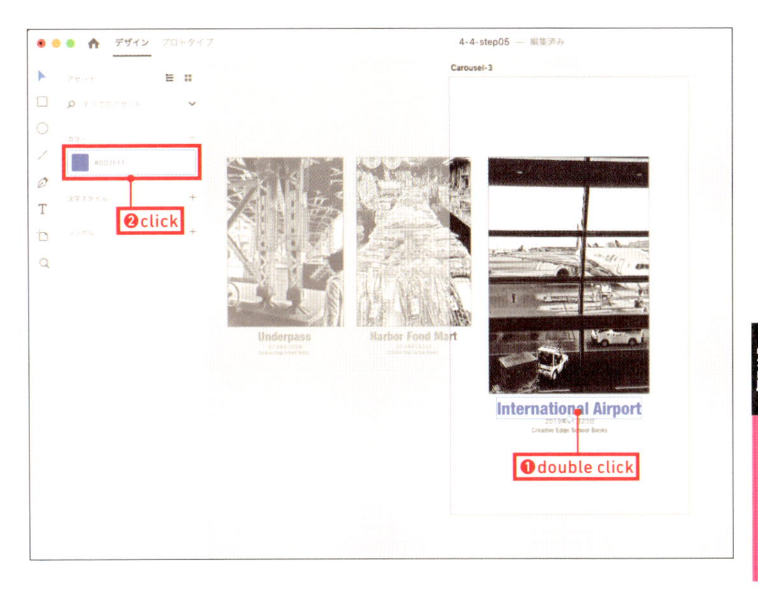

11 それではプレビューして動作をチェックします。アートボード「Carousel-1」を選択してから、［デスクトッププレビュー］アイコン▶をクリックしてください。画面端のサムネイルをドラッグすると、すぐにキャプションの色が変わります。そのまま中央にサムネイルが移動し、次のサムネイルをドラッグすると、同様に（そのサムネイルの）キャプションの色が変わります。同じような画像が並んでいる場合、動かしているサムネイルのキャプションカラーが変化するだけで、目で追いやすくなります。

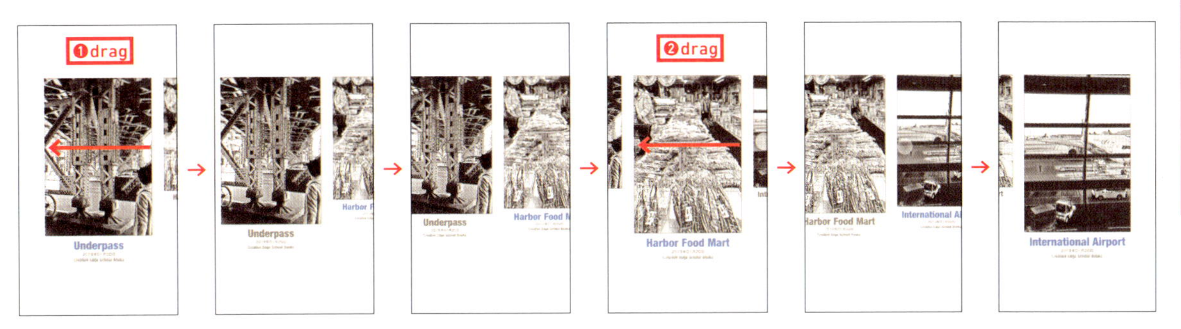

ここで紹介した方法は、今後のXDのアップデート（およびプラグイン）によって、もっと効率よく作成できるようになる可能性があるので、サポートサイト（http://design-zero.tv/AdobeXD/）で最新の情報を確認してください。

まとめ

［ 1 ］ **アートボード名はデフォルトのまま使用せず、わかりやすい名前にしておく**

［ 2 ］ **グループ化したオブジェクトの中の構成要素を編集する場合は、（その構成要素が）選択されるまでダブルクリックを繰り返す。グループの階層が深い場合はレイヤーパネルで選択した方が早い**

［ 3 ］ **透明ボタンは、長方形や楕円形を描画し、塗りと境界線のチェックを外すことで簡単に作成できる**

［ 4 ］ **オブジェクトの重なりは、［レイヤー］パネルで確認した方が早い（レイヤーを直接ドラッグして重ね順を変更することも可能）**

05 マイクロインタラクションを作成する

XDにはマイクロインタラクションを表現するための「トランジション」や「自動アニメーション」「オーバーレイ」などの強力なアクション機能が搭載されています。高度なスクリプトを記述することなく、誰でも直感的かつ素早く作成することができます。

1. マイクロインタラクションの仕組みを理解する
2. スライダーバーとプログレスインジケータを作成する
3. お気に入りのインタラクションを設定する

マイクロインタラクションを作成する作業の流れ

マイクロインタラクションとは、アプリやサービスに含まれる「最小限のやり取り」の仕組みのことです。ボタンをクリックしたときの凹みの動きや、処理を実行しているときに進捗を視覚的に表現するプログレスバーなど、さまざまなものがあります。マイクロインタラクションは総じてモーションデザインと密接です。XDに搭載されている「トランジション」「自動アニメーション」「オーバーレイ」 などのアクションはマイクロインタクションに適した機能だといえます。

プロトタイプモードでは、「トランジション」「自動アニメーション」「オーバーレイ」「Speech Playback（音声コントロール）」などのアクション機能が使用できる

ここでは、マウスドラッグできるスライダーバーとお気に入りアイコンのインタラクションを作成します。それぞれ2つのステップに分けてレッスンを進めていきます。

- 1 スライダーバーを作成する
  - 1 インジケータを作成する
  - 2 プログレスインジケータを作成する
- 2 お気に入りのインタラクションを設定する
  - 1 アイコンを設定する
  - 2 アイコン表示を追加する

01 スライダーバーを作成する

01 インジケータを作成する

[線] ツール／と [楕円形] ツール◯を使ってスライダーバーの基本部品を作成します。直線と正円だけのとてもシンプルな構成になっています。正円がインジケータです。このオブジェクトを左右にドラッグする仕組みを設定していきます。

01 XDを起動して「iPhone 6/7/8」を選択してアートボードを作成します。続けて、[線] ツール／を使って水平線を描きます。線の長さは図を参考にしてください。

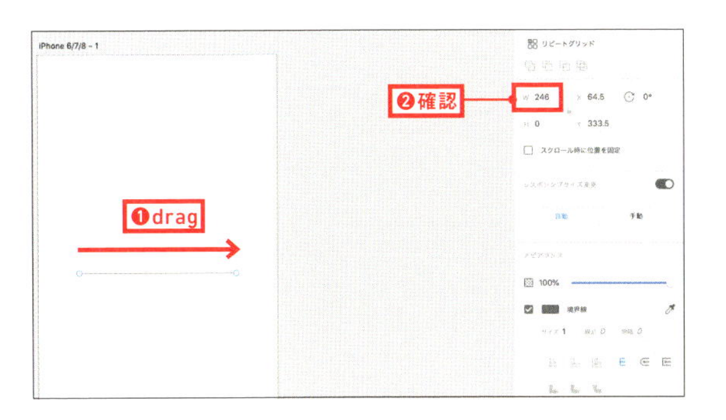

02 プロパティインスペクターで線の太さと先端の形状を設定します。サイズに「14」を入力し、先端の形状は中央のアイコン（丸型先端）をクリックしてください。先端が丸くなります。

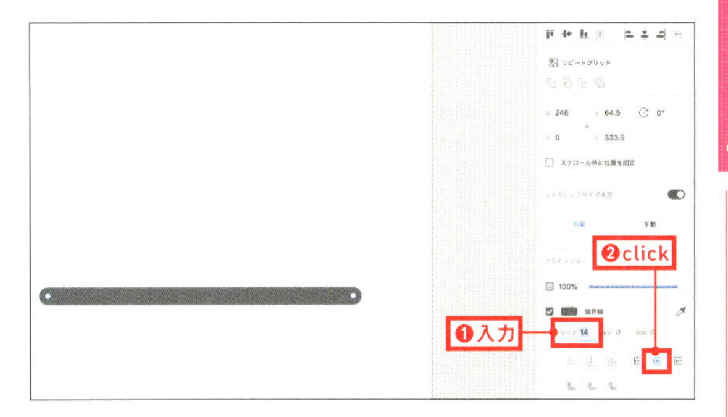

03 線の色を薄くします。[境界線] のカラーピッカーで薄いグレーを選んでください。 これがスライダーバーのベースになります。

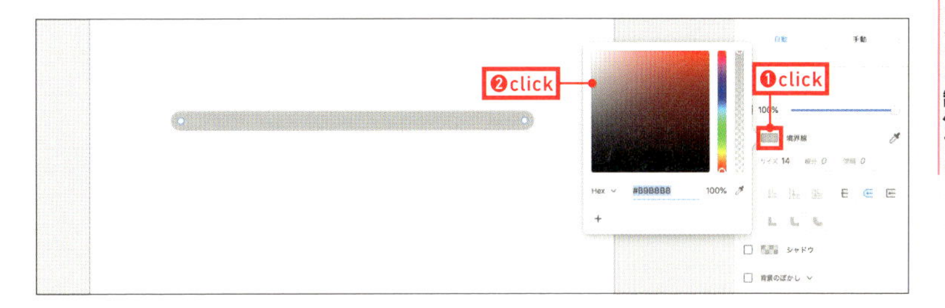

04 次は、[楕円形] ツール◯を使って正円を描いてください。大きさは図を参考にしましょう。プロパティインスペクターで塗りと境界線を設定します。[塗り] は「マゼンタ」、[境界線] は「青」、[サイズ] は「6」を入力してください。これが、スライダーバーのインジケータになります。

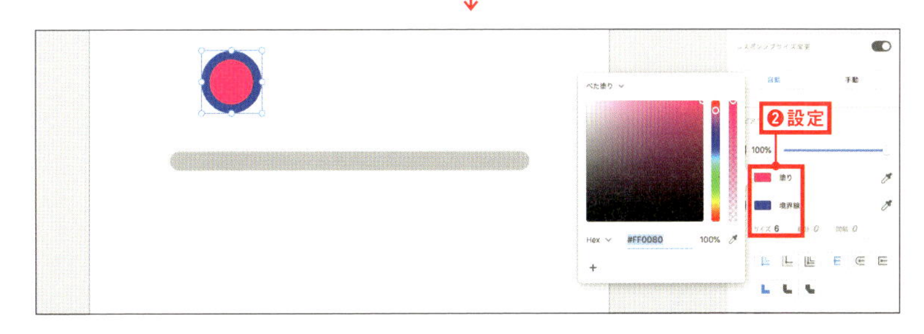

05 ▸ インジケータを水平線の左端に配置します。続けて、ワークエリアを縮小表示してから、アートボードを複製してください。Option（Alt）キーを押しながらアートボード名をドラッグします。

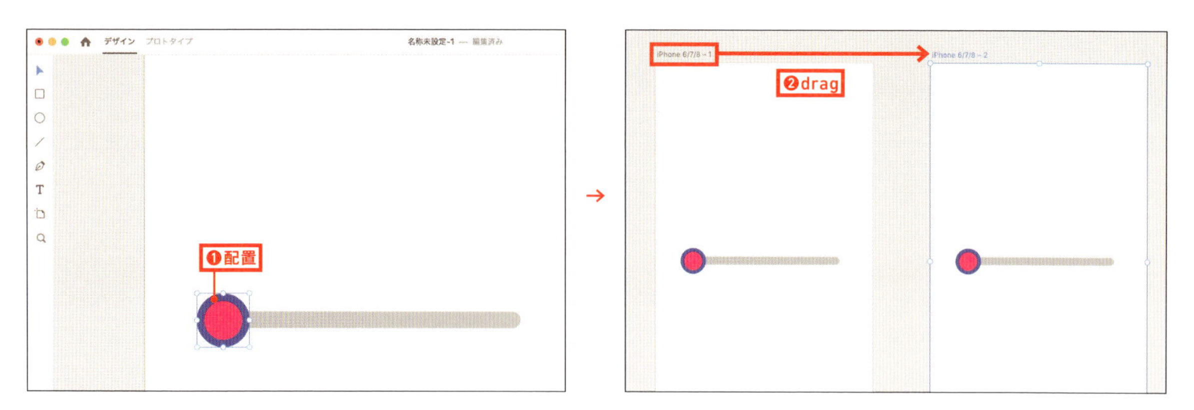

06 ▸ 複製したアートボードのインジケータを水平線の右端に移動してください。プロトタイプモードに切り替えます。

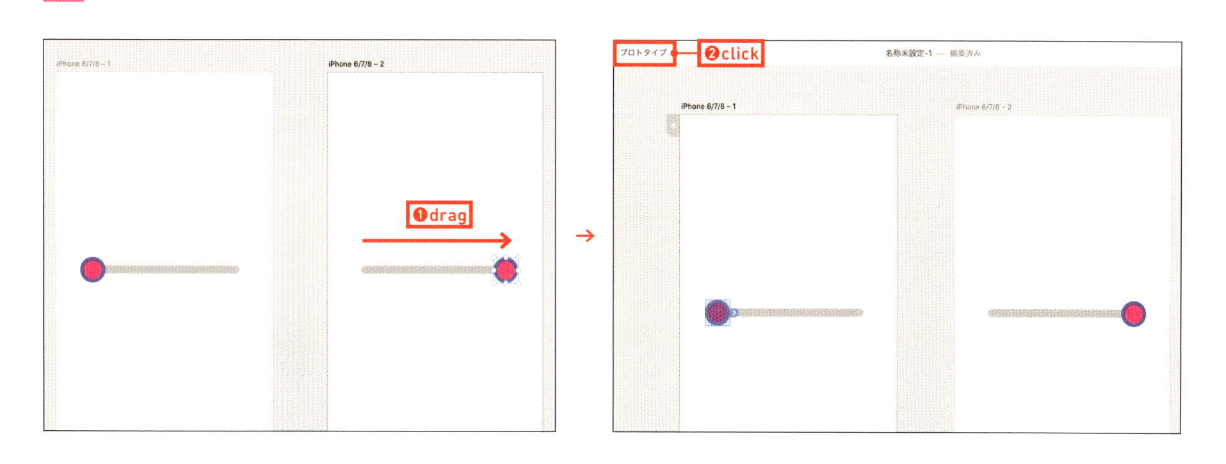

07 ▸ 左側のアートボードのインジケータをクリックして、ハンドルからワイヤーを引き出し、複製したアートボードに重ねてください。[設定] パネルが表示されるので、[トリガー] から「ドラッグ」を選びます。[アクション] は自動的に「自動アニメーション」になります。[イージング] は「スナップ」を選んでください。

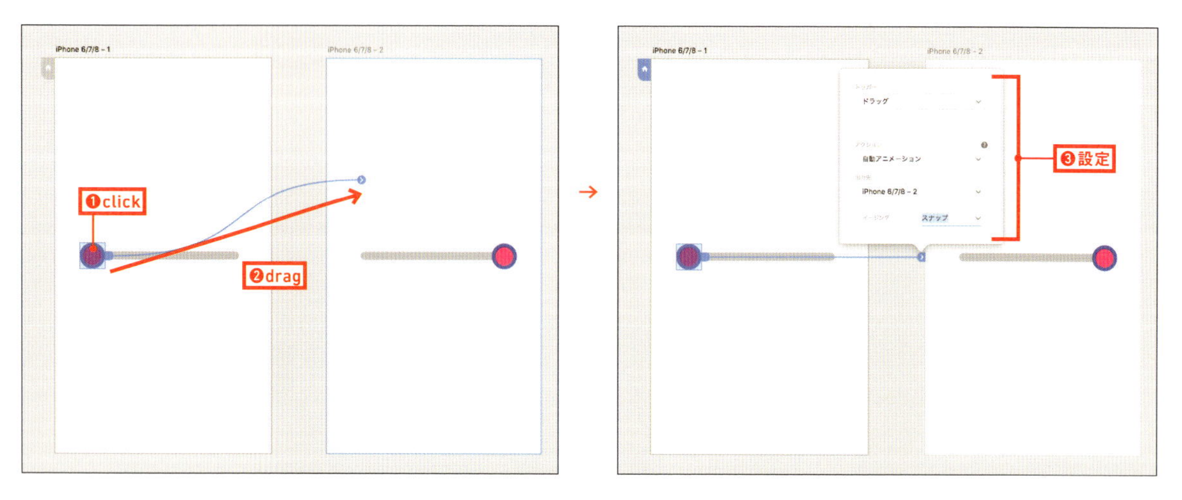

08 ▸ 今度は右側のアートボードです。インジケータをクリックしてワイヤーを引き出し、左側のアートボードに重ねてください。[設定]パネルの内容は同じです。そのまま余白をクリックして閉じましょう。

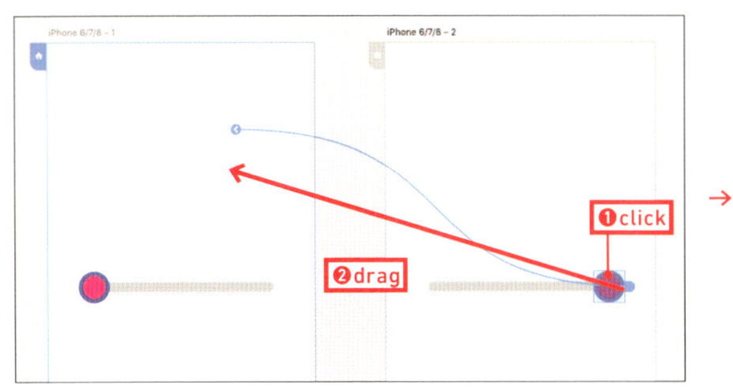

→

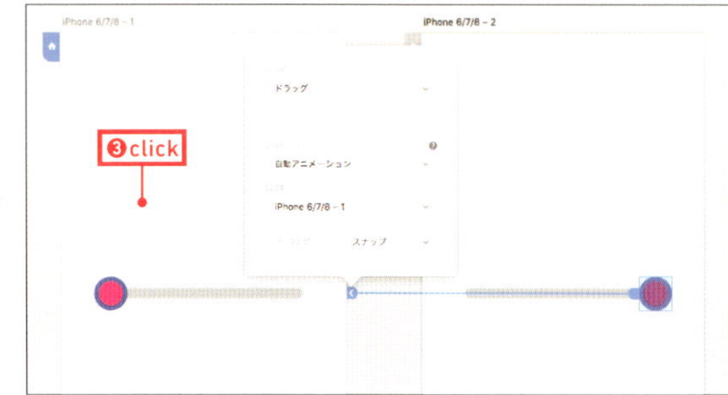

09 ▸ 左側のアートボードをクリックして選択したあと、プレビューして動作を確認します(デスクトッププレビューのアイコンをクリック)。インジケータを左右にドラッグしてみましょう。[イージング]に「スナップ」を設定したので、水平線の端までドラッグしなくても吸い付きます。動きを確認してください。

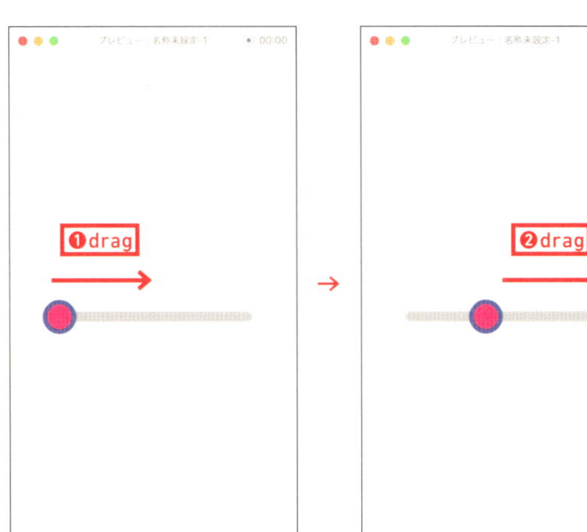

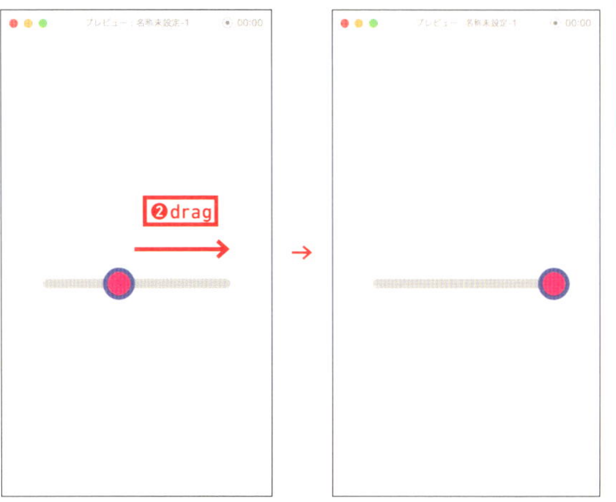

02 プログレスインジケータを作成する

インジケータの動きに連動して(進捗状況を色で表す)プログレスインジケータを追加します。この作業で覚えておいてほしいのは、自動アニメーションの仕様です。この機能は、オリジナル(元のオブジェクト)と複製したオブジェクトの間の動きを自動生成してくれますが、レイヤー名やオブジェクトタイプが異なっていると適用されません。
同じレイヤー名にすれば自動アニメーションは適用されますが、オブジェクトタイプが変わってしまうと設定が無効になります。
たとえば、楕円をダブルクリックして([パス編集モード]に切り替えて)編集すると、オブジェクトタイプが「シェイプ」から「パス」に変わります。この場合は、元の楕円も「パス」に変換するしかありません。ダブルクリックして適当に編集し、Command (Ctrl)+Zキーで元に戻すだけで「パス」に変わります(結果的に見た目の変化はありませんがオブジェクトタイプはパスになります)。

アートボードA　　アートボードB

レイヤー名：楕円形 1　　レイヤー名：楕円形 2

オブジェクトは複製だがレイヤー名が異なるためアニメーションは適用されない

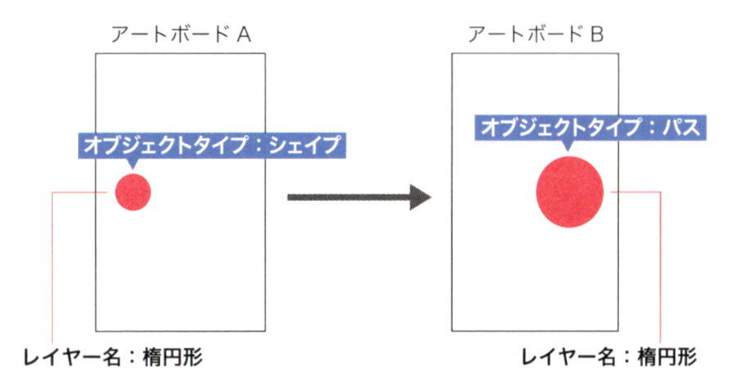

レイヤー名は同じだがオブジェクトタイプが異なるためアニメーションは適用されない

01 ▸ スライダーバーのプログレスインジケータを作成します。プログレスインジケータは実行プロセスの進捗を視覚的に表現したものです。水平線タイプはリニアインジケータと呼ぶこともあります。まず、インジケータの位置を変更しておきます。

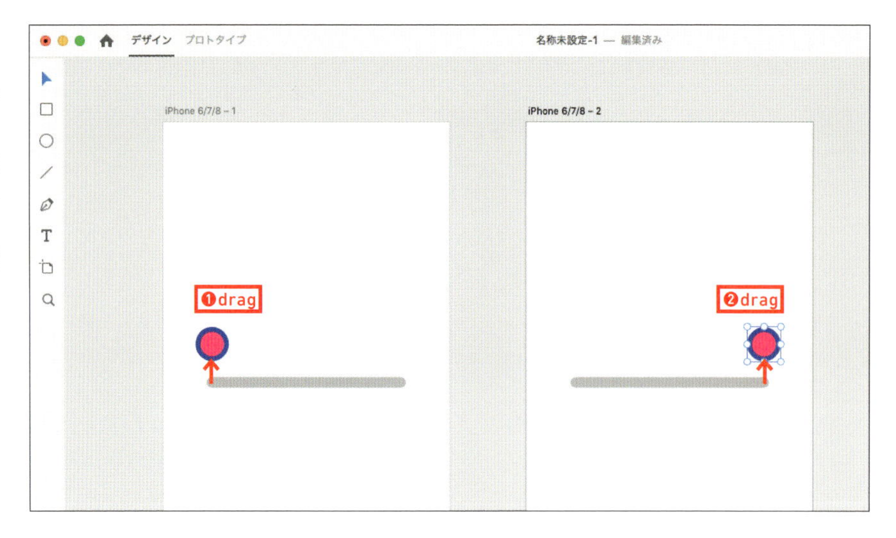

02 ▸ 右側のアートボードの水平線を control キー＋クリック（右クリック）してコピー、続けてペーストしてください。

※ここでは右クリックを使っていますがショートカットキーでもかまいません。

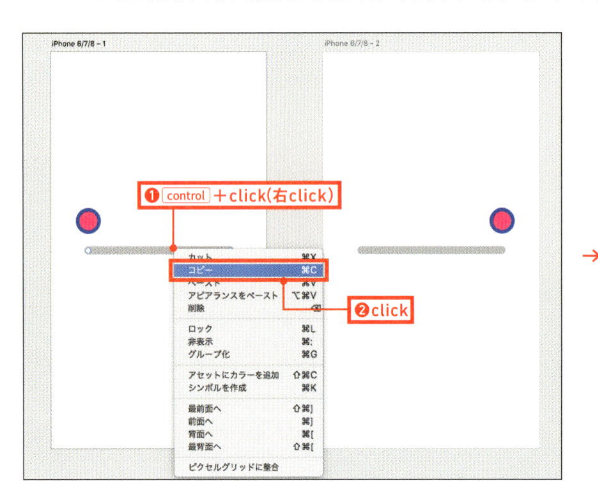

→

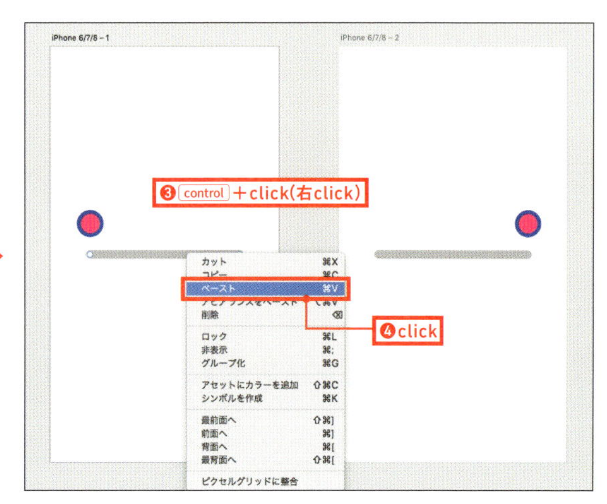

03 ▸ ペーストした水平線が選択されていることを確認して、境界線のカラーピッカーで明るい青を選んでください。 薄いグレーの水平線の上に、明るい青の水平線が重なった状態になっています。

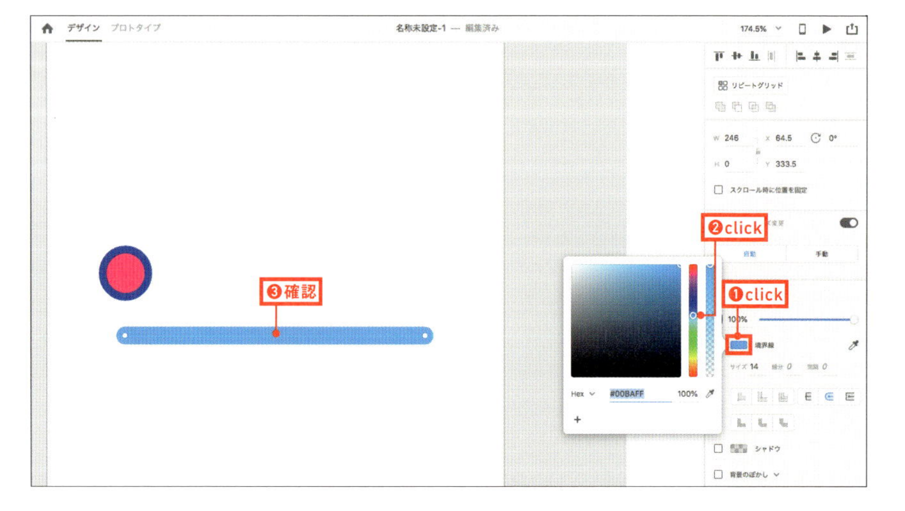

04 ▸ ペーストした水平線をダブルクリックして［パス編集モード］に切り替えます。右端のアンカーポイントをドラッグして縮めてください。長さは図を参考にしましょう（縮めすぎないように注意）。

※この作業でレイヤー名とオブジェクトタイプが変わりましたので、このまま複製すれば問題なく自動アニメーションが適用されます。

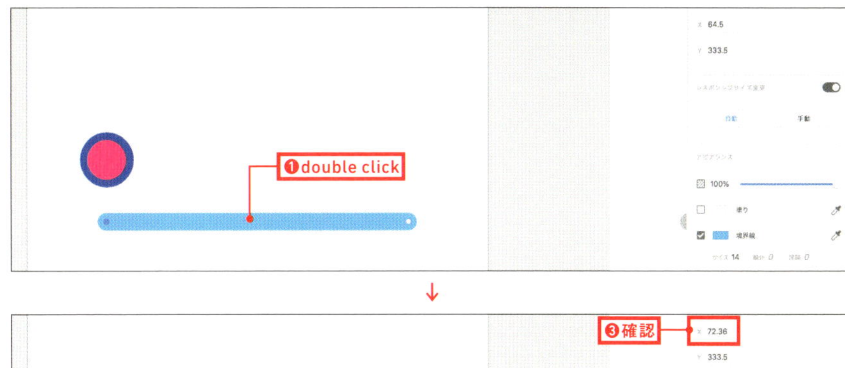

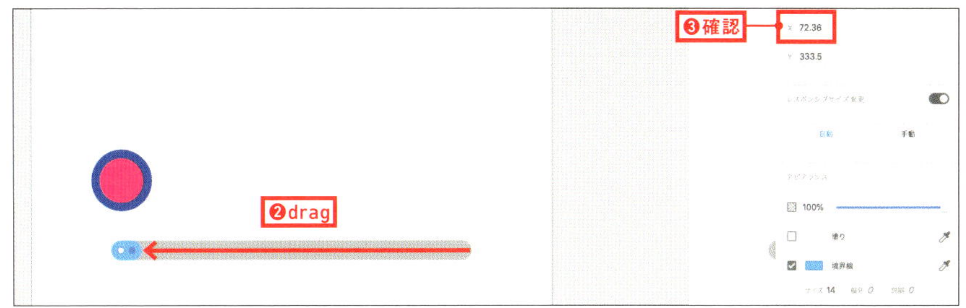

05 ▸ 余白をクリックして［パス編集モード］を解除しておきます。control キー＋クリック（右クリック）して「コピー」を選び、右側のアートボードをクリックして、ペーストします。

※ここでは control キー＋クリック（右クリック）を使っていますがショートカットキーでもかまいません。

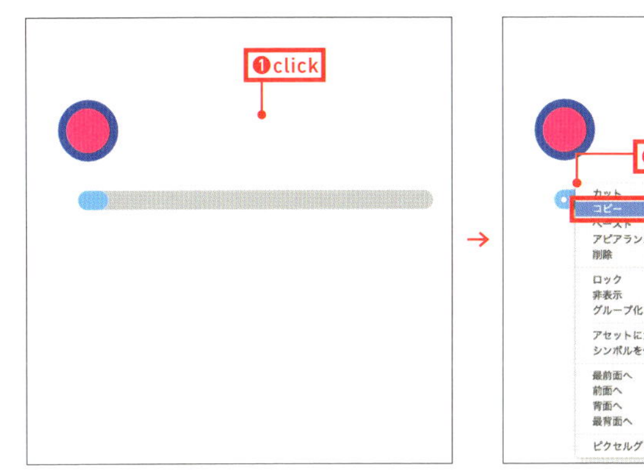

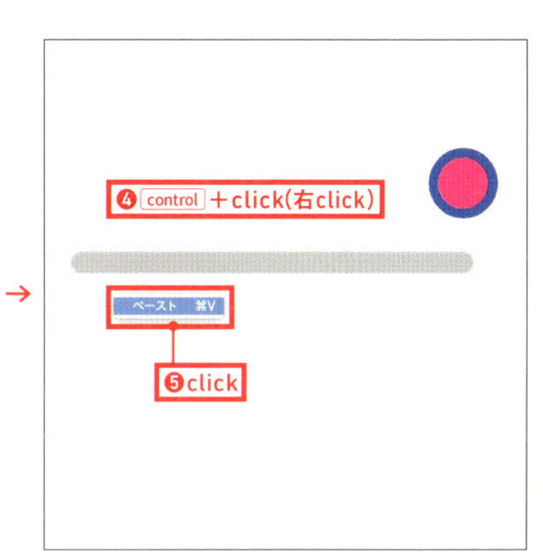

06 ▸ ペーストした水平線をダブルクリックして［パス編集モード］に切り替えます。右端のアンカーポイントをドラッグして引き伸ばしてください。水平線の長さに合わせます。これで、開始と終了のプログレスインジケータが作成できました。自動アニメーションで間の動きを生成します（編集しにくい場合は画面を拡大表示してください）。

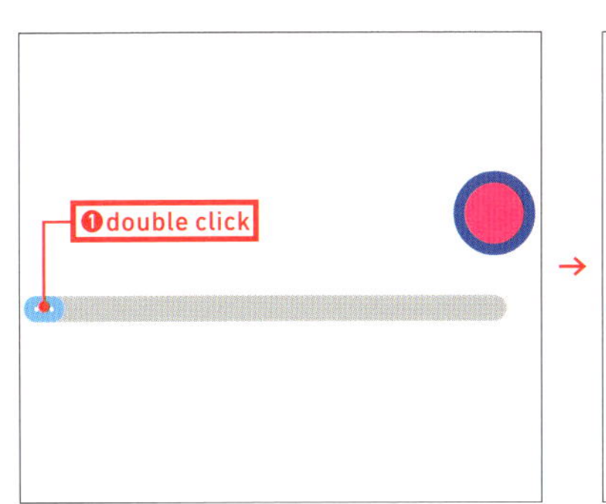

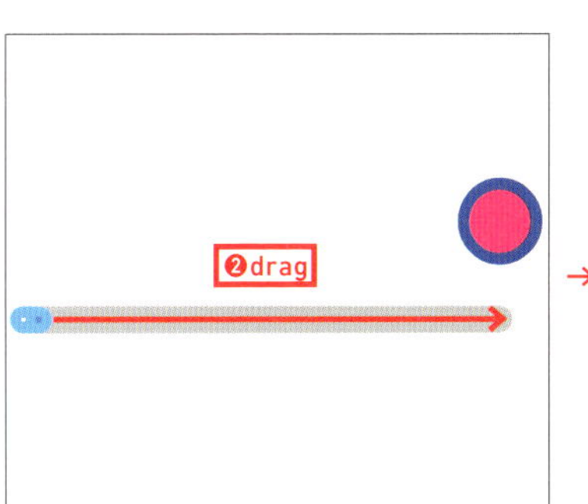

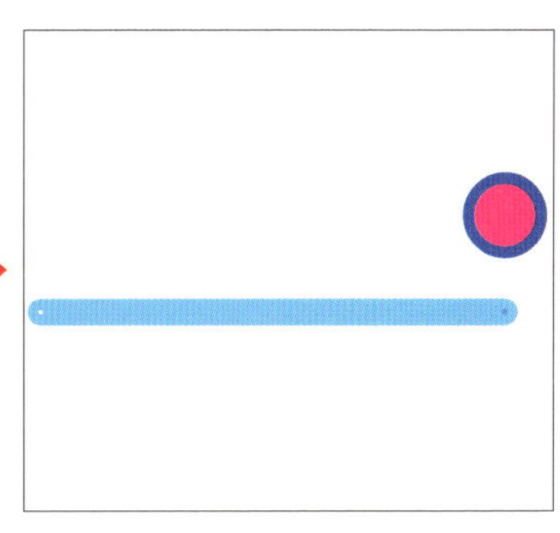

07 ▸ インジケータを元の位置に戻してください。プログレスインジケータの背面になっているので、control キー＋クリック（右クリック）して［最前面へ］を選んでください。

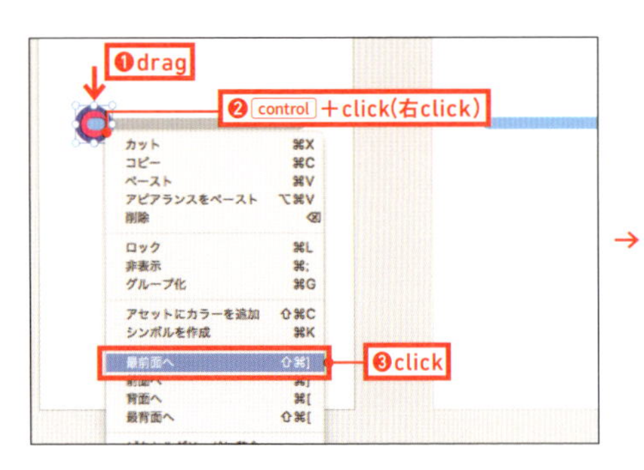

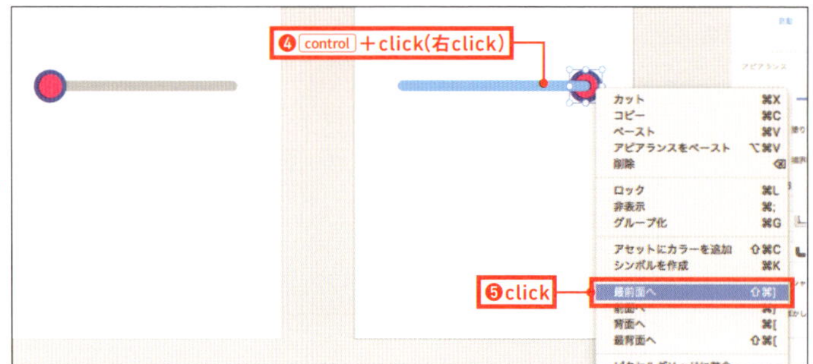

08 ▸ 左側のアートボードをクリックして選択したあと、プレビューして動作を確認します。インジケータを左右にドラッグしてみましょう。実行プロセスの進捗を表すプログレスインジケータも連動します。

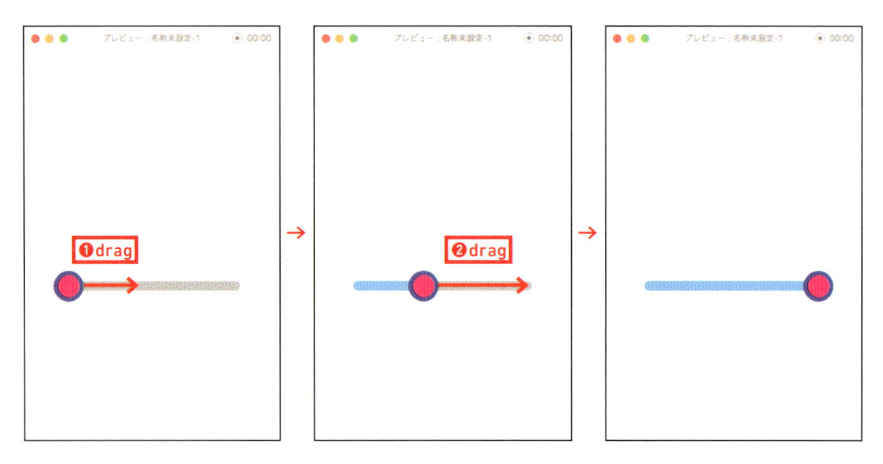

02 お気に入りのインタラクション

01 アイコンを設定する

SNSのアプリではお馴染みの「お気に入り」アイコンに動的表現を付加します。ここでは、お気に入りアイコンをハートマークで表現しています。枠線だけのハートマークをクリックすると、アイコンが振動して、塗りが白のハートマークに変わります。このプロセスを、自動アニメーションを使って表現します。

01 ▸ 「4-05」のレッスンデータを開いてください。「4-5-1.xd」をダブルクリックして表示します。ソーシャルアプリのタイムラインを表現したプロトタイプが表示されます。アートボードを複製するので、ワークエリアを縮小表示しておきましょう。

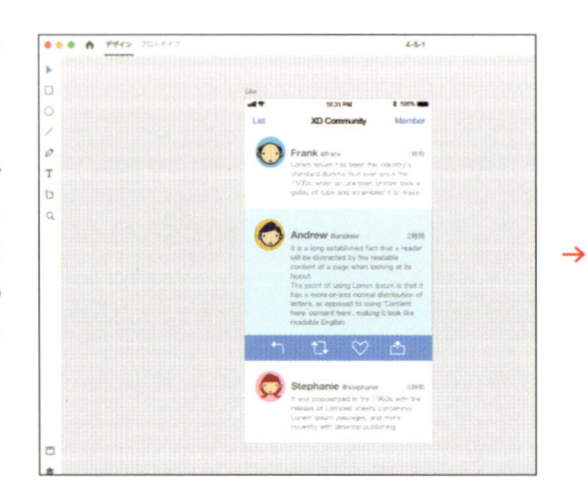

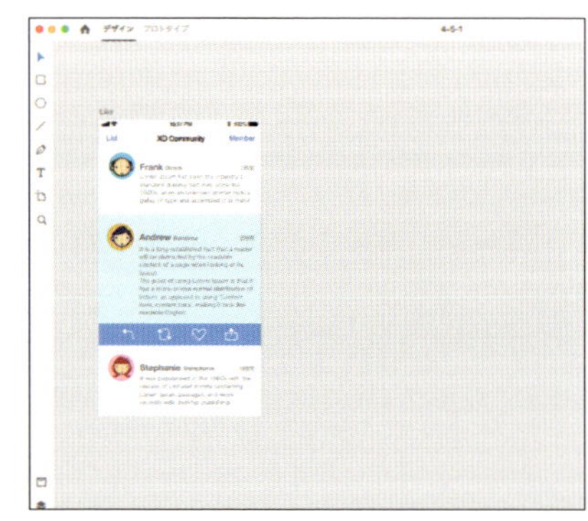

02 ▸ アートボードを2つ複製してください。Option（Alt）キーを押しながらアートボード名をドラッグします。

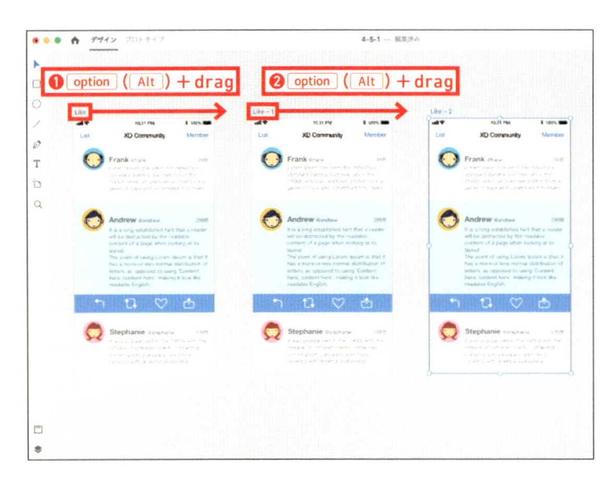

03 ▸ 中央のアートボードを拡大表示してから、ハートマークをダブルクリックして選択してください。

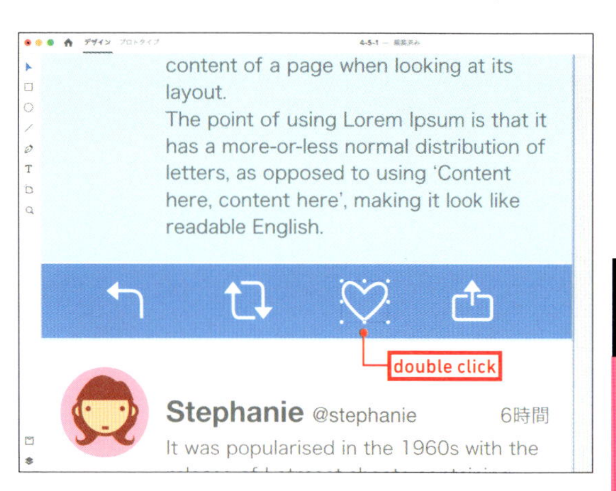

04 ▸ プロパティインスペクターで［塗り］のカラーピッカーで白を選んでください。続けて、角のアンカーポイントをドラッグして、少し拡大します。大きさは図を参考にしましょう。

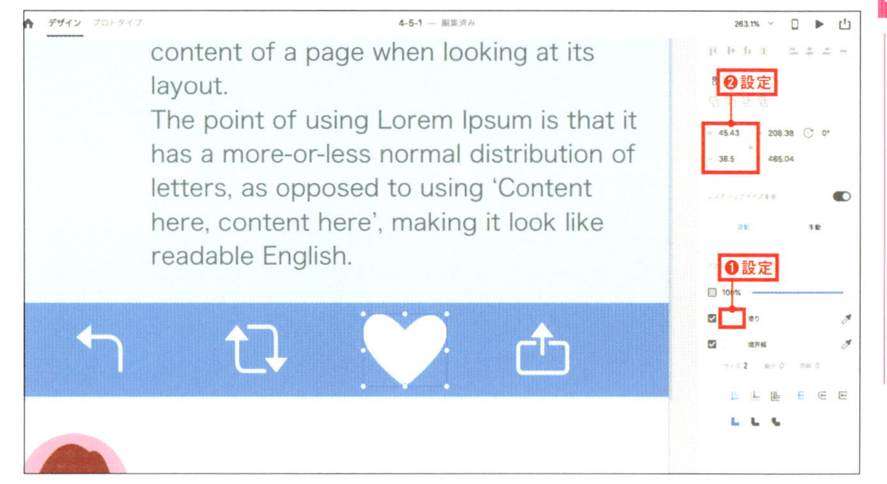

05 ▸ 次は右側のアートボードを拡大表示してから、ハートマークをダブルクリックして選択してください。同様に、［塗り］のカラーピッカーで白を選びます。

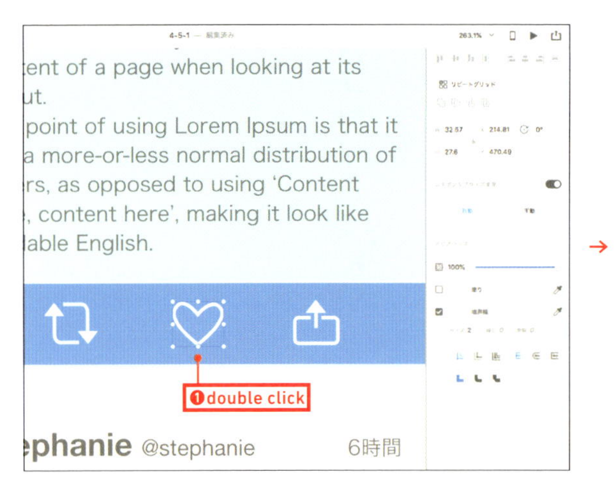

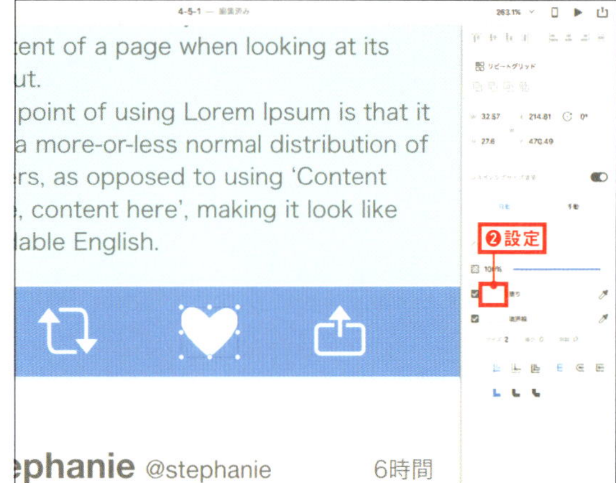

06 ▸ プロトタイプモードに切り替えてください。左側のアートボードのハートマークをダブルクリックして選択します。ワイヤーを引き出して、中央のアートボードに重ねましょう。

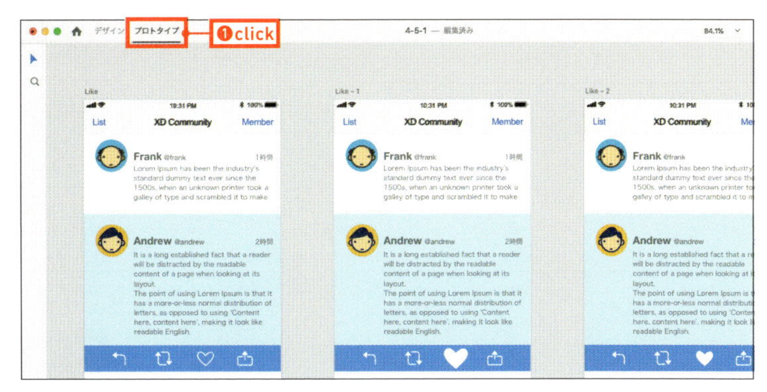

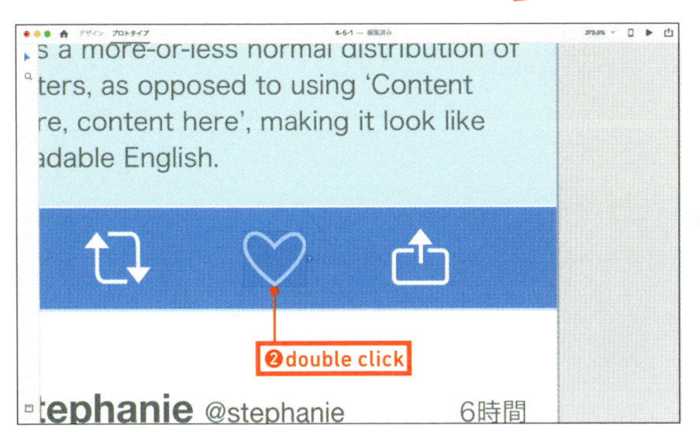

07 ▸ ［設定］パネルが表示されます。［トリガー］は「タップ」、［アクション］は「自動アニメーション」、［イージング］は「バウンス」を設定し、継続時間に「0.3」を入力してください。

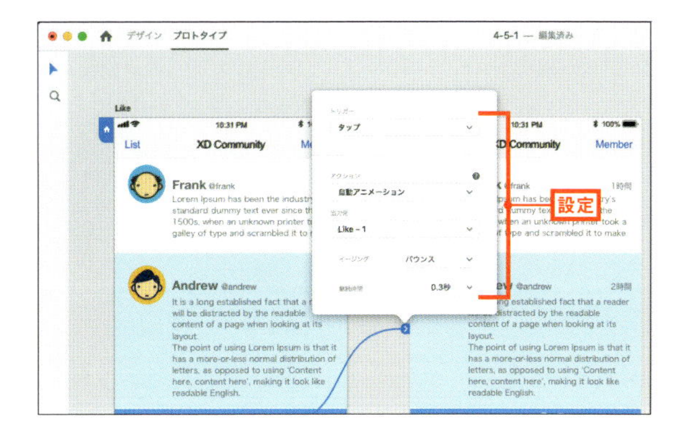

08 ▸ 中央のアートボード名をクリックして、ハンドルからワイヤーを引き出し、右側のアートボードに重ねましょう。

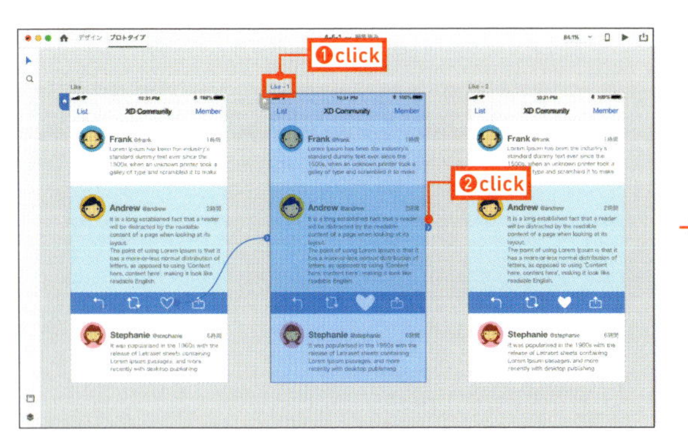

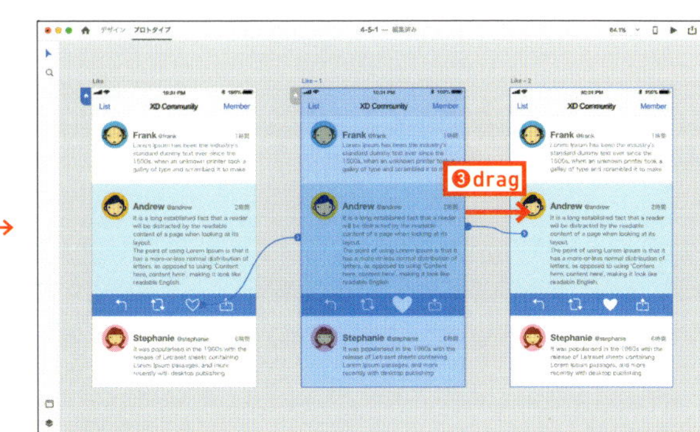

09 ▶ [設定] パネルが表示されます。[トリガー] は「時間」、[ディレイ] は「0秒」、[アクション] は「自動アニメーション」、[イージング] は「なし」を設定し、[継続時間] に「0」を入力してください。

10 ▶ 右側のアートボードのハートマークをダブルクリックして選択し、ワイヤーを引き出し、左側のアートボードに重ねましょう。

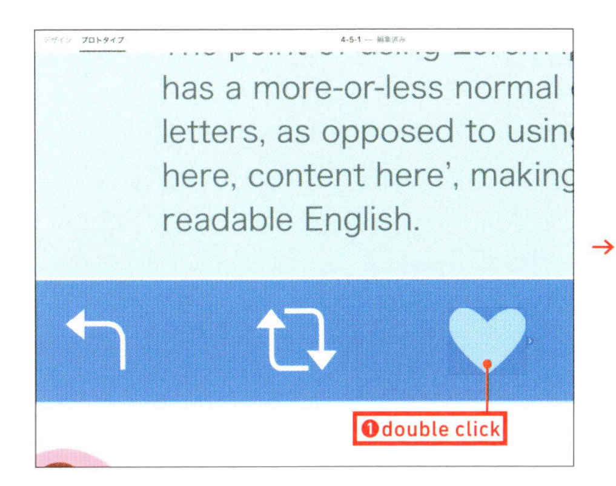

→

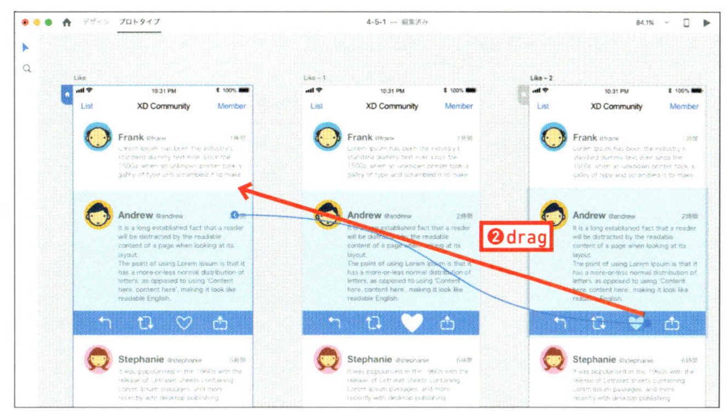

11 ▶ [設定] パネルが表示されます。[トリガー] は「タップ」、[アクション] は「自動アニメーション」、[イージング] は「なし」を設定し、[継続時間] に「0」を入力してください。

12 左側のアートボードをクリックして選択したあと、プレビューして動作を確認しましょう。ハートマークをクリックすると、振動して、塗りが白のハートマークに変化します。ハートマークの振動は大きさとイージングの設定（バウンス）で表現しています。もう一度、ハートマークをクリックすると、境界線だけのハートマークに戻ります。

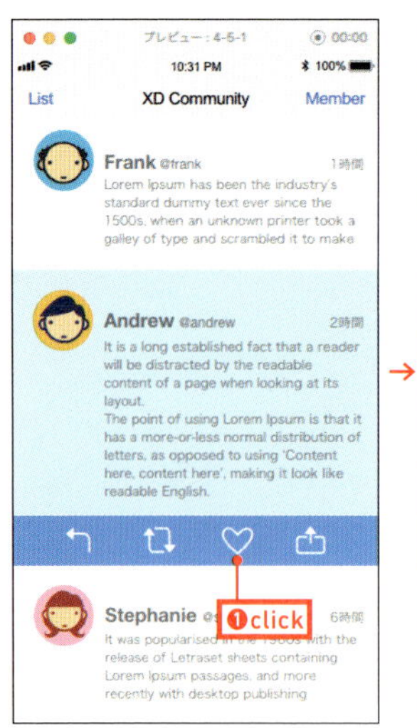

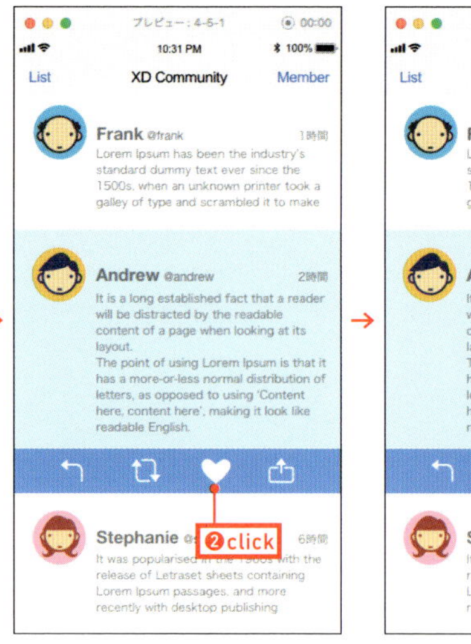

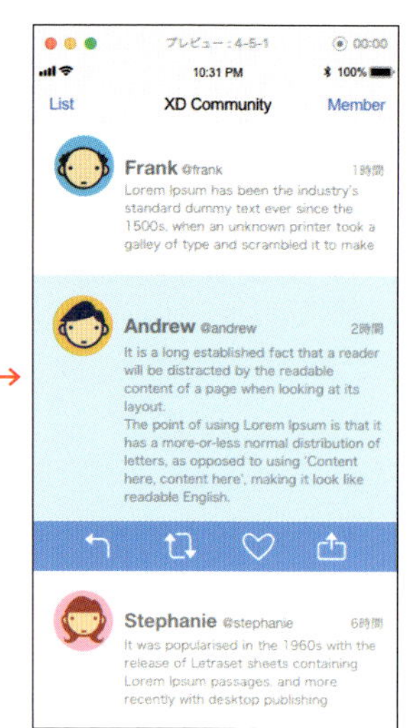

13 ここまでを保存しておきましょう。[ファイル] メニュー→[別名で保存]を選び、「4-5-1-step01」という名前を付けて保存してください。

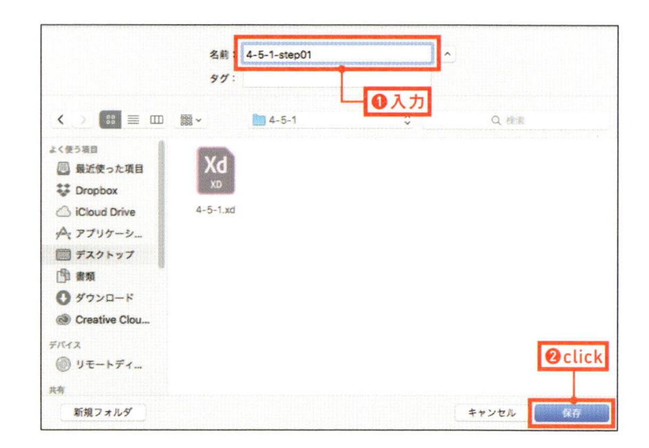

02 アイコン表示を追加する

お気に入りのアイコンをクリックすると、枠線のハートマークから塗りが白のハートマークに変化する仕組みは完成しました。次は、投稿のテキスト部分にハートマークを表示します。投稿後の経過時間を表示している箇所に小さな赤いハートマークを追加します。

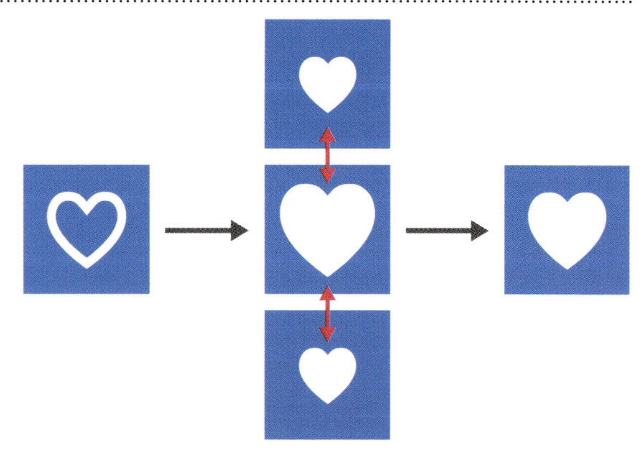

ハートマーク（枠線のみ）をクリックすると、振動を表現したアニメーション（一瞬の動き）があり、白い塗りのハートマークに変わる

01 ▸ 右側のアートボードのテキストをダブルクリックして選択してください。続けて「2時間」の部分をダブルクリックして選択します。

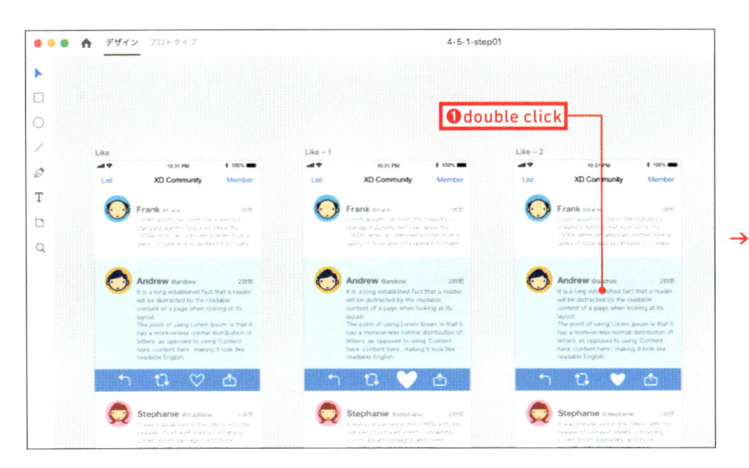

→

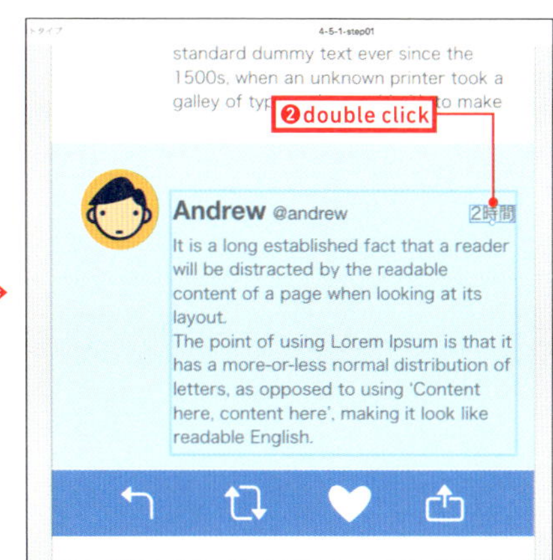

02 ▸ キーボードのカーソルキー（⇐キー）で左方向に移動させてください。移動距離は図を参考にしましょう。

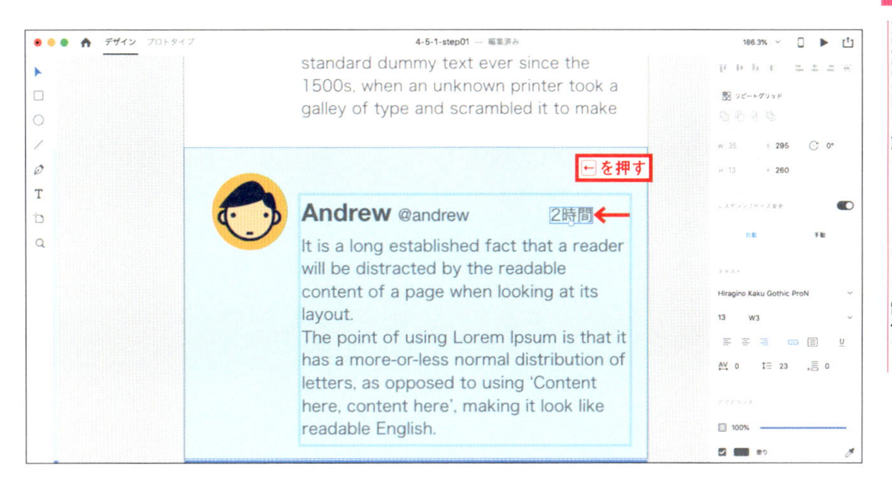

03 ▸ ハートマークのアイコンをダブルクリックして選択し、control キー＋クリック（右クリック）でコンテキストメニューから「コピー」を選びます。続けてペーストします。

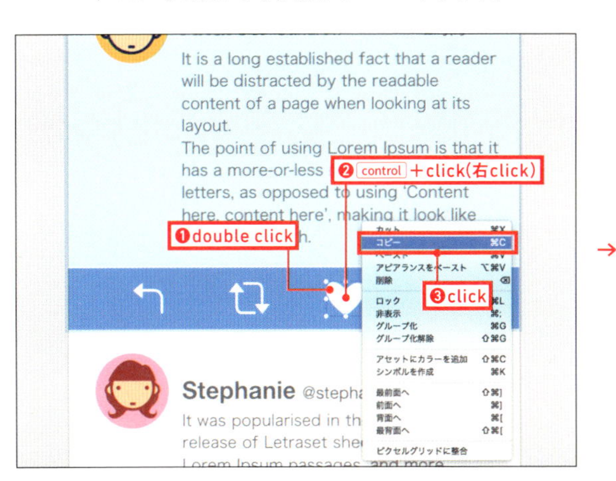

→

実践 > PART 4 Adobe XDで動くプロトタイプを制作する

04 同じ位置にペーストされるので、テキストの領域にドラッグしてください。

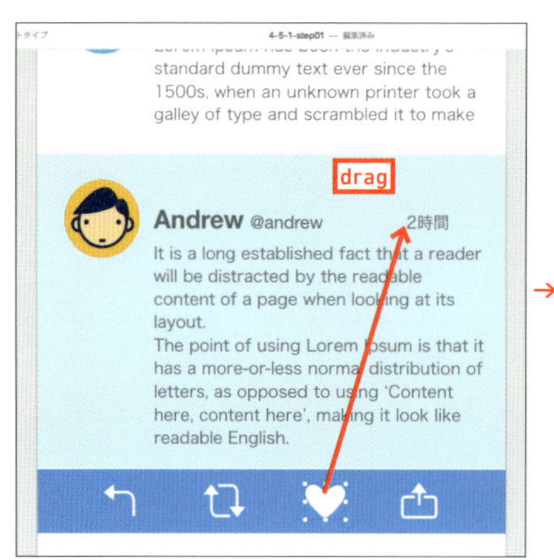

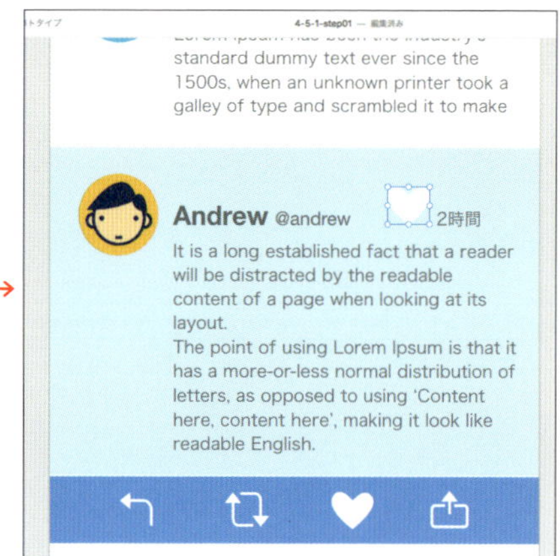

05 コピーしたハートマークの塗りと境界線を赤に変更しましょう。プロパティインスペクターの［塗り］と［境界線］のカラーピッカーを使って赤を選びます。

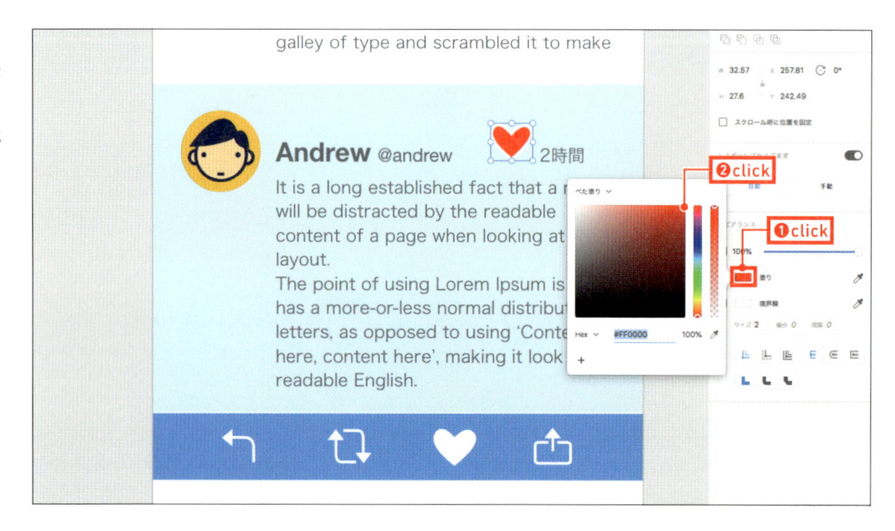

06 テキスト「2時間」の右側に移動させてから、少し縮小します（shift キーを押しながら角のアンカーポイントをドラッグ）。大きさは図を参考にしてください。

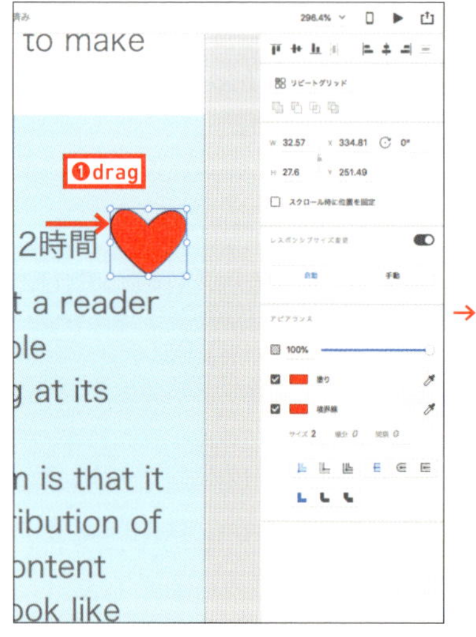

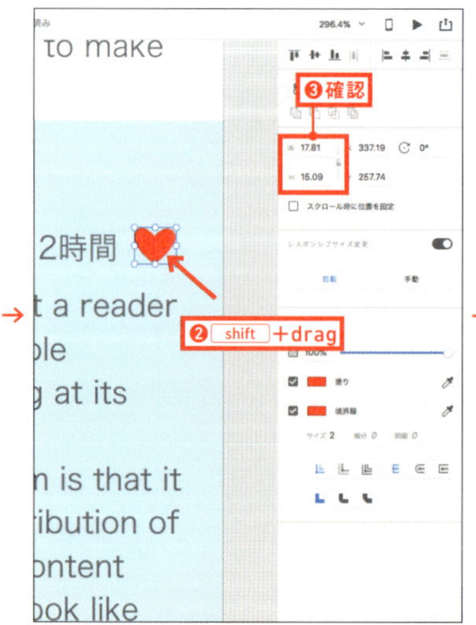

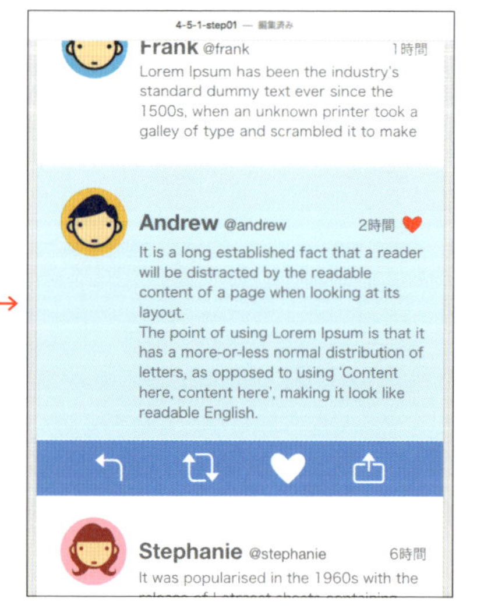

07 右側のアートボードの編集内容を確認しておきましょう。テキストの「2時間」の右側に赤いハートマークが配置されています。

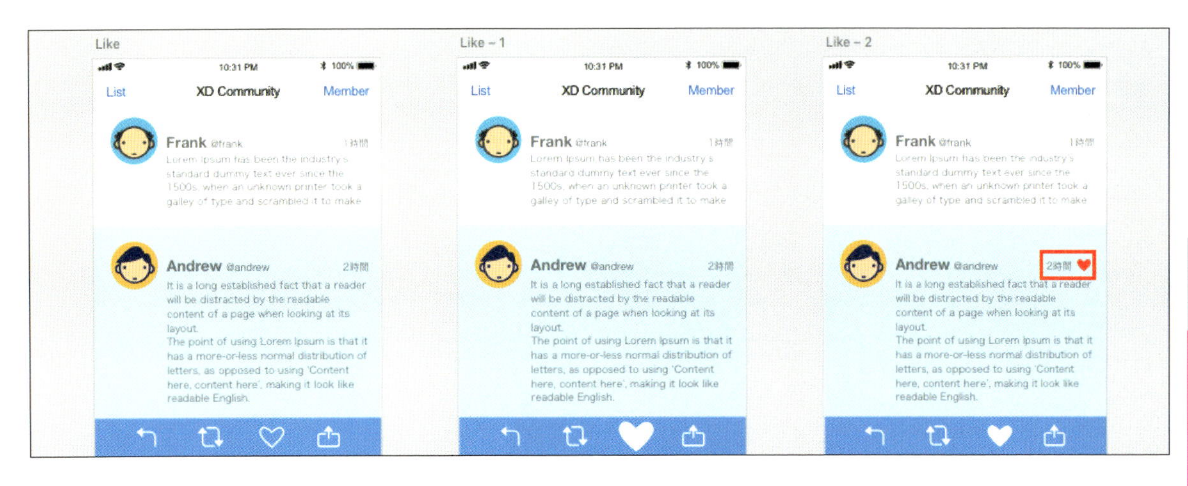

08 それではプレビューで確認してください。ハートマークをクリックすると、振動して、塗りが白のハートマークに変化します。そして、時間表示（「2時間」の部分）の右側に赤いハートマークが付きます。もう一度、ハートマークをクリックすると、境界線だけのハートマークに戻り、赤いハートマークも消えます。

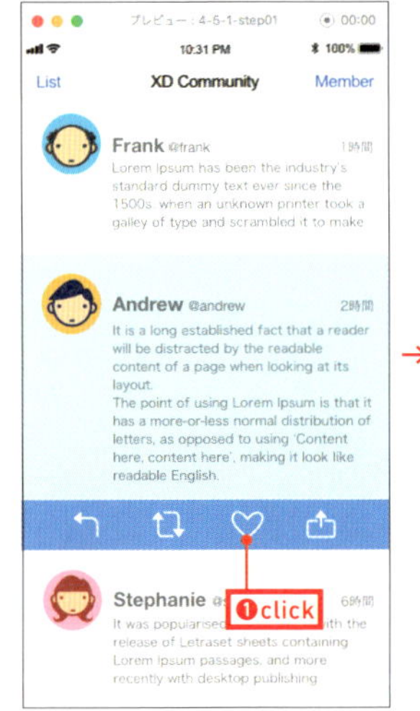

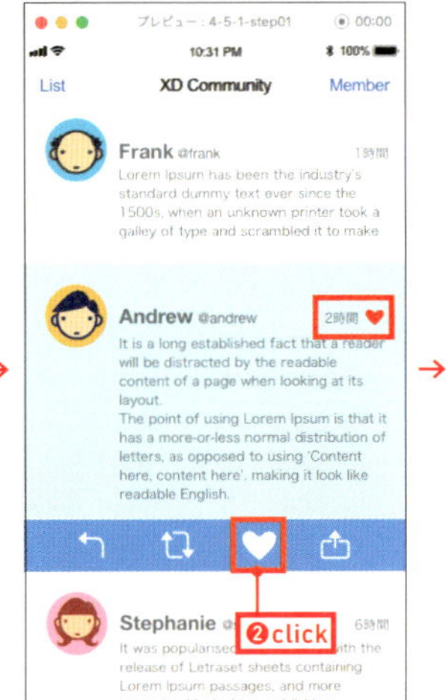

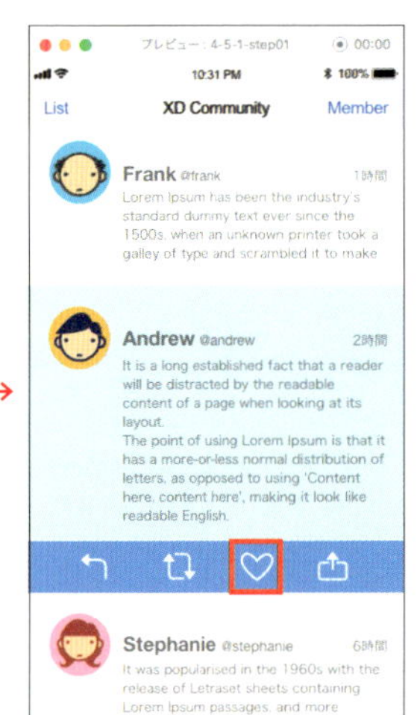

09 保存しておきましょう。別名で保存を選び、「4-5-1-step02」という名前を付けて保存してください。

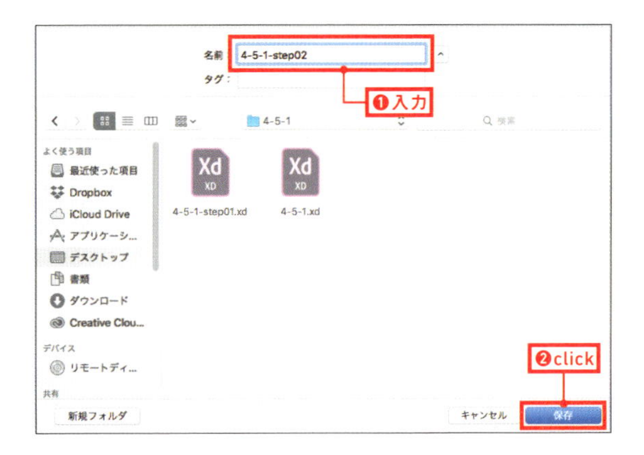

ここで紹介した方法は、今後のXDのアップデート（およびプラグイン）によって、もっと効率よく作成できるようになる可能性があるので、サポートサイト（http://design-zero.tv/AdobeXD/）で最新の情報を確認してください。

Point　XDのシェイプアニメーション

XDの自動アニメーション機能は、Animate CC（アニメーションを作成するアプリ）と同等レベルのシェイプトゥイーンアニメーションを作成することができます。長方形や楕円形をダブルクリックして［パス編集モード］に切り替え、アンカーポイントを追加しながら複雑な形状に変化させることで、モーションデザインの省力化を実現します。自動アニメーション機能の仕様を理解していれば、誰でも簡単に作成することができます。
このサンプルは、サポートサイトで公開されていますので、実際の動きを確認してください。

Learn Adobe XD
http://design-zero.tv/AdobeXD/

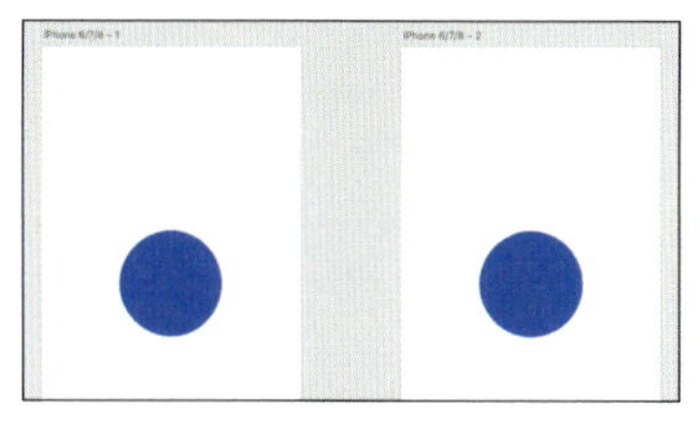

楕円（シェイプ）を描いて複製する

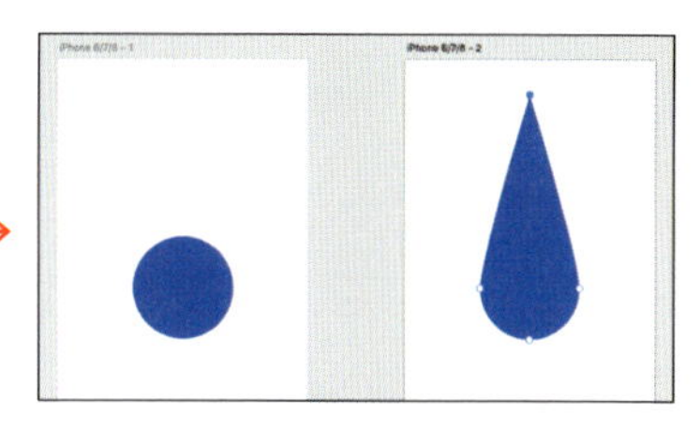

複製した楕円を変形する。この作業で楕円のオブジェクトタイプは「シェイプ」から「パス」に変わる

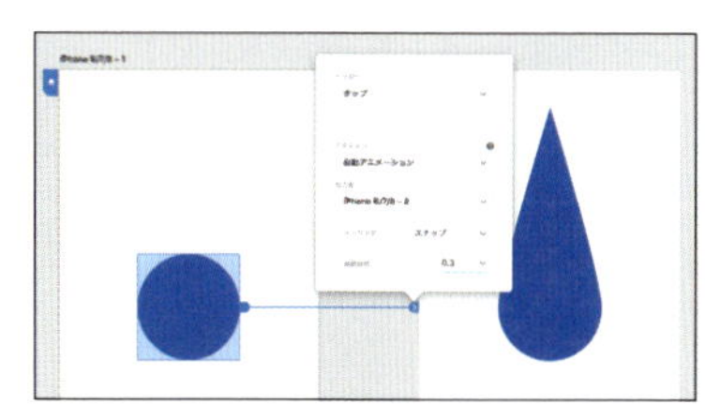

［トリガー］は「タップ」、［アクション］は「自動アニメーション」、［イージング］は「スナップ」を設定。2つの楕円のオブジェクトタイプが異なるため、アニメーションは適用されない

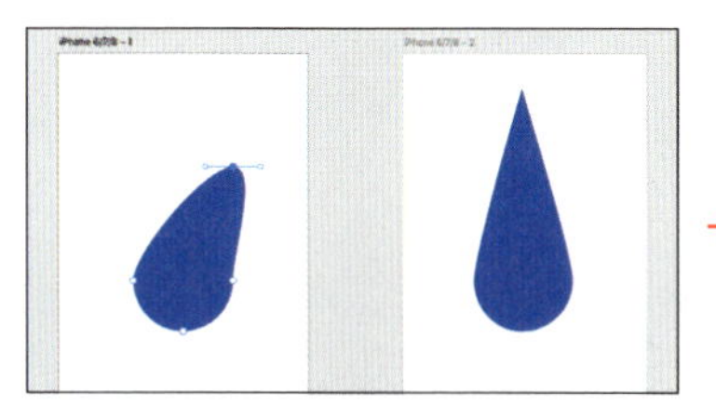

元の楕円も変形させ、command（Ctrl）+Zキーですぐ前の状態に戻す（つまり結果的に何も変わらない）。これで2つとも「パス」になったので、設定したアニメーションが適用される

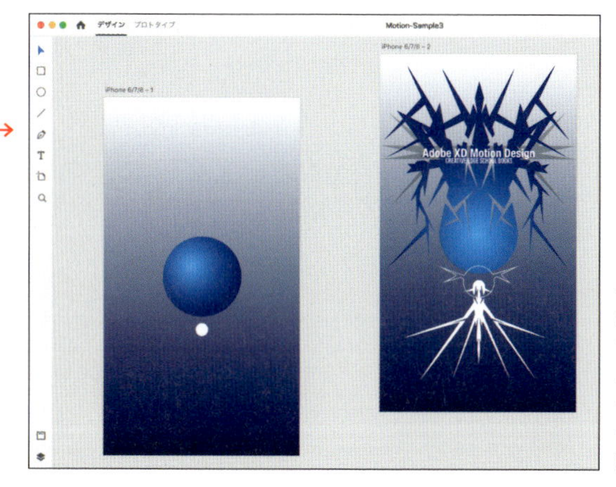

あとは、どんなに複雑な変形処理をしてもスムーズにアニメーションする。この作品は、アンカーポイントを増やしながら形状を変化させた

まとめ

［1］ **自動アニメーションは、レイヤー名やオブジェクトタイプが異なっていると適用されない**

［2］ **長方形や楕円形などをダブルクリックして（［パス編集モード］に切り替えて）編集すると、オブジェクトタイプが「シェイプ」から「パス」に変わる**

［3］ **自動アニメーション設定後、オブジェクトタイプが変わってしまうと設定が無効になってしまう**

［4］ **もし、オブジェクトタイプが「シェイプ」から「パス」に変わった場合は、元のオブジェクトも「パス」に変換しておく**

応用

>PART 5

ケーススタディで作業の進め方を学ぶ

ランディングページは通常、シングルページサイトとして設計され、スクロール効果などの演出を施すことが多いため、低忠実度のプロトタイプでもインタラクティブレベル／ファンクショナルレベルを高くします。ただし、ファーストビューのイメージを重要視する場合は、高忠実度のプロトタイプも作成します。PART5ではこの作り分けを実際に体験します。

>PART 5

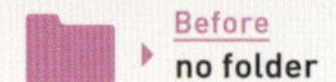
Before
no folder

After
5-01F

01 ランディングページのプロトタイプを作成する

XDはユーザーの声を聞きながら「必要な機能だけ」を毎月のアップデートで追加しているツールです。マニュアルを見ながら習得していくタイプのツールではなく、触りながら覚えていく（ケーススタディで学ぶ） 実践的なツールです。まずは、実際に作成していきましょう。

1. ランディングページのプロトタイピング制作の流れを確認する
2. プロトタイプには簡易的なもの（低忠実度の試作品）と本物に近いもの（高忠実度の試作品）があり、はじめは低忠実度のプロトタイプを作成する
3. 低忠実度でインタラクティブレベル／ファンクショナルレベルが高いプロトタイプの作り方を学ぶ

ランディングページのプロトタイプ作成の流れ

この章は「ケーススタディで学ぶ」レッスンです。XDの個々の機能を習得するのではなく、実際にプロトタイプを作成することで「作業の流れ」に沿った「必要な機能の見極め」や「機能間のつなぎ」など、プロトタイピングの総合力を獲得するための内容になっています。
XDは「ラピッドプロトタイピング（素早くプロトタイプを作成する）」を実現するために、ほとんどの操作を簡素化しています。メニューを開いてコマンドを選択するより「ショートカットキー」を使う、ダイアログを使って画像ファイルを読み込むより「ドラッグ＆ドロップ」で配置する、ツールアイコンをクリックするより「ダブルクリック」で切り替える等々、徹底的に操作を省力化しているのがXDの大きな特徴だといえるでしょう。自分に適したXDの作法を見つけるためのきっかけにしてください。

01 プロトタイプの忠実度を決める

プロトタイプ制作といってもさまざまなレベルがあります。PART2の復習になりますが、忠実度や各種レベルについて確認しておきましょう。
プロトタイプには、簡易的なもの（低忠実度の試作品）と本物に近いもの（高忠実度の試作品）があります。プロジェクトの初期フェーズは、まだアイデアの段階ですから紙にペンで描いたり、ワイヤーフレームで表現するなど、低忠実度のプロトタイピングになります。いきなり、本格的に作り込むようなことはありません。

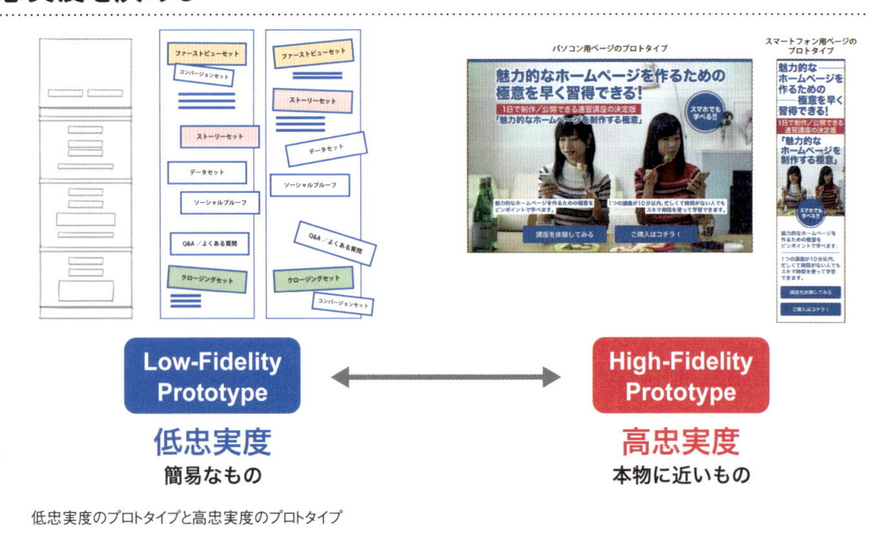

低忠実度のプロトタイプと高忠実度のプロトタイプ

ただし、低忠実度のプロトタイプでも「実際に動かすことができる」インタラクティビティ・レベルが高いものを作成することがあります。
たとえば、見た目が骨組みの状態でも、ボタンをクリックして画面を切り替えたり、画面をスワイプを可能にして、使いやすさを確認できるようにするわけです。ビジュアルデザインより、ユーザビリティを重視したプロダクトの場合はこのようなプロトタイピングが採用されます。

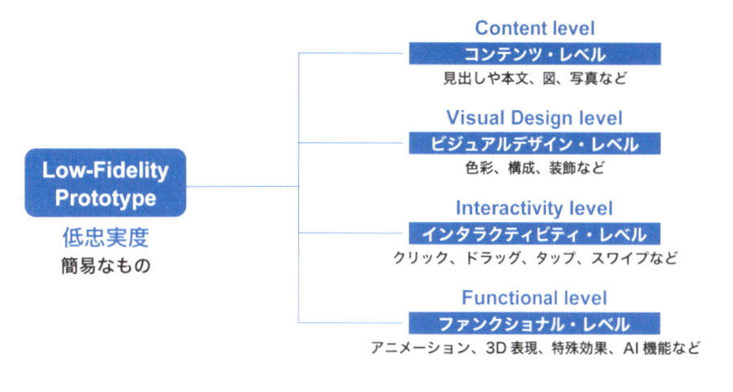

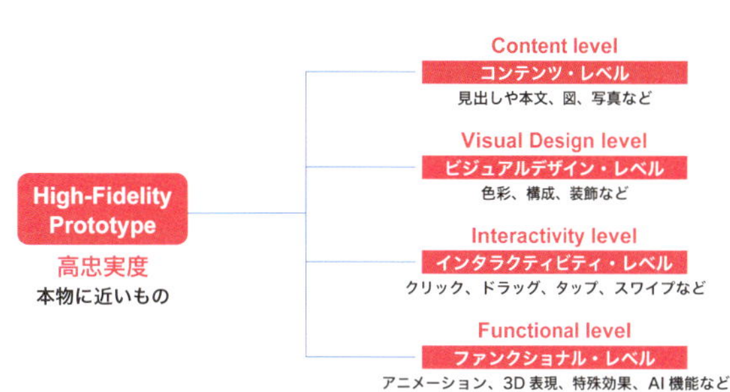

低忠実度のプロトタイプであっても、「インタラクティビティ・レベル」や「ファンクショナル・レベル」を、プロジェクトの目的に応じて高く設定する場合がある

02 ランディングページ・プロトタイプの忠実度と各種レベル

この章では、講座の受講者を集めることを目的とした教育サービスのランディングページを作成します。具体的には「低忠実度のプロトタイプ」でインタラクティビティ・レベル、およびファンクショナル・レベルを高めに設定しています。コンテンツ（見出しや本文、図版など）は省略し、ビジュアルデザインも行いませんが、ドラッグして画面をスライドさせたり、ボタンをクリック（タップ）して自動スクロールさせることが可能なプロトタイプを作成します。
また、ファーストビューのみ「高忠実度のプロトタイプ」を作成して、完成品に近いビジュアルイメージまで進めます。

どちらもプロジェクトの初期フェーズで必要なプロトタイプです。視差効果を多用したシングルページサイトなどは、通常のページスクロールではイメージしにくいため、完成版に近い機能を持っていた方が検証に役立ちます。プロジェクトの後半になるほど手戻りのリスクが高くなるので、この段階でチーム内のコンセンサスを得られた方がスムーズに作業が進みます。
ビジュアルのイメージについては、ランディングページの「顔」といえるファーストビューを高忠実度にすることで、より具体的なデスカッションが可能になります。

この章で作成するプロトタイプ

1. ドラッグジェスチャーとボタンでページを自動スクロールできる「低忠実度のプロトタイプ」を作成する
2. ランディングページのファーストビューを「高忠実度のプロトタイプ」で作成する

03 ドラッグジェスチャーとボタンで自動スクロールできる「低忠実度のプロトタイプ」

プロトタイピングの流れを確認しておきましょう。1つひとつの作業は初心者でもこなせる難易度の低いものですが、「なぜ、この機能を使っているのか」を理解しながら進めることが重要になります。

1. 背景画像とキャッチコピーを配置する
2. サブキャッチコピーを配置する
3. リード文を配置する
4. コンバーションボタンを作成して配置する
5. ラベルを作成して配置する
6. レイヤー名をわかりやすい名前に変更する

ドラッグジェスチャーとボタンで自動スクロールするシングルページサイトのプロトタイプ

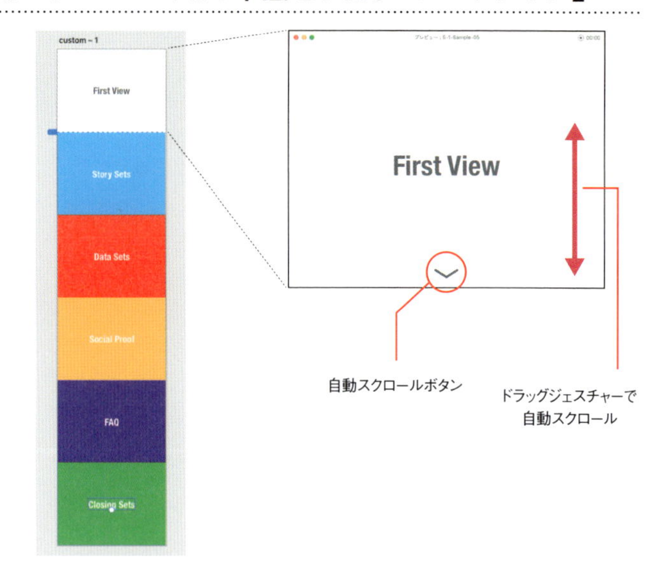

シングルページサイトを6つのセクションに分けて、それぞれの画面にドラッグジェスチャーを設定し、自動スクロールのボタンを配置している

01 ページスクロールのプロトタイプを作成する

01 ランディングページの6つのセクションを作成する

01 XDを起動して、ホーム画面の［カスタムサイズ］に数値を入力してください。［W］に「800」、［H］に「600」を入力して［アートボード］アイコンをクリックします。

02 設定したサイズのアートボードが作成されます。ここでは、作業の効率性を重視して、アートボードを実際のページサイズより小さく設定しました。

03 アートボードの高さを変更します。プロパティインスペクターの [H] には「600」と入力されていますが、「600*6」と入力して return（Enter）キーを押してください。

※「*6」（記号（アスタリスク）と6）は、「×6」と同じです。つまり、「600×6=3600」pxとなります。実行後、[H] の数値を確認してください。

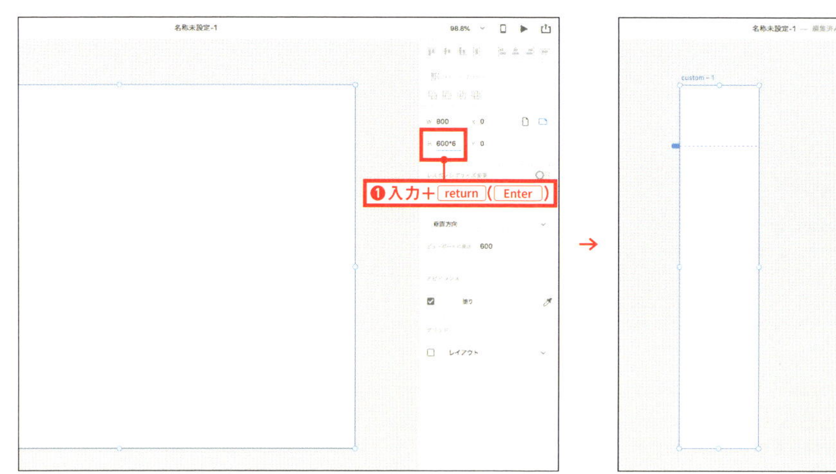

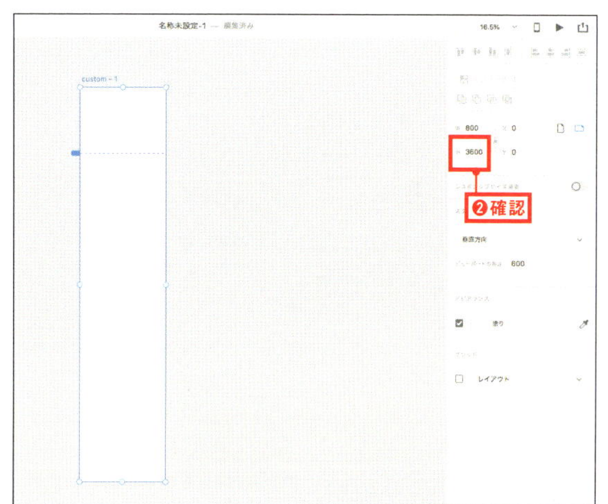

04 [長方形] ツール□で矩形を描きます。アートボードのサイズにあわせてください。プロパティインスペクターの [W] は「800」、[H] は「600」になります。

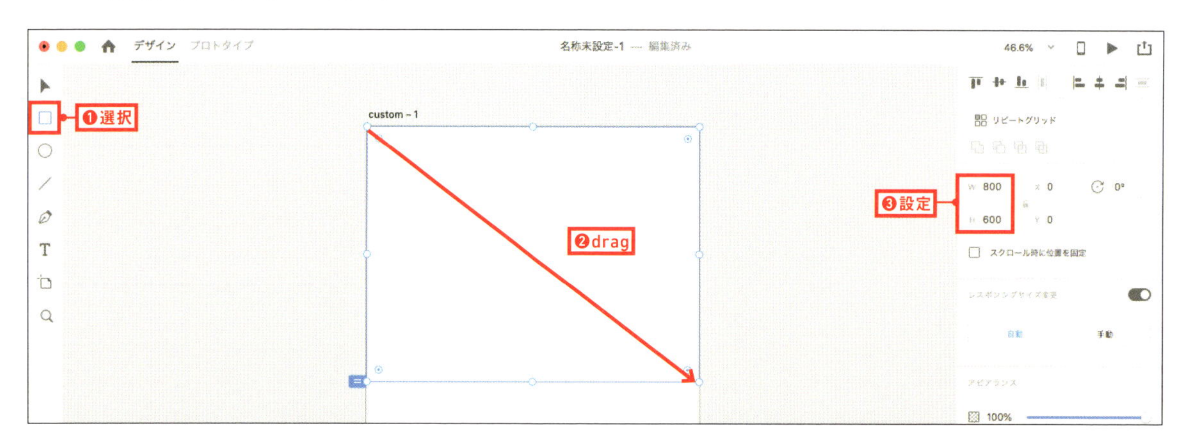

05

描画した長方形を複製します。option（Alt）キーを押しながら下方向にドラッグしてください。複製した長方形の上辺は、上から「600」pxの位置に合わせます。同じ作業を4回繰り返して、アートボードの最下部まで複製を続けましょう。

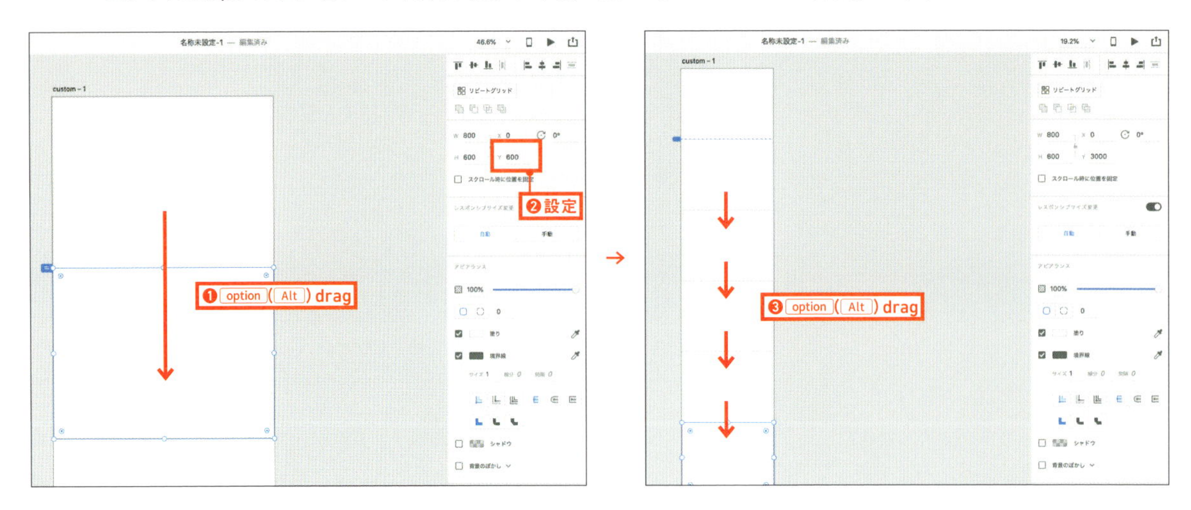

06

2番目の長方形を選択して［塗り］の色を設定します。［塗り］のカラーピッカーから明るい青を選んでください。あとは順番に赤、黄色、紫、緑を設定します。色は図を参考にしましょう。ランディングページの6つのセクションが作成できました。

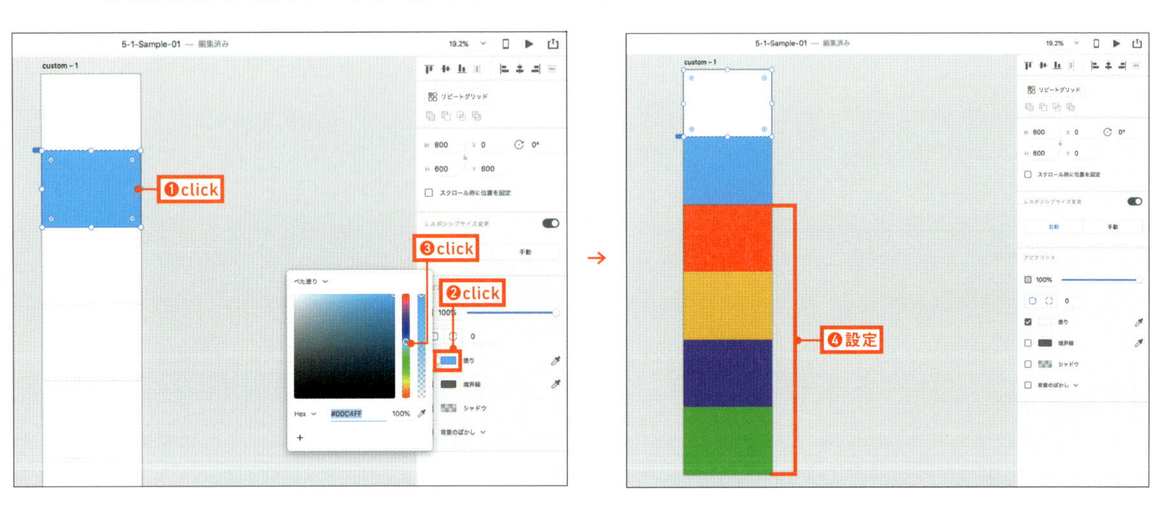

07

プレビューして確認します。高さ「3600」pxのWebページをスクロールできます。

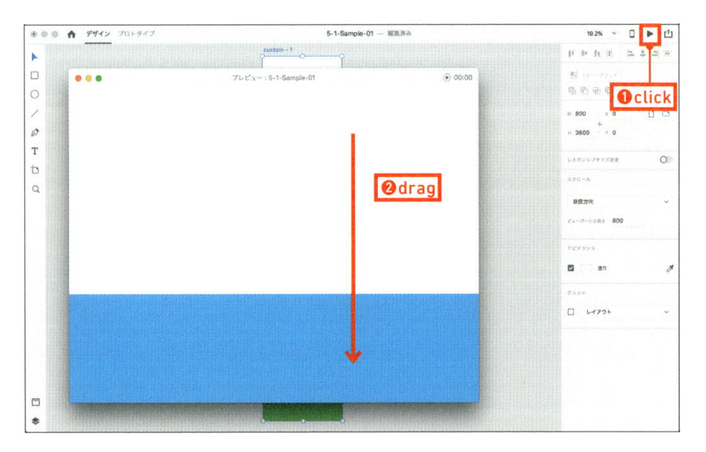

02 タイトルを追加／レイヤー名とアートボード名を変更する

01 6つのセクションにそれぞれタイトルを追加していきます。一番上には「First View」と入力してください。フォントやサイズは図を参考にしましょう。

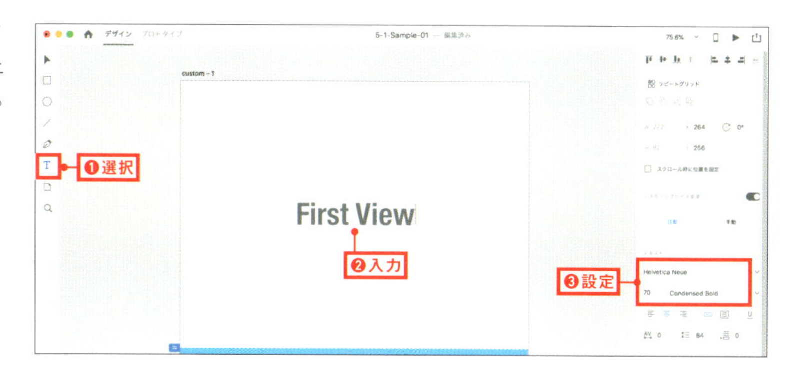

02 タイトルを複製します。option（Alt）キーを押しながら下のセクションにドラッグしてください。画面の中央に配置します。複製したタイトルをダブルクリックし、[塗り]のカラーを白にします。タイトルを「Story Sets」に変更しましょう。

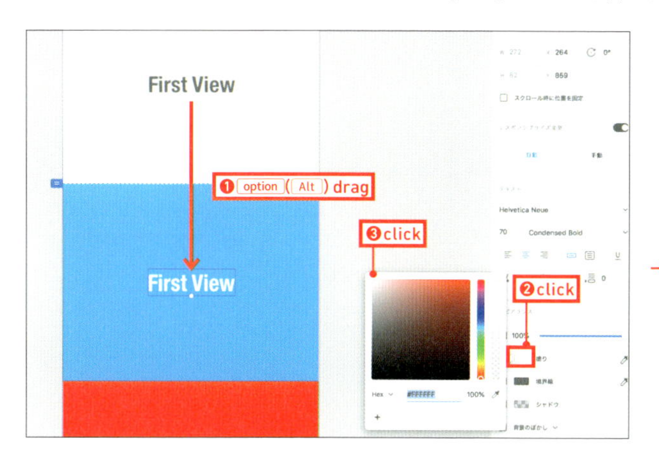

→

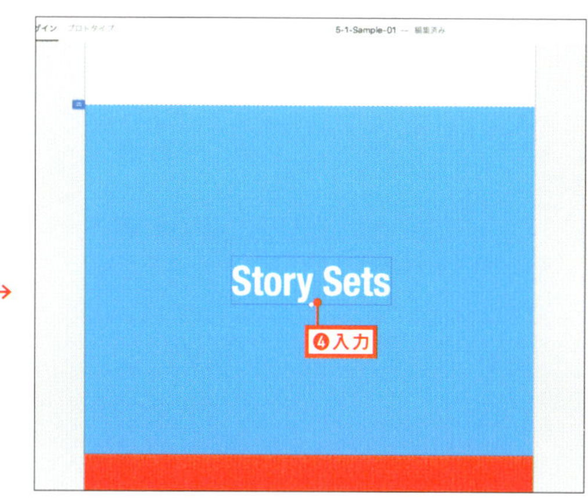

03 同様に、3番目のセクションタイトルは「Data Sets」、4番目は「Social Proof」、5番目は「FAQ」、最後は「Closing Sets」に変更してください。

完了したらプレビューして（正しくタイトルが配置されているか）確認します。

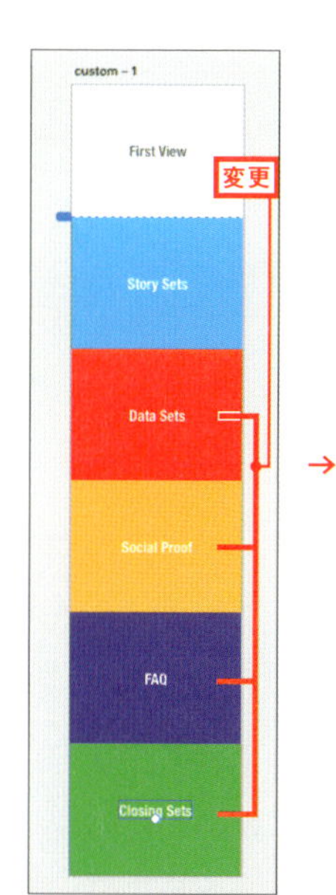

→

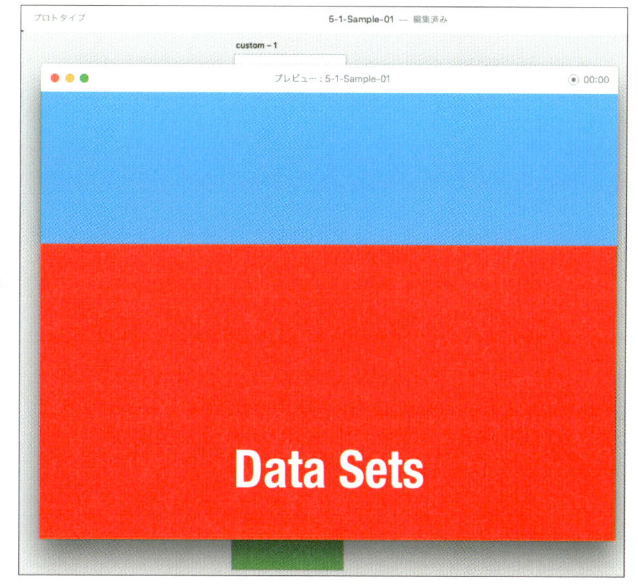

04 新しいアートボードを作成しておきます。ツールバーの［アートボード］ツール を使って、右側に長方形を描いてから、プロパティインスペクターの［W］に「800」、［H］に「600」を入力してください。

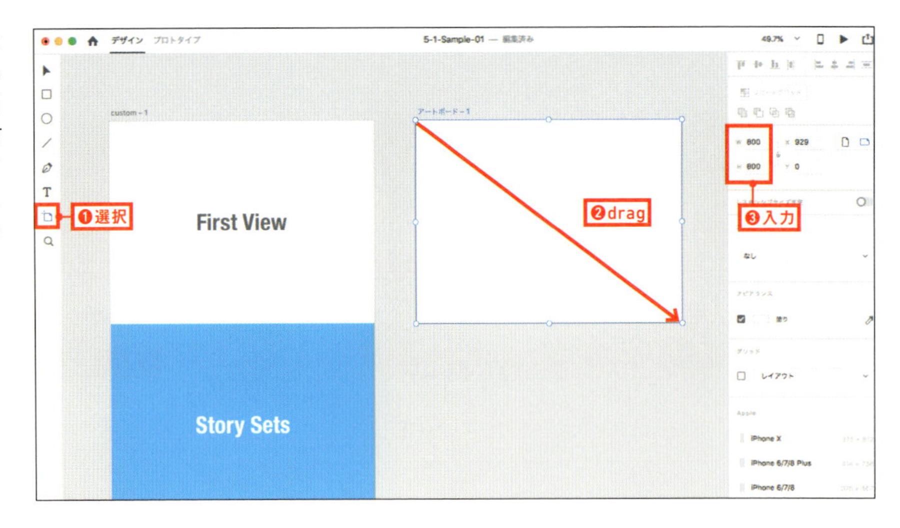

05 各セクションをグループにします。セクションごとに背景とタイトルを選択し、control キー＋クリック（右クリック）してコンテキストメニューから「グループ化」を選んでください。

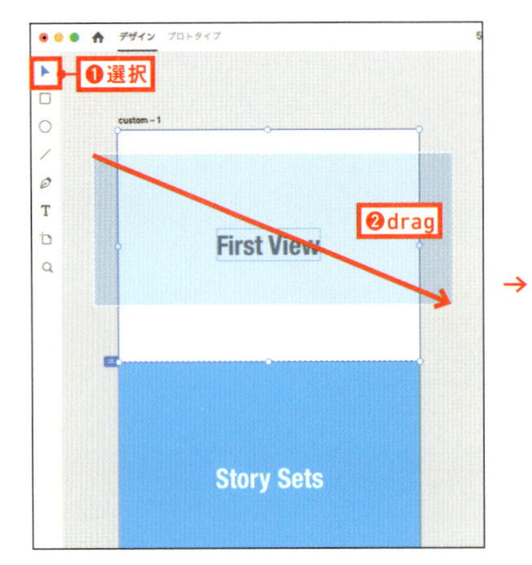

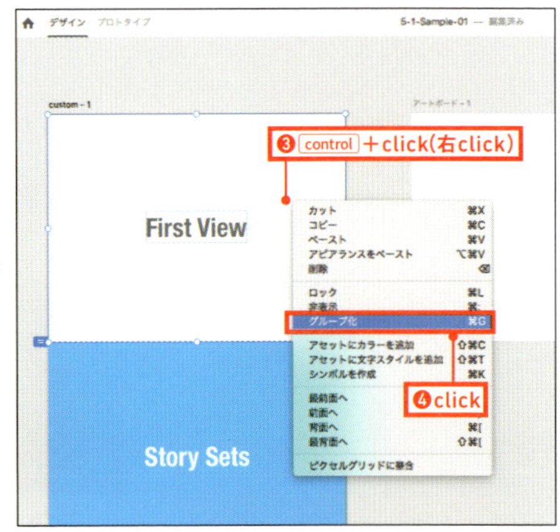

06 同じように6つのセクションすべてをそれぞれグループ化していきましょう。

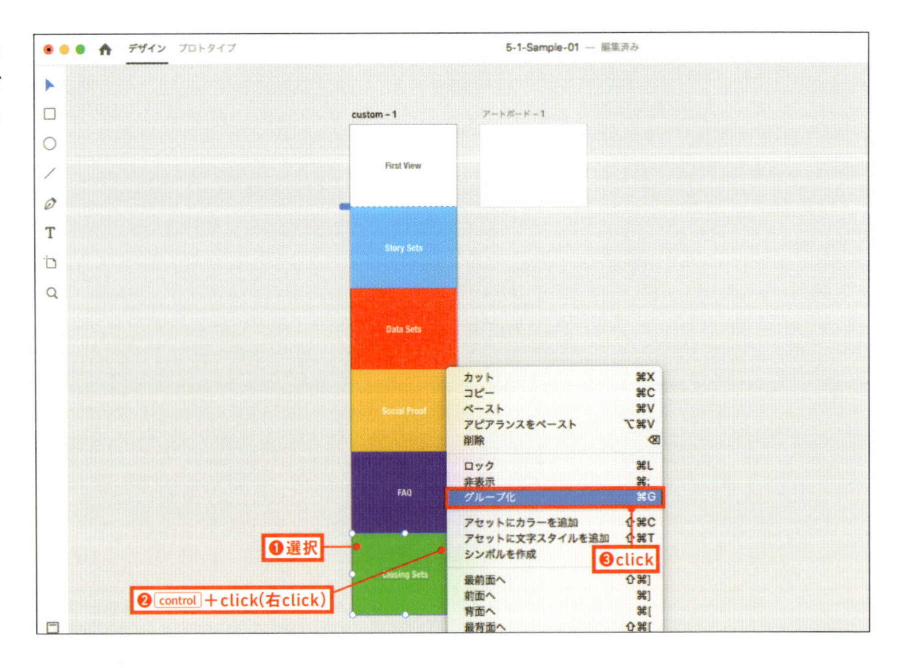

07 [レイヤー] パネルを表示します。レイヤー名を変更していきます。
レイヤー名をクリックすると、アートボード上のオブジェクトが選択状態になるので、位置を確認しながら作業を進めてください。レイヤー名はタイトルと同じです。

→

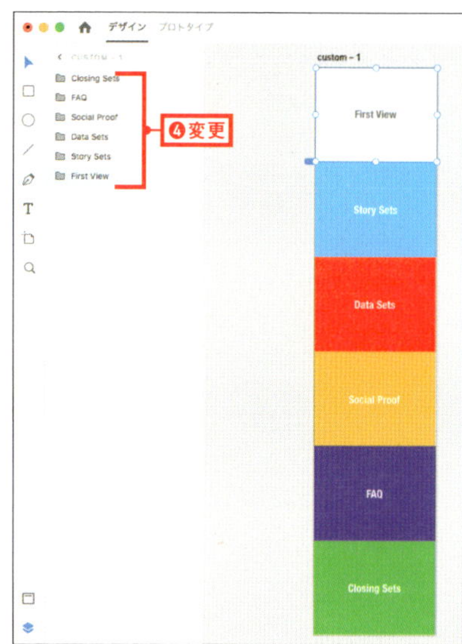

08 次はレイヤーの順番を変更します。アートボード上のセクションの順番に合わせます。
一番上の「First View」は、[レイヤー] パネル上では最下部にありますので、ドラッグして一番上に移動させてください。

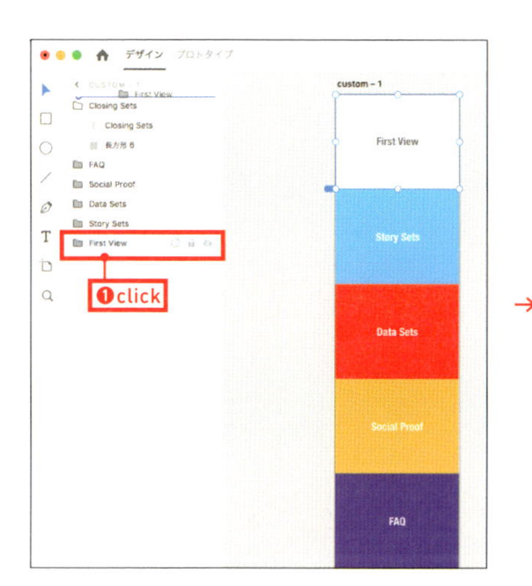

→

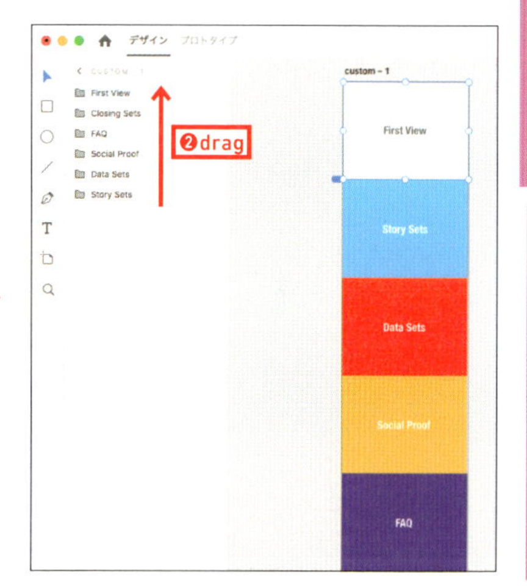

09 同様の作業を繰り返して、レイヤーをアートボードと同じ順番にしましょう。

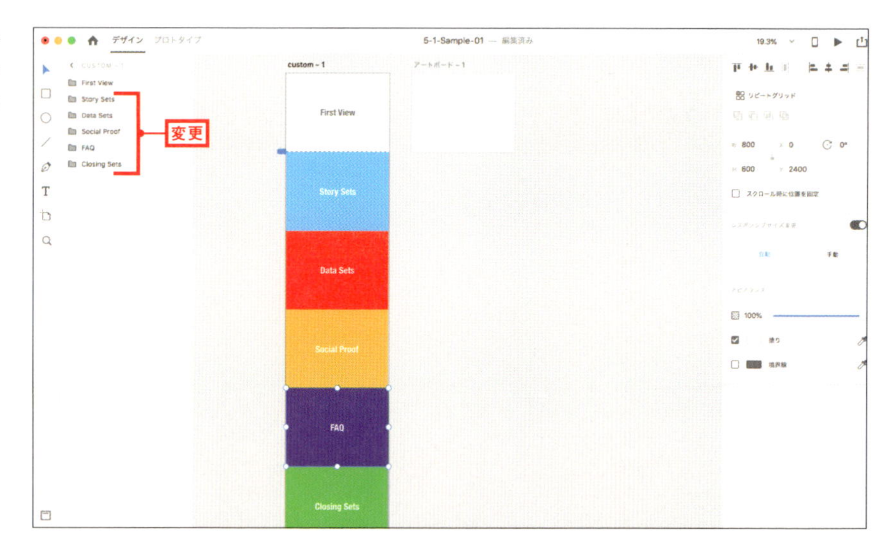

10 6つのセクションすべてを選択して、グループ化してください。

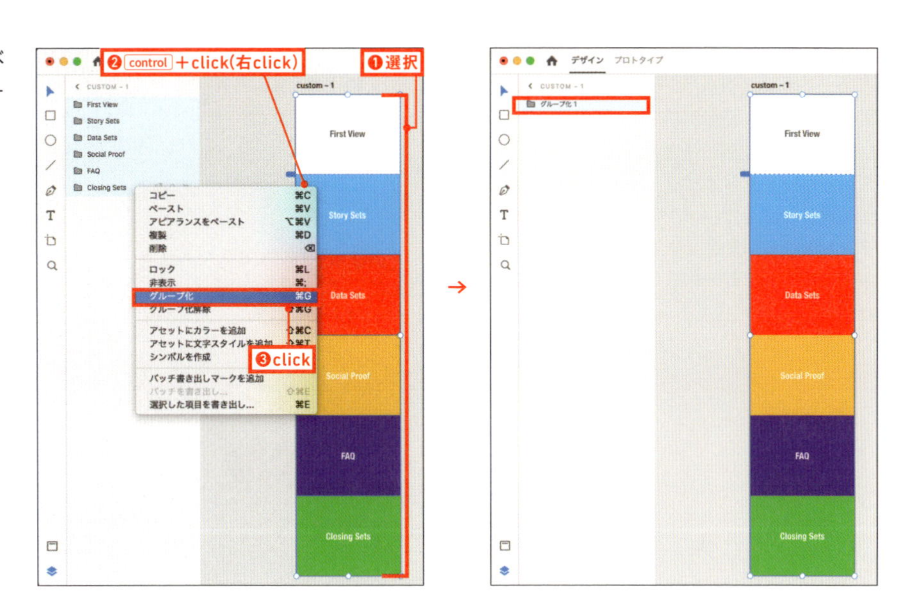

11 グループレイヤーの名前は「LP Section」にします。

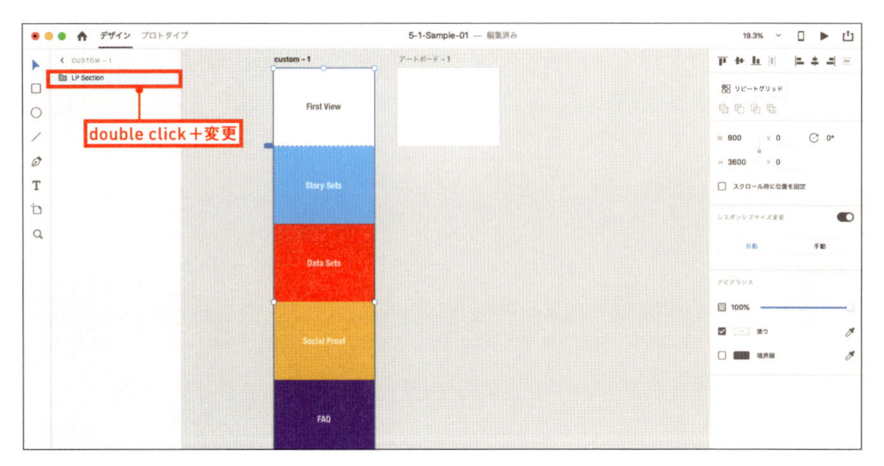

12 さらに、アートボード名も変更しましょう。アートボード名をダブルクリックして「LP Basic」に変更します。

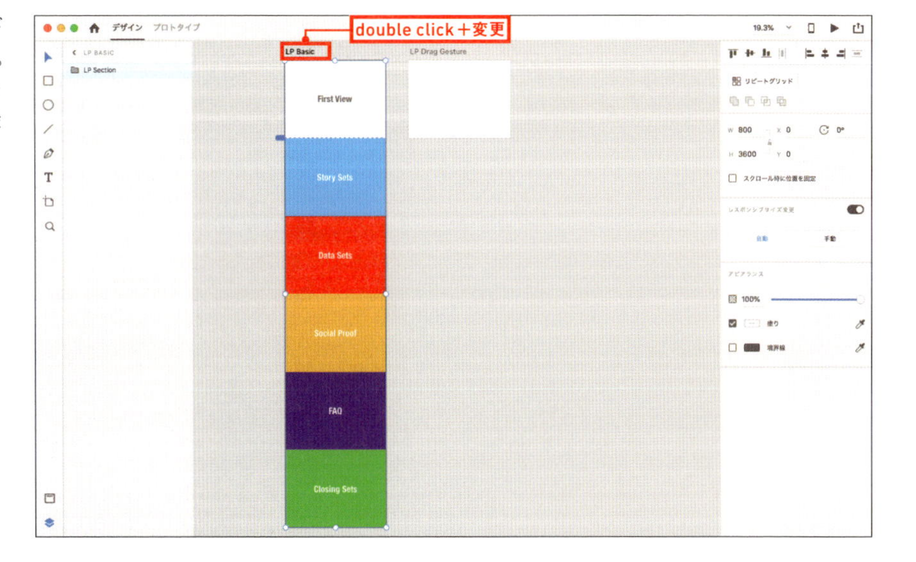

13 アートボード上のオブジェクトを複製します。6つのセクションすべてを選択して、option（Alt）キーを押しながら右側のアートボードにドラッグしてください（アートボード名を選択しないように注意しましょう）。
続けて、右側のアートボードの名前を「LP Drag Gesture」に変更します。

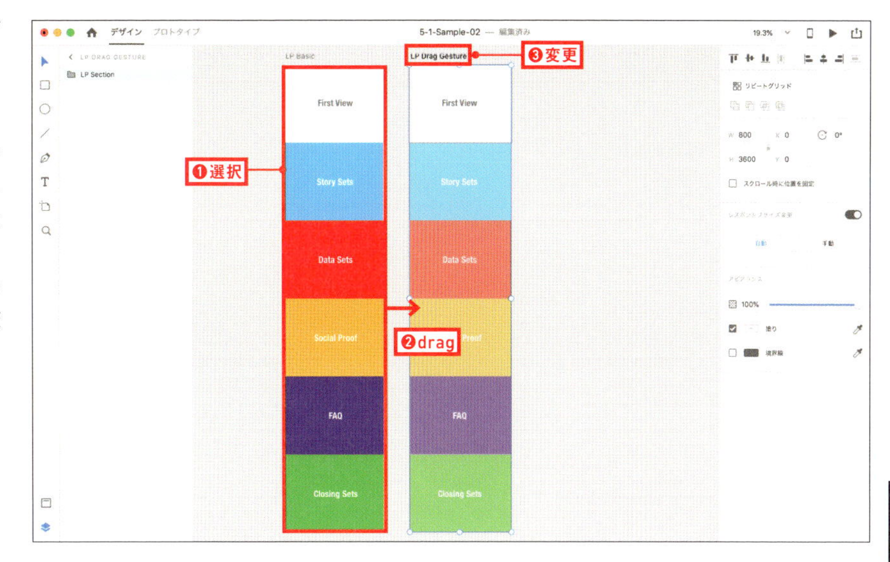

03 アートボード上のセクションの位置を変更する

01 アートボード「LP Drag Gesture」を右側にドラッグして、間隔を空けておきます。「LP Drag Gesture」のアートボード名をoption（Alt）キーを押しながら右にドラッグしてください（間隔は図を参照）。アートボードが複製されましたので続けて、command（Ctrl）＋Dキーを4回押してください。アートボードが4つ複製され、あわせて6つのアートボードが整列しました。

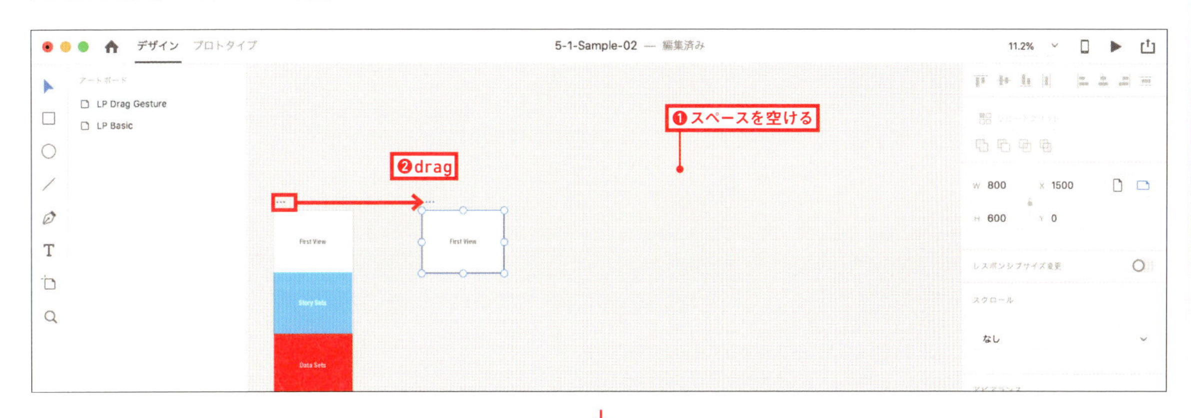

↓

02 ▸ 2番目のアートボードのオブジェクトをクリックします。

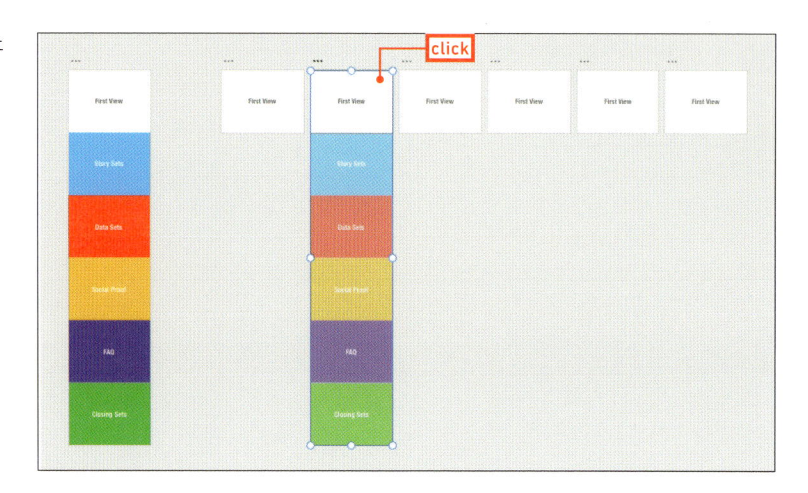

03 ▸ プロパティインスペクターの[Y]に「－600」と入力して return (Enter) キーを押してください。2番目のセクションがアートボード上に表示されました。

※セクションの高さは「600」pxなので、[Y]の「－600」は上方向に「600」px移動することになります。

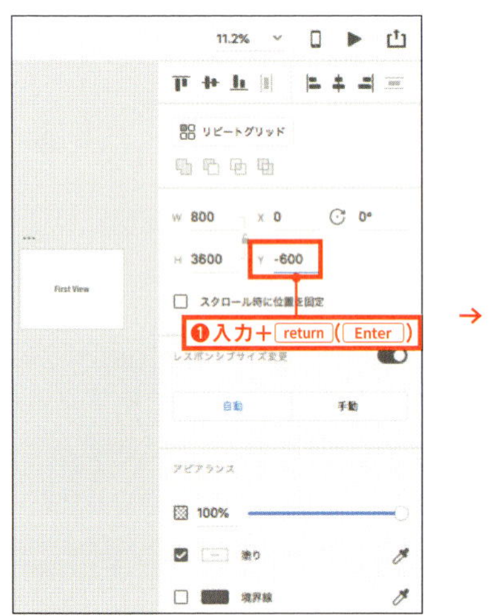

→

04 ▸ 3番目のアートボードのオブジェクトをクリックします。

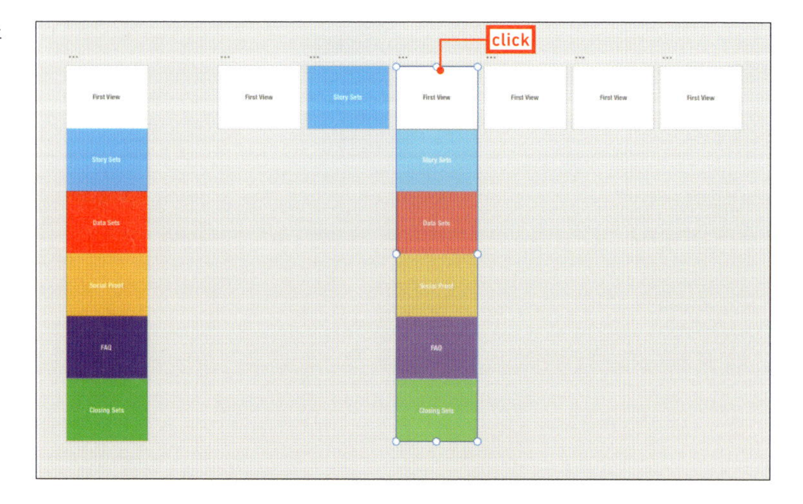

05 プロパティインスペクターの［Y］に「−1200」を入力して return（Enter）キーを押してください。セクションが上方向に「1200」px移動して、アートボードに表示されました。

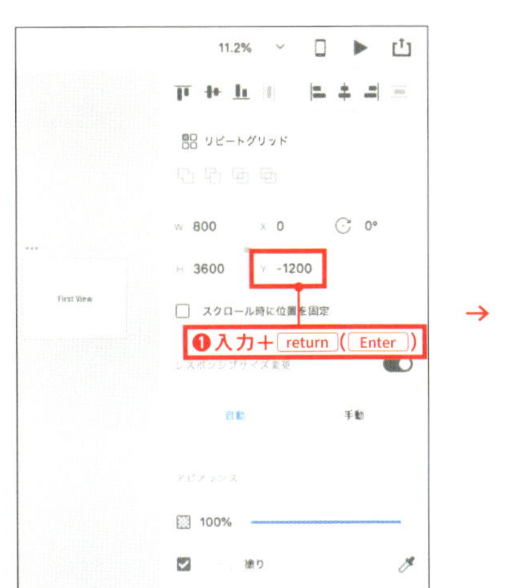

→

❷確認

06 同じ作業の繰り返しです。4番目のアートボードのオブジェクトをクリックし、プロパティインスペクターの［Y］に「−1800」を入力してください。続けて、5番目に「−2400」、最後は「−300」を入力します。

07 ▸ これですべてのアートボードの設定が完了です。垂直方向にセクションを移動させる準備ができました。

04 クリック（タップ）してセクション画面を切り替える

01 ▸ アートボードの位置を変更します。2番目、4番目、6番目のアートボードを（アートボード名をドラッグして）それぞれ下に移動してください。

※すべてのアートボードが水平に並んでいるとワイヤーが重なって見づらいため、位置を変更しました。

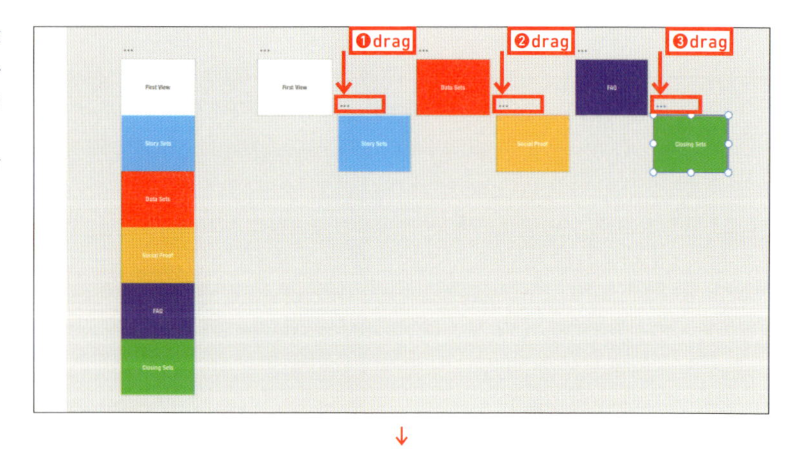

↓

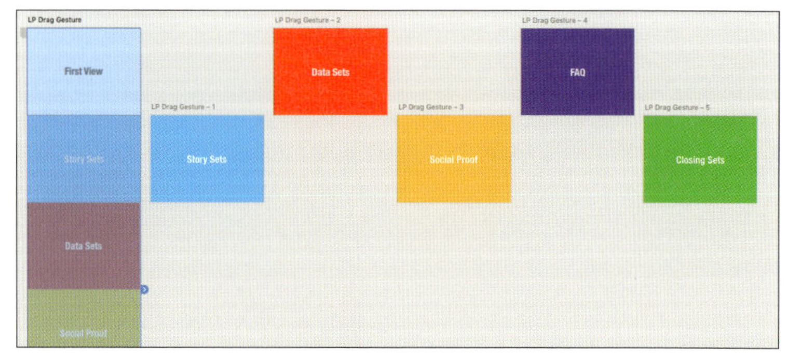

02 ▸ プロトタイプモードに切り替えてください。1番目のアートボード上のセクションをクリックして選択し、ワイヤーを引き出して2番目のセクションに重ねてください。

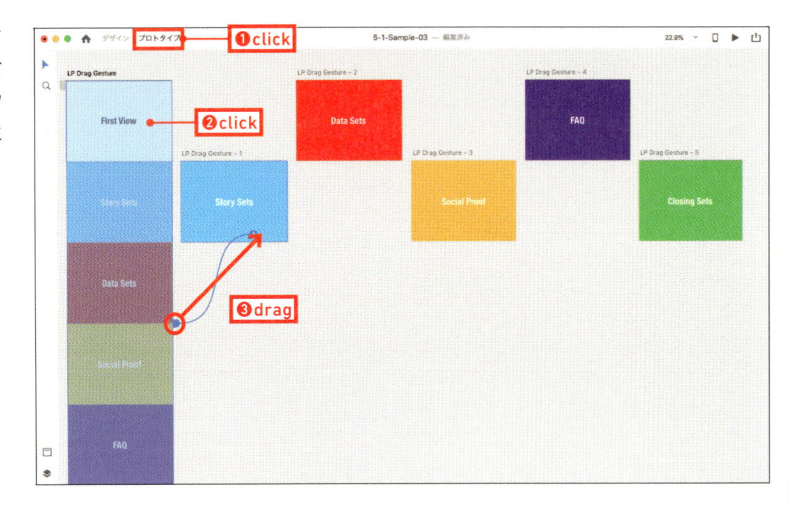

03 ▸ ［設定］パネルが表示されるので、［トリガー］を「タップ」、［アクション］を「自動アニメーション」、［イージング］を「イージングアウト」に設定し、継続時間に「0.3」を入力してください。

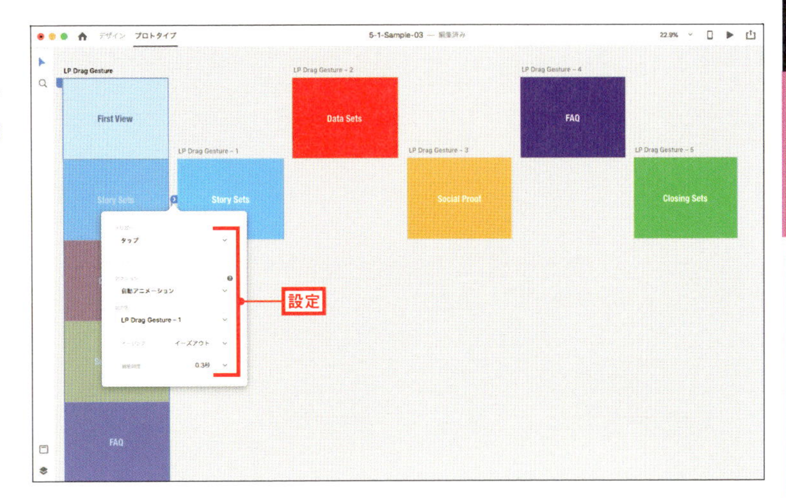

04 ▸ 2番目～5番目まで同じ作業です。アートボード上のセクションをクリックして選択して、ワイヤーを引き出して隣のセクションに重ねてください。

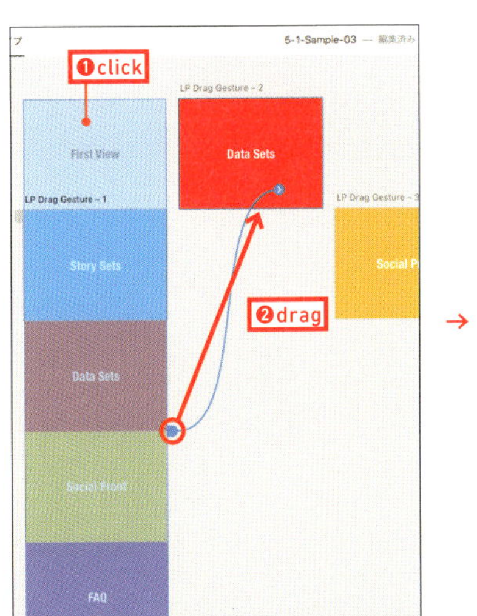

→

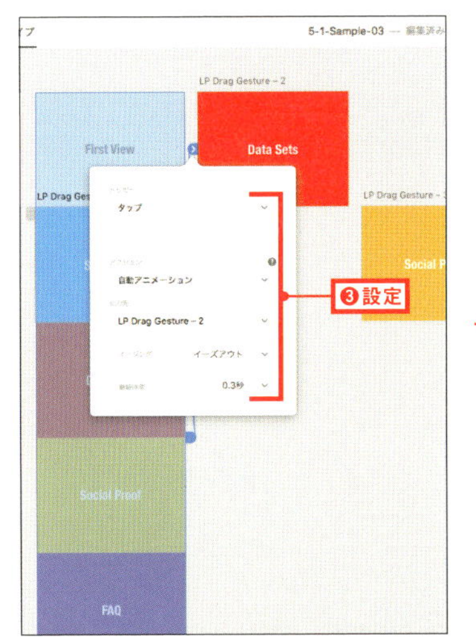

→

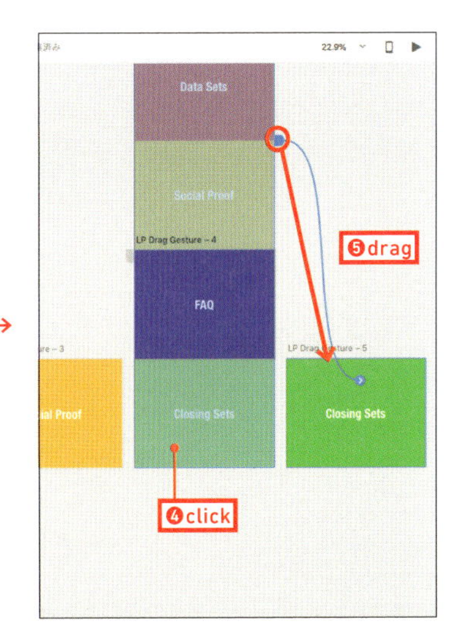

05 ▸ 完了したらプレビューで確認しましょう。画面をクリック（タップ）すると下のセクションが上に移動します。

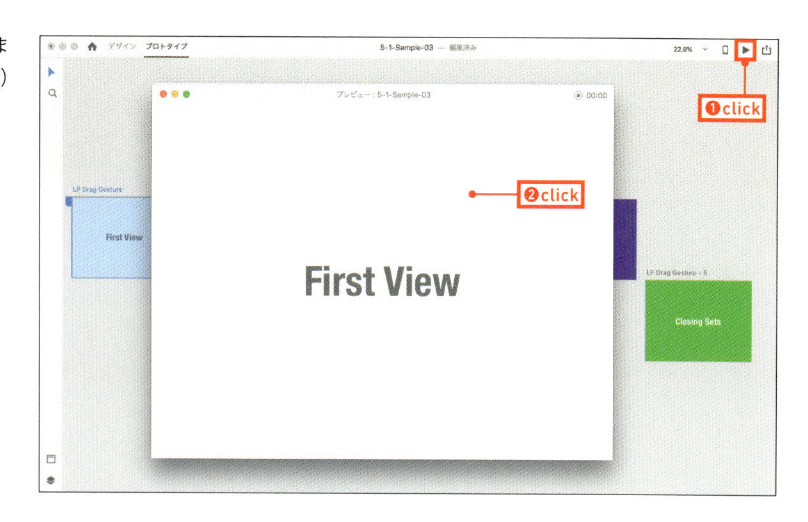

06 ▸ 最後（6番目）のアートボードの設定です。アートボード上のセクションをクリックして選択し、ワイヤーを引き出して1番目のセクションに重ねてください。

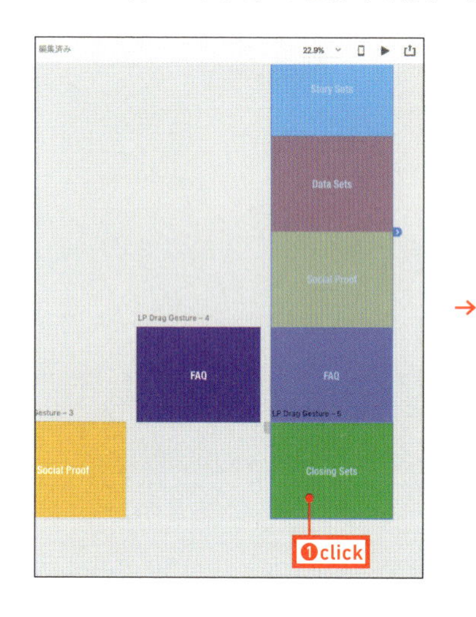

→

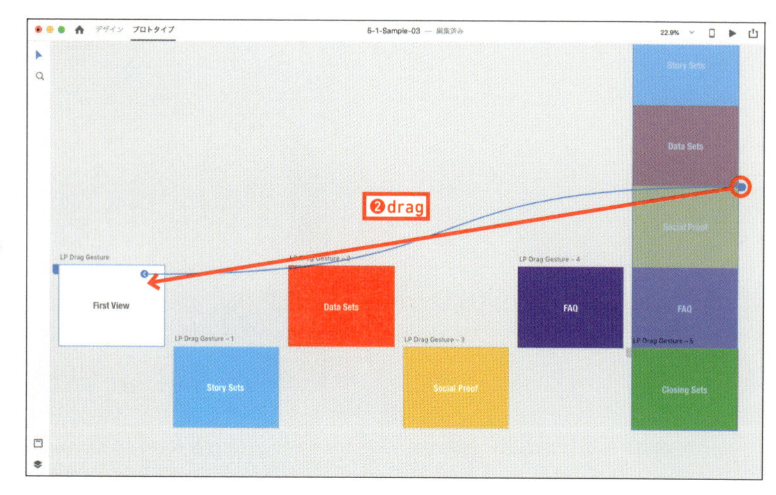

07 ▸ ［設定］パネルの継続時間を変更します。「2」と入力しましょう。

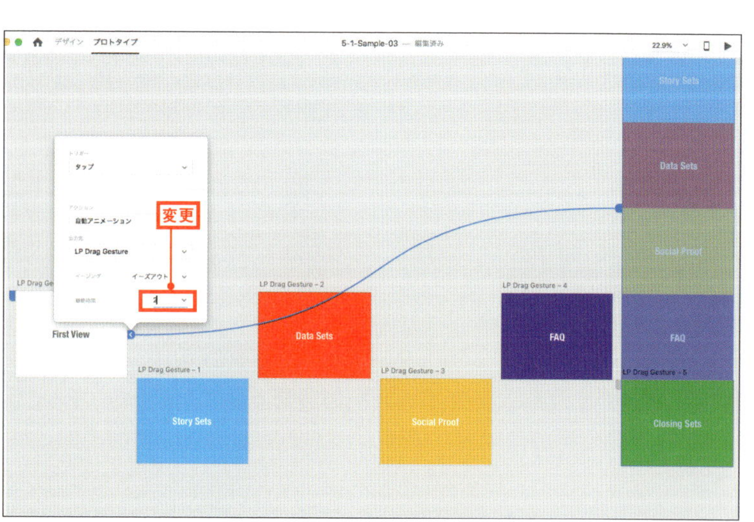

08 プレビューで確認しましょう。画面をクリック（タップ） すると下のセクションが上に移動し、最後の画面をクリックすると最初（1番目）の画面に自動スクロールします。

これでランディングページの基礎が完成しました。次の工程では「クリック（タップ）」から「ドラッグジェスチャー」にアクションの設定を変更します。

02 ランディングページのドラッグジェスチャーとボタンを設定する

01 セクション画面を切り替えるドラッグチェスチャーを設定する

01 ドラッグジェスチャーでセクション画面を切り替えていく仕組みに変更しましょう。一度、ペーストボードをクリックして選択を解除しておきます。
続けて、1番目のアートボードのセクションをクリックします。ワイヤーが表示されるので、2番目のアートボードの接続点をクリックしてください。

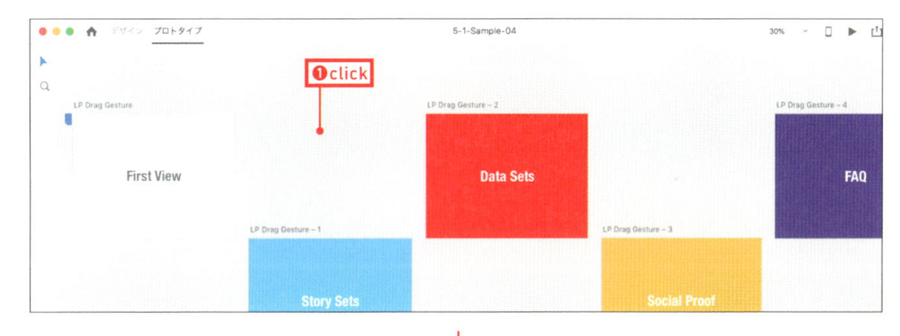

↓

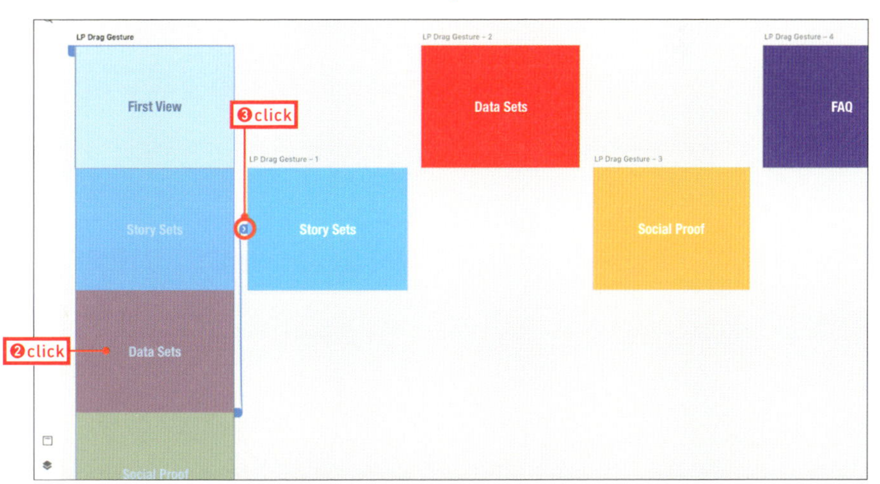

02 ▸ ［設定］パネルが表示されるので、［トリガー］を「ドラッグ」に変更します。

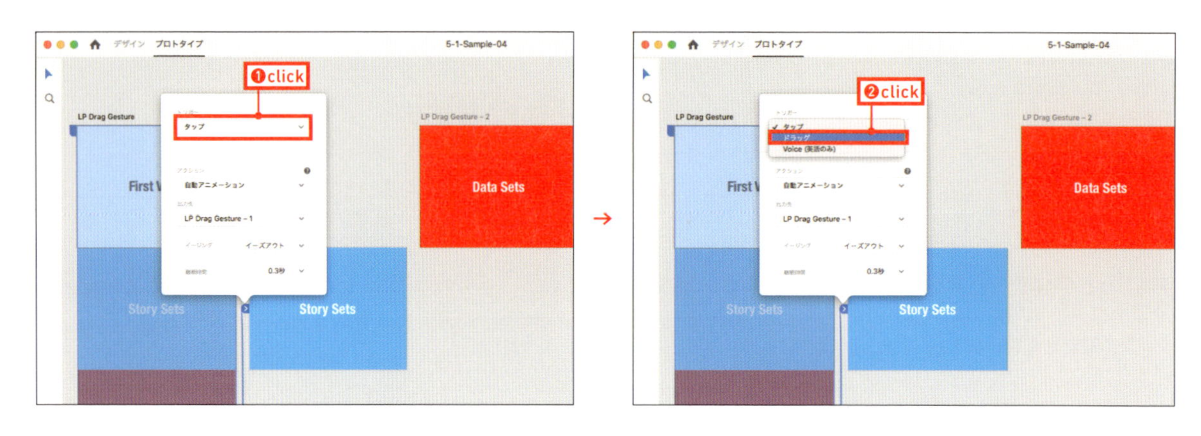

03 ▸ 同様に、2番目から5番目までを変更してください。作業が完了したら、プレビューで確認しましょう。画面を（上方向に）ドラッグすると下のセクションが上に移動します。これで、ドラッグジェスチャーで画面を切り替える仕組みができました。

※最後のセクション画面は設定を変更していませんので、クリックすると1番目のセクション画面まで自動スクロールします。

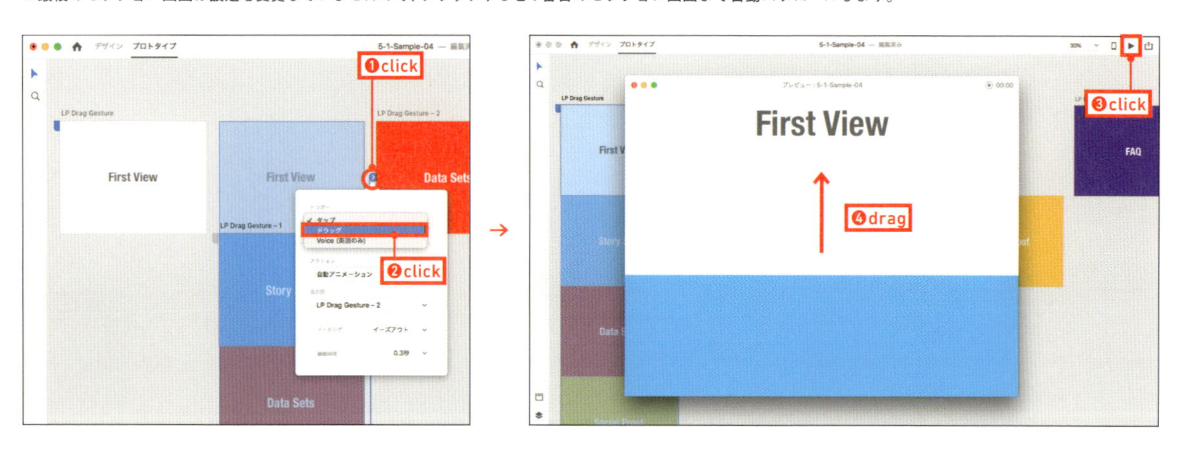

02 セクション画面を切り替えるボタンを作成する

01 ▸ 次は「ボタンをクリックして画面を切り替える」仕組みを追加します。1番目のセクション画面を拡大表示しておきます。

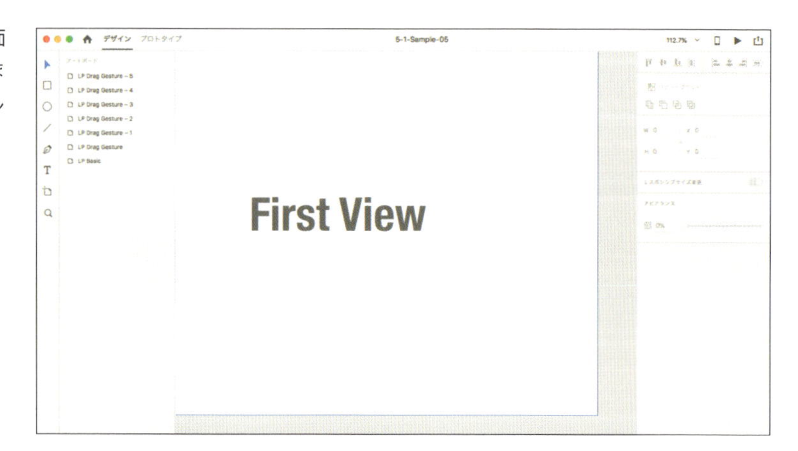

02 続けて、長方形を描画し、プロパティインスペクターの［W］に「70」、［H］に「30」を入力します。

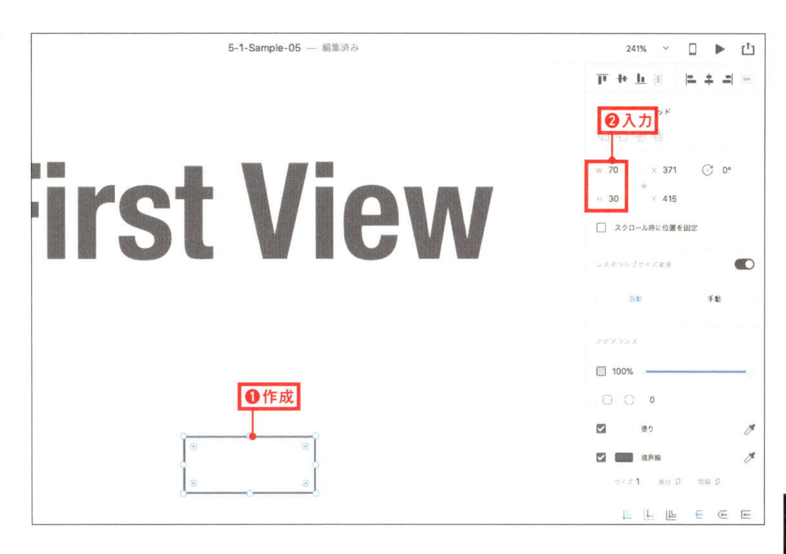

03 ［ペン］ツールを使って、下向きの「く」を描画してください。線の角度などを調整してから、［境界線］のサイズを「6」に変更し、線端は［丸型線端］をクリックします。セクション画面の下部中央に配置してください。

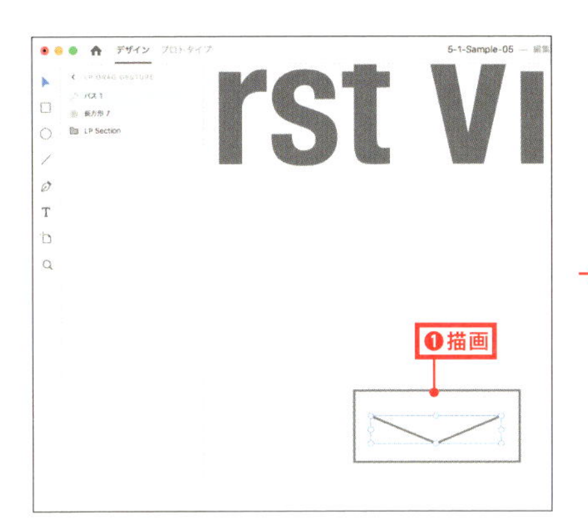

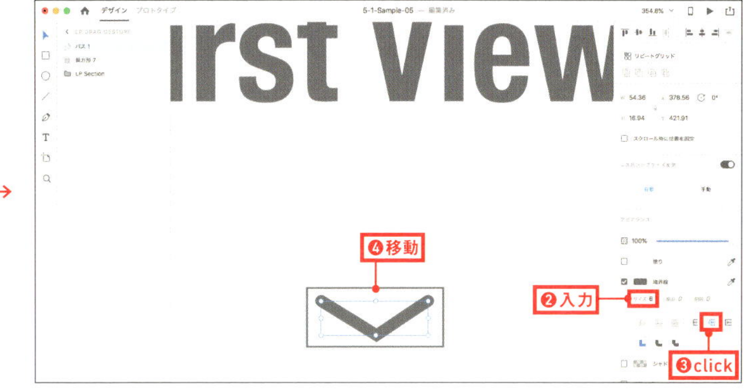

04 長方形とパスを選択し、control キー＋クリック（右クリック）してコンテキストメニューから「グループ化」を選び、グループ化します。一度、余白をクリックして選択を解除します。

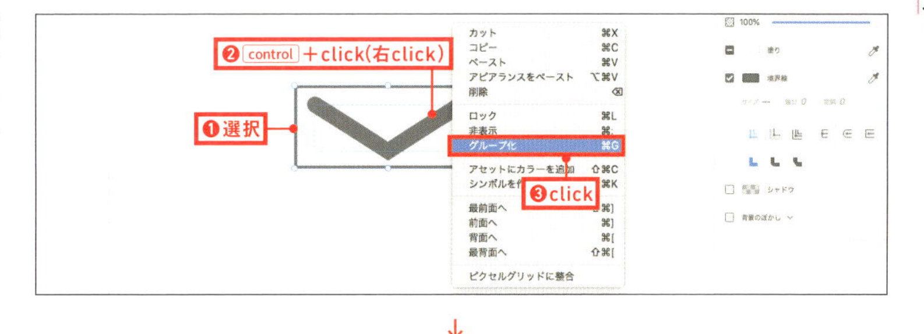

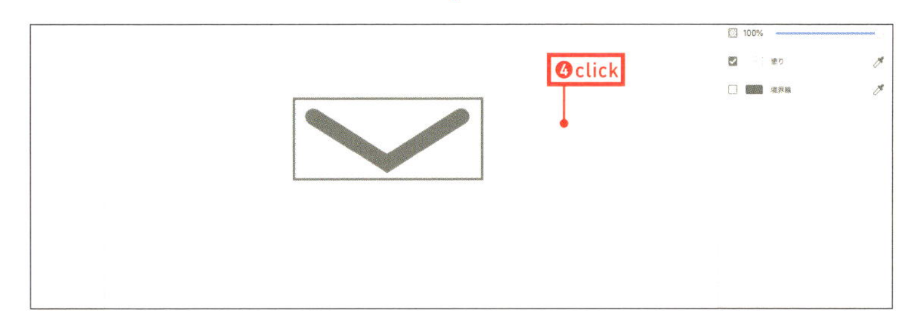

05 ▸ グループをダブルクリックして長方形だけを選択し、[塗り] と [境界線] のチェックを外してください。これで長方形は透明になります。

※ [レイヤー] パネルの「LP Section」をクリックすると、グループの選択は解除されます。

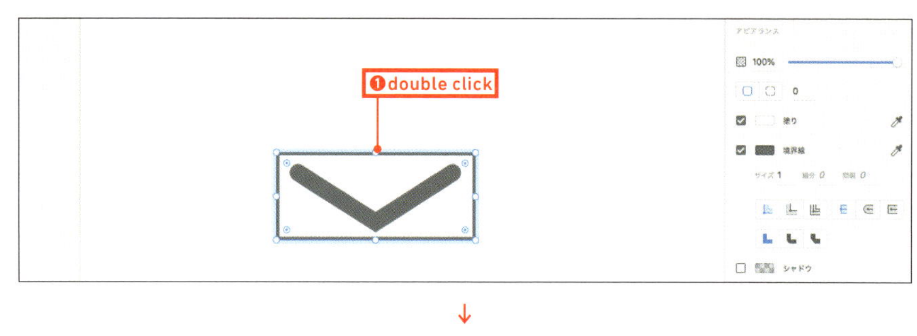

↓

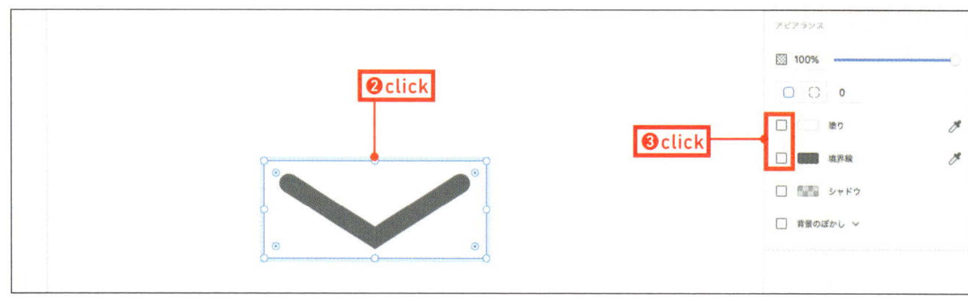

↓

06 ▸ グループのレイヤー名を「Scroll Button」に変更してください。これが「クリック（タップ）してセクション画面を切り替える」ボタンになります。

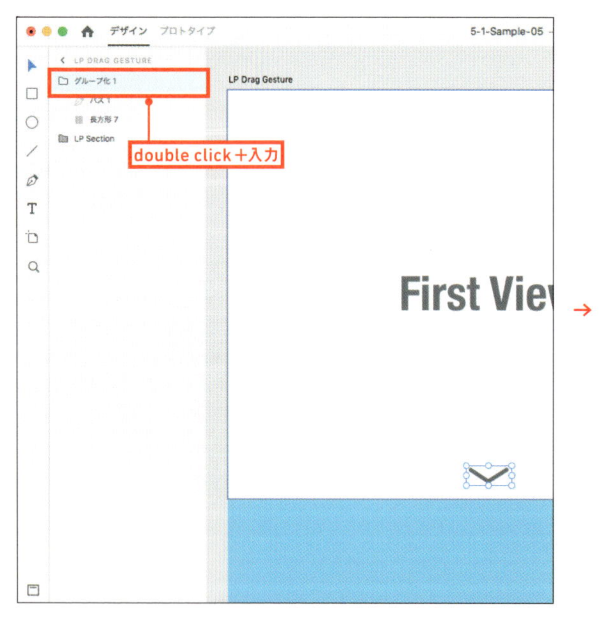

→

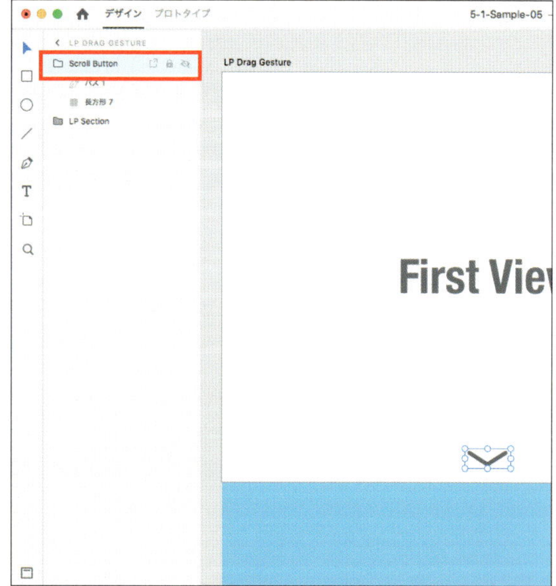

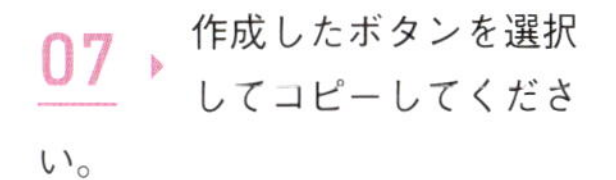

07 作成したボタンを選択してコピーしてください。

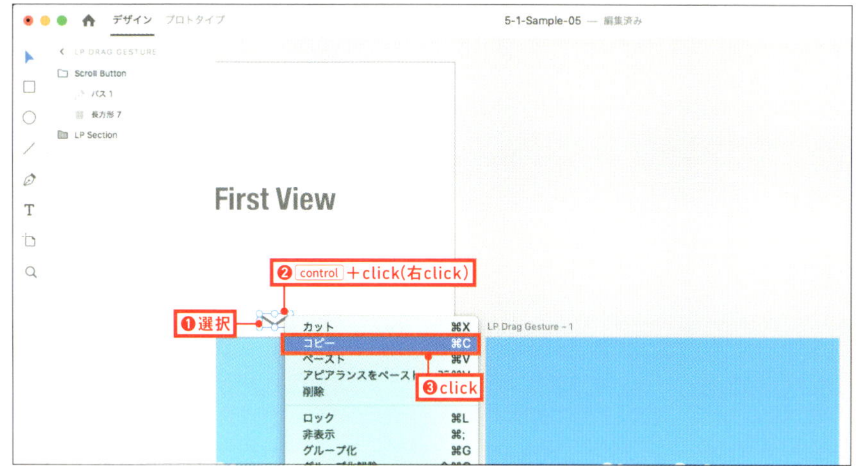

08 2番目のアートボードを選択して、ペーストしましょう。ボタンが下部中央に配置されました。

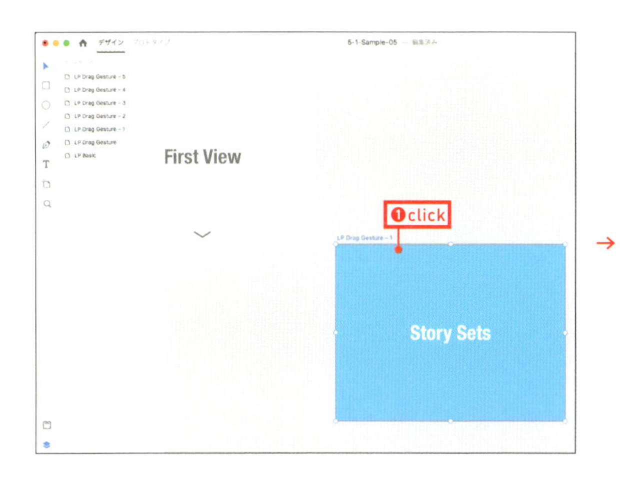

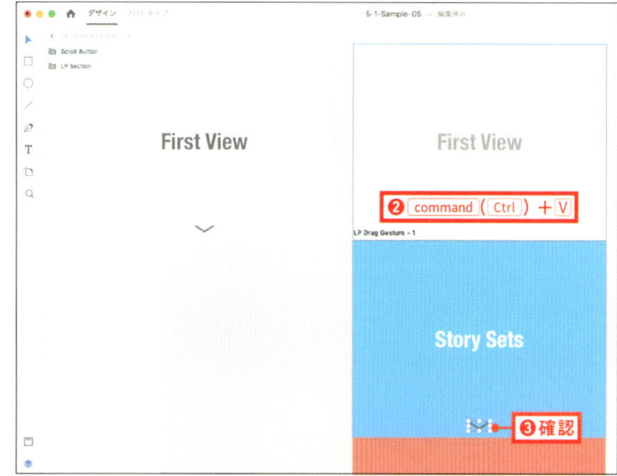

09 同様に、3～5番目のアートボード上のセクション画面に、それぞれボタンをペーストしてください。最後のセクション画面はまだボタンを配置しません。

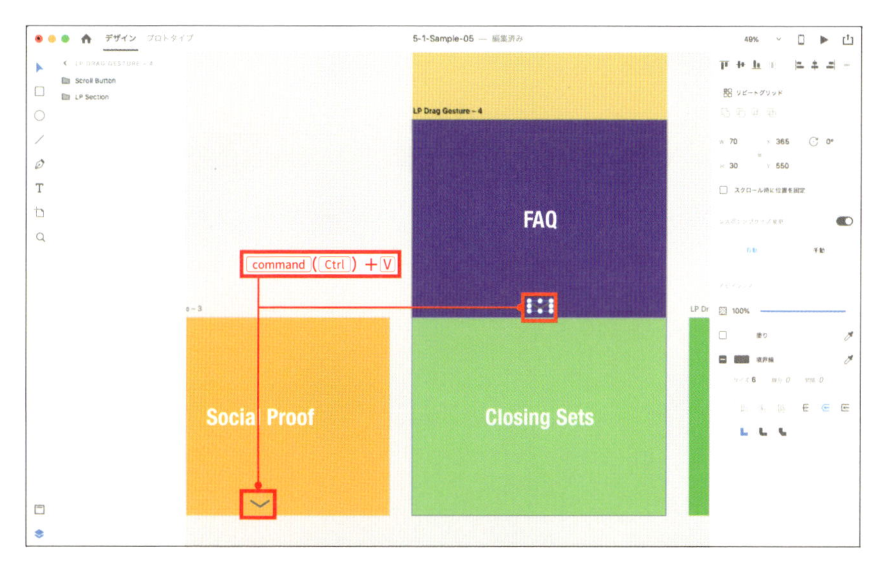

応用 PART 5 ケーススタディで作業の進め方を学ぶ

03 ボタンにアクションを設定する

01 プロトタイプモードに切り替えてください。1番目のセクション画面から設定していきましょう。ペーストしたボタンをクリックして選択し、ワイヤーを引き出して2番目のセクション画面に重ねます。

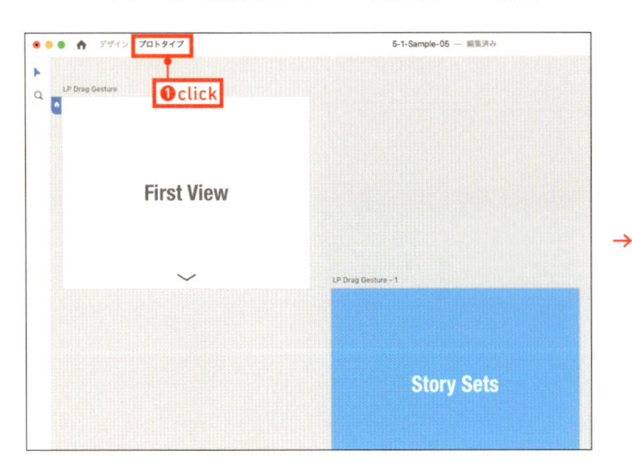

→

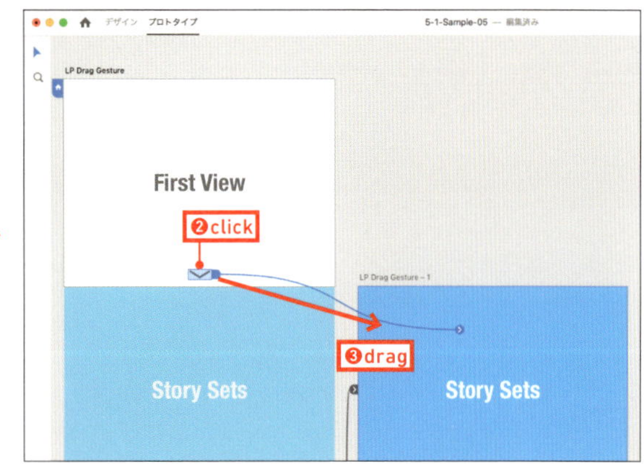

02 設定画面が表示されます。[トリガー] は「タップ」、[アクション] は「自動アニメーション」、[イージング] は「スナップ」、そして継続時間は「0.4」に設定しましょう。

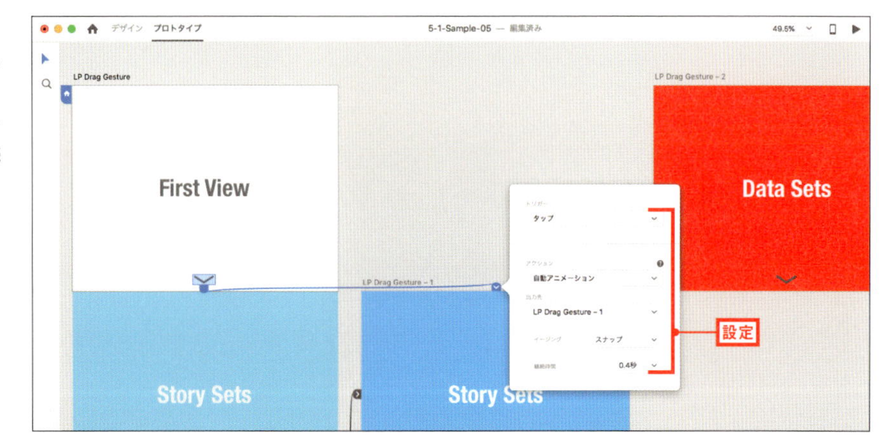

03 同様に、3～5番目のアートボード上のセクション画面にそれぞれ設定してください。

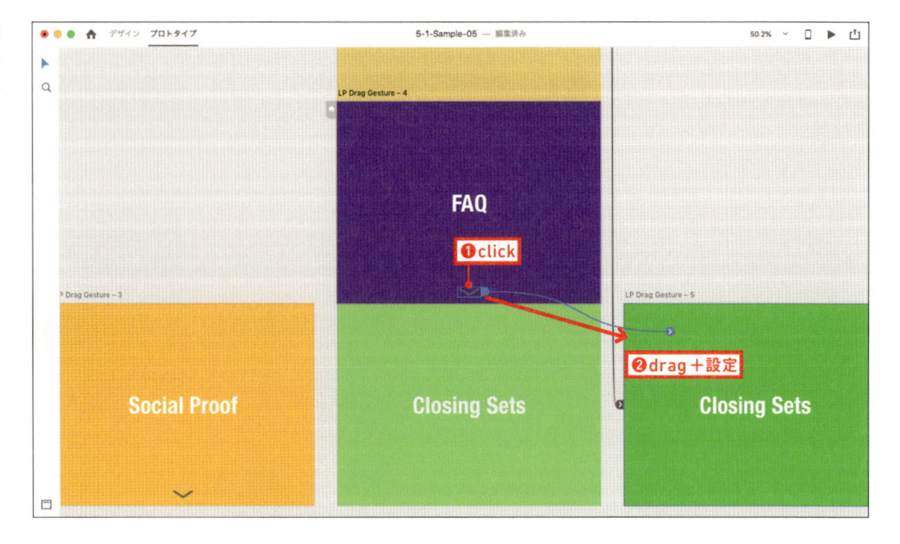

04 最後のセクション画面を設定します。5番目のセクション画面のボタンをコピーして、最後のセクション画面でペーストします。

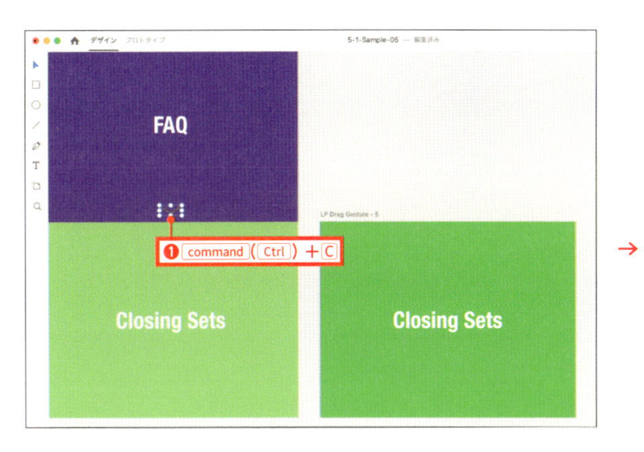

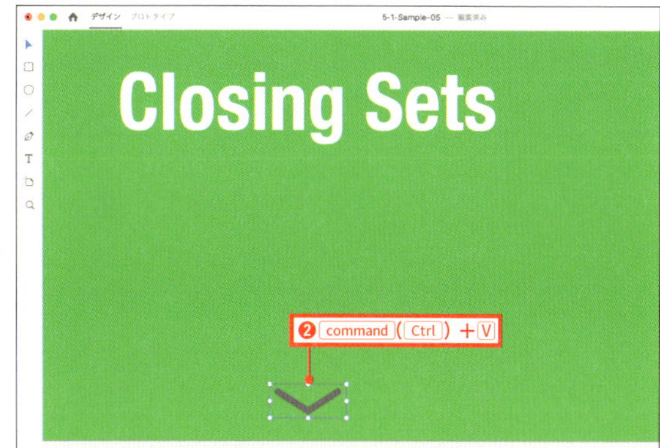

05 続けて、プロパティインスペクターの角度に「180」を入力してください。ボタンが180度回転します。

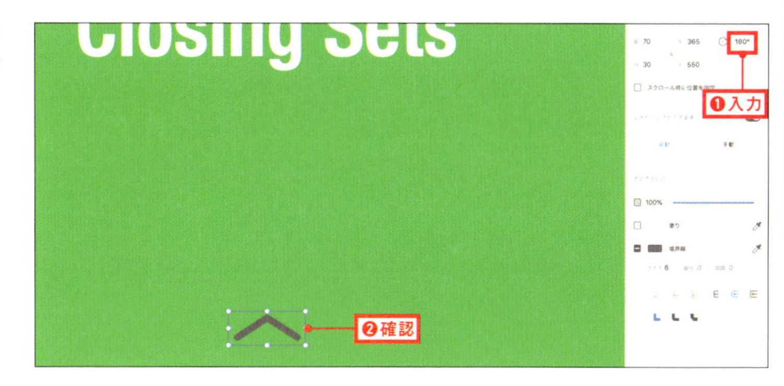

06 ボタンをクリックして選択し、ワイヤーを引き出して1番目のセクション画面に重ねます。設定画面では、[イージング]を「イーズアウト」、継続時間を「2」に変更してください。

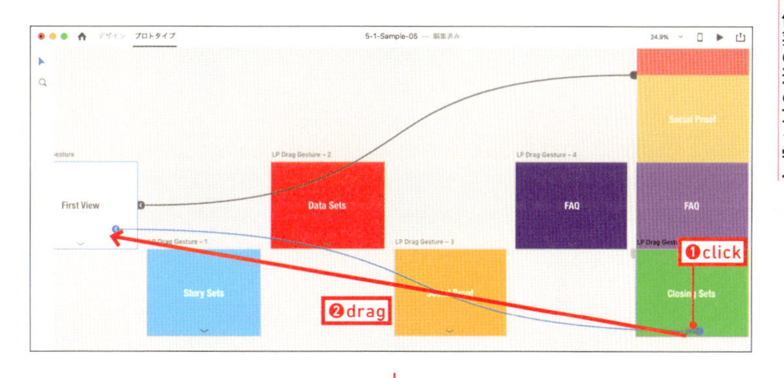

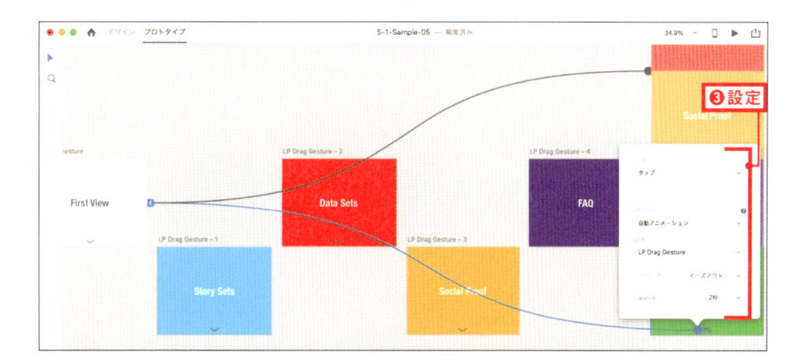

07 プレビューで確認しましょう。上方向に画面をドラッグしたり、ボタンをクリックしてセクション画面をスライドさせてください。

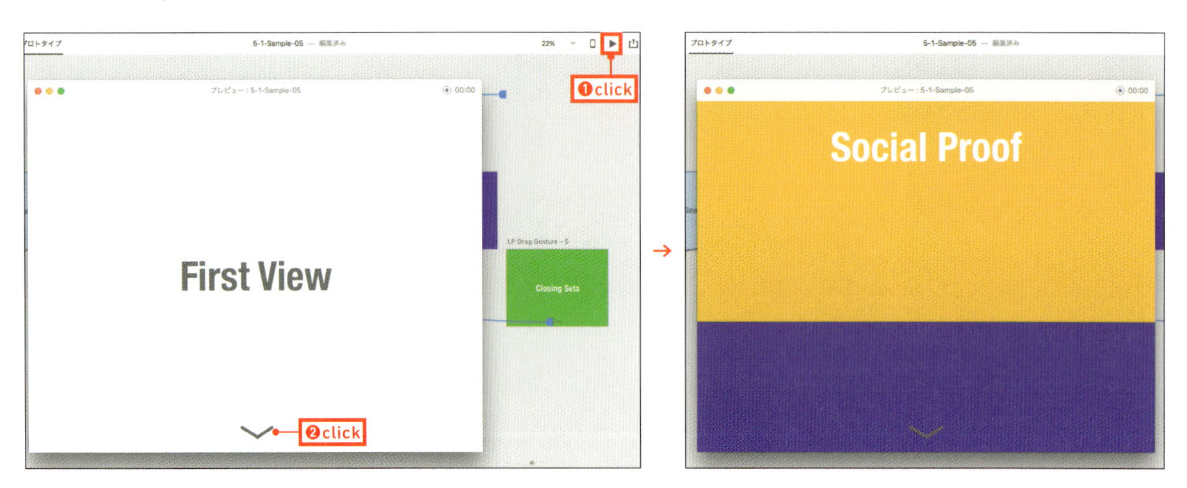

08 最後のセクション画面が表示されると、ボタンが回転して上向きに変わります。ボタンをクリックすると、自動スクロールして1番目のセクション画面を表示します。ボタンは下向きに戻ります。

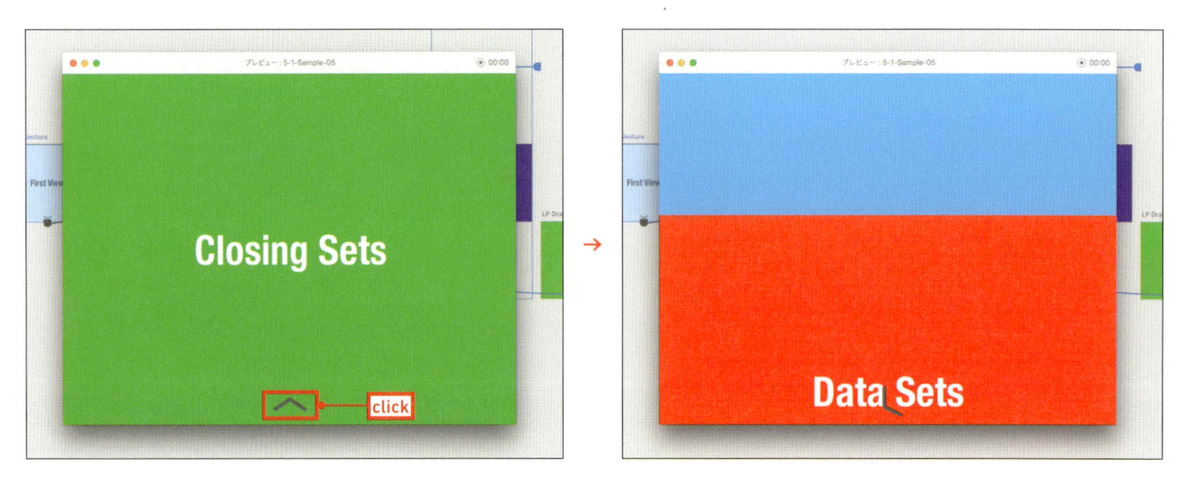

09 すべてのセクション画面を選択してワイヤーを表示すると、とてもシンプルな構造だということがわかります。プロトタイプモードでは、アートボードを水平垂直に並べる必要はありませんので、作業しやすいレイアウトにしてください。

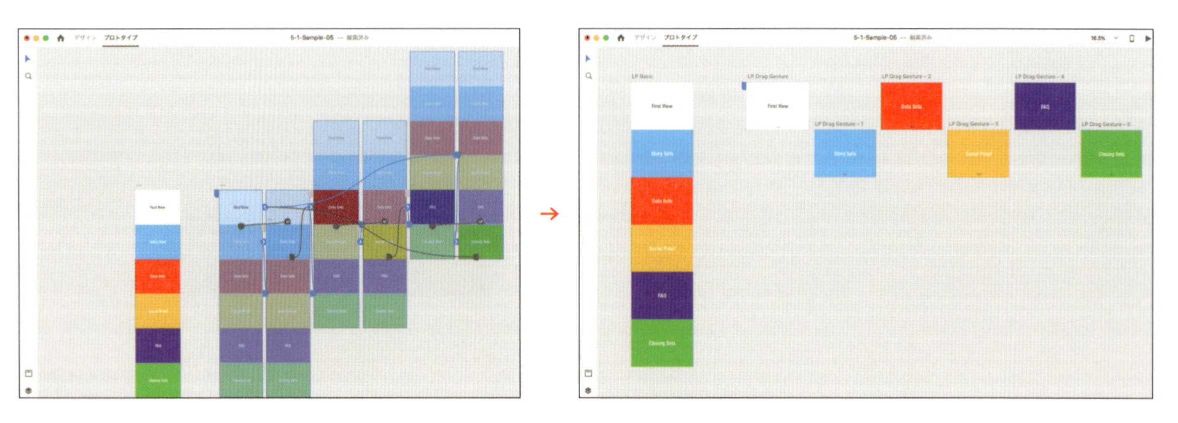

10 ▸ 5番目と最後のセクション画面は、ボタンが背景に溶け込んでいるため、色を白に変更します。ボタンの下向き「く」をダブルクリックして選択し、[境界線] のカラーピッカーで白を選んでください。

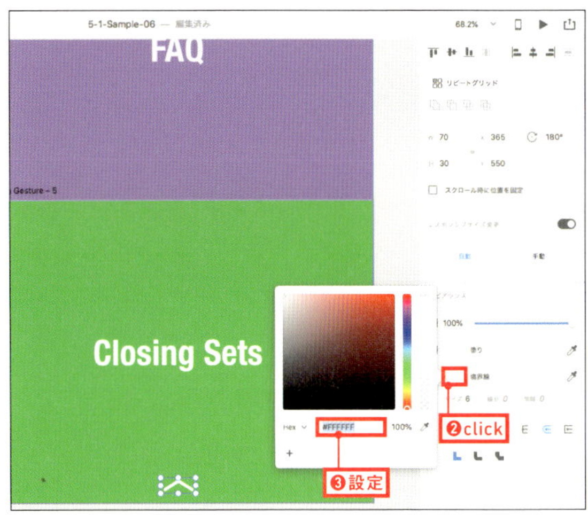

11 ▸ 5番目のセクション画面のボタンも同様に変更します。

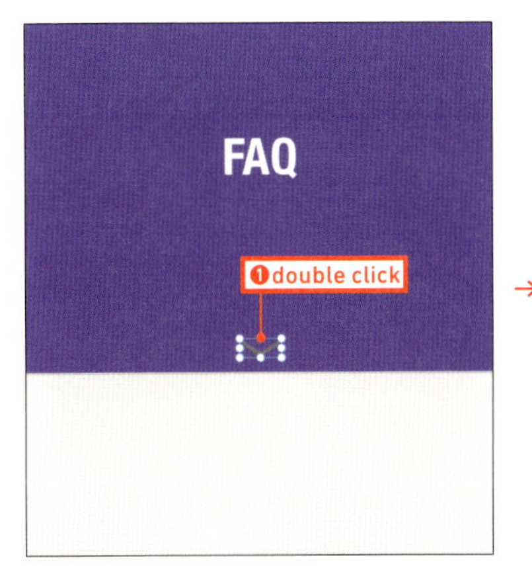

12 ▸ プレビューして確認しましょう。

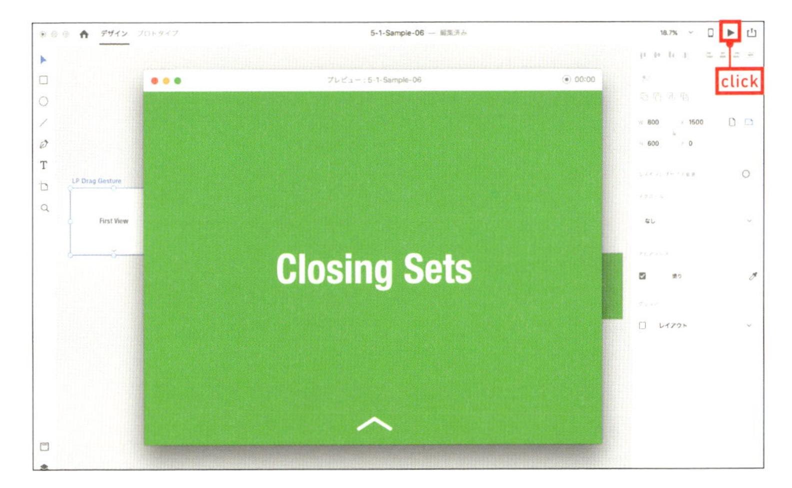

13 最後のセクション画面のインタラクション設定を変更します。一度、ペーストボードをクリックして選択を解除しておきます。続けて、最後のセクション画面をクリックします。

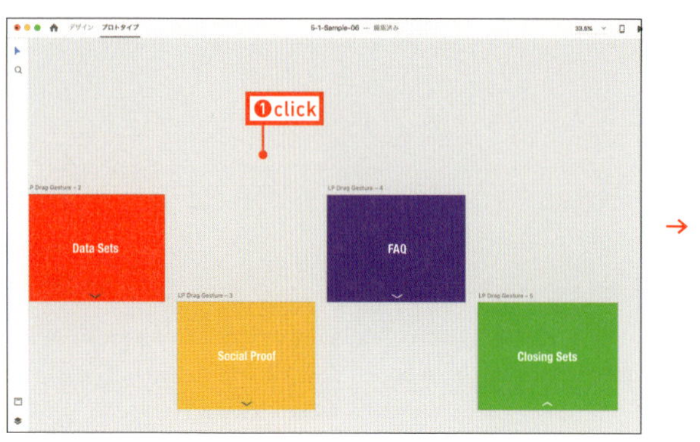

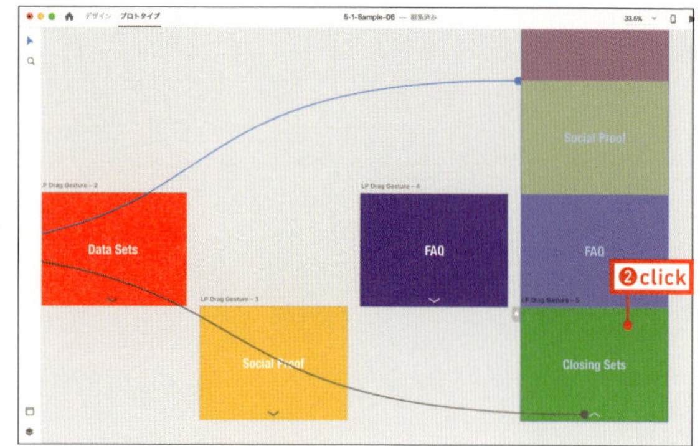

14 最後のセクション画面は、「画面のクリック」と「ボタンのクリック」の2つのインタラクションが設定されています。「画面のクリック」を無効にしましょう。

ワイヤーの接点をドラッグすると、接続されていたアートボードから切り離されるので、そのままマウスボタンを離してください。これですべての作業が完了しました。

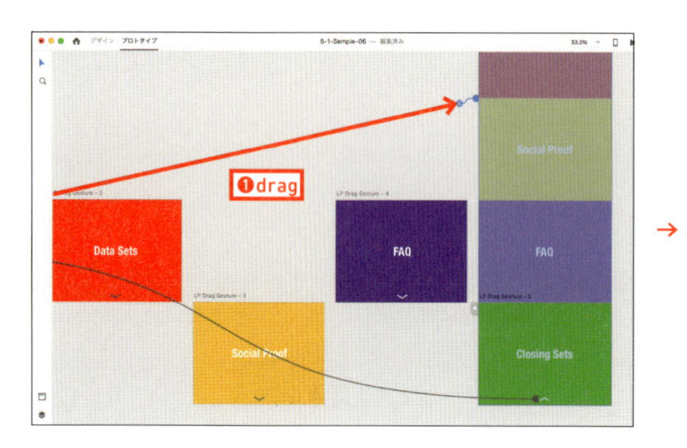

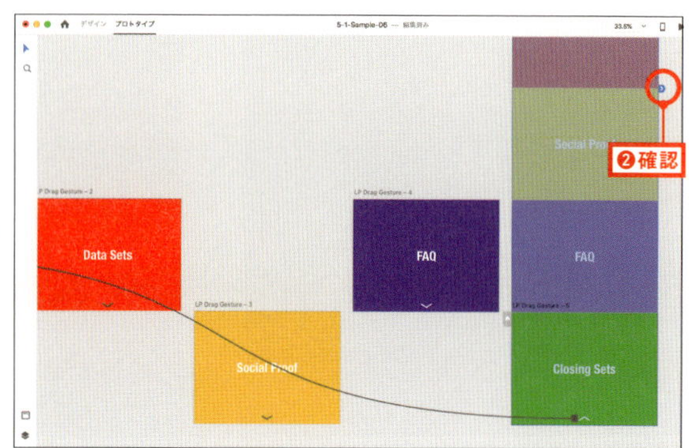

まとめ

[1] **プロトタイプには、簡易的なもの（低忠実度の試作品）と本物に近いもの（高忠実度の試作品）がある**

[2] **低忠実度のプロトタイプでも「実際に動かすことができる」インタラクティビティ・レベルが高いものを作成することがある**

Before 5-02　After 5-02F

02 ファーストビューを「高忠実度のプロトタイプ」で作成する

ランディングページにアクセスして、閲覧者が最初に見るのは最上部、ファーストビューと呼ばれる領域です。ページをスクロールして「閲覧してくれるかどうか」を決める重要な部分になりますので、高忠実度のプロトタイプを作成してイメージを決めたほうがよいでしょう。

1. ランディングページのファーストビュー検証用のプロトタイプ作成の流れを確認する
2. ランディングページのプロトタイプを高忠実度で作成する
3. レイヤーを管理しながら画像やボタン、テキストを配置する

ファーストビュー検証用プロトタイプ作成の流れ

ランディングページのファーストビュー検証用のプロトタイプを作成します。
ステップ数は多いですが、1つひとつの操作はとても簡単です。[長方形]ツール□や[楕円形]ツール○、[テキスト]ツールTなどの標準機能だけで作業を進めていきます。

背景写真やキャッチコピーを用意し、コンバージョンボタンを作成するなど、完成イメージに可能なかぎり近づけた忠実度の高いプロトタイプを作成する

01 複数の画像を配置する

ランディングページのファーストビューをプロトタイピングしていきます。まず、ページの背景に大きな写真画像を配置します。長方形を描画して画像ファイルをドラッグするだけの簡単な作業です。キャッチコピーは［テキスト］ツールTを使った通常のテキスト表現になります。背景の写真にそのまま重ねると同化してしまうため、白い枠線を設定します。

01 XDを起動して［web 1920］アートボードを選択し、アートボードを作成します。

続けて、アートボードの高さを変更します。アートボードをクリックし、プロパティインスペクターの［H］に「1260」と入力しましょう。

※［W］と［H］の鍵アイコンがアンロックされていることを確認してください。ロックされていると、縦横比を固定するので幅の値も変わってしまいます。

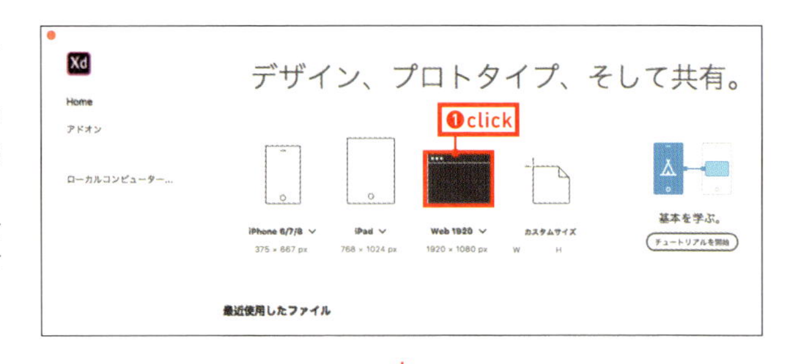

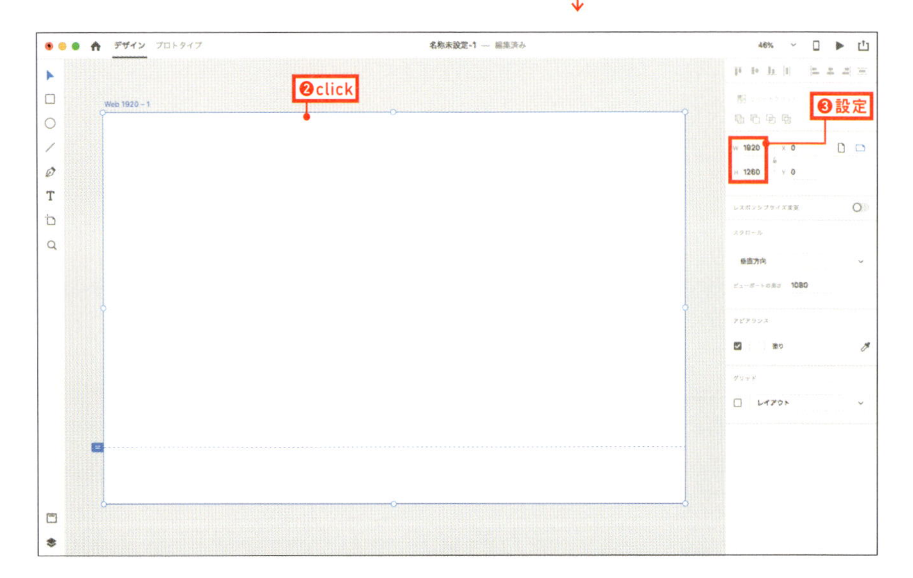

02 ペーストボードをクリックして選択解除してから、［長方形］ツール□を使ってアートボードと同じサイズの矩形を描いてください。

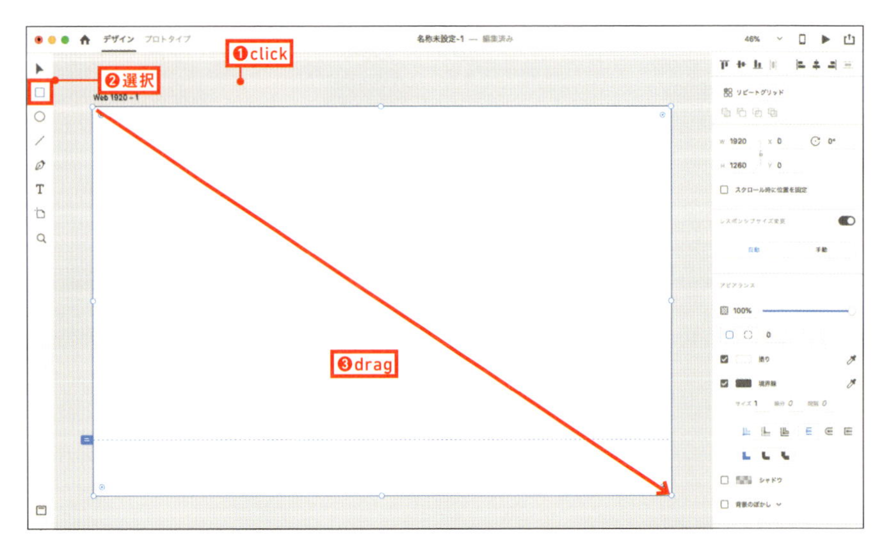

03 「5-01」フォルダのレッスンデータを開いてください。「Landing-Page-Data」フォルダ→「01-First-View」フォルダ→「PC-FirstView-Background.jpg」を描画した矩形にドラッグしましょう。

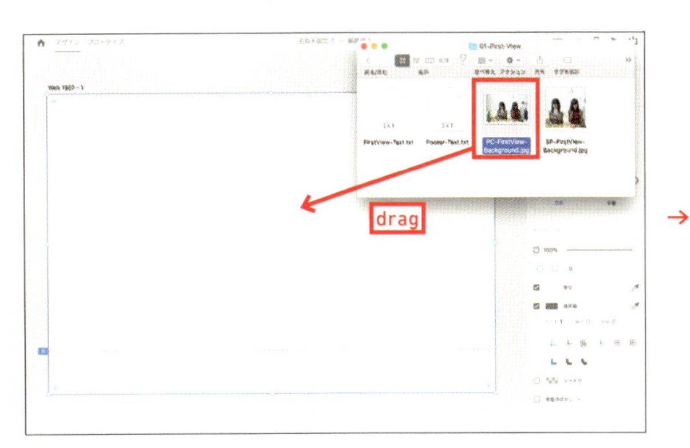

→

04 作業中に誤って動かさないように背景を固定しておきます。［レイヤー］パネルを表示して、レイヤー名「PC-FirstView-Background」の右側に表示されている鍵のアイコンをクリックしてください。これで背景がロックされました。

05 次はキャッチコピーです。「01-First-View」フォルダ→「FirstView-Text.txt」をダブルクリックして開きます。キャッチコピーの行をコピーしてください。

→

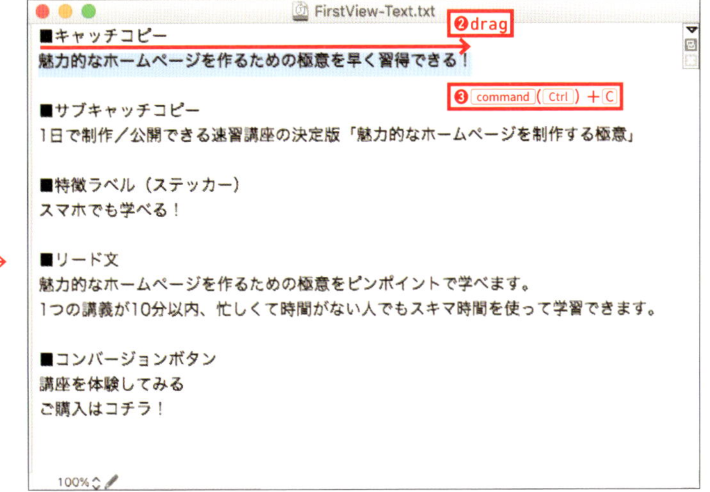

06 ▸ [テキスト] ツール T でアートボードをクリックし、コピーしたキャッチコピーをペーストします。

→

07 ▸ プロパティインスペクターでテキストのフォントやサイズ、行送りなどを設定していきます。

まず、サイズを「100」ptにして、太い和文フォントを選択してください（ここでは「ヒラギノ角ゴ StdN」を選択します）。Windows環境では、「游ゴシック Bold」がよいかもしれません。

※選択時のテキスト周辺に付いているポイントをドラッグして、テキストフレームの大きさを調整してください。

↓

08 ▸ 1行が長いので「極意を」の前で改行します。

09 ▸ 行送りを「108」ptに変更しておきましょう。テキストフレームが本文扱いになっているので、プロパティインスペクターのテキストの[ポイントテキスト]アイコン▭をクリックして、見出しのテキストフレームに変換してください。位置を調整します（図を参考にしましょう）。

10 ▸ キャッチコピーの末尾に感嘆符が付いていますが、字間を詰めておきましょう。キャッチコピーをダブルクリックして全体を選択してから、「る！」だけをドラッグして選択状態にします。続けて、文字の間隔に「－200」と入力してください。

11 ▸ キャッチコピーの色を変更します。[塗り]のカラーピッカーで青を選んでください（カラーコード「#0053A7」を入力してもかいません）。

12 キャッチコピーが背景に溶け込まないように白い枠線を追加します。まず、キャッチコピーを選択してコピーします。

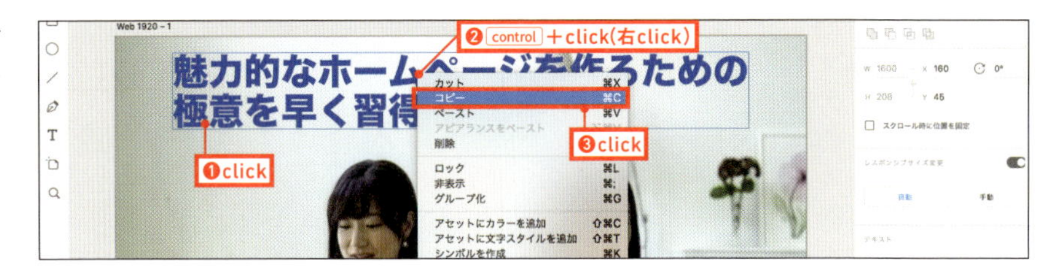

13 ［境界線］のサイズを「18」に変更して、色を白にしておきましょう。

14 ペーストして、白い枠線の上に重ねます。

15 重なっている2つのテキストを選択して Control キー＋クリック（右クリック）し、「グループ化」を選んでください。

→

02 サブキャッチコピーを配置する

サブキャッチコピーは、2つに分けて配置します。XDには「見出し」と「本文」に適した2種類のテキストフレームがあり、テキストをコピー＆ペーストした場合は本文扱いのテキストフレームになります。テキストフレームの切り替えはプロパティインスペクターの「ポイントテキスト」及び「エリア内テキスト」アイコンをクリックするだけで実行できます。

01 次はサブキャッチコピーを配置します。「FirstView-Text.txt」から、サブキャッチコピーの「1日で制作／公開できる速習講座の決定版」だけコピーしてください。続けて、ペーストボードをクリックして選択解除してから、そのままペーストしてみましょう。コピーしたテキストがペーストされました。

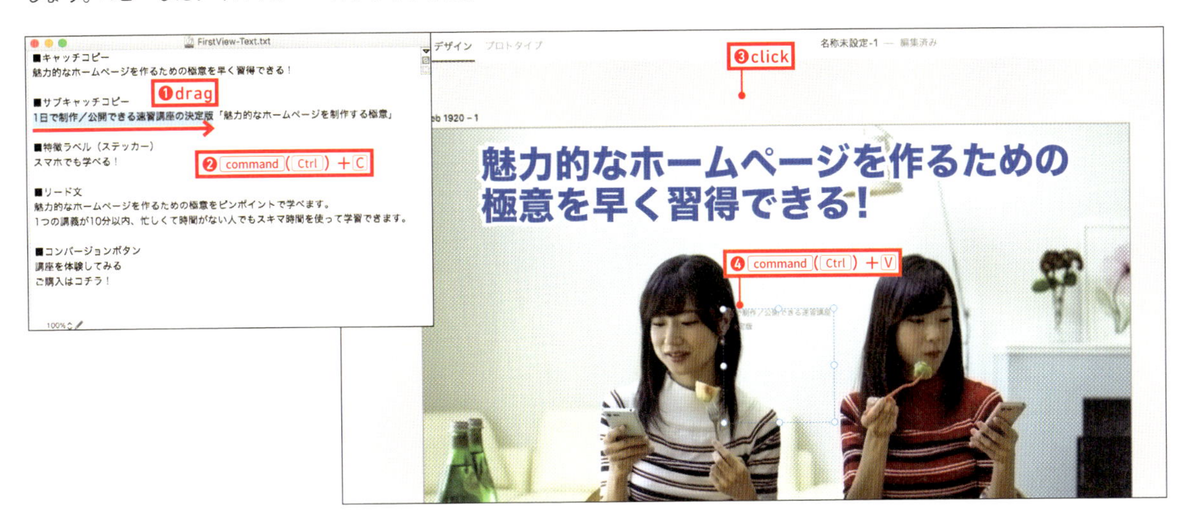

02 本文扱いになっているので、見出しのテキストフレームに変更します。右中央のポイントをドラッグしてフレームを広げてから、プロパティインスペクターの［ポイントテキスト］アイコンをクリックしてください。これで「見出し」のテキストフレームになりました。

03 サイズを「54」ptにして、太い和文フォントを選択してください（ここでは「ヒラギノ角ゴ ProN」の「W6」を選択します）。Windows環境では、「游ゴシック Bold（もしくはMedium）」がよいかもしれません。

04

［長方形］ツール□で矩形を描きます。プロパティインスペクターで［W］に「1042」、［H］に「86」を入力してください。
続けて、［塗り］のカラーピッカーからマゼンタを選び、［境界線］のチェックを外します。

05

サブキャッチコピーを最前面にして（control キー＋クリック（右クリック）→「最前面へ」を選択）、長方形の上に重ねてください。

06

テキストの［塗り］を白に変更し、長方形とテキストを選択して Control キー＋クリック（右クリック）し、「グループ化」を選んでください。キャッチコピーの下に配置します。

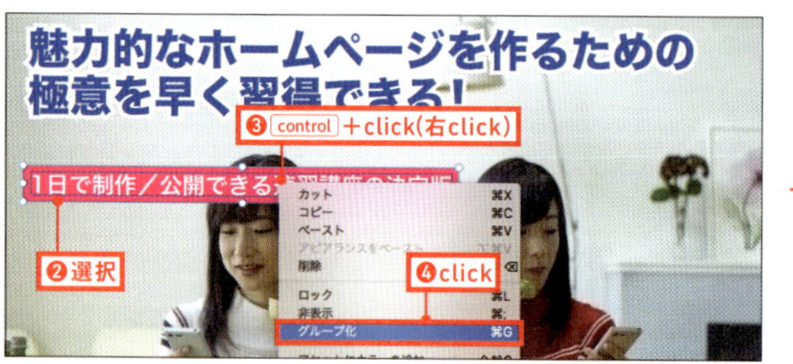

07 サブキャッチコピーの続きです。「FirstView-Text.txt」から、サブキャッチコピーの「魅力的なホームページを制作する極意」だけコピーします。ペーストボードをクリックして選択解除し、そのままペーストしてください。

08 サブキャッチコピーの前半の「1日で制作／公開できる速習講座の決定版」をダブルクリックして選択し、control キー＋クリック（右クリック）して「コピー」を選びます。

09 続けて、ペーストした「魅力的なホームページを制作する極意」を control キー＋クリック（右クリック）、「アピアランスをペースト」を選んでください。サブキャッチコピーのフォントや色が適用されました。

→

10 ▸ [塗り]の右側の[スポイト]アイコン をクリックして、キャッチコピーの青をクリックしてください。

11 ▸ テキストフレームを広げてから、[ポイントテキスト]アイコン をクリックします。

12 ▸ サイズを「61」ptに変更して、太い和文フォントを選択してください(ここでは「ヒラギノ角ゴ StdN」を選択しました)。Windows環境では、「游ゴシック Bold」がよいかもしれません。

13 キャッチコピーと同様に枠線を付けます。テキストをコピーします。

14 ［境界線］のサイズを「12」に変更し、色を白にします。ペーストして、白い枠線の上に重ねます。

↓

15 2つのテキストを選択して control キー＋クリック（右クリック）し「グループ化」を選んでください。位置を調整しましょう。

→

03 リード文を配置する

リード文は通常のテキストをコピー＆ペーストして配置しますが、長文ではありませんのでキャッチコピーのように大きく扱います。2つのブロックに分けて、ページの左右にレイアウトします。

01 次はリード文です。「FirstView-Text.txt」から、リード文の「魅力的なホームページを作るための極意をピンポイントで学べます。」だけコピーし、そのままペーストしてください。

02 サイズは「35」ptにしておきましょう。フォントは標準のゴシックでかまいません（ここでは「ヒラギノ角ゴ ProN」の「W6」を選択します）。Windows環境では、「游ゴシック Bold（もしくはMedium）」がよいかもしれません。

03 ［塗り］の右側の［スポイト］アイコンをクリックして、キャッチコピーの青をクリックします。

→

04 行送りは「46」ptにしておきましょう。

05 テキストフレームのサイズを調整します。配置する場所は図を参考にしてください。

※テキストフレームの幅は、リード文の「魅力的なホームページを作るための極意を」で改行するように合わせてください。

06 [長方形] ツール□で矩形を描きます。プロパティインスペクターで [W] に「696」、[H] に「114」を入力してください。[塗り] は白、[境界線] はチェックを外します。

↓

07 ▸ テキストを最前面にして（control キー＋クリック（右クリック）→「最前面へ」を選択します）、長方形の上に重ねてください。

08 ▸ リード文の続きです。リード文と長方形を選択して、option（Alt）キーを押しながらドラッグしてください。リード文をダブルクリックしてから、テキスト全体をドラッグして選択状態にしておきます。

09 ▸ 「FirstView-Text.txt」から、リード文の「1つの講義が10分以内、忙しくて時間がない人でもスキマ時間を使って学習できます。」だけコピー、そのままペーストしてください。

10 ▸ 長方形とテキストフレームのサイズを調整して配置しましょう(位置は図を参考にしてください)。

11 ▸ リード文はそれぞれ(長方形とテキストを選択し)「グループ化」しておきましょう。

→

04 コンバージョンボタンを作成して配置する

コンバージョンボタンには「講座を体験してもらう」と「購入してもらう」の2つがあります。[長方形]ツール□で描画した矩形にテキストを重ねる単純なものです。このプロトタイピングではグラデーションなどの装飾は施さず、フラットデザインで進めていきます。

01 ▸ 最後はコンバージョンボタンです。[長方形]ツール□で矩形を描き、プロパティインスペクターの[W]に「540」、[H]に「120」を入力してください。

02 ［境界線］のチェックは外して、［塗り］はキャッチコピーと同じ青にします（スポイトで拾います）。

03 ボタンの角を丸くします。角丸の半径に「14」と入力してください。

04 「FirstView-Text.txt」から、コンバージョンボタンの「講座を体験してみる」をコピー、そのままペーストします。

05 [ポイントテキスト]アイコンをクリックし、サイズを「48」ptに変更しましょう。フォントは標準のゴシックでかまいません（ここでは「ヒラギノ角ゴ ProN」の「W6」を選択します）。Windows環境では、「游ゴシック Bold（もしくはMedium）」がよいかもしれません。

06 [塗り]は白にしましょう。揃えを「中央揃え」にして、ボタンの中央に配置してください。

07 ボタンとテキストを選択して「グループ化」しておきます。

応用 › PART 5 ケーススタディで作業の進め方を学ぶ

08 ボタンを複製します。option（Alt）キーを押しながらドラッグしてください。

09 複製したボタンのテキストを2回ダブルクリックして「ご購入はコチラ！」に変更してください。ここまでを保存しておきましょう。［ファイル］メニュー→［別名で保存］を実行し、ファイル名を「5-1」にします。

※グループ化されたテキストをダブルクリックすると選択状態になり、もう一度ダブルクリックすると入力可能になります。

05 ラベルを作成して配置する

ページの右上にはラベルを配置します。製品・サービスの利点を一目でわかるようにバッジ化したプロモーションアイテムで、より強調したい内容（メッセージ）を表示しています。描画した楕円にテキストを重ねたフラットデザインで進めます。

01 ［楕円形］ツール◯で正円を描いてから、プロパティインスペクターの［W］と［H］にそれぞれ「270」と入力してください。

02 ▸ 続けて、[境界線]のチェックを外して、[塗り]の[スポイト]アイコンでキャッチコピーの青をクリックしましょう。

03 ▸ [楕円形]ツールでもう1つ正円を描いてください。プロパティインスペクターの[W]と[H]にそれぞれ「310」と入力します。

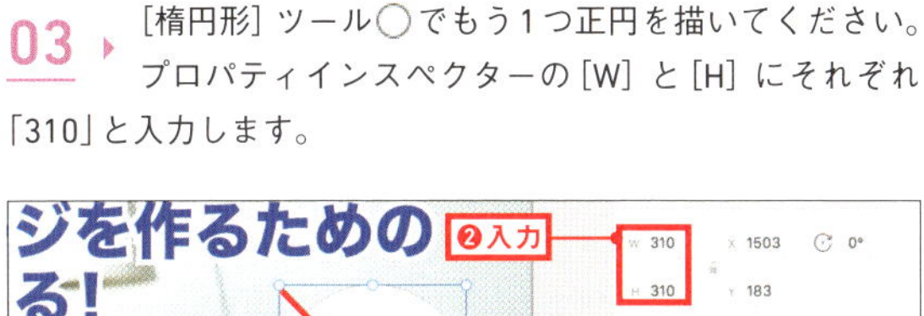

04 ▸ 続けて、[塗り]のチェックを外して、[境界線]の[スポイト]アイコンで同じ青を選択してください。1つ目の円の外側に円のラインが付きました。

05 ▸ ラベルにテキストを追加します。右側のボタンのテキスト(「ご購入はコチラ!」)をダブルクリックして選択し、コピーしてください。

06 ▸ ペーストボードをクリックしてペーストします。テキストの内容を「スマホでも学べる!!」に変更しましょう。「スマホでも」で改行してください。

→

07 ▸ 行送りを「58」ptにします。太い和文フォントを選択してください（ここでは「ヒラギノ角ゴ StdN」を選択します）。Windows環境では、「游ゴシック Bold」がよいかもしれません。
ラベルの中央に配置します。

08 ▸ 完了したら、2つの円とテキストを選択して control キー＋クリック（右クリック）し「グループ化」を選んでください。

06 レイヤー名をわかりやすい名前に変更する

最後のプロセスは、レイヤー管理です。構成要素が煩雑にならないように、キャッチコピーやリード文などすべてのアイテムをグループ化してきましたが、デフォルトのレイヤー名がわかりずらいため、名前を変更していきます。レイアウトが複雑になるほど、アートボード上のオブジェクト選択が困難になっていきますので、レイヤー管理（レイヤーでオブジェクトを選択）はとても重要な作業になります。

01 最後の作業です。レイヤー名をわかりやすい名前に変更していきます。[レイヤー] パネルを表示してください。

02 まず、キャッチコピーをクリックして選択します。[レイヤー] パネルの「グループ化1」がハイライトしているので、ダブルクリックして「キャッチコピー」と入力してください。

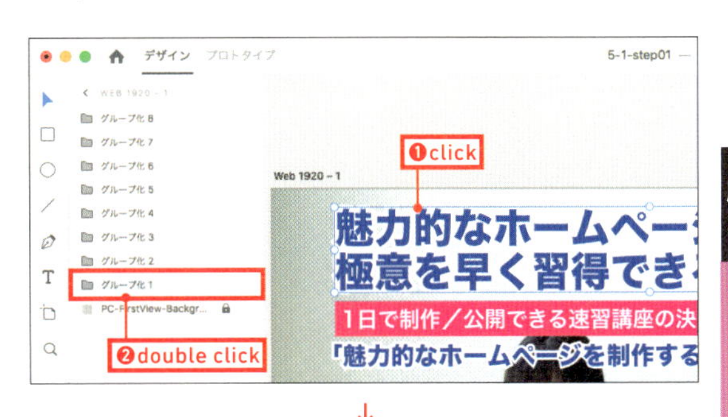

↓

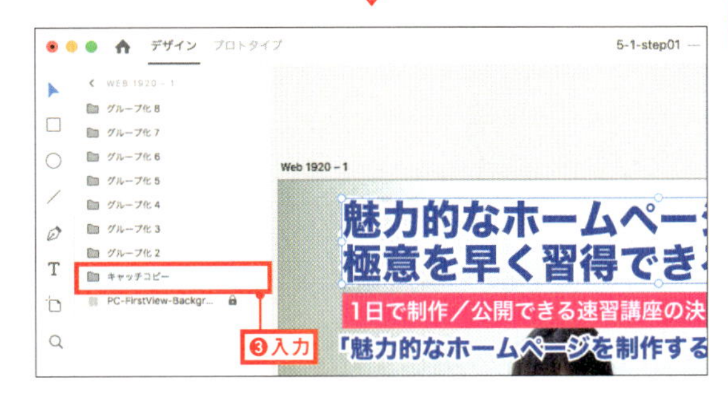

03 同様にレイヤー名を変更していきます。

サブキャッチコピーの上段と下段をそれぞれクリックしてレイヤーの位置を確認し、「サブキャッチコピーの上」「サブキャッチコピーの下」と入力してください。

04 リード文とコンバージョンボタンも同じです。「リード文の左」「リード分の右」、「ボタン-講座体験」「ボタン-購入」とそれぞれ入力していきましょう。

05 ラベルも同様です。「ラベル」と入力してください。背景のレイヤーも変更してください（「背景写真」と入力します）。

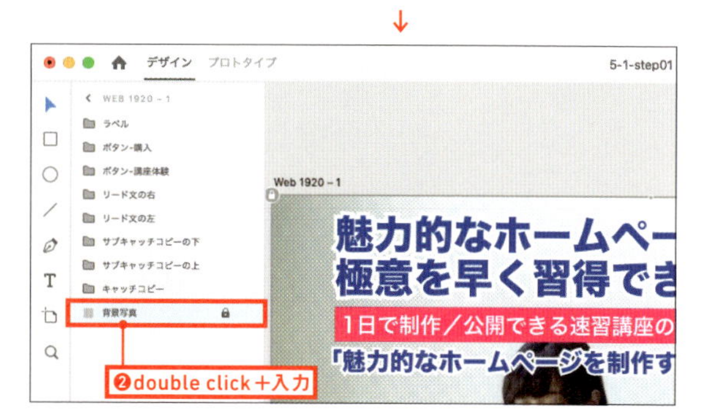

06 完了したら、保存をしておきます。[ファイル] メニュー（※）→[別名で保存] を実行し、ファイル名を「5-2」にします。

※Windowsはメインツールバーのポップアップメニュー☰から選択します。

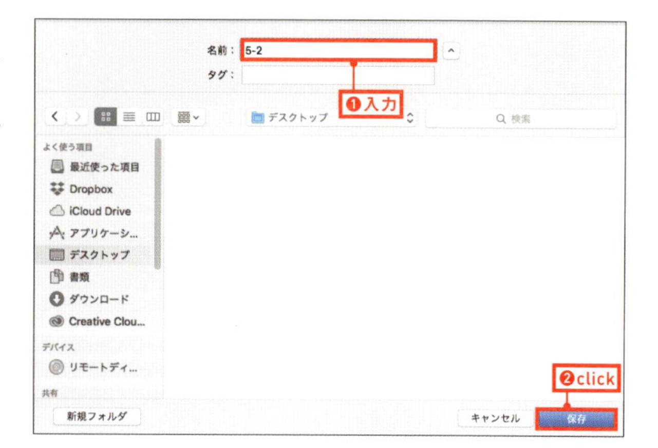

まとめ

[1] **視差効果を多用したシングルページサイトなどは、通常のページスクロールではイメージしにくいため、ファンクショナルレベルの高い完成版に近い機能を持っていた方が検証に役立つ**

[2] **ビジュアルのイメージは、ランディングページの「顔」であるファーストビューを高忠実度にすることで、より具体的なデスカッションが可能になる**

Before 5-03　After 5-03F

03 OS環境に依存しないクラウドフォントを活用する

Adobe XDのデスクトップアプリはmacOS版とWindows 10版があり、実機検証のためのiOS版、Android版も用意されています。さらにWebブラウザー上で確認することも可能です。さまざまなOS環境で同一のフォントを表示するには、クラウドフォントサービスを利用します。

1. クラウドフォント（Adobe Fonts）を使うことで得られるメリットを知る
2. Adobe Fontsをプロトタイピングで利用する方法を覚える
3. すでに指定されているフォントをAdobe Fontsで置き換える方法を知る

クラウドフォントを使う理由

本書はmacOS版のXDを使用しているので、他のOSに無いフォントを指定した場合、WindowsやAndroidなどでは「フォントが見つかりません」と表示されます。

文字が欠けるなど、閲覧が困難になる深刻な問題は発生しませんが、（太字で見せたいタイトルが細くなってしまう等）意図したイメージを伝えることができなくなります。

macOS版のXD（上図）で作成したプロトタイプをWindows版のXD（下図）を開くと、一部のフォントが置き換わってしまうことがある。ビジュアルイメージが変わってしまうため、このままでは共有できない

→ クラウドフォントサービス「Adobe Fonts」とは?

この問題を解決するにはクラウドフォントサービスの「Adobe Fonts」からフォントを選択します。

Adobe Fontsは、15,000以上のフォントコレクションを提供しているCreative Cloudのサービスです。有料のCreative Cloud サブスクリプションに含まれているので、コンプリートプランだけではなく、単体プラン、フォトプランなども対象となっています。

※以前は「Typekit」というブランドでしたが2018年10月15日より名称が「Adobe Fonts」に変更され、フォントの同期制限などが撤廃されました。

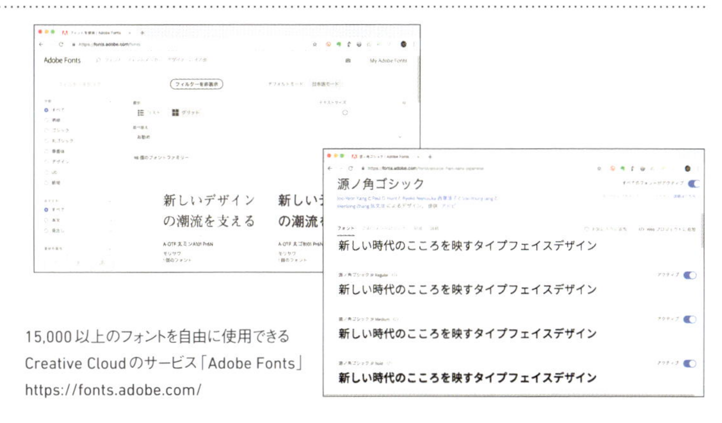

15,000以上のフォントを自由に使用できるCreative Cloudのサービス「Adobe Fonts」
https://fonts.adobe.com/

Adobe Fontsのフォントの制限について

同時にアクティベートできるフォントの数は「無制限」で、Webフォントの月間ページビュー数にも制限はありません。アクティベートとはライセンス認証のことで、利用者のAdobe IDに紐付けられています。
また、Adobe IDしか持っていない(製品を購入していない)人でも、フォント数が6,000フォントに制限されますが、無償で利用することができます。

※有料プランのユーザーは15,000フォントが利用可能 (2018年11月現在)。

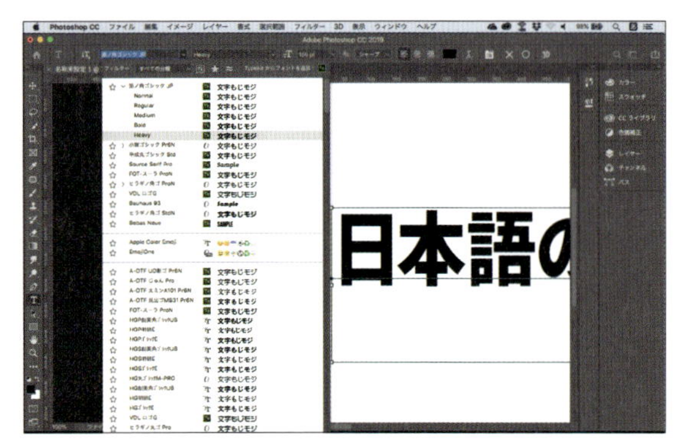

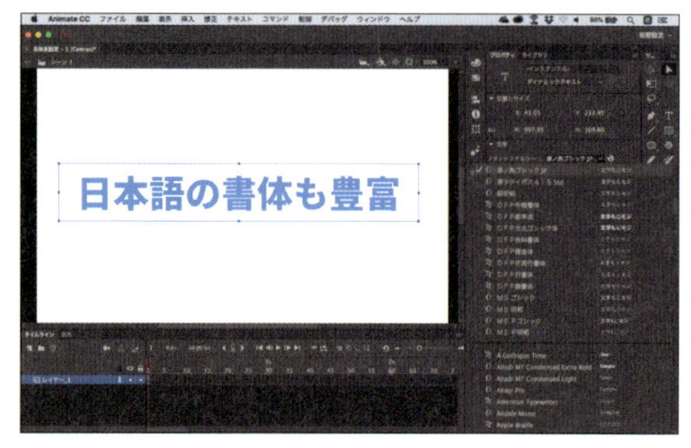

アクティベートしたAdobe Fontsのフォントを Photoshop CCとAnimate CCで使用。さまざまなAdobe社製品で利用できる

Adobe Fontsを使用する

このレッスンでは、5-02で作成したランディングページ(ファーストビュー)プロトタイプのテキストを、Adobe Fontsのフォントに置き換えます。
まず、Adobe Fontsサービスのサイトで使用するフォントを選択し、アクティベートしたあと、XDファイルを開いて設定されているフォントをAdobe Fontsに置き換えていきます。作業の流れは次のとおりです。

※Adobe Fontsを使用する作業はクラウドサービスを利用するので、インターネット接続が必須

1. Adobe Fonts でフォントを選択する
2. Adobe Fonts で指定したフォントを置き換える

01 Adobe Fontsのフォントを使用する

Adobe Fontsのサイトで必要なフォントを探しましょう。XDのフォントメニューはプレビュー表示されないため、直感的に選択することができません(フォントの名前で指定するしかない)。Adobe Fontsのサイトには、適したフォントを見つけるためのさまざまな機能が搭載されているので、素早く作業を進めることができます。

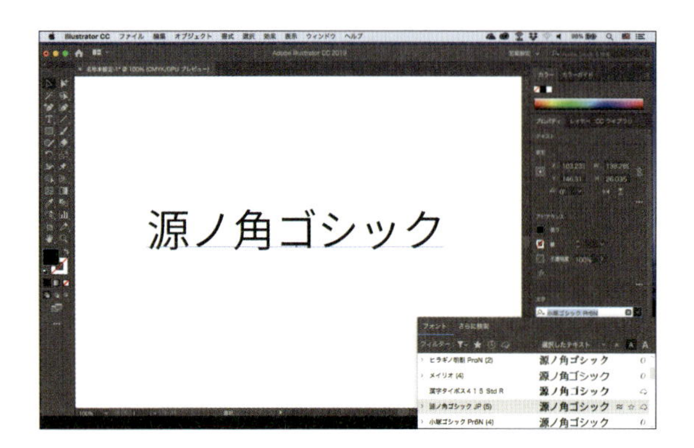

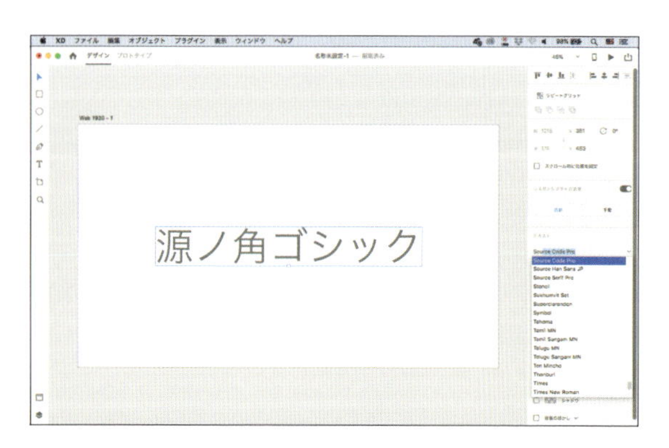

01 Adobe Fontsでフォントをアクティベートする

01 ▸ Adobe社の公式サイトをブラウザーで開いて、Adobeアカウントでログインしておきます。続けて、Adobe Fontsのサイトを開いてください。[開始] ボタンをクリックします。

※Adobe IDの作成、ログイン方法などについての詳細は、Adobe社のWebサイトでご確認ください。

【Adobe 社の公式サイト】https://www.adobe.com/jp/
【Adobe Fonts のサイト】https://fonts.adobe.com/

→

02 ▸ ランディングページのキャッチコピーに適したフォントを探してみましょう。サイドバーの [おすすめ] の「見出し」をクリックし、[書体の属性] の太字 (右端) をクリックしてください。「源ノ角ゴシック (げんのかくごしっく)」が最も太いのでクリックして選択します。

※ [書体の属性] が日本語になっていない場合は、画面の右上の [日本語モード] をクリックしてください。

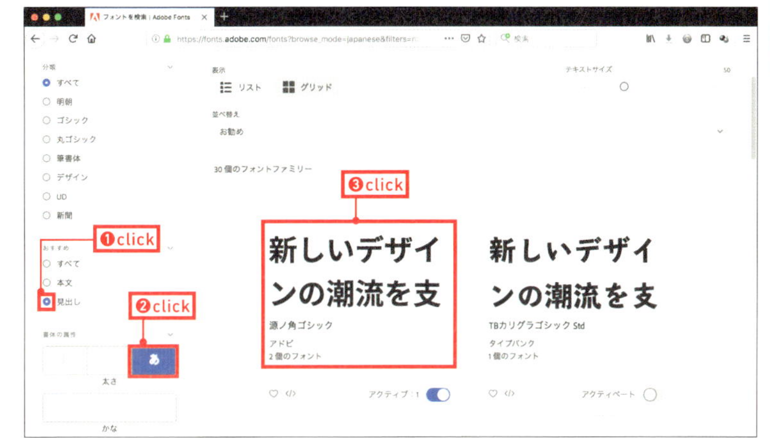

03 ▸ ページをスクロールして一番下の「源ノ角ゴシック JP Heavy」を表示してください。右端の「アクティベート」をクリックしてONにします。「フォントのアクティベーションが完了しました」と表示されたら [OK] ボタンをクリックしましょう。

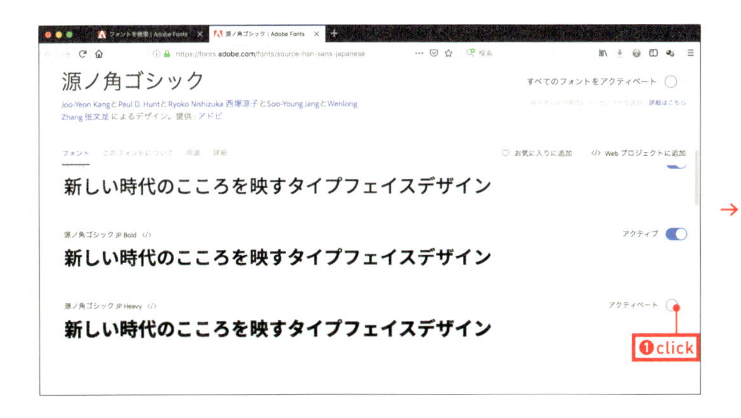

→

04 ▸ 早ければ数秒で「フォント 源ノ角ゴシック Heavy が有効化されました」という通知が表示されます（通知機能がONになっている場合）。Creative Cloudデスクトップアプリの［アセット］→［フォント］で確認しましょう。「源ノ角ゴシック」の「Heavy」が表示されています。

05 ▸ ページ上部のメニューの［詳細］をクリックします。フォントメニューに表示されるフォント名が記されています（※日本語の名前で表示されないアプリの場合）。

例では「Source Han Sans JP ExtraLight」となっていますが、フォントメニューには「Source Han Sans JP」と表示されます。「Heavy」はフォントスタイルのメニューで選択します。

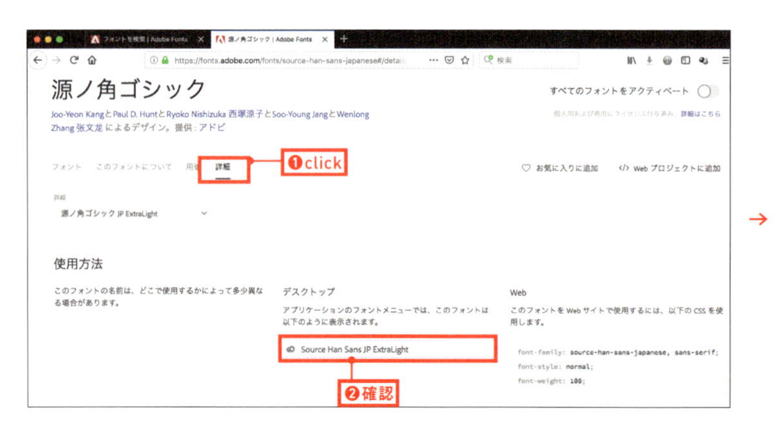

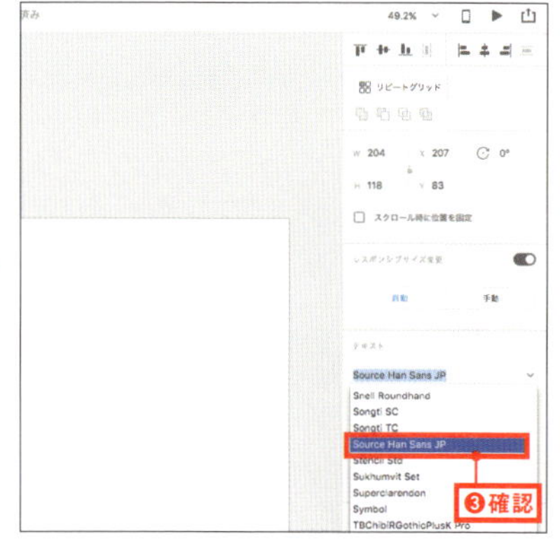

06 ▸ Illustratorで確認してみます。テキストを入力してから「プロパティ」の文字設定でフォント名を選択します。

フォントメニューには「源ノ角ゴシック」と表示されているので、すぐに見つけることができます。

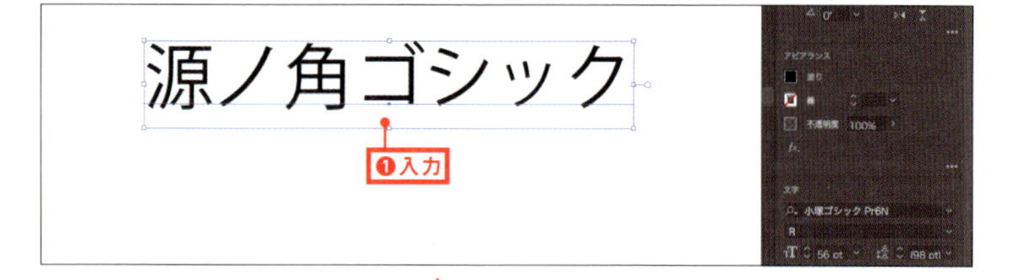

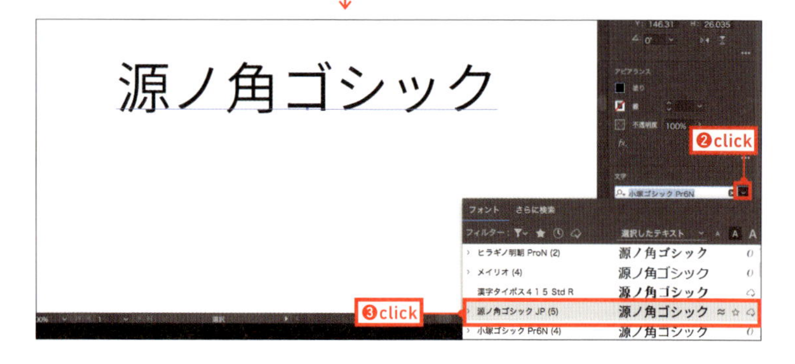

07 ▸ フォントスタイルのポップアップメニューで「Heavy」を選びます。

02 XDでアクティベートしたフォントを使用する

01 ▸ それでは、XDで確認してみましょう。アートボードを作成し、テキストを入力します。

02 ▸ プロパティインスペクターの［テキスト］でフォント名を指定します。フォントメニューのボックスに「源」と入力してください。「源ノ角ゴシック JP」が表示されます。

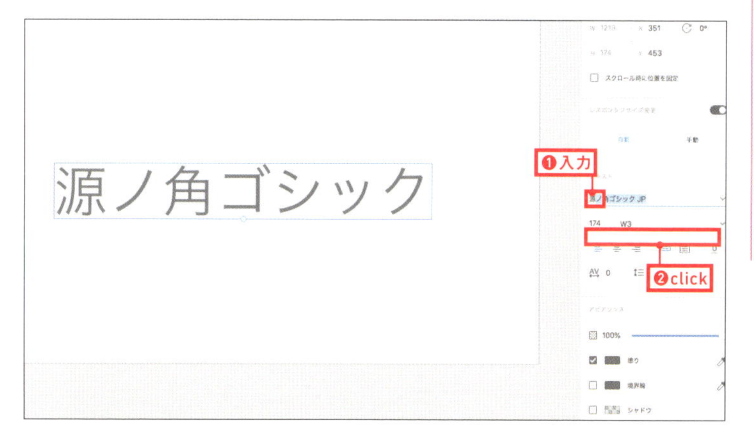

03 ▸ 続けて、フォントスタイルのポップアップメニューで「Heavy」を選びましょう。

04 ▸ ランディングページのキャッチコピーと下のサブキャッチコピー、ラベルのテキストは「Source Han Sans JP」の「Heavy」を指定しますが、それ以外は「Source Han Sans JP」の「Bold」を使うので、Adobe Fontsのサイトでアクティベートしておいてください。

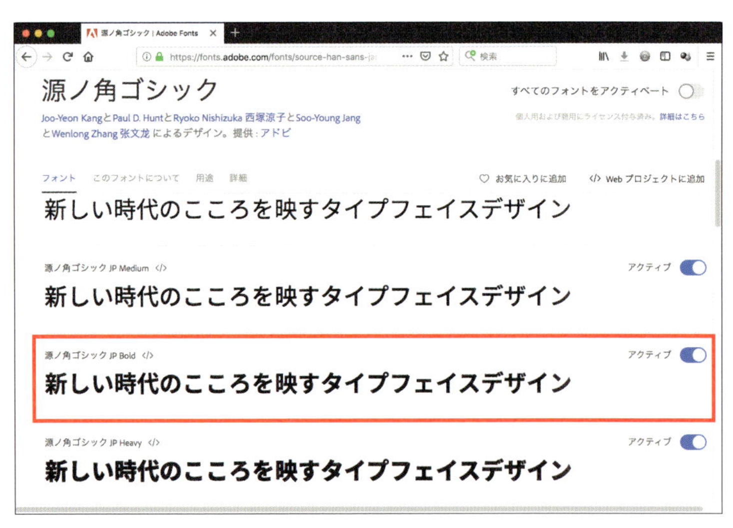

源ノ角ゴシック JP の「Bold」もアクティベートしておく（「アクティブ」をクリックしてONにする）

02 Adobe Fontsで指定したフォントを置き換える

ここでは、［ケーススタディ1］で作成したランディングページのプロトタイプのテキストを、Adobe Fontsでアクティベートしたフォントに置き換えていきます。

Adobe Fontsの「源ノ角ゴシック JP」の「Heavy」と「Bold」でプロトタイプのフォント設定を変更する

01 「5-03」フォルダのレッスンデータを開いてください。「5-3.xd」をダブルクリックして表示します。「5-02」で作成したランディングページのプロトタイプと同じものです。

Windows 10環境の場合は、「Windows」フォルダの中の「5-03」フォルダ→「5-3.xd」をダブルクリックしてください。游ゴシックで指定されていますので「フォントが見つかりません」というアラートが表示されません。それでは、まず［レイヤー］パネルを表示しておきましょう。

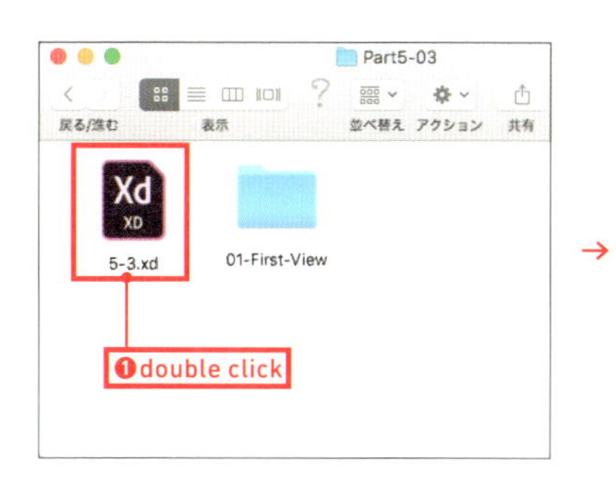

→

02 「キャッチコピー」レイヤーのテキストをクリックすると、アートボード上のキャッチコピーが選択状態になります。

※背面に配置されている白い枠線と、前面のテキストの2つをそれぞれ設定することになります。

03 プロパティインスペクターのフォントメニューのボックスに「源」と入力すると「源ノ角ゴシック JP」と表示されます。続けて、フォントスタイルメニューから「Heavy」を選んでください。

→

04 もう1つのレイヤーを選択して、同じ作業を繰り返してください。

※ここでは上のレイヤー（前面の青いテキスト）を先に設定したので、次は下のレイヤー（背面の白い枠線）を設定します。

↓

05 続けて、「サブキャッチコピーの下」レイヤーと「ラベル」のテキストも同じフォント名を指定してください。

06 「サブキャッチコピーの上」レイヤーは、「源ノ角ゴシック JP」の「Bold」を選びます。

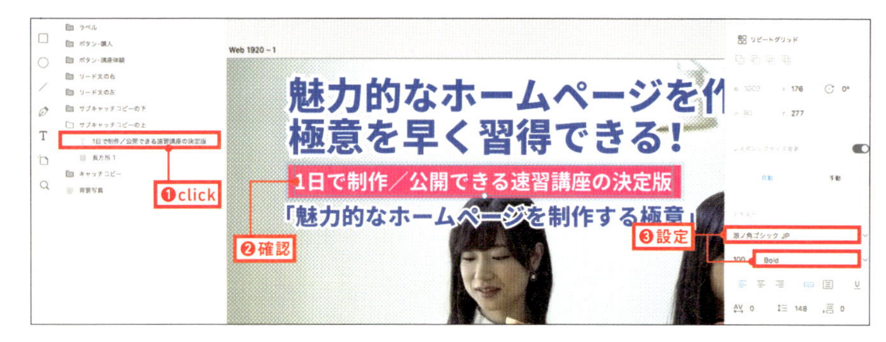

07 「リード文の左」レイヤーと「リード文の右」レイヤーも「源ノ角ゴシック JP」の「Bold」を選んでください。

08 テキストフレームからはみ出してしまった場合は、下辺中央のポイントを少しドラッグしてから位置を調整しましょう。

↓

09 最後のフォント設定です。「ボタン-講座体験」レイヤーと「ボタン-購入」レイヤーも「源ノ角ゴシック JP」の「Bold」を選んでください。

10 これですべてのテキストが、Adobe Fontsのフォントに置き換わりました。保存をしておきましょう。[ファイル] メニュー(※) → [別名で保存] を実行し、「5-3F」という名前で保存してください。

※Windowsはメインツールバーのポップアップメニュー☰から選択します。

03 Windows 10で表示されるフォントエラーの対処方法

本書は、macOS版のXDで作成しているので、Windows 10でXDファイルを開くと「フォントが見つかりません」と表示されることがあります。Windows 10でフォントを正しく表示させるための対処方法を覚えておきましょう。

01 ここで作成したXDファイルを開くと「2個のフォントが見つかりません。」と表示されます。[環境に無いフォントを表示]をクリックすると、フォント名を確認することができます。

02 「Hiragino Kaku Gothic（ヒラギノ角ゴシック体）」の「ProN-W6」と「StdN-W8」を使用しているため、Windows 10版のXDで開くとアラートが表示されます。

03 すべてのテキストをAdobe Fontsのフォントに置き換えたXDファイルは、Windows 10でも問題なく表示されます（自動的にアクティベートされます）。

※インターネットに接続していないとアクティベートできないため、アラートが表示されます。

Point モバイル版のXDとAdobe Fonts

モバイル版のXDアプリは、App Store（iOS）およびGoogle Play（Android）でインストールすることができます。
Adobe Fontsに対応しているので、自動的にアクティベートされ、指定したフォントが表示されます。アクティベートされたフォントはアプリの［設定］→［環境設定］→［フォント管理］で確認することができます。

Hiragino Kaku Gothic（ヒラギノ角ゴシック体）を使用しているXDファイルを開くとアラートが表示される

すべてのテキストをAdobe Fontsのフォントに置き換えたXDファイルは問題ない

アプリの［設定］アイコンをタップし、環境設定の「フォントを管理」をタップすると、Adobe Fontsの一覧が表示される。Androidの場合は、「ACTIVE FONTS」をタップすると、アクティベート済みのフォントを確認できる。iOSでは、「日本語フォント」のポップアップで［有効なフォント］をタップする

まとめ

［1］ **他のOSに無いフォントを指定した場合、「フォントが見つかりません」と表示され、別のフォントに置き換わってしまうが、Adobe Fontsを利用すれば解決する**

［2］ **Adobe Fontsのフォントを指定すれば、macOS、Windows、iOS、Androidで同一のフォントを表示することができる**

［3］ **Adobe Fontsは、15,000以上のフォントコレクションを提供しているCreative Cloudのサービス**

［4］ **アクティベートとはライセンス認証のことで、利用者のAdobe IDに紐付けられている**

［5］ **同時にアクティベートできるフォントの数は「無制限」**

応用

>PART 6

プロトタイプを公開・検証する

Adobe XDには、プロトタイプの素材などを読み込むインポート機能、作成したプロトタイプをエクスポートする機能が搭載されています。また、プロトタイプをチームメンバーやクライアントの担当者などと共有するための公開機能も備わっています。PART6では、読み込み／書き出し機能、およびプロトタイプの公開／共有機能について学習します。

>PART 6

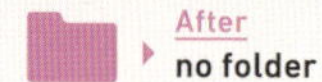

01 読み込み機能と書き出し機能を理解する

Adobe XDはユーザーの要望を聞きながら必要な機能だけを搭載しています。読み込み機能（インポート）と書き出し機能（エクスポート）についても最低限のサポートから始まっており、アップデートの度に機能を追加しています。まずは現在の対応状況を確認しておきましょう。

1. XDでの読み込み（インポート）機能と書き出し（エクスポート）の方法を知る
2. アートボード全体や個別のオブジェクトを指定して書き出す
3. 対象のプラットフォームを指定して書き出す

01 XDのインポートとエクスポートについて

Adobe XDの読み込み（インポート）機能と書き出し（エクスポート）機能について理解しておきましょう。XDはプロトタイプ制作を目的としたツールなので、画像処理ツールほど高機能ではありませんが、一般的な画像フォーマット（PNGやJPEG、SVG等）はサポートしており、メニューからの「読み込み」だけではなく、他のツールからコピー＆ペーストしたり、ドラッグ＆ドロップ操作で直感的にインポートすることができます。

エクスポートについては、画像ファイルの書き出しや作成したプロトタイプのWeb公開、モバイルデバイス上のプレビュー、サードパーティ製のツールとの連携などが可能になっています。また、XDの専用プラグインによって、動画のインポートや印刷に特化したエクスポート機能など、今後さまざまな需要に適応していく可能性があります。

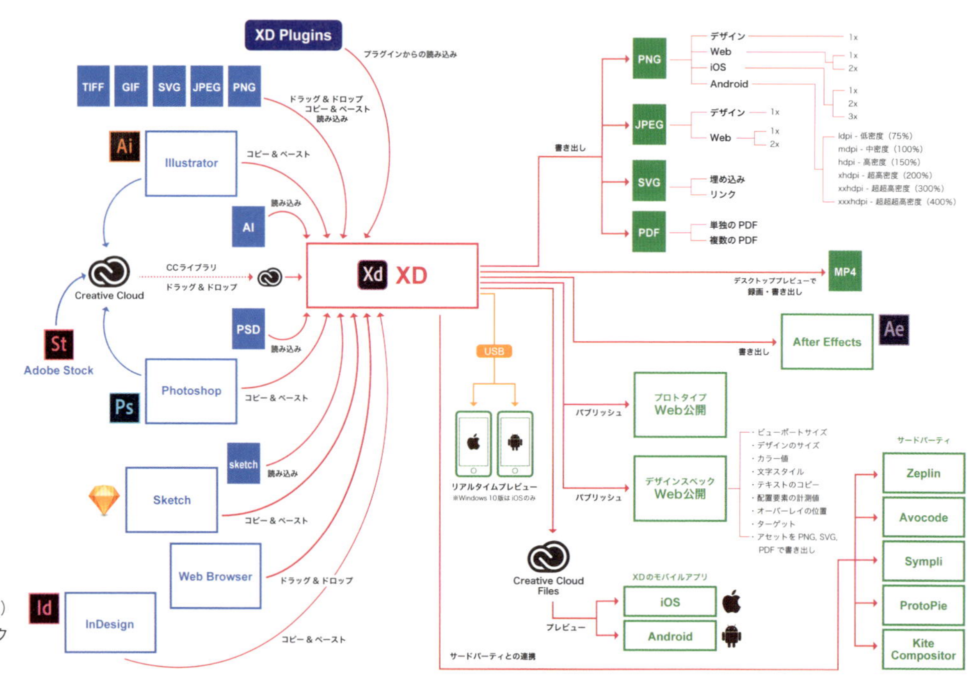

XDの読み込み（インポート）機能、および書き出し（エクスポート）機能の一覧図

画読み込み（インポート）機能

XDのインポート機能はとても直感的です。メニューの「読み込み」コマンドだけではなく、コピー＆ペーストやドラッグ＆ドロップの操作でXDに取り込むことができます。Webの標準フォーマットとして使用されているPNGやJPEG、GIF、SVG、そしてTIFFなどの画像ファイルは、ドラッグ＆ドロップでXD上に直接、貼り付けることが可能です。
また、IllustratorやPhotoshop、Sketchなどのアプリケーションソフト画面からコピー＆ペーストしたり、PSDファイルやAIファイル、Sketchのネイティブファイルを直接読み込むことも可能です。ただし、すべての機能をサポートしているわけではないので、適用している機能によって読み込みの結果が変わります。

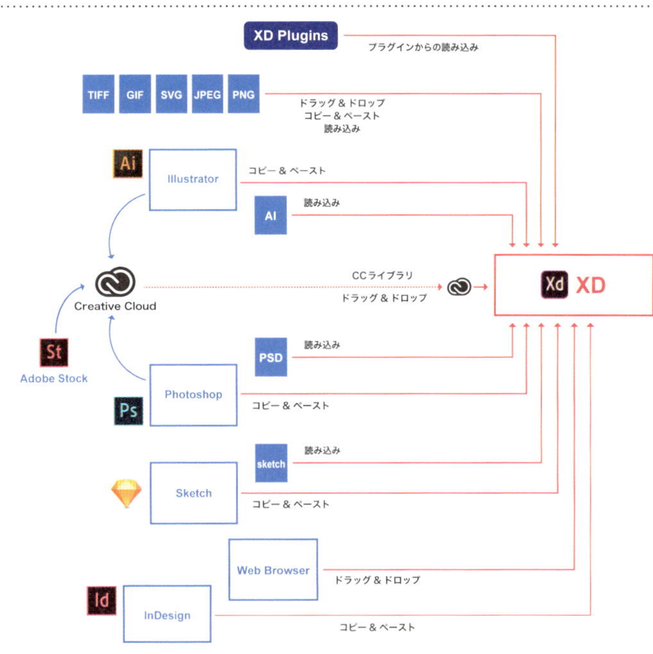

XDのインポート機能には「ファイル読み込み」、他のアプリからの「コピー＆ペースト」、画像ファイルを直接「ドラッグ＆ドロップ」する方法などがある

XDは他のAdobe社製品と同様に、Creative Cloudライブラリ（CCライブラリ）の機能があるので、データをクラウドで共有したり同期することができます。たとえば、Photoshopで作成したビジュアルデザインをCCライブラリ経由でXDのアートボードに配置した場合、Photoshopの修正が自動的に反映されるようになります。
注意点は、XDからCreative Cloudライブラリにアップロードすることはできないということです。今のところ、XDで作成したデータを他のアプリケーションソフトで利用することはできません（2018年11月現在）。また、すべてのデータ形式に対応しているわけではありません。

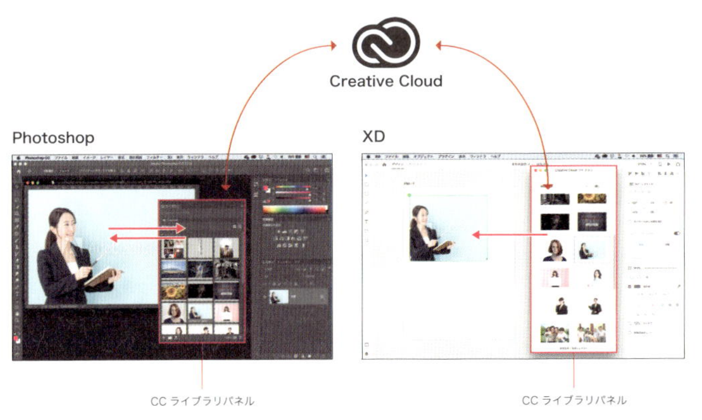

CCライブラリを利用すれば他のアプリケーションソフトとデータを共有／同期することが可能。ただし、2018年11月現在、XDからCreative Cloudライブラリにアップロードすることはできない

XDのCCライブラリが対応していないデータ形式は、パネルの最下部に「非対応の１個のエレメント」などと表示される。XDがサポートしているのはラスター画像、ベクター画像、カラー、文字スタイルなど
※2018年11月現在

CCライブラリに関する参考情報

頻繁に更新されているので必ず最終公開日を確認してください。

Adobe XD と Creative Cloud - 概要

https://helpx.adobe.com/jp/xd/help/xd-cc-overview.html

Photoshop の Creative Cloud ライブラリ

https://helpx.adobe.com/jp/photoshop/using/cc-libraries-in-photoshop.html

Illustrator の Creative Cloud ライブラリ

https://helpx.adobe.com/jp/illustrator/using/creative-cloud-libraries-sync-share-assets.html

02 書き出し(エクスポート)機能

XDのエクスポート機能には、「画像の書き出し」「スクリーンプレビュー」「Web公開」の3つがあります。画像の書き出しは、PNGやJPEG、SVG、PDFをサポートしているのでWebサイトやアプリのアセットとして使用することも可能です。スクリーンプレビューは、パソコン上で確認するデスクトッププレビューとモバイルデバイス(実機)によるプレビューがあり、モバイルプレビューにはXDファイルをクラウド経由で開く方法、パソコンとUSB接続してリアルタイムプレビューする方法があります。

Web公開は作成したプロトタイプをブラウザー上で確認するための機能で、コメントを投稿したり、公開URLをパスワード保護することが可能です。開発者向けのデザインスペック公開では、プロトタイプのデザイン仕様を取得したり、必要なエレメントをPNGやSVGで書き出すことができます。また、サードパーティとの連携で外部のツールにアセットを書き出したり、After Effectsのモーションデザイン用の書き出しも可能になっています。

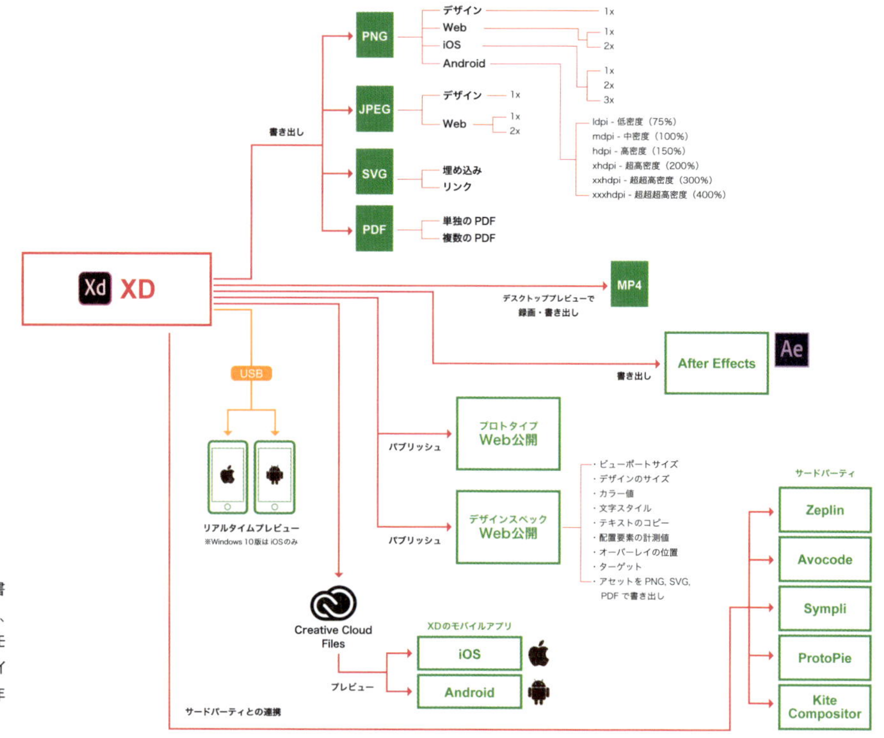

XDのエクスポート機能には「画像の書き出し(PNG／JPEG／SVG／PDF)」、「スクリーンプレビュー(デスクトップとモバイルデバイス)」「Web公開(プロトタイプとデザインスペック)」がある(2018年11月現在)

03 書き出しの種類について

画像ファイルを書き出す

画像ファイルを書き出す場合は、[ファイル] メニュー（※）の [書き出し] を選択します。「バッチ」「選択済み」「すべてのアートボード」から選択しますが、それぞれ書き出すための条件があります。下図のサンプルを使って確認していきましょう。3つのシェイプと1つのテキストが配置されています。

※ Windowsはメインツールバーのポップアップメニュー☰から選択します。

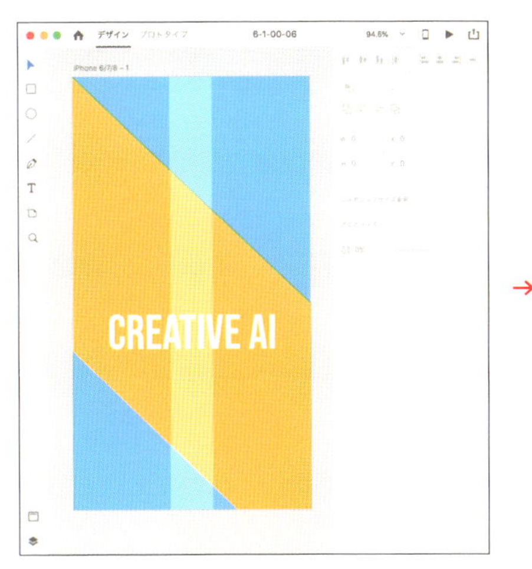

→

3つのシェイプとテキストで構成されたプロトタイプ

何も選択されていない状態で書き出しを実行すると、ペーストボード上の「すべてのアートボード」が対象となります。特定のオブジェクトを書き出したい場合は、選択状態にしておいて、[ファイル] メニューの [書き出し] → [選択済み] を実行します。選択したオブジェクトがすべて書き出されます。このサンプルの場合は、3つのシェイプと1つのテキストで構成されているので、すべてを選択して書き出すと、4つの画像ファイルが保存されます（テキストも画像として書き出されます）。

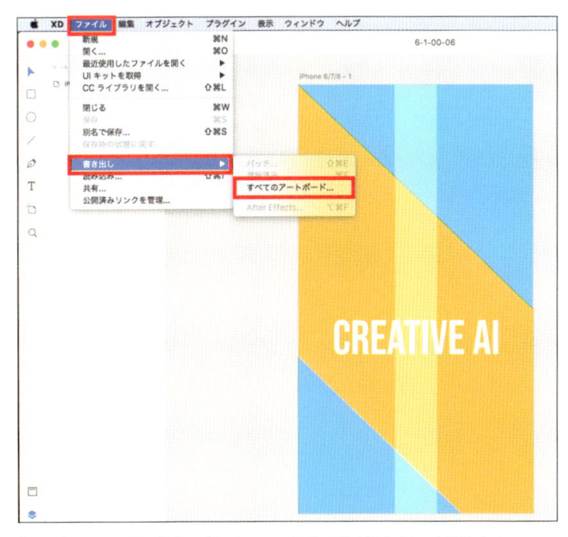

何も選択されていない場合は「すべてのアートボード」が書き出しの対象となる

アートボード上のオブジェクトが選択されている場合は、[ファイル] メニューの [書き出し] → [選択済み] を選んで書き出すことができる（※アートボードは選択しないこと）

個別のオブジェクトを書き出す

個別のオブジェクトの書き出しは、[レイヤー] パネルでも設定することができます。[レイヤー] パネルの [バッチ書き出し] マークをクリックしておけば、[ファイル] メニュー (ポップアップメニュー☰) の [書き出し] → [バッチ] を実行すれば書き出されます。アートボードに配置されているオブジェクトを選択する必要がないので効率的です。

※解除したい場合は [バッチ書き出し] マークをクリックします。

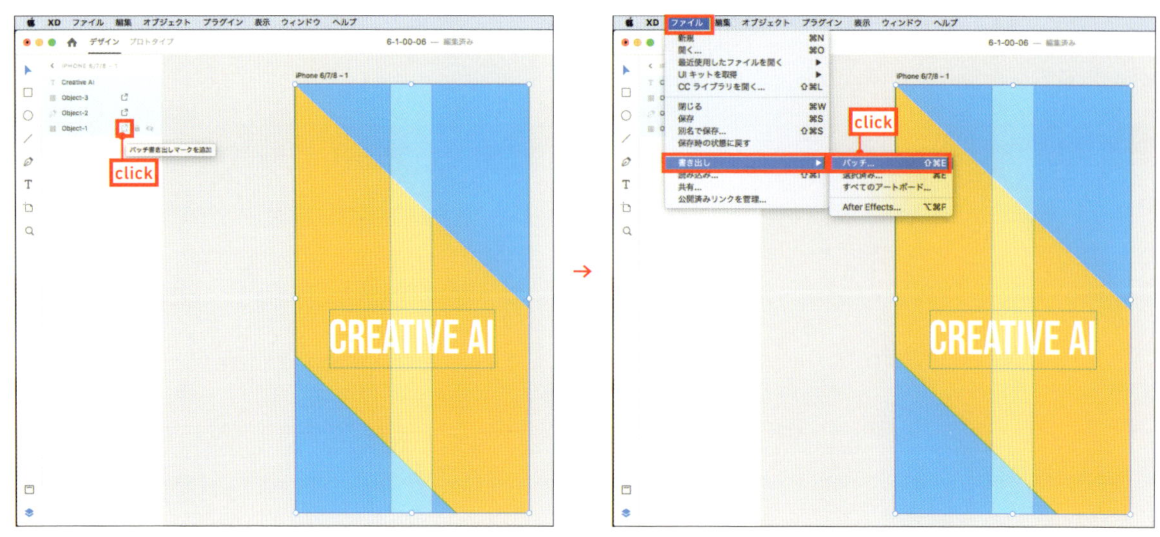

[レイヤー] パネルで [バッチ書き出し] マークをクリックしたオブジェクトは、[ファイル] メニューの [書き出し] → [バッチ] を選んで書き出すことができる

アートボード上の複数のオブジェクトを統合した状態で書き出したい場合は「グループ化」しておきます。たとえば、プロトタイプのボタン (シェイプとテキストの組み合わせ) だけ1つの画像ファイルとして書き出したいときは、ボタンを構成するすべてのオブジェクトを選択してグループ化します。

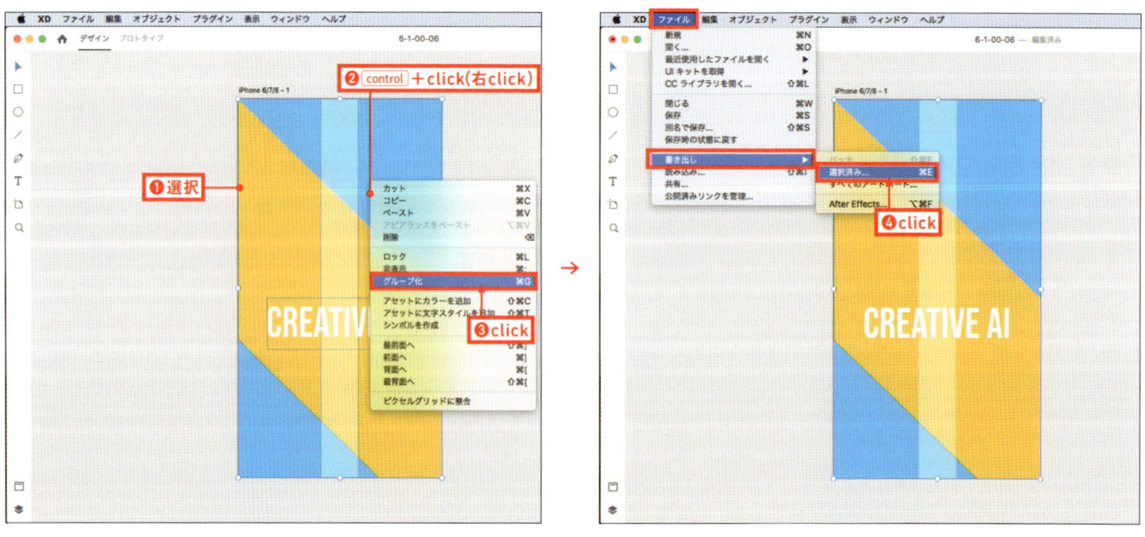

グループ化されたオブジェクトを選択した場合は、(統合された) 1つの画像ファイルが書き出される

04 書き出しの対象プラットフォームについて

01 フォーマットを指定して書き出す

書き出しのフォーマットをJPEGにした場合、「デザイン」と「Web」の書き出し先を選択できます。PNGにした場合は、「デザイン」と「Web」以外に「iOS」と「Android」も選択可能になります。100%サイズでそのまま書き出す場合は「デザイン」を選択します。
「Web」を選択すると「1×」と「2×」の2つの設定サイズが選択可能になります。たとえば、150×150ピクセルのエレメントの場合、設定サイズを「1×（100%サイズ）」で書き出すと、2倍の大きさに拡大された画像も一緒に書き出されます。画質を劣化させないためには、エレメントを2倍サイズの300×300ピクセルで作成して、設定サイズを「2×（200%サイズ）」にして書き出す必要があります。

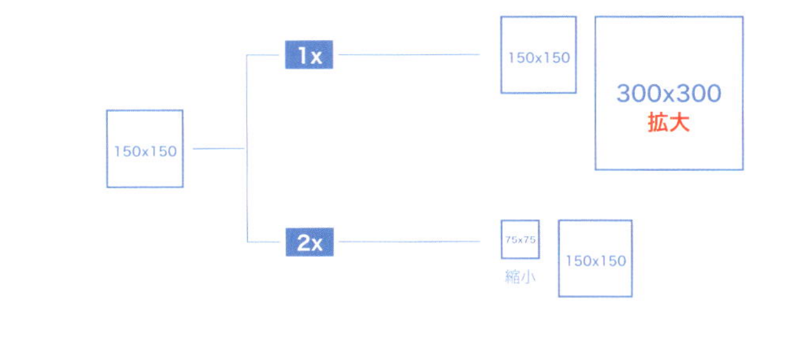

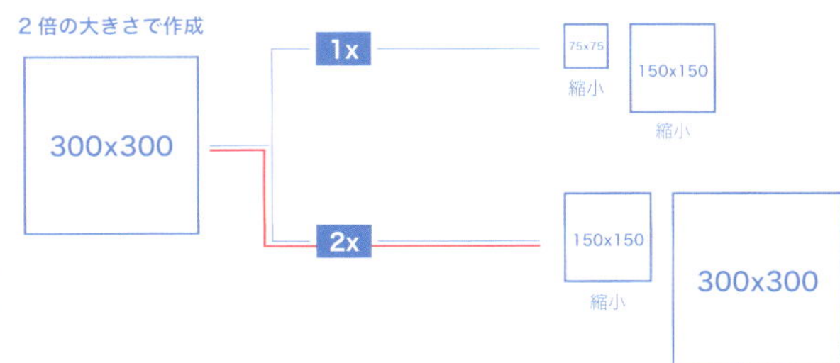

150×150ピクセルのエレメントを「Web」で書き出す場合は、2倍のサイズで作成し、設定サイズを「2×」にする

02 書き出すサイズを指定する

前述したとおり、書き出し先を「Web」にすると「1×」と「2×」が選択可能になります。2倍の大きさで作成したエレメントを「2×」で書き出せば、1/2に縮小されたサイズ（150×150ピクセル）と100%サイズ（300×300ピクセル）の画像が書き出されます。
使用するサイズ（150×150ピクセル）のエレメントで書き出す場合は「1×」を選択しますが、2倍サイズの画像は拡大することになるので画質が低下します。

Webで書き出す場合のサイズ

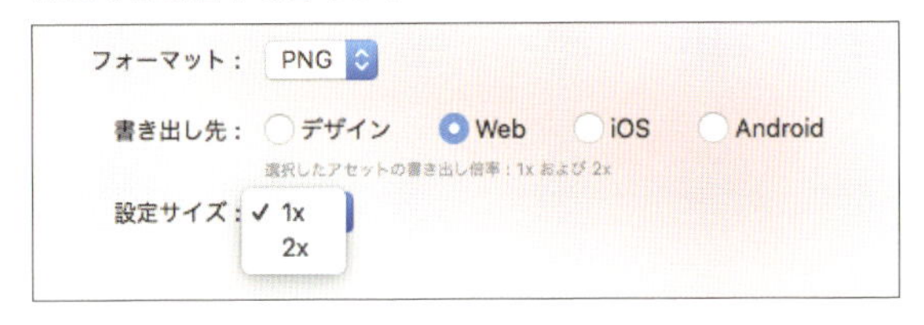

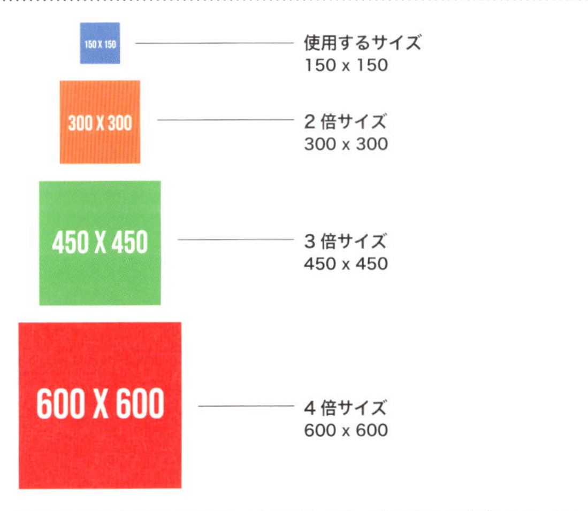

使用するサイズ（150×150ピクセル）と2倍、3倍、4倍の大きさで作成したエレメント

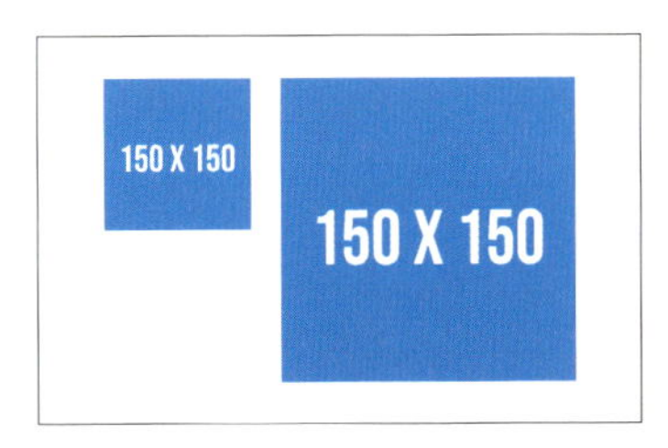

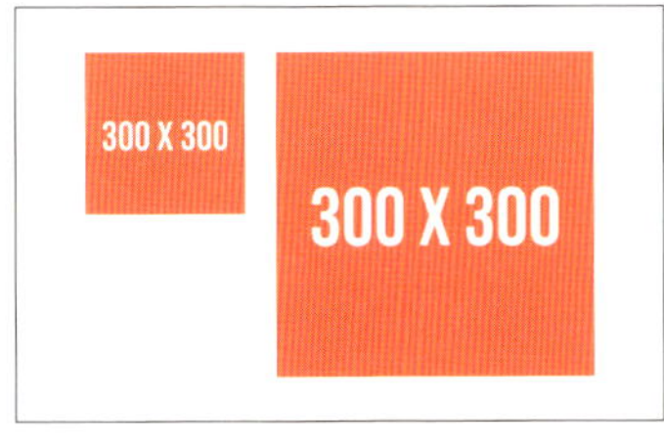

同じ結果になるが、右側の青のエレメントは画質が劣化してしまう
使用するサイズが「150×150ピクセル」の青のエレメント：
→「1×」を選択
2倍の大きさで作成した「300×300ピクセル」の 橙色のエレメント：
→「2×」を選択

03 iOS対応の画像を書き出す

書き出し先を「iOS」にすると、「1×」と「2×」「3×」が選択可能になります。通常、3倍の大きさで作成したエレメントを「3×」で書き出します。「150×150ピクセル」と「300×300ピクセル」に縮小した画像と、100%サイズ(450×450ピクセル)の画像が書き出されます。
使用するサイズ(150×150ピクセル)のエレメントしかない場合は「1×」を選択しますが、「300×300ピクセル」と「450×450ピクセル」に拡大することになるので、画質が劣化します。

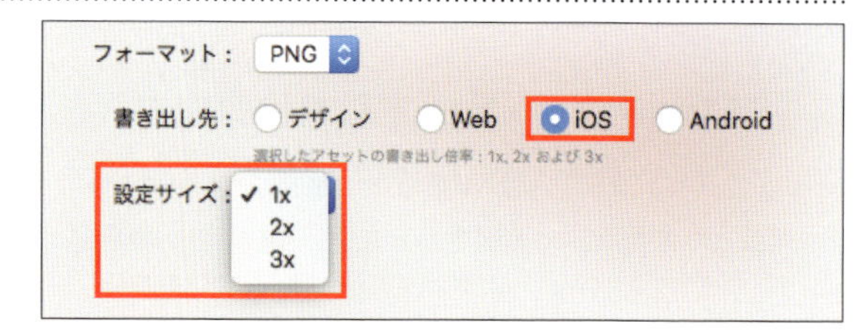

書き出し先が「iOS」の場合、設定サイズは「1×」と「2×」「3×」が選択可能になる

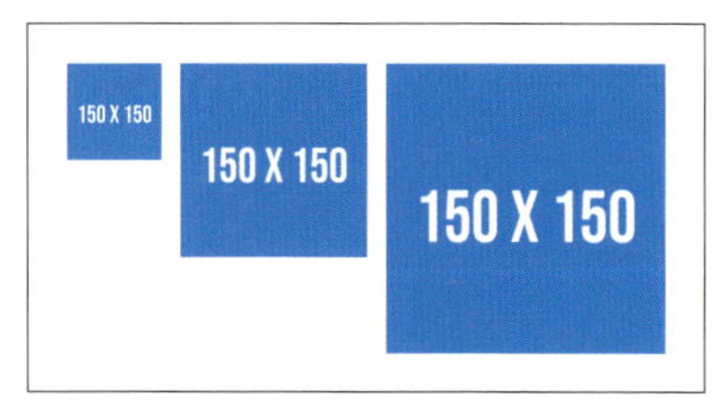

使用するサイズ(150×150ピクセル)
青のエレメント：「1×」を選択

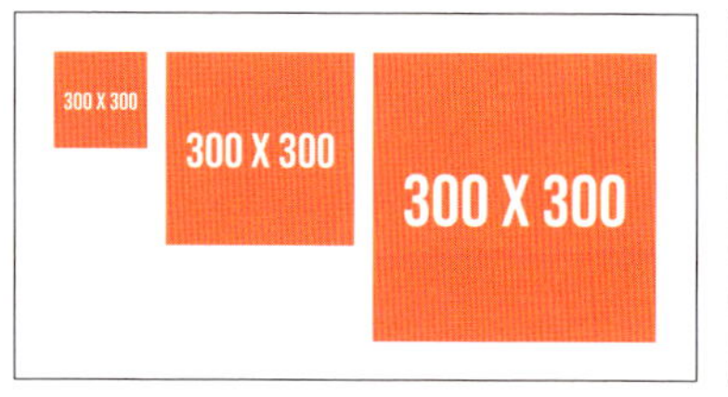

2倍の大きさで作成(300×300ピクセル)
橙色のエレメント：「2×」を選択

3倍の大きさで作成(450×450ピクセル)
緑色のエレメント：「3×」を選択

04 Android対応の画像を書き出す

書き出し先を「Android」にすると、以下の6つの設定が選択可能になります。
通常、4倍の大きさで作成したエレメントを「400% - ×××hdpi」で書き出します。使用するサイズ(150×150ピクセル)のエレメントしかない場合は「75% - ldpi」を選択することになりますが、150～400%まで拡大されるので、画質がかなり劣化します。

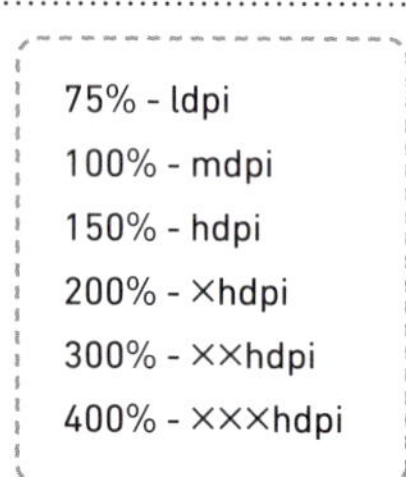
75% - ldpi
100% - mdpi
150% - hdpi
200% - ×hdpi
300% - ××hdpi
400% - ×××hdpi

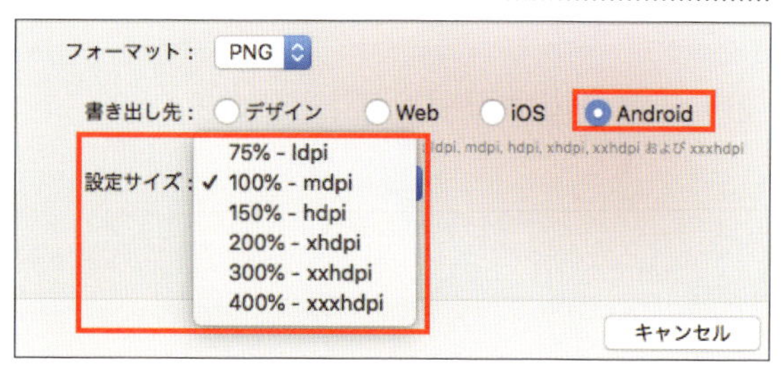

書き出し先が「Android」の場合、設定サイズは「75%」「100%」「150%」「200%」「300%」「400%」が選択可能になる

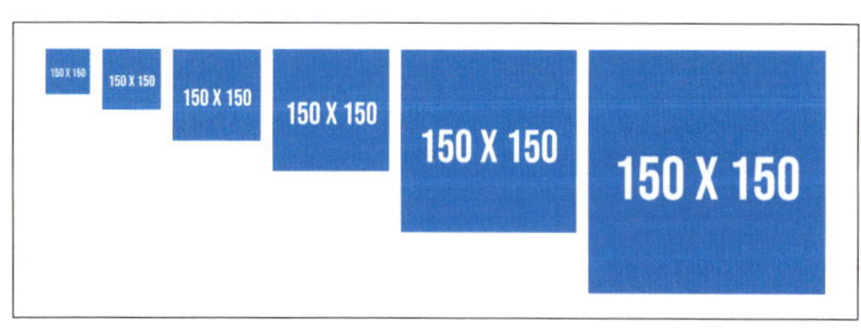

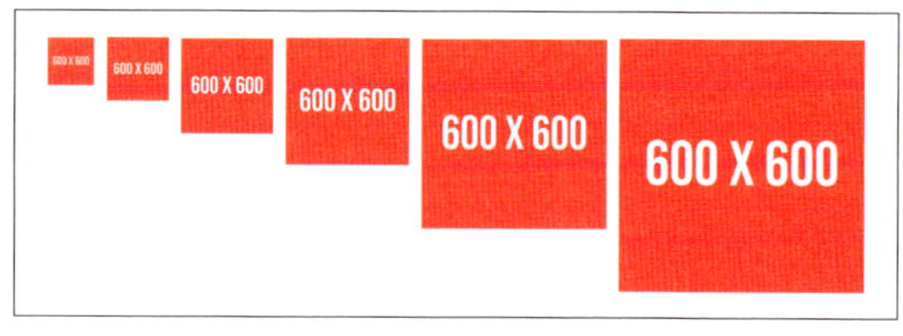

使用するサイズ(150×150ピクセル) 青のエレメント：「75% - ldpi」を選択
4倍の大きさで作成(600×600ピクセル) 赤色のエレメント：「400% - ×××hdpi」を選択

Point デザイン素材の書き出し

XDからPNG、SVG、JPEG、PDF形式のファイルを書き出す手順については、以下のAdobe社のWebサイトを参考にしてください。

https://helpx.adobe.com/jp/xd/help/export-design-assets.html

05 AI形式とPSD形式ファイルのインポート

それでは、IllustratorとPhotoshopで作成したグラフィック画像をXDに読み込んでみましょう。XDは、AI形式のファイルとPSD形式のファイルを直接インポートすることが可能ですが、すべての機能をサポートしているわけではないので、公式サイトのヘルプを必ず参照してください。XDは毎月アップデートしているので、サポートされる機能が増えていく可能性があります。

Illustrator-Objects.ai

Photoshop-Visual-Images.psd

「6-01」のレッスンデータの内容（AI形式のファイルとPSD形式のファイル）

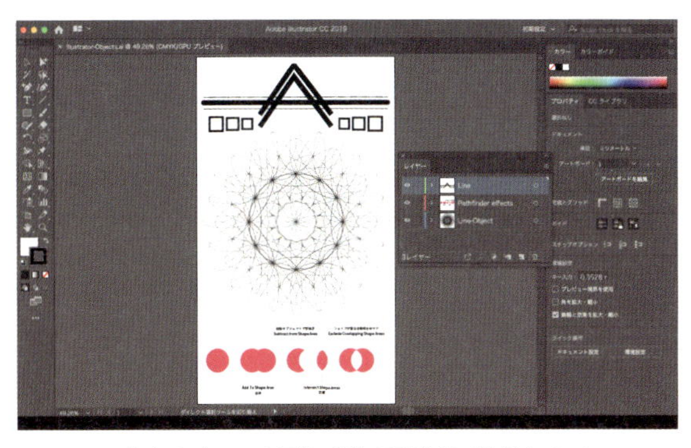

Illustratorで作成したグラフィック画像。複数の図形と線で構成されている

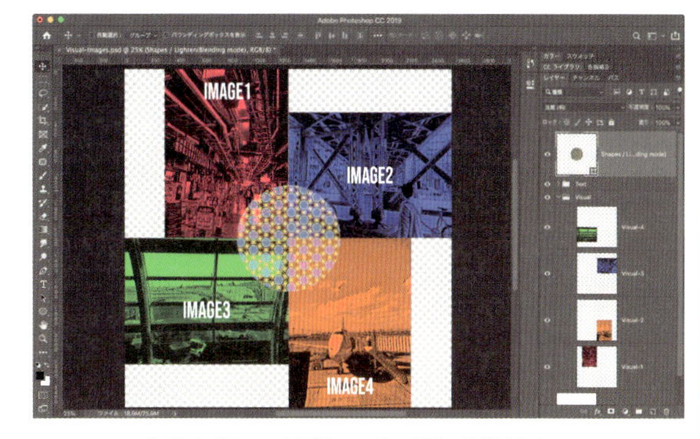

Photoshopで作成したグラフィック画像。レイヤー構造が保持されたPSDファイル

Point Photoshop とIllustratorファイルのサポート情報

頻繁に更新されているので必ず最終公開日を確認してください。

Photoshop ファイルを XD で開くときにサポートされる機能

https://helpx.adobe.com/jp/xd/kb/open-photoshop-files-in-XD.html

XD でサポートされる Illustrator エレメント

https://helpx.adobe.com/jp/xd/kb/open-illustrator-files-in-XD.html

AIファイルとPSDファイルを読み込む

01 XDを起動して、ホーム画面の［ローカルコンピューター］をクリックして、「6-01」フォルダーの中にある「Illustrator-Objects.ai」と「Photoshop-Visual-Images.psd」を読み込みます。

02 「Illustrator-Objects.ai」から確認していきましょう。[レイヤー]パネルを表示してください。Illustratorのレイヤー構造がそのまま引き継がれていることがわかります。

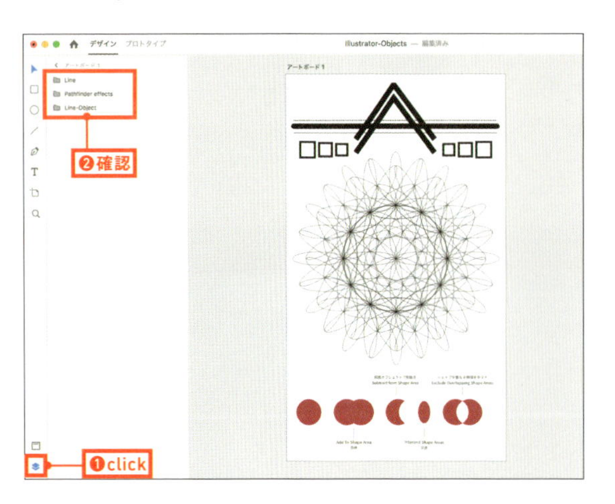

03 「パスファインダーの「合体」や「前面オブジェクトで型抜き」「交差」「シェイプが重なる領域を中マド」などの効果が問題なく表現されています。楕円形やパスに変換されていますが、どちらもダブルクリックして編集することが可能です。

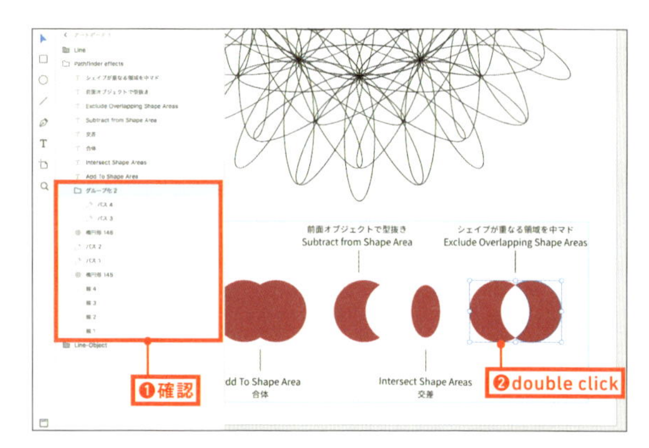

04 線の設定もそのまま引き継いでいます。破線も問題なく表現されているので、確認してください。

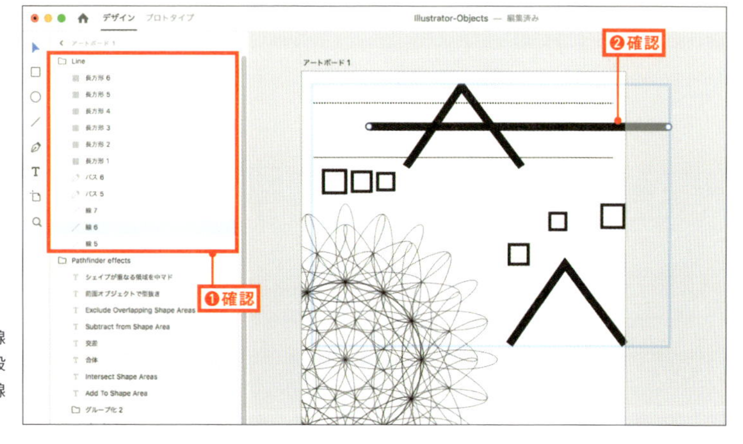

正方形の設定：「境界線（内側）」「境界線（中央）」「境界線（外側）」／折れ線の設定：「マイター結合」「ベベル結合」／直線の設定：「丸型先端」

05 次はPhotoshopで作成した「Photoshop-Visual-Images.psd」です。レイヤー構造は問題なく再現されています。[レイヤー]パネルで確認しておきます。レイヤーグループを展開すると、画像およびテキストがそのまま配置されていることがわかります。

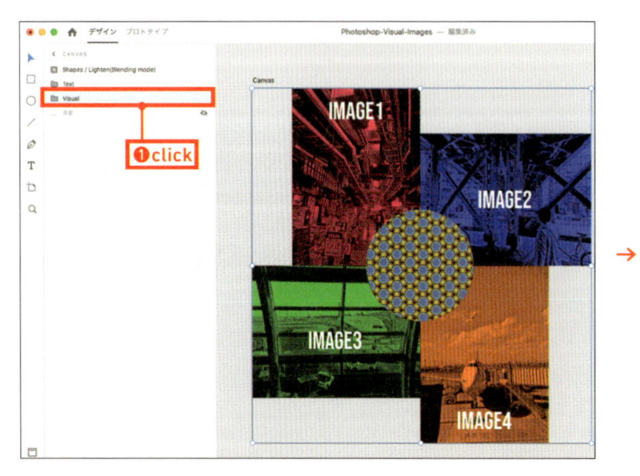

→

06 ▸ テキストを編集したり、配置を変更してみましょう。
XDがサポートしていない機能を使っている場合は、ラスター画像に変換されたり、何も表示されないなど、対応が異なります。今後のXDのアップデートでサポートされる機能が増えていくと思いますので、(アップデート後は) 公式サイトの最新情報で確認してください。

→

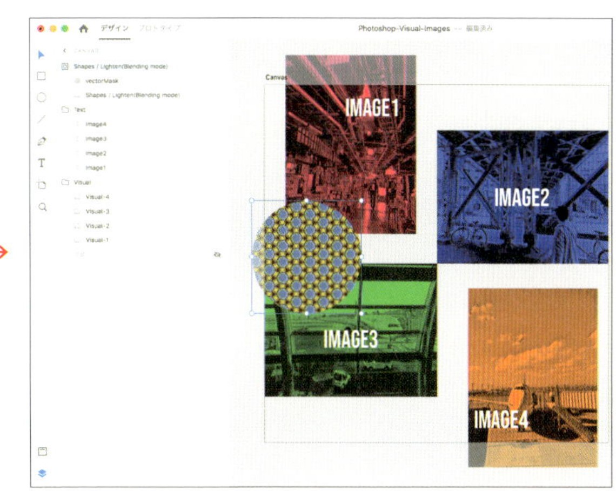

まとめ

[1] XDのインポート機能はメニューの「読み込み」コマンドだけではなく、コピー＆ペーストやドラッグ＆ドロップの操作で取り込むことができる

[2] IllustratorやPhotoshop、Sketchなどのアプリケーションソフト画面からコピー＆ペーストしたり、PSDファイルやAIファイル、Sketchのネイティブファイルを直接読み込むことも可能

[3] すべての機能をサポートしているわけではない。公式サイトの最新情報を確認すること

[4] CCライブラリ(Creative Cloudライブラリ) の機能を搭載しているが、XDからCCライブラリにアップロードすることはできない

[5] XDのエクスポート機能には、画像の書き出しとスクリーンプレビュー、Web公開の3つがある

[6] 画像の書き出しは、PNGやJPEG、SVG、PDFをサポートしている

[7] スクリーンプレビューは、パソコン上で確認するデスクトッププレビューとモバイルデバイス(実機)によるプレビューがある

[8] Web公開は作成したプロトタイプをブラウザー上で確認するための機能

[9] 開発者向けのデザインスペック公開では、プロトタイプのデザイン仕様を取得したり、必要なエレメントをPNGやSVGで書き出すことができる

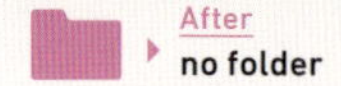

02 プロトタイプとデザインスペックを公開する

Adobe XDには作成したプロトタイプをチームや関係者と共有するためのWeb公開機能が備わっています。公開ページのURLを生成して関係者に発行する仕組みになっています。また、(プロトタイプのデザイン仕様を取得できる) 開発者のためのデザインスペックを公開する機能もあります。

1. 作成したプロトタイプを公開する (非公開リンクを生成することも可能)
2. 配置した文字や画像の情報を共有する
3. プロトタイプの操作ビデオを録画してファイルとして保存する

XDで作成したプロトタイプを共有・公開

XDのWeb公開機能は画面右上の[共有] ボタンをクリックして表示することができます。共有機能には、[プロトタイプを公開][デザインスペックを公開]、そして[公開済みリンクを管理][ビデオを録画]があります。
公開したプロトタイプとデザインスペックは、クラウドサービス(assets.adobe.com)にアップロードされるので、Adobe社のアカウントでXDなどのAdobe社製品にログイン(またはCreative Cloud デスクトップアプリケーションにログイン)している必要があります。

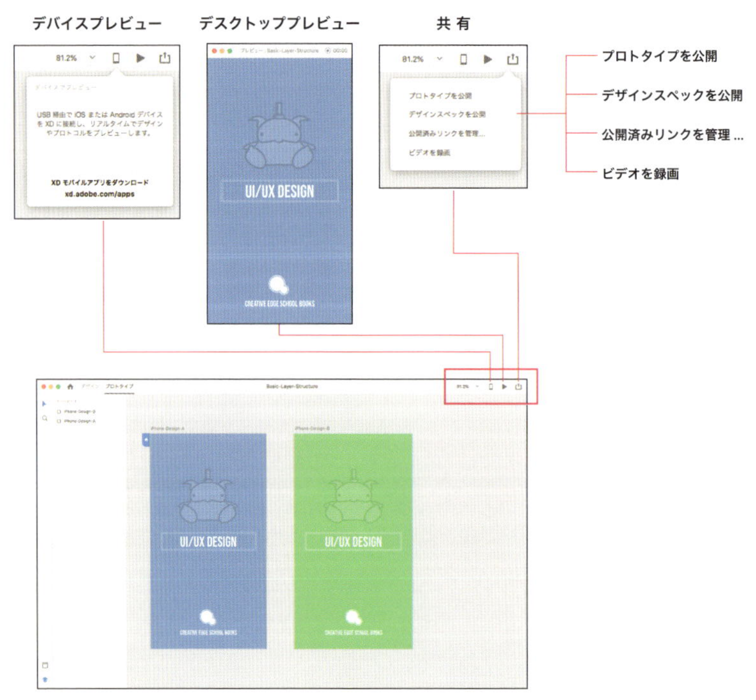

画面右上には「デバイスプレビュー」「デスクトッププレビュー」「共有」の3つのアイコンが表示されている

作成したプロトタイプのOSの互換について

macOS版、Windows 10版どちらにも同等の機能が搭載されているので、Creative Cloudサービスを介してプロトタイプ共有／デザインスペック共有を利用することができます。

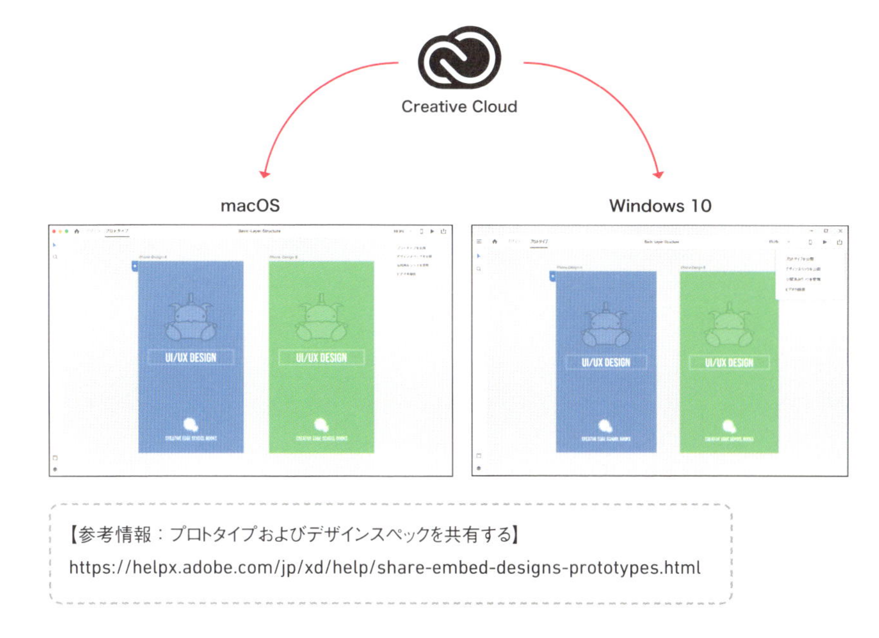

【参考情報：プロトタイプおよびデザインスペックを共有する】
https://helpx.adobe.com/jp/xd/help/share-embed-designs-prototypes.html

公開前にCreative Cloudプランを確認する

有料プラン（Creative Cloudコンプリートプランと単体プラン）のユーザーであれば、プロトタイプおよびデザインスペックの公開は「無制限」ですが、無償版のスターターブランを使用している場合は、1つのプロトタイプおよびデザインスペックしか公開できないので注意してください。管理ページで公開中のプロトタイプを削除して、新しい公開リンクを作成することは可能です。

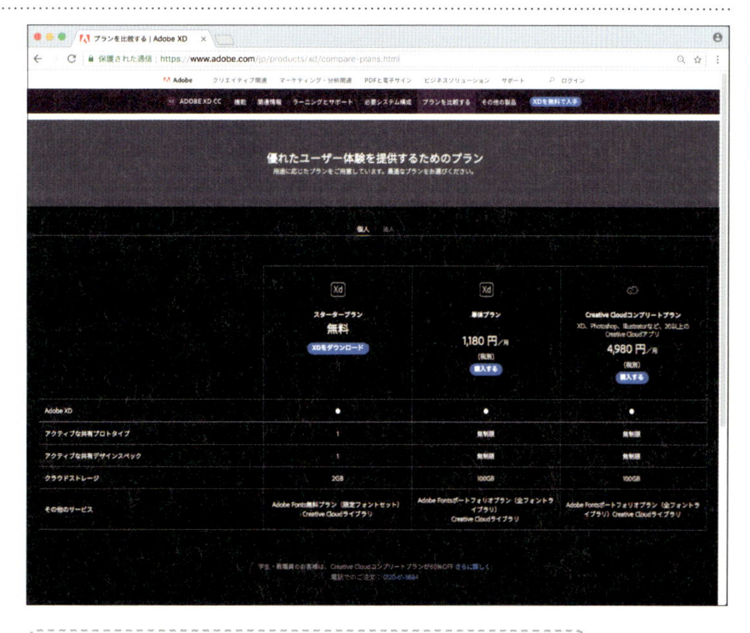

【参考情報：プランを比較する】
https://www.adobe.com/jp/products/xd/compare-plans.html

応用 > PART 6 プロトタイプを公開・検証する

01 公開リンクを作成する

[公開リンクを作成] ボタンをクリックすると、作成したプロトタイプがクラウドにアップロードされ、公開リンクが生成されます。公開プロトタイプのパネルの右上には「埋め込みコードをコピー」「リンクをコピー」「ブラウザーで開く」のアイコンが表示されているので、Webで確認したい場合は、「ブラウザーで開く」をクリックします。

※公開リンクにパスワードを設定したい場合は「パスワードを設定」をチェックしてから[公開リンクを作成] ボタンをクリックしてください。パスワードは「8文字以上」で「A～Z、a～z、0～9」から1文字ずつ加えて作成しなければいけません。

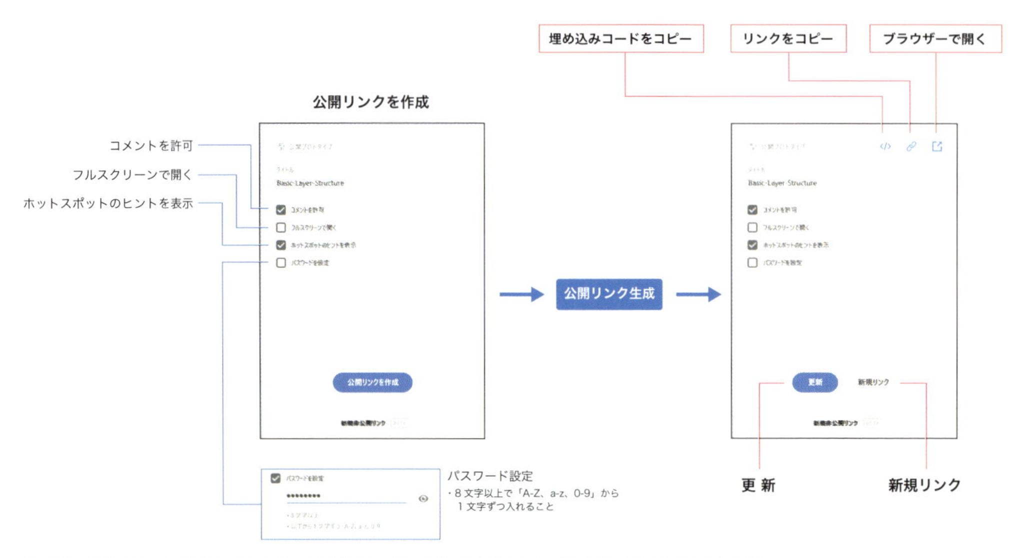

公開リンクを作成すると、公開リンクのコピー、埋め込みコードのコピーが可能になる。ブラウザーで直接開くこともできる

公開後にプロトタイプを修正した場合は、[更新] ボタンをクリックしてください（公開リンクのURLは変わりません）。もし、新しい公開リンクを作成したいときは、「新規リンク」をクリックします。プロトタイプのバリエーションごとに別のURLを生成することができます。

→ 作成したプロトタイプを公開する

01 公開するプトロタイプのアートボードを表示した状態で、[共有] アイコンをクリックし、ポップアップメニューから「プロトタイプを公開」をクリックします。

02 表示が切り替わります。[タイトル]を入力し、[公開リンクを作成]ボタンをクリックします。

03 「公開リンクを作成中」のステータスが表示されるので、処理が終わるまで待ちます。

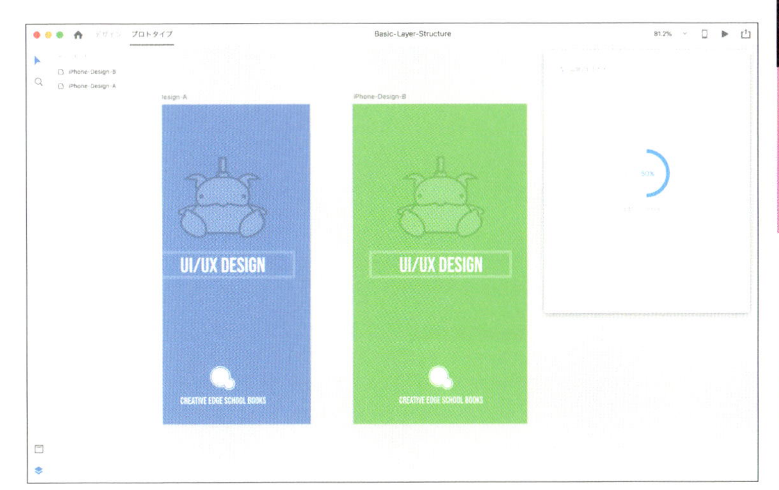

04 処理が終わると、図のように[更新]ボタンや[埋め込みコードをコピー] </>、[リンクをコピー] 🔗、[ブラウザーで開く] ↗のアイコンが追加されます。

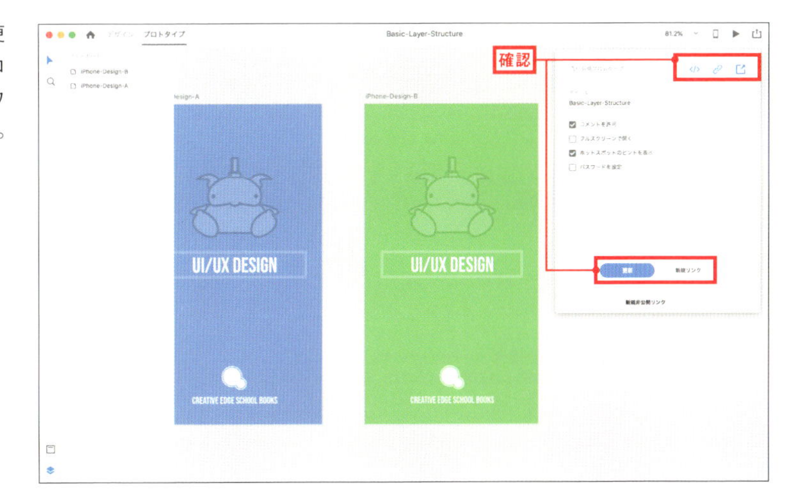

02 非公開リンクを作成する

01 特定の人だけを招待したい場合は「非公開リンク」を発行することが可能です。「新規非公開リンク」をクリックすると、画面が切り替わるので「非公開リンクを作成」ボタンをクリックしてください。「公開」から「招待」の画面に変わります。招待したい人のメールアドレス（必須）とメッセージ（任意）を入力して「招待」ボタンをクリックすると非公開リンクが発行されます。

※Adobeアカウントのメールアドレスで招待します。

非公開リンクを作成すると、特定の人だけにリンクをメールで送り、招待することができる

02 招待された人には、「Invitation to view」＋プロトタイプ名がタイトルのメールが届き、メール内の「View Prototype」ボタンをクリックするとブラウザーが起動してプロトタイプを確認することができます。

※非公開リンクはベータ版として提供されているので（2018年11月現在）、今後さらに機能が拡張される場合があります。

招待メールを受信した人は、「View Prototype」ボタンをクリックすればプロトタイプを確認できる

03 プロトタイプ公開画面のコメント機能について

プロトタイプ公開画面の右側にはコメント機能が設置されています。チーム内でのコミュニケーションやクライアントの担当者とのやり取りに使用することができます。コメントが投稿されると、Creative Cloudデスクトップアプリケーションの通知機能で知ることが可能です。また、コメントの内容はメールでも送信されます。

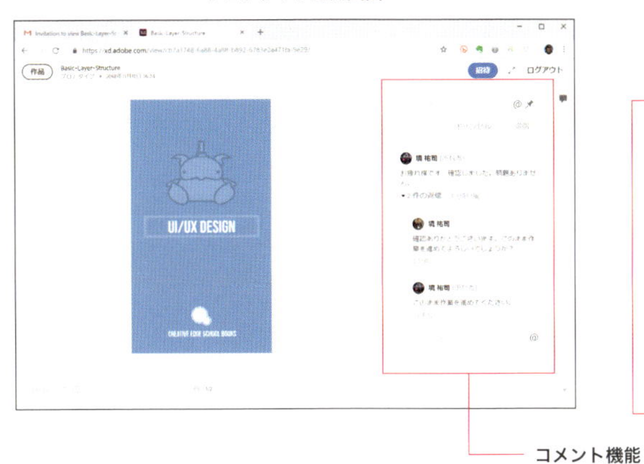

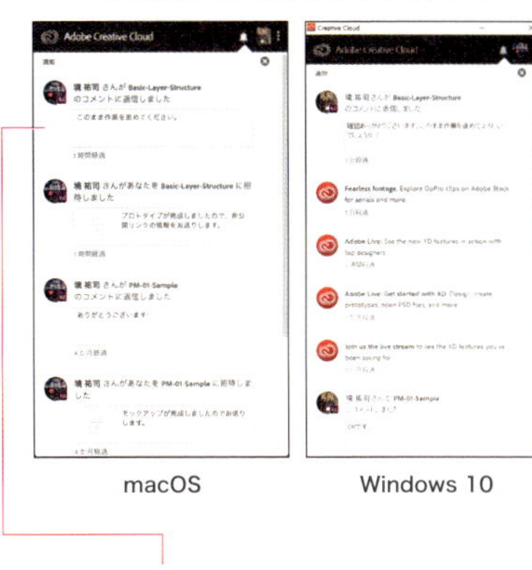

プロトタイプ公開画面の右側にはコメントを記入できる領域がある。投稿したコメントは、Creative Cloudデスクトップアプリの通知機能で知ることができる（デフォルト設定でメールも送信される）

04 デザインスペックを公開・共有する

デザインスペックの公開は、プロトタイプの公開と同じ手順になります。［公開リンクを作成］ボタンをクリックすれば、デザインスペックの公開リンクが生成されます。

アセットのダウンロードを可能にするには、書き出し先（「Web」「iOS」「Android」）を選択してから、［レイヤー］パネルで［バッチ書き出し］マークを追加します。「アセットを含める」をチェックして公開リンクを作成すると、マークをチェックしたレイヤーが書き出しの対象となり、［デザインスペック］画面でダウンロード可能になります。

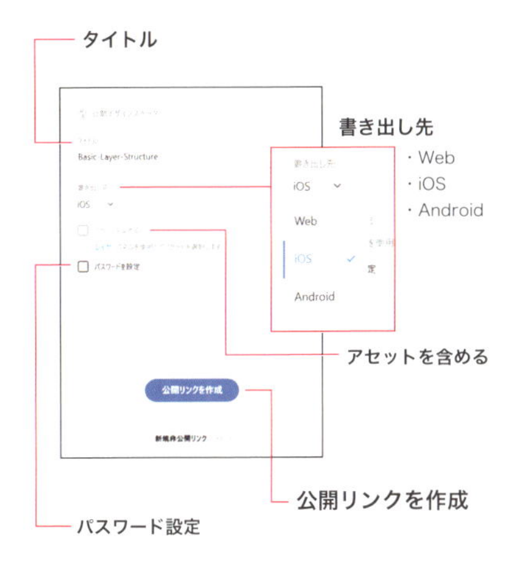

デザインスペックの公開リンク作成はプロトタイプの公開と同じ手順。アセットのダウンロードを可能にする場合は［レイヤー］パネルでバッチ書き出しマークを追加しておく

01 公開リンクを作成後にプロトタイプを修正した場合の対処

公開リンクを作成したあと、プロトタイプを修正したり、書き出すアセットの内容を変更した場合は、[更新] ボタンをクリックします。[デザインスペック] 画面は更新されますが、公開リンクのURLは変わりません。

※新しい公開リンクを生成する場合は、[新規リンク] をクリックします。

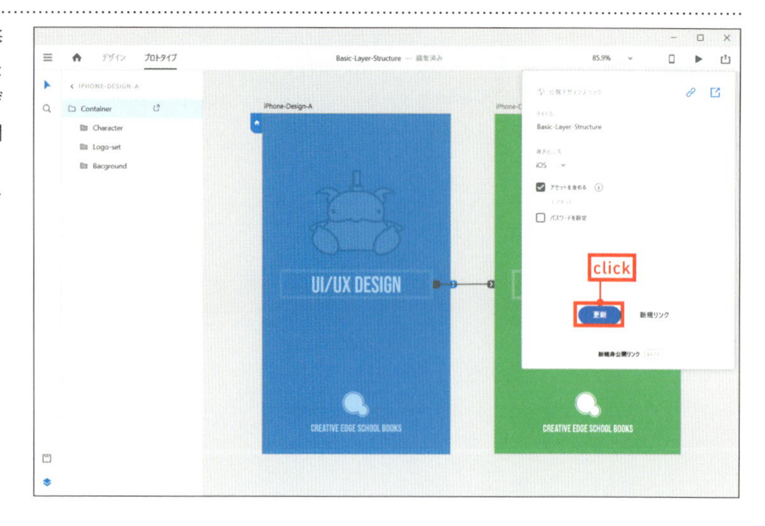

02 対象のオブジェクトにバッチ書き出しマークを付けて書き出す

ダウンロードを可能にするアセットの内容を変更したい場合は、[レイヤー] パネルで [バッチ書き出し] マークをチェックし直してから [更新] ボタンをクリックします。

「アセットを含める」の下に書き出しの対象となるアセット数が表示されます。下図の場合は、3つのレイヤーにバッチ書き出しマークを追加しているので、公開デザインスペックの画面には「3アセット」と表示されています。

[バッチ書き出し] マーク

[バッチ書き出し] マークのチェックを変更する

[更新] ボタンをクリック

アセットを含める

[レイヤー] パネルで [バッチ書き出し] マークのチェックを変更した場合は [更新] ボタンをクリックする

03 パッチ書き出しマークを付け直して更新する

01 ▸ [レイヤー] パネルで書き出すアセットを変更します。「Container」の をクリックしてマークの選択を解除します。「Character」「Logo-set」「Background」のレイヤー名の図のあたりをクリックして[バッチ書き出しマークを追加]アイコン を追加します。

※ [バッチ書き出しマークを追加] アイコンはあらかじめ表示されていないので、図の位置を参考にクリックしてみてください。

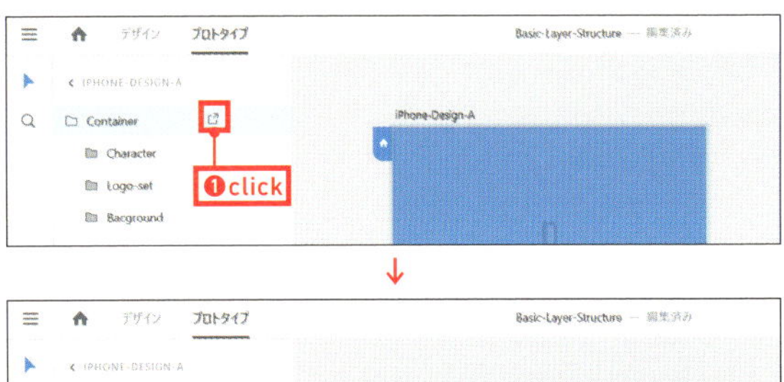

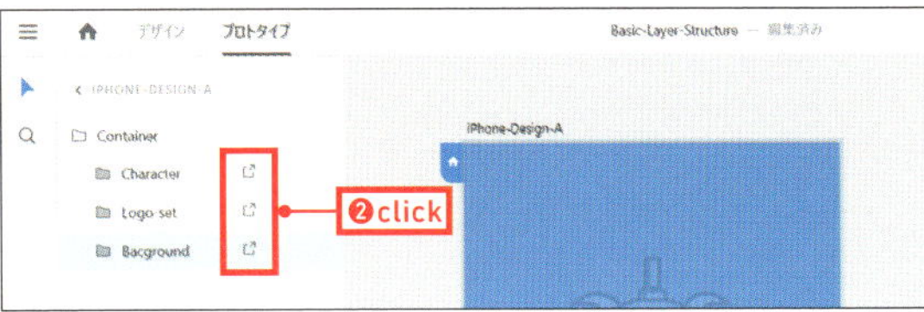

02 ▸ [共有] アイコン をクリックし、ポップアップメニューから「デザインスペックを公開」をクリックします。

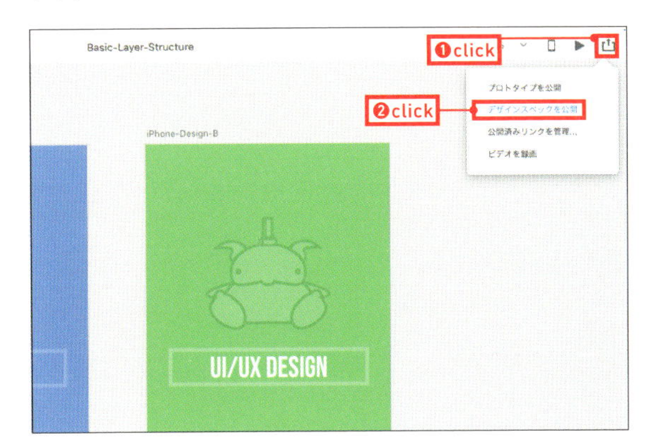

03 ▸ [アセットを含める] にチェックを入れ、[更新] ボタンをクリックします。

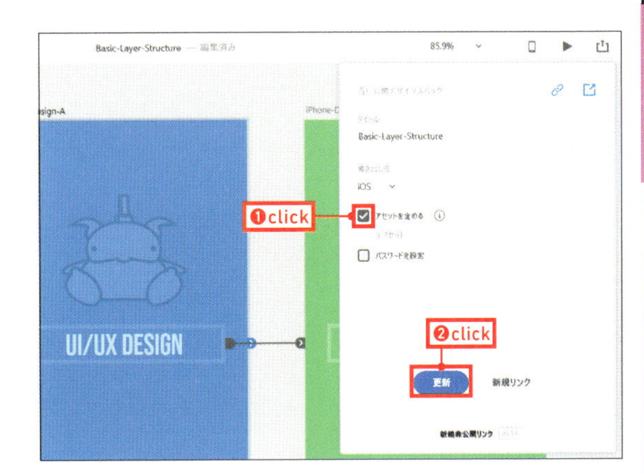

04 [デザインスペック] 画面で確認する

[デザインスペック] 画面はXDのプロトタイプモードの画面のようになっており、アートボードをつなぐワイヤーを確認できます。右側には画面の詳細(ビューポートのサイズとデザインのサイズ)やアセットの種類(プロトタイプを構成するエレメント)、カラーの情報、インタラクション(設定されているトリガーやアクションの内容)などが表示されます。表示されるアセットの種類は、公開リンクを作成するときに追加した[バッチ書き出し]マークで決まります。3つのレイヤーにバッチ書き出しマークを追加している場合は、3つのアセットが表示されます。

01 ▸ [デザインスペック] 画面を開くには、[共有] アイコン をクリックし、「デザインスペックを公開」をクリックします。[ブラウザーで開く] アイコン をクリックすると、ブラウザーが起動し、[デザインスペック] 画面が表示されます。

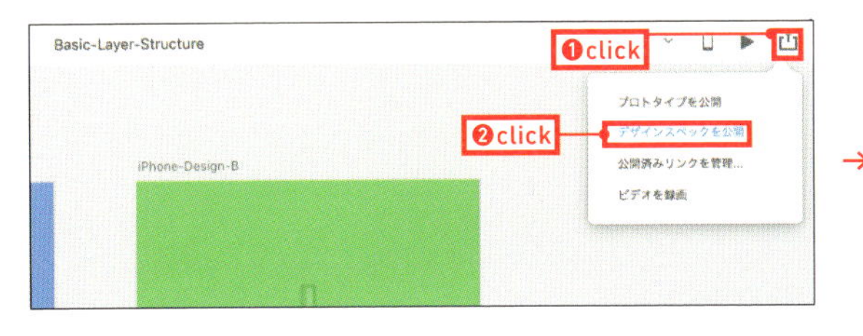

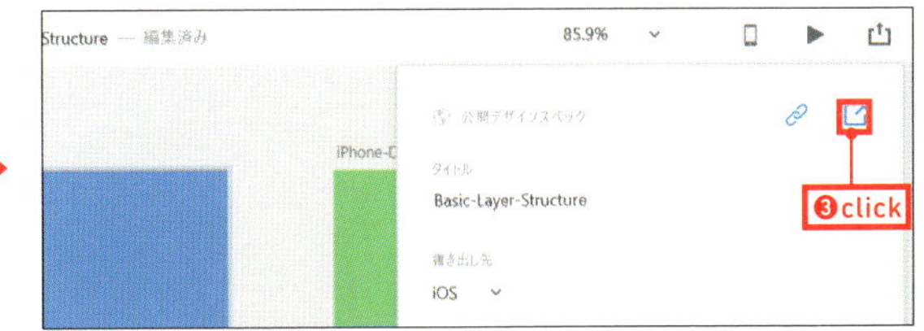

応用 > PART 6 プロトタイプを公開・検証する

02 ▸ ［デザインスペック］画面では、XDのプロトタイプモードのようにワイヤーが表示されます。
「アートボード」をクリックすると詳細情報を取得できる画面に切り替わります。

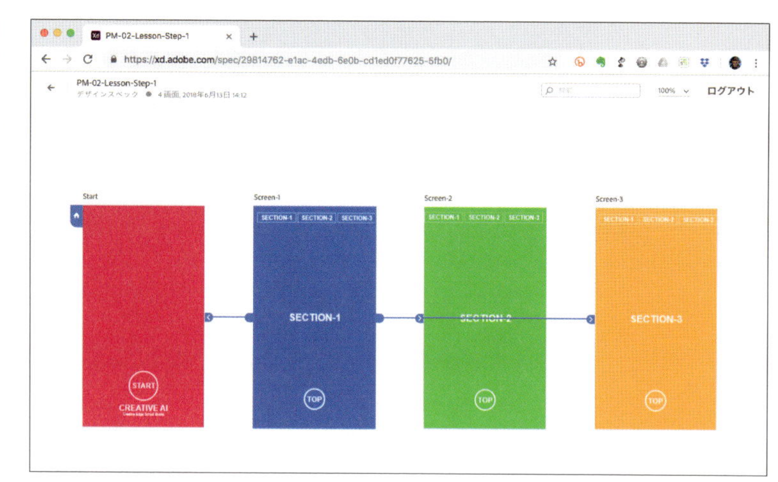

03 ▸ ［デザインスペック］ 画面の右側に「画面の詳細」「アセット」「カラー」「インタラクション」などが表示されます。

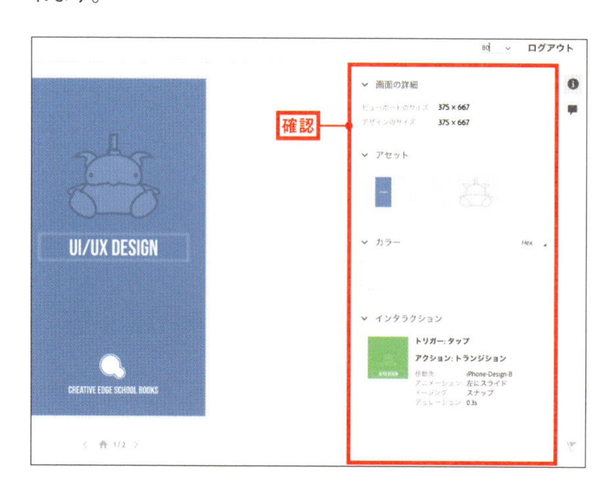

04 ▸ アートボード上のエレメントをクリックすると、選択したエレメントに関する情報が表示されます。アセットをダウンロードする場合は、書き出しのフォーマットを選択してから［ダウンロード］ボタンをクリックします。

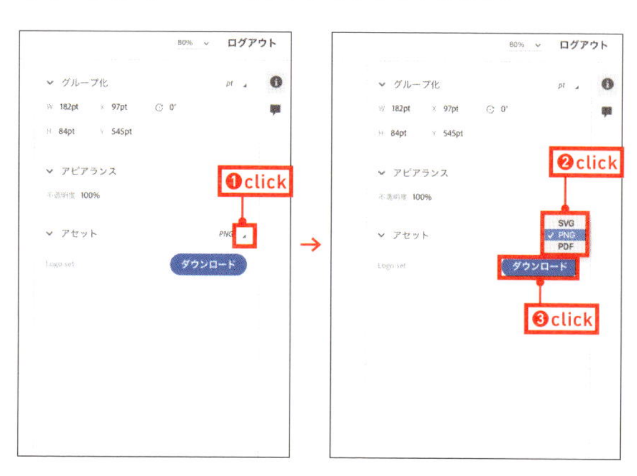

05 配置したカラーや文字の情報を取得する

［デザインスペック］画面から情報を取得する場合は、選択してコピーコマンドを実行したり、直接クリックしてください。フォント名やカラーコードなどはクリックすると自動的にコピーされます。また、プロトタイプ上に配置されているテキストは自動的に抽出され、［コンテンツ］のテキストボックスに表示されます。このテキストボックスをクリックすると抽出されたテキストデータをコピーすることができます。

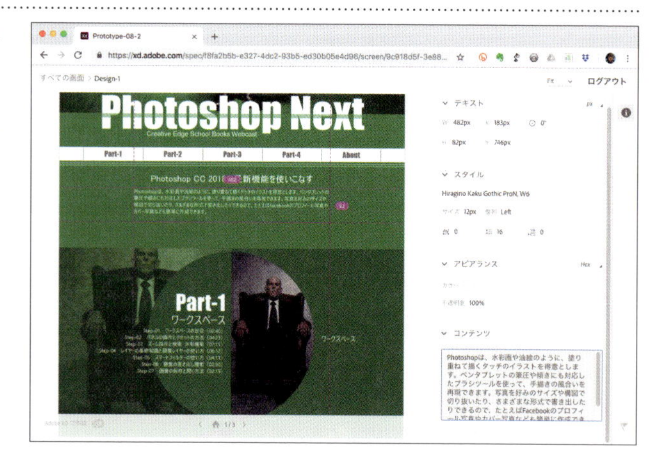

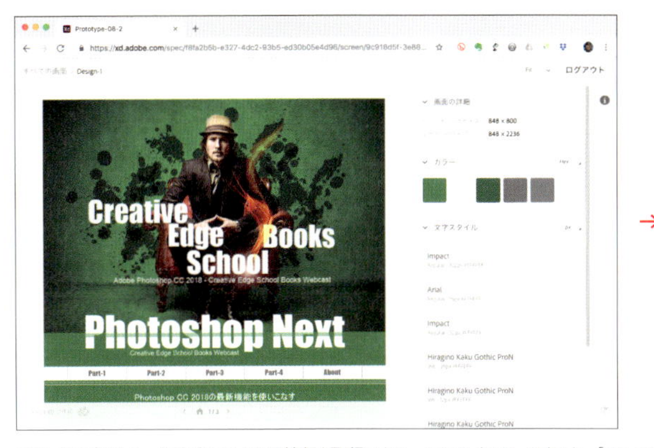

→
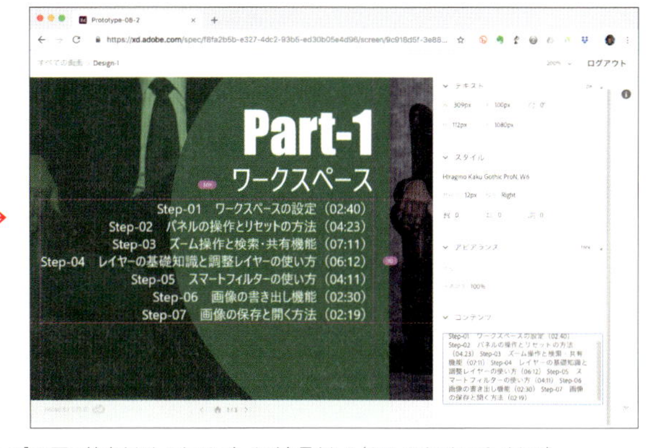

プロトタイプのカラーや文字スタイルの情報を取得できる。テキストをクリックすると、[コンテンツ]の下に抽出されたテキストデータが表示される(クリックするとコピーされる)

05 発行した公開リンクを管理する

作成した公開リンクは管理ページで一覧することができます。有料プラン(Creative Cloudコンプリートプランと単体プラン)のユーザーであれば、プロトタイプおよびデザインスペックの公開は「無制限」です。際限なく公開リンクを生成できますが、不要なリンクは削除するなど、整理しておいた方がよいでしょう。

※無償版のスタータープランを使用している場合は、1つのプロトタイプおよびデザインスペックしか公開できないので注意してください。

→ 公開したリンクを削除する

共有のポップアップメニューから[公開済みリンクを管理]を選択するとブラウザーが起動して、公開中のアイテム一覧ページが表示されます。右上の2つのアイコンでサムネイル形式とリスト形式を切り替えることができます。サムネイルもしくはリスト右側のオプションアイコンをクリックすると、[完全に削除]を実行することが可能です。

01 ▸ [共有]ポップアップメニューから[公開済みリンクを管理]を選ぶと、公開中のアイテム一覧ページが表示されます。

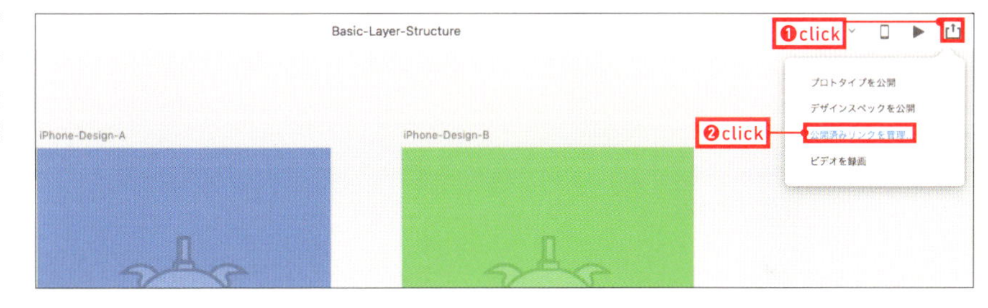

02 ▸ サムネイル形式とリスト形式を切り替えることができます。
▦アイコンをクリックするとサムネイル表示になり、☰アイコンをクリックするとリスト表示になります。

03 ▸ ［オプション］アイコン••• をクリックすると、［完全に削除］を選択することができます。

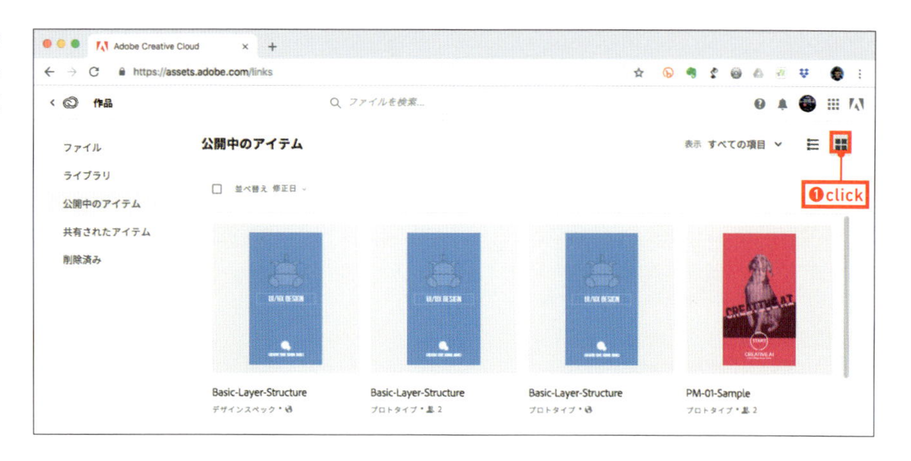

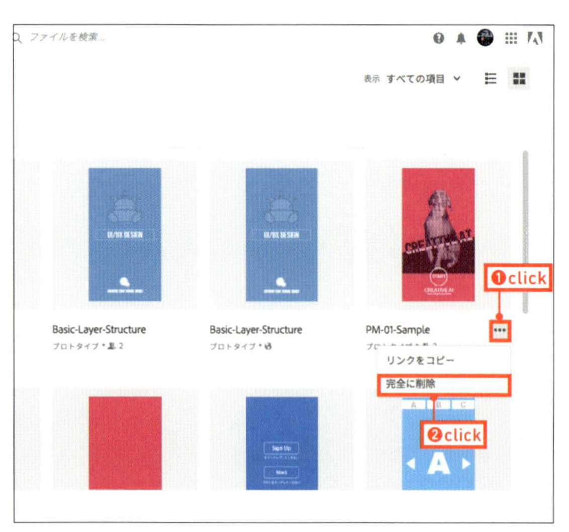

サムネイル表示の場合

リスト表示の場合

04 ▸ 一度に複数の公開リンクを削除する場合は、サムネイルをチェックして、右上の［ゴミ箱］アイコン🗑をクリックします。

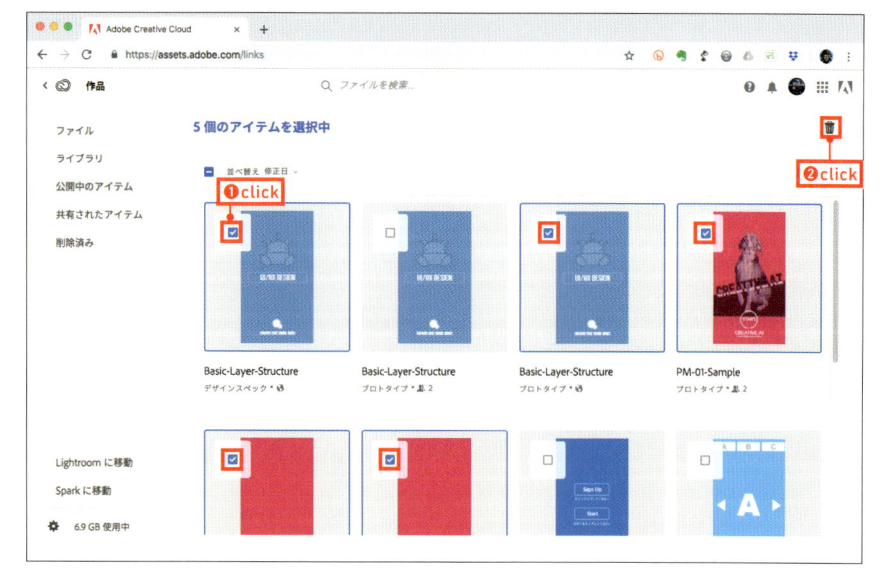

06 プロトタイプの操作をビデオ録画する

XDにはプロトタイプの操作をビデオ録画できる機能が搭載されています。
自動アニメーションを使用したプロトタイプはWeb公開の画面では再現できないため、録画してビデオファイルを公開することになります(2018年11月現在)。

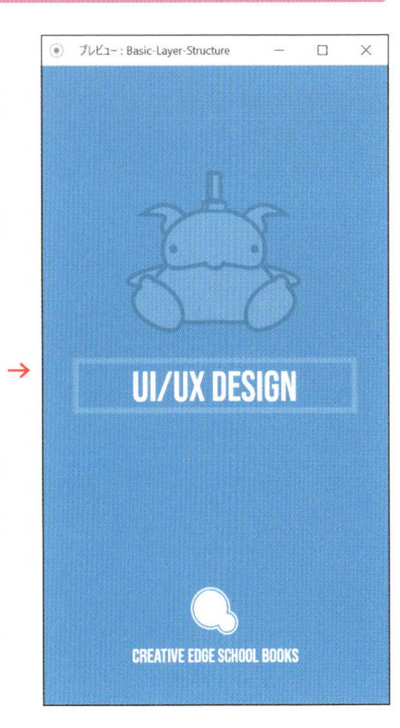

［ビデオを録画］を選択するとデスクトッププレビューのウィンドウが表示される

録画してビデオファイルを保存する

Mac と Windows では録画の方法が異なります。Macの場合は、デスクトッププレビューのウィンドウでそのまま録画することができます。Windowsの場合は、「Windowsのゲーム録画ツールを使ってWindows キー＋ G を押してプロトタイプを録画します。」というツールチップが表示されるので、[Windows] ＋ [G] キーを押してください。録画ツールが起動します。

01 共有ボタンをクリックして［ビデオを録画］を選択します。

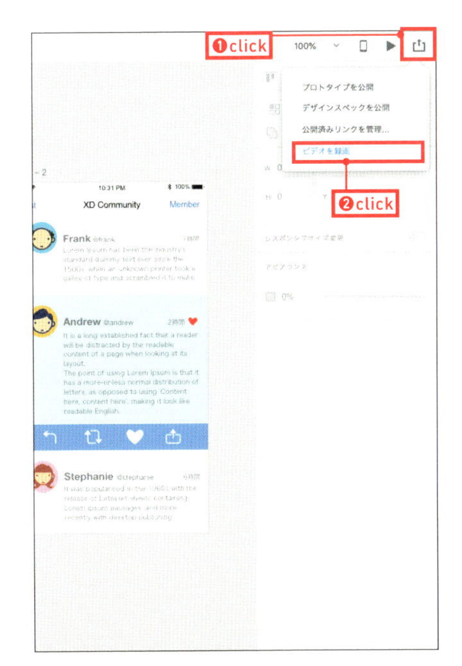

02 デスクトッププレビューのウィンドウが表示され、自動的に録画がスタートするので操作を開始します。
操作が終了したら、デスクトッププレビューの録画ボタン（タイトルバーの右端の丸いアイコン）をクリックします。

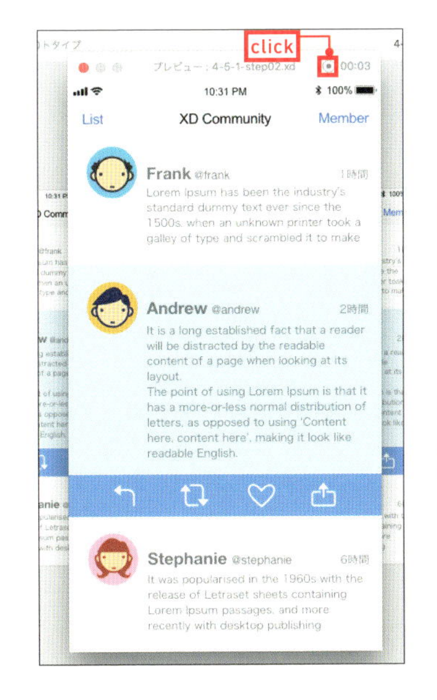

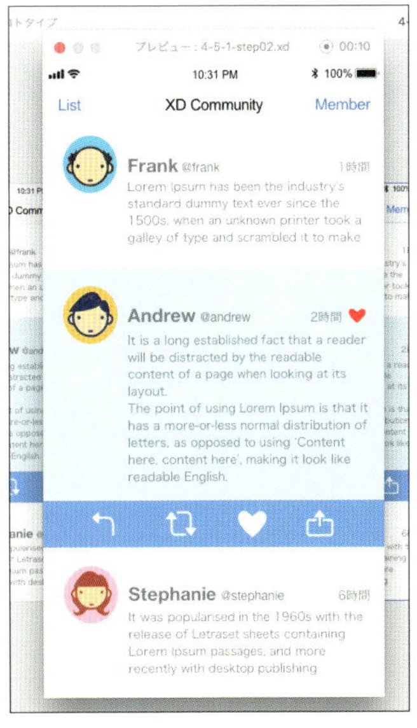

03 ▸ 自動的に保存ダイアログが表示されるので、名前を付けて保存します。

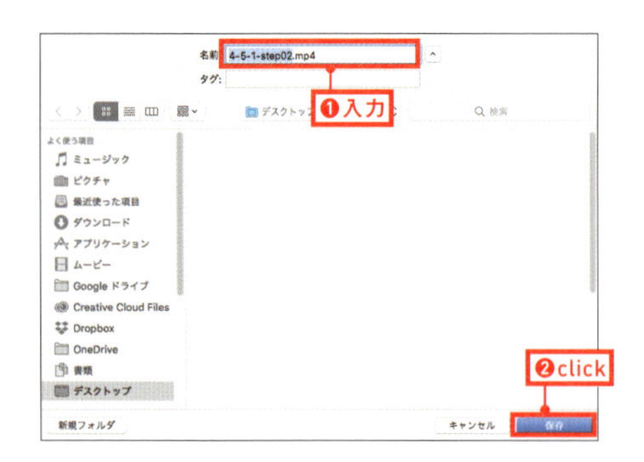

04 ▸ MP4ファイルが指定した場所に保存されます。

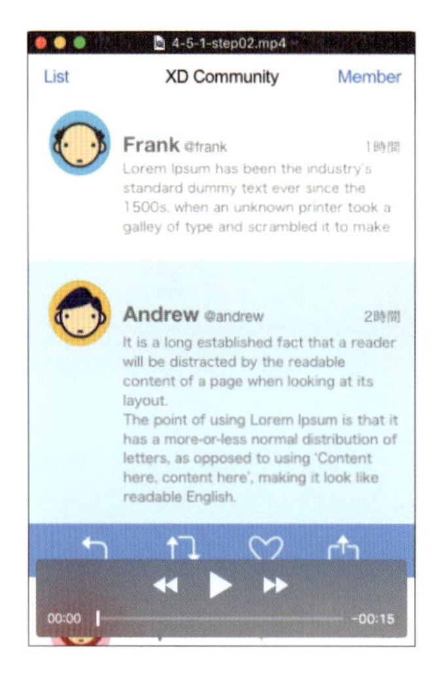

Column Windowsでビデオを録画するには

Windowsの場合、[ビデオを録画]を選択すると「Windowsのゲーム録画ツールを使ってWindowsキー + Gキーを押してプロトタイプを録画します。」と表示されるので、⊞ + Gキーを押すと録画ツールが起動します。

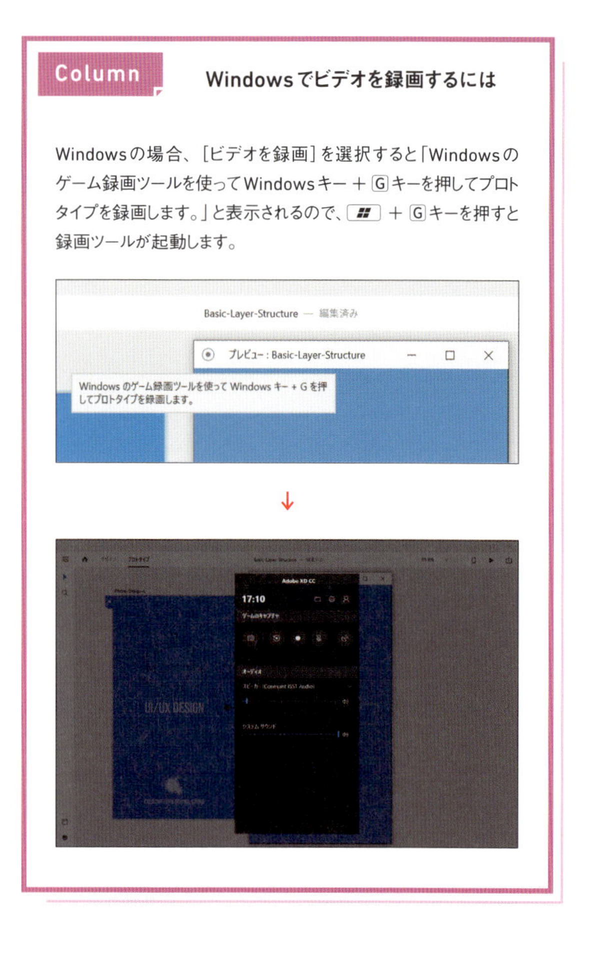

まとめ

[1] **XDの共有機能には[プロトタイプを公開][デザインスペックを公開][公開済みリンクを管理][ビデオを録画]がある**

[2] **有料プラン(Creative Cloudコンプリートプランと単体プラン)のユーザーであれば、プロトタイプおよびデザインスペックの公開は「無制限」**

[3] **公開リンクにはパスワード設定が可能。また、特定の人だけに「非公開リンク」を発行することもできる**

[4] **プロトタイプ公開画面にはコメント機能が搭載されており、関係者とのやり取りなどに活用できる**

[5] **デザインスペックを公開すれば、開発者向けにプロトタイプのデザイン仕様を提供することができる**

[6] **発行した公開リンクは管理ページで削除することが可能**

[7] **XDにはプロトタイプの操作をビデオ録画できる機能が搭載されている**

INDEX

[さ・た]

[は]

[ま・や・ら・わ]

■著者略歴

境 祐司（Yuuji Sakai）

URL　http://design-zero.tv/
Twitter　http://twitter.com/commonstyle

インストラクショナルデザイナーとして講座企画、ID マネジメント、記事執筆、講演などを中心に活動。2012 年 5 月、電子出版専門のパブリッシャーとして電子書籍のプランニング、情報設計、デリバリデザイン等を手掛ける。2014 年、デジタル専門の一人出版社「Creative Edge School Books（クリエイティブエッジスクールブックス）」を立ち上げ、主にクリエイティブ系のオンライン学習コンテンツを企画・制作・販売し始める。2016 年より、AI（人工知能）本格導入のためのトライアルを開始し、AI システムやロボティクス関連の実証実験に参加。ニューラルネットワークを使った機械翻訳と画像置換処理（写真画像のイラスト表現など）を中心に小規模なテストを実施している。
2017 年より、Adobe Community Evangelist（https://adobe.ly/2Jmnsq7）として主に Adobe Sensei（AI）や Adobe XD 関連のイベント登壇、講演などを行なっている。英語圏では、Mr.Creative.Edge という名前で活動中。

■著書

「Adobe Muse ランディングページ制作ガイド ～コード知識ゼロで作る Web 広告」（技術評論社）、「Web デザイン基礎トレーニング」「Web デザインの見本帳　実例で学ぶ最新のスタイルとセオリー」（監修・執筆／ MdN）、「Adobe Edge Animate スタートガイド ~CreativeCloud 対応」（技術評論社）、「HTML+CSS デザイン | 基本原則、これだけ。【HTML5 & CSS3 対応版】」（共著／ MdN）、「Amazon Kindle ダイレクト出版 完全ガイド」（共著／インプレス）、「HTML & CSS 逆引き大事典」「速習デザイン Web デザイン基礎 改訂 3 版 」（技術評論社）、「InDesign CS6 で作る EPUB 3 標準ガイドブック」（共著／翔泳社）、「EPUB3 スタンダード・デザインガイド」（共著／マイナビ）、「ウェブレイアウトの教科書　PC・スマートフォン・タブレット時代の標準デザイン 」（MdN）、「電子書籍の作り方（PC ポケットカルチャー）」（技術評論社）、「電子書籍制作ガイドブック」（共著／インプレス）等。

■ Learn Adobe XD

http://design-zero.tv/AdobeXD/

Adobe XD を学ぶためのラーニングサイト。本書「Adobe XD プロトタイピング実践ガイド」のサポートサイトを兼ねています。マンスリーアップデートの情報や新しいプラグインの紹介なども掲載されています。

カバー・本文デザイン　武田 厚志（SOUVENIR DESIGN INC.）
DTP　株式会社トップスタジオ
編集　最上谷 栄美子

■本書の使用の画像は、以下のサイトより使用させていただきました。

フリー素材アイドル Mika+Rika
http://mika-rika-free.jp/

Adobe XD プロトタイピング実践ガイド
～ユーザーの要求に応えるUI/UXデザイン

2019年1月1日初版　第1刷発行

著者　境　祐司
発行者　片岡　巌
発行所　株式会社技術評論社
東京都新宿区市谷左内町 21-13
電話　03-3513-6150　販売促進部
03-3513-6166　書籍編集部
印刷／製本　図書印刷株式会社

定価はカバーに表示してあります。

ISBN978-4-297-10356-9 C3055
Printed in Japan

■お問い合わせに関して

本書に関するご質問については、下記の宛先に FAX もしくは書面、本書 Web ページの「お問い合わせ」よりお送りください。
電話によるご質問および本書の内容と関係のないご質問につきましては、お答えできかねます。あらかじめ以上のことをご了承の上、お問い合わせください。
ご質問の際に記載いただいた個人情報は質問の返答以外の目的には使用いたしません。また、質問の返答後は速やかに削除させていただきます。

宛先：〒 162-0846　東京都新宿区市谷左内町 21-13
株式会社技術評論社　書籍編集部
「Adobe XD プロトタイピング実践ガイド」係
FAX：03-3513-6183
本書 Web ページ：
https://gihyo.jp/book/2019/978-4-297-10356-9/

なお、アプリケーションの不具合や技術的なサポートが必要な場合は、アドビシステムズ株式会社　Web サイト上のサポートページをご利用いただくことをおすすめします。
アドビシステムズ株式会社　サポートページ
https://helpx.adobe.com/jp/support.html